高等学校电子信息类"十三五"规划教材

电子设备可靠性工程

朱敏波　曹艳荣　田锦　编著

U0361067

西安电子科技大学出版社

内 容 简 介

　　可靠性与维修性是产品质量的决定因素,为提高我国机电产品的质量,在高校开设"电子设备可靠性工程"课程势在必行。

　　本书在介绍有关可靠性理论的基础上,吸收国内外有关先进技术,结合作者多年从事可靠性工程设计的教学、科研实践,形成了一套较适合于机械电子工程类专业的教学内容与体系。本书主要内容包括:可靠性数学基础、可靠性基本理论、维修性理论、机械可靠性设计、电子产品可靠性工程设计、可靠性试验与数据处理等。

　　本书可作为高等院校本科、研究生教材,还可供从事电子设备设计与研究的工程技术人员参考。

图书在版编目(CIP)数据

电子设备可靠性工程/朱敏波,曹艳荣,田锦编著. —西安:
西安电子科技大学出版社,2016.4
高等学校电子信息类"十三五"规划教材
ISBN 978 - 7 - 5606 - 4019 - 8

Ⅰ.① 电…　Ⅱ.① 朱…　② 曹…　③ 田…　Ⅲ.① 电子设备-可靠性工程-高等学校-教材
Ⅳ.① TN06

中国版本图书馆 CIP 数据核字(2016)第 023455 号

策　　划　李惠萍
责任编辑　李惠萍　杨珊
出版发行　西安电子科技大学出版社(西安市太白南路2号)
电　　话　(029)88242885　88201467　邮　编　710071
网　　址　www.xduph.com　　　　　电子邮箱　xdupfxb001@163.com
经　　销　新华书店
印刷单位　陕西大江印务有限公司
版　　次　2016年4月第1版　2016年4月第1次印刷
开　　本　787毫米×1092毫米　1/16　印张 19
字　　数　450千字
印　　数　3,000册
定　　价　36.00元
ISBN 978 - 7 - 5606 - 4019 - 8/TN
XDUP 4311001 - 1

前　言

随着现代化武器装备、通信系统、交通设施、工业自动化系统以及空间技术所使用的电子设备日趋复杂，使用环境的条件愈加恶劣，装置密度不断增加，对电子设备的可靠性也提出了更高要求。而电子设备可靠性工程是以电子产品为对象，旨在提高系统(或产品和元器件)在整个寿命周期内可靠性的一门有关设计、分析、试验的工程技术，该技术不仅在国防、航天、航空等尖端技术领域备受关注，在工业、民用电子等领域也同样得到重视，因此各行业迫切需要大量掌握现代电子设备可靠性知识的专门人才，亟待出现能满足电子信息行业可靠性需求的专门教材。为了适应形势与教学的需求，编者根据多年的教学和科研经验撰写了本书。

本书针对机械电子工程的特点，全面介绍了可靠性与维修性的基本概念，可靠性的主要数量特征，各种典型系统的可靠性模型及可靠度的计算，可靠性预计与分配，可靠性失效分析中常用的故障模式、影响及危害度分析、故障树分析等。结合机电产品的特点，本书介绍了机械可靠性设计、概率工程设计与一般机械设计的不同特点，以及电子元器件降额设计与动态设计、电子装备的热设计与电磁防护设计等可靠性设计技术。对可维修系统，本书则侧重于对马尔可夫维修系统的理论推证。对可靠性试验，本书主要介绍了抽样检验原理、寿命试验、可靠性增长试验与环境试验等。全书共分10章，将可靠性理论、数学基础和工程实际融为一体。为了巩固和加深读者对本书内容的理解，除第1章外，其余各章均附有例题与习题。

本书参考学时数为48~64学时。读者使用本书时，应具有概率论和机械设计的基本知识；教师可结合机械电子工程专业的特点，对本书内容进行合理裁减，以达到更好的教学效果。

本书第1、2、4、5、8、9、10章由朱敏波编写，第3、6章由曹艳荣编写，第7章由田锦编写。本书的部分插图和资料整理由研究生龚志诚、芮喜等人协助完成。

本书的出版得到了西安电子科技大学2013年度教材建设项目资金的资助。在编写过程中，编者借鉴了国内外的一些优秀教材及最新文献，在此向相关作者表示谢意！

由于编者水平有限，书中难免存在一些不妥之处，殷切希望广大读者批评指正。

编　者

2016 年 1 月于西安

目　　录

第1章　可靠性概论

1.1　可靠性的基本概念

"可靠性"这个概念早已为人们所熟知，它是衡量产品质量的一个重要指标。只有那些可靠性好的产品，才能在长期使用中发挥其良好的使用性能，从而赢得用户。随着科学技术的快速发展，在各个领域，尤其在国防、尖端技术等高科技领域，可靠性受重视的程度越来越高。美国"挑战者"号航天飞机失事、前苏联切尔诺贝利核电站泄漏等不可靠事件的发生，轰动全球，令人震惊；而1957年前苏联第一颗人造卫星发射成功、1969年美国阿波罗11号宇宙飞船载人登月又是运用可靠性技术获得成功的典范。这些事实进一步说明高新技术的发展更需要以可靠性技术为基础。

1.1.1　可靠性的定义和学习本课程的目的

1966年，美国军用标准 MIL－STD－721《可靠性维修性术语定义》中给出了最早的可靠性定义，即"产品在规定的条件下和规定的时间内完成规定功能的能力"。该定义已为世界各国的标准引用，我国1982年的国家标准中对可靠性的定义也与此相同。由于上述定义只反映了成功完成任务的能力，在实际应用中有局限性，于是，1980年美国按《国防重要武器系统采办指令》（DODD5000.40指令）颁布了 MIL－STD－785B《系统与设备研制的可靠性大纲》。在这个大纲中将可靠性分为任务可靠性和基本可靠性。任务可靠性定义为"产品在规定的任务剖面内完成规定任务的能力"，它说明了产品执行任务成功的概率，只统计危及任务成功的致命故障。基本可靠性定义为"产品在规定条件下，无故障的持续时间或概率"，它包括了全寿命单位的全部故障，也反映了产品维修人力和后勤保障等要求。我国1988年颁布的国家军用标准 GJB 450—88《装备研制与生产的可靠性通用大纲》已引用了这两种新的可靠性定义。按不同用途把可靠性概念分为两种，是对以往的可靠性工作实践经验的总结，也是对这一问题认识的深化，是可靠性工作的一个新的重要发展。

可靠性研究的对象是产品。所谓的产品是相当广泛的，可以是元器件、组件、零部件、机器、设备及各种系统。研究可靠性问题，不仅要明确具体的产品，而且还应明确它的内容和性质。若研究对象是一个系统，则不仅包括硬件，也应包括软件和人的判断、操作在内。

产品的可靠性与"任务剖面"、"规定条件"密切相关，所谓"任务剖面"、"规定条件"是指产品在执行任务期间或使用、储存、运输时的环境条件、使用条件、维护条件、承载条件及工作方式等，如温度、湿度、气压、风、沙、工业气体等气候条件，又如高山、海上、空中、室内、野外等地域条件。承载条件包括力学的、电学的、光学的等，工作方式可分为连续工作的或间断工作的。同一产品在不同条件下，它的可靠性是不同的。

产品的可靠性是时间的函数,与规定的使用期限关系密切。通常,元器件经过筛选和整机跑合后,产品的可靠性水平将有一个较长时间的稳定使用或储存阶段,在此之后,便随着时间的增长而降低。因此,对时间性的要求一定要明确。"规定的时间"是指产品的规定工作期限,可以用时间或其他相应指标(如里程、周期、次数等)来表示。

产品的"规定功能"就是产品的性能指标。一般来说,"完成规定功能"是指产品在规定的使用条件下能完成所规定的正常工作而不失效或指产品在规定的功能参数下运行。"规定功能"是指产品若干功能的全体,如电阻器的阻值、功率、精度,晶体管的放大倍数、反向漏电电流等,计算机的运算速度、字长、容量、指令数,雷达的探测距离、分辨力、测角测速精度、频率范围、脉冲峰值、功率、跟踪精度,通信机的频率范围、输出功率、通信距离、调制度、信道、保密性、兼容性等。

在清楚产品应有的功能的同时,还应明确产品丧失功能(失效)的判别准则。可修复的产品失效称为故障。产品的功能有主次之分,故障也有主次之分。有时,次要故障不影响产品的主要功能,所以也不影响完成主要功能的可靠性。

可靠度是可靠性的数量指标。将数理统计与概率论引入可靠性研究中,使得可靠性研究进入定量阶段,才有现今的可靠性工程的发展。

产品运行时的可靠性称为工作可靠性,它包括固有可靠性和使用可靠性。固有可靠性指在生产过程中已经确立了的可靠性,是产品的内在可靠性,它与产品的材料、设计、制造工艺及检测精度等有关。使用可靠性与产品的使用条件相关,受使用环境、操作水平、维修保养及使用者的素质等因素的影响。

学习本课程的目的是:掌握可靠性的基本概念、原理和计算方法等基本知识;结合工程实际,掌握可靠性基本理论和分析解决工程实际问题的基本方法;初步了解可靠性试验的类型、试验方案设计的基本方法以及可靠性维修的基本知识,为进行电子设备可靠性工程进一步研究和实际应用打下基础。

1.1.2　可靠性理论的研究领域

可靠性问题的研究是从第二次世界大战开始的。据有关统计,当时雷达系统中的电子设备,只有 30% 的时间能有效工作,这迫使人们开展对可靠性的正规研究。在科学实验、生产实践及日常生活各个方面,可靠性理论都具有重大意义。可靠性理论形成了以下三个重要领域或三个独立学科。

1) 可靠性数学

可靠性数学是研究可靠性的理论基础。它着重研究解决各种可靠性问题的数学方法及数学模型,研究可靠性的定量问题;主要数学手段有概率论、数理统计、随机过程、运筹学、拓扑学等数学分支;应用于数据收集、数据分析、系统设计及寿命实验中。

2) 可靠性物理

可靠性物理又称为失效物理。它从机理、失效本质方面研究产品的不可靠因素,研究失效的物理原因与数学物理模型、检测方法及纠正措施等,如研究机械零件的疲劳损伤、裂纹的形成和扩展规律等,从而为研制、生产高可靠性产品提供理论依据。

3) 可靠性工程

可靠性工程是指为了达到产品可靠性要求而进行的有关设计、试验和生产等一系列工作。可靠性工程包括对零件、部件、装备和系统等产品的可靠性数据的收集、分析。可靠性设计、预测、试验、管理、控制和评价，是系统工程的重要分支。

1.1.3　电子设备可靠性工程的特点

电子设备可靠性工程是研究电子产品可靠性的评价、预测、分析和提高可靠性的技术。电子产品包括电子元件、器件、设备和系统，1970 年以后又包括了软件系统。可靠性工程应用概率论和数理统计方法研究产品故障时间分布、分布类型和分布参数，从而提出一系列评价产品可靠性特征的指标、计算和试验方法，解决产品在研制、设计、制造、试验和使用各阶段可靠性保证的工程应用问题。可靠性分析和预测研究设备、系统可靠度和有效度的分析、预测理论和方法，以及应力条件等各种因素对产品可靠性的影响，对于电子元件、器件，是应用失效物理学对影响产品失效的物理、化学过程进行定性、定量分析，确定这些过程与应力和时间等各种因素的依赖关系，并鉴定证实其失效模式和失效机理，为改进和提高产品可靠性提供依据。

机电一体化电子设备是电子、机械、光学、声学、控制理论等有机结合的电子设备或系统，例如雷达天线及其伺服系统、计算机、飞机、宇宙飞船、洲际导弹、卫星及发射系统等。它们都具有电子系统、机械系统、光学系统等，因而其可靠性具有复杂性与特殊性，需要综合机械、电子、光学等各个方面，不仅要计算电子元器件及其组成的电子线路方面的可靠性，还要考虑机械刚度、强度、精度、密度以及腐蚀和内应力造成的变形对可靠性的影响。

严格讲，当代任何设备或仪器、系统必然是机、电、光结合的。因此，机、电、光的综合系统的可靠性研究，是一个亟待发展的重要课题。

1.1.4　产品质量、费用与可靠性的关系

当代的质量观念，既重视产品"符合规定要求"的"符合性"要求，更强调产品的"适用性"要求，也就是说，只有产品在使用时能成功地适合需要才是高质量的。需要是多方面的，所以产品质量是产品满足规定或潜在需要特性的总合。一个好的产品不仅要具备所需要的性能(固有能力)，而且还要能长期保持其性能，在使用中无故障、少故障，出现故障易修理，功能恢复迅速，使用安全，易于保障。产品的质量包括产品的性能、可靠性、维修性、安全性、适应性、经济性及时间性。性能、可靠性(含维修性)、安全性和适应性是产品的内在质量特性，经济性和时间性则是产品的外延特性。所以，可靠性是产品的基本质量指标之一，是产品质量的重要组成部分。只有当产品引进了可靠性指标后，才能与产品的其他质量指标一起，对产品的质量作出全面的评定。

可靠性指标与其他质量指标(技术性能)既有联系又有区别。可靠性是"用时间尺度来描述质量"的指标，它反映在使用条件下产品质量的时间效应，即：对一批产品，使用到一定时间时，产品不出故障的百分比；对同一件产品，使用到一定时间时不出故障的百分比。产品的可靠性数据是对以往相同产品进行大量试验和现场调查，再进行统计估算获得的；而技术性能指标则说明该产品在出厂时的质量状态，它可通过各种仪器直接测出来。若产

品不可靠，技术性能再好也得不到发挥；若产品的技术性能低劣，它的可靠性肯定也很差。

从经济的观点来看，为了减少维修费用，提高产品的利用率，提高产品的可靠性是非常必要的。但可靠性与总的消耗费用要受到产品的设计和生产费用、使用费用及维修费用的制约，应综合考虑，优化选择。从图 1-1 可以看出，在 A 点前，提高产品可靠性可以有效地减少维修费用，而为了提高可靠性，设计和生产费用当然也会有所增加，总费用呈下降趋势；在 A 点后，再提高可靠性，需采取特殊措施，必然使设

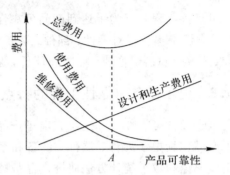

图 1-1 可靠性与费用的关系

计和生产费用迅速上升，使用费用、维修费用虽然继续下降，但总的费用呈上升趋势。显然，A 点附近是优选区域。

1.2 可靠性技术发展简介

可靠性技术的发展始于第二次世界大战，概括起来可分为三个阶段。

第一阶段（从 20 世纪 40 年代至 1957 年）是可靠性研究起步阶段。美国的可靠性研究最早，早期研究重点放在故障率很高的电子管方面，在研究电子管电性能的同时，注重其耐振、耐冲击等可靠性的研究。1942 年美国麻省理工学院对真空管的可靠性进行了深入研究。1952 年美国成立了电子设备可靠性顾问团（Advisory Group on Reliability of Electronic Equipment，AGREE），该团由科学、技术、生产和经营方面的权威人士组成，对电子产品的设计、试制、生产、试验、储存、运输、使用等各个方面的可靠性问题都进行了全面的调查研究，并于 1957 年 6 月发表了《军事电子设备的可靠性》报告。该报告全面论述了产品在各环节中的可靠性问题，较完整地介绍了可靠性的理论基础及研究方法，为可靠性的研究和发展奠定了基础。

第二阶段（从 1957 年至 1962 年）是制定军用规格、标准，进行统计试验阶段。此阶段建立了可靠性标准体系基础，并对可靠性环境试验到生产过程进行全面质量管理。20 世纪 60 年代以来，空间科学与宇航技术的发展，提高了可靠性的研究水平，扩展了其研究范围，并取得了可喜的成果。日本、英国、前苏联也都开始了对可靠性理论及应用的研究，对可靠性的研究已经由电子、航空、宇航、核能等尖端部门扩展到电机、电力、机械、动力、土木等各个领域。

1958 年日本科学技术联盟设立了可靠性研究委员会。

1962 年美国召开了第一届可靠性与可维修性会议（此后每年举行一次）。同年美国还召开了第一届电子设备故障物理学术会议（以后也是每年举行一次）。这些会议的成果将可靠性的研究扩展到对可维修性的研究，并深入到了解产生故障的机理方面。这一年，英国出版了《可靠性与微电子学》杂志。法国国立通讯研究所也在这一年成立了"可靠性中心"，进行数据的收集与分析。

第三阶段（1968 年以后）是可靠性保证阶段，即全面实现以可靠性为中心的管理阶段。该阶段形成了一套较完善的可靠性设计、试验和管理标准，如 MIL - HDBK - 217《电子设

备可靠性预计手册》、MIL－STD－781《工程研制、鉴定和产品可靠性试验》和 MIL－STD－785《系统与设备的可靠性大纲要求》。在新一代装备的研制中，都不同程度地制订了较完善的可靠性大纲，规定了定量的可靠性要求，进行可靠性分配及预计，开展故障模式及影响分析(FMEA)和故障树分析(FTA)，采用余度设计，开展可靠性鉴定试验、验收试验和老练试验，进行可靠性评审等，使电子设备的可靠性有了大幅度提高。在这个阶段，日本全面引入美国的可靠性技术，推行全面质量管理，获得了巨大效益，使其产品在世界市场上占据重要地位。

提高产品的可靠性已成为当今提高产品质量的关键。可以预见，今后只有那些高可靠性的产品及其企业，才能在竞争日益激烈的世界上生存下来。现代生产中，已将可靠性技术贯穿于产品的开发、设计、制造、试验、使用、运输、储存、保管和维修保养之中。进行可靠性设计，能有效地利用材料，减少加工工时，得到体积小、重量轻的产品。因此，国外已把可靠性研究工作提高到节约能源的高度来认识。

近半个世纪的可靠性技术的发展，可概括成如下几个方面：

(1) 从重视产品性能、轻视可靠性，转变为树立可靠性、费用及性质同等重要的概念，实现了观念转变。

(2) 从单个可靠性参数指标发展到多个参数和指标，建立了完善的可靠性参数和指标体系。

(3) 在电子元器件方面，从电子管失效机理的研究发展到对超高速集成电路的研究，使电子元器件可靠性以每年平均约 20% 的速度在提高。

(4) 从电子设备的可靠性研究发展到重视机械设备、光电设备及非电子设备的可靠性研究，以全面提高产品的可靠性。

(5) 从只重视硬件可靠性研究发展到硬件、软件并举，以确保大型复杂系统的可靠性。

(6) 从重视可靠性宏观统计试验发展到强调微观分析、重视可靠性工程试验，以便更准确地确定产品的故障模式、可靠性及寿命。

(7) 从定性的可靠性分析设计发展到计算机辅助定量分析，大大提高了可靠性设计水平。

(8) 从以固有值作为产品的可靠性指标发展到以使用值作为指标，确保产品在使用条件下具有规定的可靠性水平。

(9) 从分散、部门管理发展到统一、集中的可靠性领导机构管理，完善了管理体系。

我国的可靠性工程起步于 20 世纪 60 年代，到 80 年代才有所发展，并取得了不少成就。

随着科学技术的进步，系统、设备日益复杂化，使用环境日趋恶劣，提高产品的可靠性、维修性已势在必行，未来产品会对可靠性和维修性提出更高要求。因此，国家及各部门都十分重视这一工作。

1980 年以来，我国颁布了一系列有关可靠性方面的国家标准和国家军用标准、规范等，形成了法规性文件，对推动与可靠性和维修性相关的各项活动的法制化、规范化起到了重要作用。

在对现役设备、武器装备延长寿命和维修方法改革方面，以及在对新研制设备进行可靠性设计、加工、管理等方面，我国由于运用了可靠性理论，均取得了显著的社会效益和经济效益。我国的可靠性信息系统建设发展迅速,尤其是在航天和航空领域中实行了质量监控,使系统及设备的可靠性得到增长。

我国的可靠性基础研究及学术活动十分活跃,为推动我国的可靠性理论发展做出了贡献。

由于起步晚,基础薄弱,我国的可靠性技术水平与世界先进水平相比差距甚大。为赶超世界先进水平,迅速提高我国的可靠性和维修性技术和管理水平,还需要不懈的努力。

1.3 电子设备可靠性与维修性的基本内容

1.3.1 可靠性工作的基本内容与特点

可靠性工作是一个复杂的系统工程,是根据可靠性工程学基本理论,为提高产品可靠性,对人-机-环境进行综合研究与控制的工程。

可靠性工作包括可靠性工程技术与可靠性管理两个方面。一切可靠性工程技术活动都应在可靠性管理之下去规划、组织、协调、控制与监督。因此,可靠性管理在可靠性活动中应处于领导与核心地位。

可靠性的具体工作内容可参见国家军用标准 GJB 450《装备研制与生产的可靠性通用大纲》中的可靠性工作项目实施表进行,如表 1-1 所示。

可靠性工作应该贯穿于产品寿命的全过程,它与产品的设计、制造、使用、维护、管理、人员因素和环境状况密切相关。设计、制造决定了产品的"固有可靠性",使用、维护则能保持"使用可靠性"。因此,为提高电子设备的可靠性,需采取综合性措施。

表 1-1 可靠性工作项目实施表(引自 GJB 450)

工作项目	类型	研制生产阶段			
		战术技术指标论证阶段	方案论证及确认阶段	工程研制阶段	生产阶段
制定可靠性工作计划	管理	△	△	√	√
对转承制方和供应方的监督和控制	管理	△	△	√	√
可靠性大纲评审	管理	△	△①	√①	√①
建立故障报告、分析和纠正措施系统	工程	×	△	√	√
故障审查及组织	管理	×	△①	√	√
建立可靠性模型	工程	△	△①	√①	O①
可靠性分配	计算	△	√	√	O①
可靠性预计	计算	△	△①	√①	O①
故障模式、影响及危害度分析	工程	△	△①	√①	O①
潜在电路分析	工程	×	×	√①	O①
电子元器件和电路的容差分析	工程	×	×	√	O

工作项目	类型	研制生产阶段			
		战术技术指标论证阶段	方案论证及确认阶段	工程研制阶段	生产阶段
制定元器件大纲	工程	△	△①	√①	O①
确定可靠性关键件和重要件	管理	△①	△①	√	√
确定功能测试、包装、储存、装卸、运输、维修对可靠性的影响	工程	×	△①	√	O
环境应力筛选	工程	×	△	√	√
可靠性增长试验	工程	×	△①	√①	×
可靠性鉴定试验	计算	×	△①	√①	√①
可靠性验收试验	计算	×	×	△	√①

符号说明：管理——可靠性管理；工程——可靠性工程；计算——可靠性计算；√——适用；O——仅设计更改时适用；△——根据需要选用；×——不适用。

① 要综合考虑费用效益或其他标准要求后确定。

1.3.2　产品各阶段的可靠性工作

产品的可靠性工作阶段可划分为论证阶段、方案阶段、工程研制阶段、设计定型阶段和生产定型阶段，共五个阶段。

1. 论证阶段

此阶段应根据设备的使命、对象确定设备特点和使用要求，同时也应该提出可靠性与维修性的定性要求。

根据设备的特点与使用要求确定其寿命剖面和任务剖面，同时也要确定设备的使用环境剖面，这些条件是确定可靠性与维修性定量指标、可靠性与维修性指标验证方法及方案，以及确定可靠性与维修性保证大纲、可靠性设计准则与规范，进行可靠性与维修性设计评审及确定工程制造的可靠性保证工艺等的依据。

可靠性与维修性定量指标包括系统（设备）完好性、任务成功性、平均维修时间（MTTR）的定量要求、平均故障间隔时间（MTBF）的定量要求及维修人力费用和后勤保障费用等。同时，在论证阶段应拟制出可靠性与维修性指标要求及其依据的分析报告。

在形成初步技术指标与可靠性指标后，需进行可靠性与维修性指标及实现的可行性论证，包括：对可靠性与维修性指标体系、指标要求的必要性进行论证；对可靠性与维修性指标的可行性进行论证；对相似设备的比较及达到可靠性与维修性指标的途径、方法、措施等进行论证。

针对论证所确定的技术指标，应制定出验证方法及要求。同样，对可靠性与维修性指标的论证，也应拟定出验证方法及要求，如可靠性与维修性试验大纲、可靠性与维修性试验计划、可靠性与维修性鉴定与验收试验方案、可靠性试验参数、失效判据、失效分析与处理等，都应列入产品研制任务书或合同中。

论证后，应提出初步的设计方案及满足可靠性与维修性要求的可靠性方案构思，如方案简化设计、技术成熟性方案设计、冗余方案及系统环境适应性方案设计、系统功能框图及可靠性框图等。在该过程中还必须对设备技术性能、可靠性与维修性进行权衡和评审。

2. 方案阶段

在此阶段，按我国国家军用标准 GJB 450《装备研制与生产的可靠性通用大纲》及 GJB 841《故障报告、分析和纠正措施系统》的规定，产品设计师必须提出产品的故障报告、分析与纠正措施，简称 FRACAS，其目的是及时发现故障和故障原因，经过认真分析制定和实施有效的纠正措施，防止再出故障，以改善和提高产品的可靠性和维修性。此项工作应贯穿于产品的全寿命周期中。

在初步方案构思的基础上，拟定较为详细的设计方案，并进行技术方案论证、可靠性与维修性方案论证。可靠性与维修性论证报告内容包括：可靠性和维修性与经济性、技术性的综合论证及择优方案，能满足合同要求的可靠性与维修性指标的优化方案，后勤保障系统、维修等级及其他约束条件的最佳构成方案及由于采用新技术对可靠性与维修性影响的风险，寿命周期费用的综合权衡方案及完成规定功能的优化方案等。

经过论证确立了设计方案，也就确立了系统的模型，为建立可靠性模型打下了基础。建立可靠性模型是可靠性工程的重要工作之一，为可靠性指标的预计和分配、可靠性设计及可靠性分析做好了准备。

3. 工程研制阶段

工程研制阶段主要进行技术设计，为设计定型做准备。对于大型复杂产品，为了减小研制与生产的风险，通常增加样机的研制与性能试验、环境适应性试验及可靠性摸底试验。对于不进行试验样机研究的产品，应加强对方案中的关键技术进行研究。可靠性与维修性的关键设计与分析研究工作包括：电路动态设计，电路环境适应性设计，软件可靠性设计，电路容差分析，潜在电路分析，失效模式、影响及致命度分析(简称 FMECA)，故障树分析(简称 FTA)，计算机辅助设计，元器件可靠性应用研究，关键、主要件制造工艺研究等。

研制阶段中制定可靠性与维修性保证大纲、质量保证大纲和元器件大纲是一项重要的工作。制定可靠性与维修性保证大纲主要是在研制阶段，尤其是在技术设计中实施；质量保证大纲则主要是在制造过程中进行质量控制。

随着产品研制的进展，需要不断对这三个大纲进行修订、补充和完善。随着产品的研制过程，可靠性模型也将不断被修改、完善与细化。

系统可靠性模型是可靠性与维修性指标分配、预计与分析的基础，模型建立得越正确、越详细，对可靠性与维修性指标分配、预计与分析得就越准确。

同时，此阶段需将系统构成模型进行分解，落实到分系统及单元中，即开展技术设计，确保达到系统的性能指标。

4. 设计定型阶段

产品设计定型是对产品性能进行全面考核的主要形式，以确认其达到研制任务书的要求。该阶段也是实施可靠性试验和可靠性增长管理的主要阶段。其主要工作有：设计定型样机、定型样机制造、技术鉴定试验、技术设计审查和设计定型评审。

5．生产定型阶段

生产定型是在批量生产条件下进行全面考核的主要形式，用以确认其符合批量生产的标准。通过小批量生产、验收试验及使用后才能进行生产定型。

机电一体化的电子设备产品，通常可按电子电路系统、机械系统、光学系统分别处理。电子电路及电子元器件的失效分布通常遵循指数分布，利用已有的同样环境和使用条件的失效数据进行可靠性分析与预测。

对机械系统，则应根据长期积累的故障教训，制定出不同情况下的设计准则。只要遵守这些设计标准和准则设计机械系统，就能间接地得到可靠性保证。

第 2 章   可靠性的主要数量特征

前面介绍了可靠性的定性的概念，在工程中只有定性的概念是不够的，还必须有定量的参数，用来表示可靠性水平的高低，以便在用户和生产方签订合同时提出和商定适当的可靠性指标。生产方在设计时将可靠性指标设计到产品中，奠定产品的固有可靠性，并在生产中通过各种手段来保证产品的固有可靠性。可靠性指标使生产方在设计阶段就可以预计产品是否能满足用户要求，缩短研制周期，并且可以预计维修周期、维修所需的备件等。

定量表示可靠性水平的参数通常又叫做可靠性特征量。

对于不可维修产品来说，可靠性特征量有可靠度、不可靠度、失效率、失效概率密度、平均寿命和可靠寿命等；对可维修产品来说，可靠性特征量除上述几种外还有维修度、维修率、维修密度、平均维修时间和可用度等。

本章将介绍可靠性主要特征量的概念和计算方法，以及可靠性主要特征量之间的关系。

2.1 可靠性特征量

2.1.1 可靠度与不可靠度

可靠度(reliability)是产品在规定的条件下和规定的时间内，完成规定功能的概率。一般将可靠度记为 R，它是时间 t 的函数，故也记为 $R(t)$，称为可靠度函数。就概率分布而言，它又叫可靠度分布函数，且是累积分布函数。它表示在规定的使用条件下和规定的时间内，无故障地发挥规定功能而工作的产品占全部工作产品(累积起来)的百分率。因此可靠度 R 或 $R(t)$ 的取值范围为

$$0 \leqslant R(t) \leqslant 1 \qquad (2-1)$$

若"产品在规定的条件下和规定的时间内，完成规定功能"这一事件 E 的概率以 $P(E)$ 表示，则可靠度作为描述产品正常工作时间(寿命)T 这一随机变量的概率分布可写成

$$R(t) = P\{E\} = P\{T \geqslant t\} \qquad 0 \leqslant t \leqslant \infty \qquad (2-2)$$

对于不可修复的产品，可靠度的观测值是指直到规定的时间，能完成规定功能的产品数与在该区间开始时刻投入工作的产品数之比，即

$$R(t) \approx \frac{N_s(t)}{N} = 1 - \frac{N_f(t)}{N} \qquad (2-3)$$

式中：N 为开始时刻投入工作产品数；$N_s(t)$ 为到 t 时刻完成规定功能产品数，即残存数；$N_f(t)$ 为到 t 时刻未完成规定功能产品数，即失效数。

与可靠度相对应的有不可靠度，表示产品在规定的条件下和规定的时间内不能完成规定功能的概率，因此又称为累积失效概率，记为 F。累积失效概率 F 也是时间 t 的函数，故又称为累积失效概率函数或不可靠度函数，记为 $F(t)$。

因为完成规定功能与未完成规定功能是对立事件，按概率互补定理可得

$$R(t)+F(t)=1 \tag{2-4}$$

$$F(t)=1-R(t)=P\{T\geqslant t\} \tag{2-5}$$

对于不可修复产品累积失效概率 $F(t)$ 为

$$F(t)\approx\frac{N_{\mathrm{f}}(t)}{N} \tag{2-6}$$

例 2 - 1　某零件(轴承)50 个在恒定载荷条件下运行，观测结果如表 2 - 1 所示。试求 $t=100$ h 和 $t=400$ h 时的可靠度观测值及累积失效概率。

表 2 - 1　某零件(轴承)运行记录

时间 t/h	10	25	50	100	150	250	350	400	500	600	700	1000	1200	1500	2000	3000
失效数/只	4	2	3	7	5	3	2	2	0	0	0	0	1	1	0	1
累积失效数 N_{f}/只	4	6	9	16	21	24	26	28	28	28	28	28	29	30	30	31
仍正常工作数 N_{s}/只	46	44	41	34	29	26	24	22	22	22	22	22	21	20	20	19

解　根据表 2 - 1 可以算出 $t=100$ h 时的可靠度观测值：

$$R(100)\approx\frac{N_{\mathrm{s}100}}{N}=\frac{34}{50}=0.68$$

$t=400$ h 时的可靠度观测值：

$$R(400)\approx\frac{N_{\mathrm{s}400}}{N}=\frac{22}{50}=0.44$$

根据表 2 - 1 可知，$t=100$ h 时的累积失效概率为

$$F(100)\approx\frac{N_{\mathrm{f}100}}{N}=\frac{16}{50}=0.32$$

$t=400$ h 时的累积失效概率为

$$F(400)\approx\frac{N_{\mathrm{f}400}}{N}=\frac{28}{50}=0.56$$

2.1.2　失效概率密度函数

失效概率密度函数 $f(t)$ 是累积失效概率 $F(t)$ 的导数，可用下式表示：

$$f(t)=\frac{\mathrm{d}F(t)}{\mathrm{d}t}=-\frac{\mathrm{d}R(t)}{\mathrm{d}t} \tag{2-7}$$

设 N 为受试产品总数，ΔN 是时刻 t 到 $t+\Delta t$ 时间间隔内产生的失效产品数，即当 N 足够大，Δt 足够小时，$f(t)$ 可用下式表示：

$$f(t)\approx\frac{\Delta N(t)}{N\cdot\Delta t}\quad\text{或}\quad f(t)\approx\frac{1}{N}\cdot\frac{\mathrm{d}N}{\mathrm{d}t} \tag{2-8}$$

它表示 t 时刻的单位时间的失效(故障)概率。

由式(2-7)得出：

$$F(t) = \int_0^t f(t)\,\mathrm{d}t \tag{2-9}$$

而产品的可靠度则为

$$R(t) = 1 - F(t) = 1 - \int_0^t f(t)\,\mathrm{d}t = \int_t^\infty f(t)\,\mathrm{d}t \tag{2-10}$$

可见，研究 $R(t)$ 可以从它的对立面 $F(t)$ 着手，而研究 $F(t)$ 又可以从 $f(t)$ 着手。以后将根据 $f(t)$ 的不同类型（从而 $F(t)$ 也有不同类型）进行讨论。

2.1.3 失效率

失效率(failure rate)又称为故障率，其定义为：工作到某时刻 t 时尚未失效(故障)的产品，在该时刻 t 以后的下一个单位时间内发生失效(故障)的概率。失效率的观测值即为"在某时刻 t 以后的下一个单位时间内失效的产品数与工作到该时刻尚未失效的产品数之比"。

设有 N 个产品，从 $t=0$ 开始工作，到时刻 t 时产品的失效数为 $n(t)$，而到时刻 $t+\Delta t$ 时产品的失效数为 $n(t+\Delta t)$，即在 $[t, t+\Delta t]$ 时间区间内有 $\Delta N(t)=n(t+\Delta t)-n(t)$ 个产品失效，当 N 足够大，Δt 足够小时，产品在时间区间 $[t, t+\Delta t]$ 内的失效率为

$$\lambda(t) \approx \frac{n(t+\Delta t)-n(t)}{[N-n(t)] \cdot \Delta t} = \frac{\Delta N(t)}{\Delta t} \cdot \frac{1}{N-n(t)} \tag{2-11}$$

因失效率 $\lambda(t)$ 是时间 t 的函数，故又称 $\lambda(t)$ 为失效率函数。

在可靠性实践中，对于使用者来说，有时更关心的是正常工作的产品到 t 时刻后的单位时间内有多少百分比的产品会失效，正如大家习惯用出生率、死亡率、发病率等统计指标分别表示人类的生长、死亡及发病程度一样。在可靠性工作中，经常用"失效率"这个概念来表征产品发生故障的程度。

由式(2-11)得出

$$\lambda(t) \approx \frac{\Delta N(t)}{\Delta t} \cdot \frac{1}{N(1-n(t)/N)} = f(t) \cdot \frac{1}{1-F(t)} = \frac{f(t)}{R(t)} \tag{2-12}$$

这是失效率与失效概率密度及可靠度函数之间的关系。

从式(2-10)求导数得

$$R'(t) = -f(t)$$

即

$$f(t) = -R'(t)$$

将上式代入式(2-12)得

$$\lambda(t) = -\frac{R'(t)}{R(t)} = -[\ln R(t)]' = -\frac{\mathrm{d}\ln R(t)}{\mathrm{d}t} \tag{2-13}$$

将上式积分：

$$-\int_0^t \lambda(t)\,\mathrm{d}t = \ln R(t)$$

得

$$R(t) = \exp\left[-\int_0^t \lambda(t)\,\mathrm{d}t\right] \tag{2-14}$$

将式(2-14)代入式(2-12)得

$$f(t) = \lambda(t) \cdot R(t) = \lambda(t) \cdot \exp\left[-\int_0^t \lambda(t)\mathrm{d}t\right] \qquad (2-15)$$

上式给出了故障密度与故障强度，即失效密度与失效率之间的关系。当给出失效率函数 $\lambda(t)$ 之后，便可由式(2-14)求得可靠度 $R(t)$，再由式(2-12)求得 $f(t)$，而累积失效分布函数 $F(t)$ 也可由可靠度函数求得。

例 2-2　有 5000 只晶体管，工作到 1000 h 时累积失效 50 只，工作到 1200 h 时累积失效为 61 只，试求该产品在 $t=1000$ h 时的失效率。

解　由于 $N_f(1200)=61$，$N_f(1000)=50$，由式(2-12)得

$$\lambda(1000) \approx \frac{61-50}{(5000-50)\cdot(1200-1000)} \approx 1.11 \times 10^{-5}(\mathrm{h}^{-1})$$

例 2-3　某产品工作到 50 h 时，还有 100 个产品仍在正常工作，但工作到 51 h 时，失效了 1 个，在第 52 h 内失效了 3 个，试求该产品在 $t=50$ h 及 $t=51$ h 时的失效率。

解

$$\lambda(50) \approx \frac{1}{100(51-50)} = \frac{1}{100} = 1\% \ (\mathrm{h}^{-1})$$

$$\lambda(51) \approx \frac{3}{(100-1)(52-51)} = \frac{3}{99} = 3.03\% \ (\mathrm{h}^{-1})$$

失效率是产品可靠性常用的数量特征之一，失效率越高，则可靠性越低。通常可以采用每小时或每千小时的百分比来作为产品失效率的单位，但对目前具有高可靠性要求的产品来说，就需要采用更小的失效率单位来作为产品失效率的基准单位。如某地缆通信工程要求其无人增音机的失效率不超过 1142 菲特；某海缆通信工程要求其无人增音机的失效率不超过 132 菲特。菲特(failure unit，Fit)这一单位的数量概念是：

$$1 \text{ 菲特} = 1 \times 10^{-9} \ \mathrm{h}^{-1} = 1 \times 10^{-6} \ \mathrm{kh}^{-1}$$

它表示 10^9 元件小时内只有 1 个元件失效，或 1000 h 内元件失效数为 10^{-6}。

例如电阻失效率为 $2 \times 10^{-7} \ \mathrm{h}^{-1}$，即在 10^7(1000 万个)元件小时内，只有 2 个电阻失效，或者说在 1000 h 内失效数为 0.02%。

又如某机年损耗率为 1%，其 $\lambda = 1\%/(8760 \text{ h}) = 1142 \times 10^{-9} \ \mathrm{h}^{-1} = 1142 \ \mathrm{Fit}$(菲特)。

为了区别各种产品的失效率水平，当产品的失效率为常数时，常常把产品的失效率分为若干等级。按目前标准化的规定，可以将电子元器件的失效率分成七个等级(还可参看美军标准)：

亚五级(Y)：$1 \times 10^{-5} \ \mathrm{h}^{-1} \leqslant \lambda < 3 \times 10^{-5} \ \mathrm{h}^{-1}$；

五级(W)：$0.1 \times 10^{-5} \ \mathrm{h}^{-1} \leqslant \lambda < 1 \times 10^{-5} \ \mathrm{h}^{-1}$；

六级(L)：$0.1 \times 10^{-6} \ \mathrm{h}^{-1} \leqslant \lambda < 1 \times 10^{-6} \ \mathrm{h}^{-1}$；

七级(Q)：$0.1 \times 10^{-7} \ \mathrm{h}^{-1} \leqslant \lambda < 1 \times 10^{-7} \ \mathrm{h}^{-1}$；

八级(B)：$0.1 \times 10^{-8} \ \mathrm{h}^{-1} \leqslant \lambda < 1 \times 10^{-8} \ \mathrm{h}^{-1}$；

九级(J)：$0.1 \times 10^{-9} \ \mathrm{h}^{-1} \leqslant \lambda < 1 \times 10^{-9} \ \mathrm{h}^{-1}$；

十级(S)：$0.1 \times 10^{-10} \ \mathrm{h}^{-1} \leqslant \lambda < 1 \times 10^{-10} \ \mathrm{h}^{-1}$。

2.1.4　平均寿命

在产品的寿命指标中，最常用的是平均寿命。平均寿命(mean life)是产品寿命的平均

值，而产品的寿命则是它的无故障工作时间。

平均寿命这个词对于不可修复（失效后无法修复或不修复，仅进行更换）的产品和可修复（发生故障后经修理或更换零件即恢复功能）的产品，含义有别。

对于不可修复的产品，其寿命是指它失效前的工作时间。因此，平均寿命就是指该产品从开始使用到失效前的工作时间（或工作次数）的平均值，或称为失效前平均时间，记为MTTF（mean time to failure）。其计算公式为

$$MTTF \approx \frac{1}{N} \sum_{i=1}^{N} t_i \qquad (2-16)$$

式中：N 为测试的产品总数；t_i 为第 i 个产品失效前的工作时间，单位为 h。

对于可修复的产品，其寿命是指相邻两次故障间的工作时间。因此，它的平均寿命即为平均无故障工作时间或称为平均故障间隔，记为 MTBF（mean time between failures）。其计算公式为

$$MTBF \approx \frac{1}{\sum_{i=1}^{N} n_i} \sum_{i=1}^{N} \sum_{j=1}^{n_i} t_{ij} \qquad (2-17)$$

式中：N 为测试的产品总数；n_i 为第 i 个测试产品的故障数；t_{ij} 为第 i 个产品从第 $j-1$ 次故障到第 j 次故障的工作时间。

MTTF 与 MTBF 的理论意义和数学表达式的实际内容都是一样的，故通称为平均寿命。这样，如果从一批产品中任取 N 个产品进行寿命试验，得到第 i 个产品的寿命数据为 t_i，则该产品的平均寿命 θ 为

$$\theta \approx \frac{1}{N} \sum_{i=1}^{N} t_i \qquad (2-18)$$

或表达为

$$\theta \approx \frac{\text{所有产品总的工作时间}}{\text{总的故障次数}} \qquad (2-19)$$

若产品总体的失效密度函数 $f(t)$ 已知，则根据概率论与数理统计关于均值（数学期望）$E[x]$ 的定义知 $E[x] = \int_{-\infty}^{\infty} x f(x) \mathrm{d}x$，考虑到时间的积分范围应为 $0 \leqslant t < \infty$，故有

$$\theta = E[t] = \int_{0}^{\infty} t f(t) \mathrm{d}t \qquad (2-20)$$

通过分部积分可以求得

$$\theta = \int_{0}^{\infty} R(t) \mathrm{d}t \qquad (2-21)$$

例 2-4 某种电子设备共 18 台，从开始使用到发生初次失效时间数据（单位：h）为 16，29，50，68，100，130，140，190，210，270，280，340，410，450，520，620，800，1100，求 18 台电子设备的平均寿命。

解 $$N=18, \sum_{i=1}^{N} t_i = 16+29+\cdots+1100 = 5723 \text{ (h)}$$

$$\theta \approx \frac{5723}{18} = 318 \text{ (h)}$$

318 h 即为 18 台电子设备的平均寿命。

2.1.5　寿命方差和寿命均方差（标准差）

平均寿命是一批产品中各个产品的寿命的算术平均值，它只能反映这批产品寿命分布的中心位置，而不能反映各产品寿命 t_1，t_2，$\cdots$，t_n 与此中心位置的偏离程度。寿命方差和寿命均方差（或称标准差、标准偏差、标准离差）就是用来反映产品寿命离散程度的特征值。

当产品的寿命数据 $t_i(i=1,2,\cdots,N)$ 为离散型变量时，平均寿命 θ 可按式（2-18）计算。由于产品寿命的偏差 $t_i-\theta$ 有正有负，因而采用其平方值 $(t_i-\theta)^2$ 来反映，所以，一批数量为 N 的产品（母体）的寿命方差为 $D[(t)]$，即

$$D[t]=[\sigma(t)]^2\approx\frac{1}{N}\sum_{i=1}^{N}(t_i-\theta)^2 \qquad (2-22)$$

寿命均方差（标准差）$\sigma(t)$ 为

$$\sigma(t)\approx\sqrt{\frac{1}{N}\sum_{i=1}^{N}(t_i-\theta)^2} \qquad (2-23)$$

式中：N 为该母体取值的总次数；θ 为测试产品的平均寿命；t_i 为第 i 个测试产品的实际寿命。

对于小样本（即 N 数值较小）来说，其寿命方差和均方差（标准差）分别为

$$s^2\approx\frac{1}{N-1}\sum_{i=1}^{N}(t_i-\theta)^2 \qquad (2-24)$$

$$s\approx\sqrt{\frac{1}{N-1}\sum_{i=1}^{N}(t_i-\theta)^2} \qquad (2-25)$$

连续型变量的总体寿命方差可由失效概率密度函数 $f(t)$ 直接求得，即

$$D[t]=[\sigma(t)]^2=\int_0^{\infty}(t-\theta)^2\cdot f(t)\mathrm{d}t \qquad (2-26)$$

式中：$\sigma(t)$ 为寿命均方差或标准差。

例 2-5　求例 2-4 中 18 台电子设备的初次失效时间的寿命方差和寿命的标准偏差。

解　式（2-24）可以简化为

$$s^2\approx\frac{1}{N-1}\left[\sum_{i=1}^{N}t_i{}^2-\frac{1}{N}\left(\sum_{i=1}^{N}t_i\right)^2\right]$$

因为

$$\sum_{i=1}^{18}t_i=5723\ \mathrm{h},\ \sum_{i=1}^{18}t_i{}^2=3277221\ (\mathrm{h}^2)$$

所以

$$s^2\approx\frac{1}{18-1}\left[3277221-\frac{1}{18}(5723)^2\right]=85743\ (\mathrm{h}^2)$$

$$s=\sqrt{85743}=293\ (\mathrm{h})$$

即 18 台电子设备的寿命方差为 85743 h^2，寿命标准偏差为 293 h。

2.1.6 可靠寿命、中位寿命和特征寿命

如前所述，产品的可靠度与它的使用期限有关。换句话说，可靠度是工作寿命的函数，可以用可靠度函数 $R(t)$ 表示。因此，当 $R(t)$ 为已知时，就可以求得任意时间 t 的可靠度。反之，若确定了可靠度，也可以求出相应的工作寿命(时间)。

可靠寿命(可靠度寿命)就是指可靠度为给定值 R 时的工作寿命，并以 t_R 表示。

可靠度 $R=50\%$ 的可靠寿命，称为中位寿命，用 $t_{0.5}$ 表示。当产品工作到中位寿命 $t_{0.5}$ 时，产品中将有半数失效，即可靠度与累积失效概率均等于 0.5。

可靠度 $R=\mathrm{e}^{-1}$ 的可靠寿命称为特征寿命，用 $T_{\mathrm{e}^{-1}}$ 表示。

例 2-6 若已知某产品的失效率为常数 $\lambda(t)=\lambda=0.25\times10^{-4}\ \mathrm{h}^{-1}$，可靠度函数 $R(t)=\mathrm{e}^{-\lambda t}$，试求可靠度 $R=99\%$ 时的相应可靠寿命 $t_{0.99}$，并求产品的中位寿命和特征寿命。

解 因 $R(t)=\mathrm{e}^{-\lambda t}$，故有 $R(t_R)=R(t)=\mathrm{e}^{-\lambda t_R}$，两边取对数：

$$\ln R(t_R)=-\lambda t_R$$

得

$$t_R=-\frac{\ln R(t_R)}{\lambda}=-\frac{\ln R}{\lambda}=-\frac{\ln 0.99}{0.25\times10^{-4}}=402\ (\mathrm{h})$$

因而

$$t_{0.5}=-\frac{\ln R(t_{0.5})}{\lambda}=-\frac{\ln 0.5}{0.25\times10^{-4}}=27725.9\ (\mathrm{h})$$

$$T_{\mathrm{e}^{-1}}=-\frac{\ln(\mathrm{e}^{-1})}{\lambda}=-\frac{\ln 0.3679}{0.25\times10^{-4}}=40000\ (\mathrm{h})$$

2.2 产品可靠性指标之间的关系

衡量产品可靠性的指标很多，可以分为两大类：一类是强度指标，即 $R(t)$、$F(t)$、$f(t)$ 和 $\lambda(t)$。强度指标是用以时间 t 为随机变量的分布函数来表达的，而在材料强度和断裂韧性研究中，可用以强度或断裂韧性为随机变量的分布函数来表达。另一类是寿命指标，它们是用产品的寿命数值来表达的。在不同的场合，需要知道不同的指标，可以根据具体要求，设计一定的试验来测定所需要的指标。

但是，这两类指标之间是密切联系的，可以相互换算。现在，把它们之间的相互关系及计算公式归纳成一个方框图，如图 2-1 所示。由图可知：

(1) 可靠性指标间有密切的关系，其相互之间的推导公式已在图中各方块连线上示出；

(2) 在这些指标中有四个比较关键，即 $R(t)$、$F(t)$、$f(t)$ 和 $\lambda(t)$。知道了这四个中的任一个，即可推导出其他所有的可靠性指标来。在图 2-1 中这四个指标用双框示出；

(3) 研究可靠性，主要是通过试验或实际运行积累的资料，掌握产品的失效分布(或分布密度)及分布参数，这样便可掌握产品的可靠度。

以上指标是对不可修复系统而言的，在可维修系统中，还需讨论维修度、有效度等可靠性指标，其定义见第 5 章。

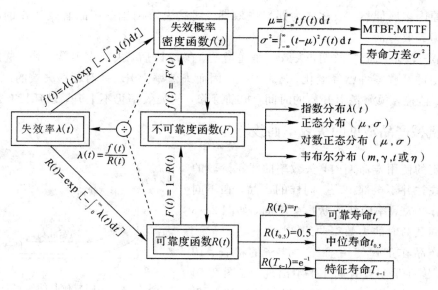

图 2-1 可靠性基本概念相互关系图

2.3 电子设备产品失效率曲线和失效规律

2.3.1 典型的失效率曲线

对常用的电子元器件和为数众多的零件构成的设备来说，其失效率与时间的关系如图 2-2 所示。该失效率(或故障率)曲线反映产品总体在整个寿命期失效率的情况，此曲线有时被形象地称为"浴盆曲线"(bath-tub curve)。

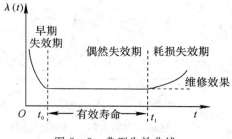

图 2-2 典型失效曲线

失效率随时间变化可分为三个阶段：

(1) 第一段是早期失效期，失效率曲线为递减型。产品投入使用的早期，失效率较高而下降很快。这主要是由于设计、制造、储存、运输等因素以及调试、加电、启动等人为因素所造成的失效。当这些所谓先天不良因素造成的失效发生后，运转也逐渐正常，则失效率就趋于稳定，到 t_0 时失效率曲线已经开始变平。t_0 以前称为早期失效期。早期失效发生应该尽量设法避免，争取失效率低且 t_0 短。

(2) 第二段是偶然失效期，失效率曲线为恒定型，即 t_0 到 t_1 间的失效率近似为常数，失效主要是由于不预期的过载、误操作、意外的天灾以及一些尚不清楚的偶然因素造成的。

由于失效原因多属偶然，故称之为偶然失效期。偶然失效期也是产品有效工作的时期，这段时间称为有效寿命。

（3）第三段是耗损失效期，失效率是递增型。在 t_1 以后，失效率上升较快，这是因为产品（设备）上的某些零件已经老化，寿命衰竭，因而失效率上升。针对耗损失效的原因，应该注意检查、监控，预测耗损开始的时间，提前维修，使失效率仍不上升，以延长有效寿命。

2.3.2 机械产品常见的失效率曲线

在规定的使用寿命期内，失效率曲线三阶段的变化过程往往并不全部出现。同样的产品，在不同条件下工作，失效率曲线形状也会不同，如图 2-3 所示为不同载荷时的失效率曲线。

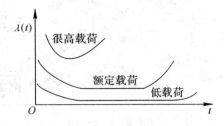

图 2-3 不同载荷时的失效率曲线

有些产品在正式使用前经过严格的检查、调试、筛选，因此早期失效期几乎不出现，如图 2-4(a)所示，$t_0 \approx 0$；有些产品达到耗损期的时间 t_1 很长，因此在使用寿命内不出现耗损期，如图 2-4(b)所示；有些产品在整个使用期内失效率一直递增，如图 2-4(c)所示；有些产品 $t_0 \approx 0$，t_1 也很大，故在全寿命期内失效率几乎不变，如图 2-4(d)所示；也有些产品由于设计、制造不良，或由于目前技术水平尚无法避免其早期失效，使用不久失效率就急剧上升，如图 2-4(e)所示。

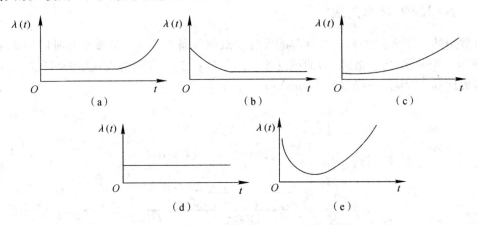

图 2-4 在规定寿命期内的不同失效率曲线

虽然不同的机械产品失效率曲线不同，但对于由许多单元组成的机器、设备，其失效率曲线基本上仍为浴盆状，如图 2-5 中虚线所示。应该指出，每经过一次较大的拆修工作，产品常会重现早期失效，实际失效率曲线如图 2-5 中实线所示。因此，不适当的预防维修对恒定型故障率的改善不仅没有裨益，反而会使故障率有所增高。

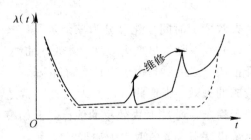

图 2-5 复杂机械设备的故障率曲线

2.4　电子设备常见的失效分布

2.4.1　正态型失效分布 $X \sim N(\mu, \sigma)$

正态分布又称为高斯(Gauss)分布，是一切随机现象的概率分布中最常见和应用最广泛的一种分布，可用来描述许多自然现象和各种物理性能，如工艺误差、测量误差、射击误差、同一批晶体管放大倍数的波动或寿命的波动等。在机械设计中，零件的应力和材料强度的分布规律也可以用正态分布表示，从手册上查出的材料强度极限及屈服极限，如无特别声明，就看成是强度极限和屈服极限的均值，而其标准偏差可按有关手册给出。同样，正态分布在零部件的寿命分析中也起着重要的作用。

1. 正态分布的定义

若随机变量 X 的概率密度函数为

$$f(x) = \frac{1}{\sqrt{2\pi}\,\sigma} \exp\left[-\frac{1}{2}\left(\frac{x-\mu}{\sigma}\right)^2\right] \qquad -\infty < x < +\infty \qquad (2-27)$$

则称 X 服从参数为 σ 和 μ 的正态分布，并记作：$X \sim N(\mu, \sigma)$。其中，σ 为母体标准偏差；μ 为母体中心倾向(集中趋势)尺度，它可以是均值、众数或中位数，$-\infty < \mu < +\infty$。

当 X 为产品的寿命时，式(2-7)转换为正态失效概率密度函数：

$$f(t) = \frac{1}{\sqrt{2\pi}\,\sigma} \exp\left[-\frac{1}{2}\left(\frac{t-\mu}{\sigma}\right)^2\right] \qquad 0 \leqslant t < +\infty \qquad (2-28)$$

其累积失效概率(分布函数)$F(t)$ 为

$$F(t) = \frac{1}{\sqrt{2\pi}\,\sigma} \int_0^t e^{\frac{-(t-\mu)^2}{2\sigma^2}} \, \mathrm{d}t \qquad (2-29)$$

失效率函数为

$$\lambda(t) = \frac{f(t)}{1-F(t)} = \frac{e^{\frac{-(t-\mu)^2}{2\sigma^2}}}{\int_t^\infty e^{\frac{-(t-\mu)^2}{2\sigma^2}} \, \mathrm{d}t} \qquad (2-30)$$

可靠度函数为

$$R(t) = 1 - F(t) = \frac{1}{\sqrt{2\pi}\,\sigma} \int_t^\infty e^{\frac{-(t-\mu)^2}{2\sigma^2}} \, \mathrm{d}t \qquad (2-31)$$

2. 正态分布概率密度曲线的性质

图 2-6 为正态分布概率密度曲线，它具有以下特点：

(1) $f(x)$ 曲线以 $x=\mu$ 为对称轴，曲线与 x 轴间的面积在 $x=\mu$ 两边各为 0.5。

(2) $f(x)$ 曲线在 $x=\mu\pm\sigma$ 处有拐点。

(3) 当 $x=\mu$ 时，$f(x)$ 有最大值 $\dfrac{1}{\sigma\sqrt{2\pi}}$。

(4) 当 $x \to \pm\infty$ 时，$f(x) \to 0$。

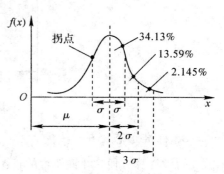

图 2-6　正态分布概率密度曲线

（5）曲线 $y=f(x)$ 以 x 轴为渐近线，且 $f(x)$ 应满足 $\int_{-\infty}^{+\infty} f(x)=1$。

（6）当给定 σ 值而改变 μ 值时，曲线 $y=f(x)$ 仅沿着 x 轴平移，但图形保持不变（见图 2-7）。

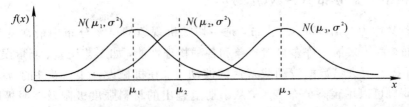

图 2-7 当 μ 值不同而 σ 值相同时，正态分布曲线沿 x 轴平移

（7）当给定 μ 值而改变 σ 值时，图形的对称轴不变，但图形本身改变。σ 越小时图形越高而"瘦"，σ 越大时图形越矮而"胖"，而整个分布的位置不变，只改变其分散程度（见图 2-8）。

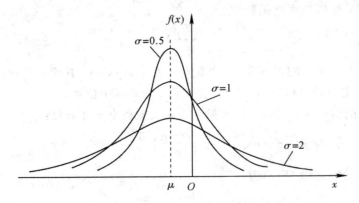

图 2-8 当 μ 值相同而改变 σ 时正态分布曲线的变化情况

正态分布函数的图形如图 2-9 所示。用式（2-29）求累积概率时，积分相当麻烦，一般进行标准化处理，然后直接用标准正态分布表查得结果。

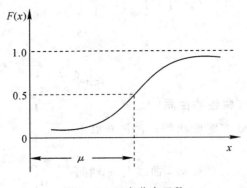

图 2-9 正态分布函数

3. 标准正态分布

为了计算方便，可将任意的正态分布经过归一化，变换成标准正态分布。

令

$$z = \frac{x - \mu}{\sigma}$$

代入式(2-29)即成为

$$F(x) = \Phi(z) = \int_{-\infty}^{z} \frac{1}{\sqrt{2\pi}} e^{-\frac{z^2}{2}} dz \qquad (2-32)$$

方程式(2-32)为标准正态分布,它的数学期望 $\mu = 0$,标准偏差 $\sigma = 1$,也就是将均值移到纵坐标处。

从式(2-32)可得出 z 值和 $\Phi(z)$ 值之间的对应关系表。当随机变量 z 的取值已知时,可由附表直接查得 $\Phi(z)$;反之,当 $\Phi(z) = F(x)$ 已知时,也可查得 z 值。

4. 正态概率纸的构造和用法

前面,在讨论可靠度的计算时,曾假定产品的失效概率分布及其特性参数均为已知,但通常它们都是未知的,因此就有一个怎样去检验假定的概率分布及其特性参数是否符合实际的问题。

从母体(又称总体)中随机地抽出一子样(又称为样本),并根据试验或观测所得的子样性质推测母体的性质这一过程,称为可靠性数据的统计与分析、推断,简称为统计推断。

在可靠性数据的统计推断中,有图分析法(又称为图估法)和数值分析法。图分析法是在概率纸上进行的,故又称之为概率分布的概率纸检验。

概率纸是一种有专门标度的坐标纸。若假定的分布类型正确,则按试验或测量、观测所得到的数据值在该种分布用的概率纸上绘出的点,基本上是在一条直线上。也就是说,该数据是否服从某种分布,可根据该数据点在该种概率纸上是否可连成一条直线来加以检验。至于分布参数的不同,则反映在直线位置和斜率的不同上。采用这种图分析法,不仅可以检验分布类型和进行参数估计,而且也可以从中得到有关的可靠性指标。图分析法直观易懂、简便易行,但分析精度不高,最好与数值分析法结合起来使用。

1)正态概率纸构造原理

若某产品的寿命 t 服从正态分布,则其分布函数如式(2-29)所示,该分布在 t-$F(t)$ 坐标系中为一连续上升曲线而不是直线,对该式进行变换可写成标准的正态分布:

$$F(t) = \int_{-\infty}^{\frac{t-\mu}{\sigma}} \frac{1}{\sqrt{2\pi}} e^{-\frac{z^2}{2}} dz = \Phi(z) \qquad (2-33)$$

式(2-33)中

$$z = \frac{t - \mu}{\sigma} \qquad (2-34)$$

从式(2-34)可以看出,随机变量 t 与标准正态分布的随机变量 z 之间是线性关系。而每给定一个 z 值,就有相应的函数值 $\Phi(z)$ 与之对应,标准正态分布表(见附表1)就是一个 z 与 $\Phi(z)$ 一一对应的关系表。设有一个 t-z 坐标系,横轴为 t 轴,纵轴为 z 轴,两条轴上的刻度都是等距的,并在纵轴上将与 z 对应的 $\Phi(z)$ 列在 z 的旁边,如图2-10所示。于是除了原来的 t-z 坐标系外,又有一个新的坐标系:横轴是原来的横轴,刻度不变;纵轴还是原来的纵轴,所用的刻度是按上述 z 和 $\Phi(z)$ 的对应关系表示的 $\Phi(z)$ 刻度,这个新坐标系叫做 $t-\Phi(z)$ 坐标系,由于 $F(t)=\Phi(z)$,所以也可叫做 $t-F(t)$ 坐标系。现把正态分布的分布函数 $F(t)$ 的图形在 $t-F(t)$ 坐标系中画出。图形上任意一点,用 $t-F(t)$ 坐标系表示时,它的坐标为 $(t,F(t))=(t,\Phi(z))$。由于上述 z 和 $\Phi(z)$ 的对应关系,用 $t-z$ 坐标系时,这一点的坐标则为 (t,z),并且 t、z 满足

$$z=\frac{t-\mu}{\sigma}$$

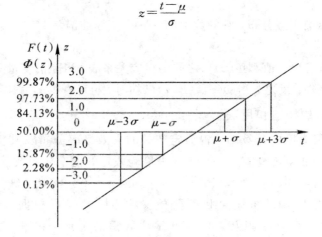

图 2-10 正态概率纸的构成原理

正态概率纸就是根据 t 与 z 的线性关系、z 与 $\Phi(z)=F(t)$ 的对应关系构成的一种特殊的坐标纸,其形式如图 2-11 所示。

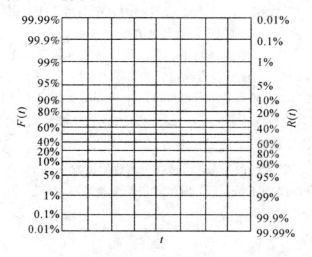

图 2-11 正态概率纸

如果 t 是正态分布,则 $F(t)$ 在正态概率纸上所画出的点的连线应该是一条直线;如果 $F(t)$ 是其他分布的分布函数,则画出的就不一定是直线。正态概率分布的图分析法就是利用这一性质来检验某一产品的失效概率分布是否属于正态分布,并估计出该正态分布的均值和标准偏差等数字特征的。

取 $z=-1,0,1$,则 $\Phi(z)$ 为 $0.159,0.50,0.841$,即可得到

$$\Phi(-1)=0.159=F(t_{0.159})=\Phi\left(\frac{t_{0.159}-\mu}{\sigma}\right)$$

$$\Phi(0)=0.50=F(t_{0.50})=\Phi\left(\frac{t_{0.50}-\mu}{\sigma}\right)$$

$$\Phi(1)=0.841=F(t_{0.841})=\Phi\left(\frac{t_{0.841}-\mu}{\sigma}\right)$$

由此可得

$$-1=\frac{t_{0.159}-\mu}{\sigma},\ 0=\frac{t_{0.50}-\mu}{\sigma},\ 1=\frac{t_{0.841}-\mu}{\sigma}$$

于是有

$$t_{0.159}=\mu-\sigma,\ t_{0.50}=\mu,\ t_{0.841}=\mu+\sigma$$

而 μ 和 σ 的估计值 $\hat{\mu}$ 和 $\hat{\sigma}$ 为(^代表估计值，下同):

$$\hat{\mu}=t_{0.50} \tag{2-35}$$

$$\hat{\sigma}=t_{0.50}-t_{0.159}=t_{0.841}-t_{0.50} \tag{2-36}$$

2) 正态概率纸的用法

(1) 整理数据，作数据表。把实测的失效时间(寿命)t 按照由小到大的顺序排列，并和相应的累积失效概率 $\hat{F}(t)$ 依次列入表中(见表 2-2)。

表 2-2　正态概率纸原始数据表

序号 i	1	2	$\cdots$	n
t_i	t_1	t_2	$\cdots$	t_n
$\hat{F}(t_i)$	$\hat{F}(t_1)$	$\hat{F}(t_2)$	$\cdots$	$\hat{F}(t_n)$

(2) 估计累积分布函数 $\hat{F}(t_i)$。每一观测值 t_i 必定对应于该概率分布函数的某一概率值 $\hat{F}(t_i)$，为了用子样(样本或试样)的试验数据(t_i)来估计母体的失效情况$(\hat{F}(t_i))$，对某一观察值 t_i 所对应的 $\hat{F}(t_i)$ 必须进行估计，具体可按下述方法进行:

① 当试样个数 $n \leqslant 20$ 时，由于子样(样本)的试验结果只能反映一个局部，不能完全代表母体的实际情况，因此可以采用平均秩或中位秩来作为母体失效概率的估计值，即

$$\hat{F}(t_i)=\frac{i}{n+1} \qquad \text{(平均秩)}$$

$$\hat{F}(t_i)\approx\frac{i-0.3}{n+0.4} \qquad \text{(中位秩)}$$

式中:i 为观测值按由小到大的次序排列的序号，$i=1,2,\cdots,n$;n 为子样容量。

表 2-3 为中位秩表，例如当 $n=20$，$i=1$ 时，查表 2-3 得 0.035，即 $\hat{F}(t_i)=3.5\%$。

② 当试样个数 $n \geqslant 21$ 时，可按 $\hat{F}(t_i)=i/n$ 计算。

表 2-3 中 位 秩 表

$F(t_i)$＼n / i	5	6	7	8	9	10	11	12	13	14	15	16	17	18	19	20
1	0.13	0.11	0.095	0.095	0.085	0.075	0.067	0.06	0.055	0.05	0.05	0.045	0.04	0.04	0.035	0.035
2	0.31	0.26	0.23	0.20	0.18	0.165	0.15	0.135	0.125	0.12	0.11	0.105	0.10	0.09	0.085	0.085
3	0.50	0.42	0.36	0.32	0.29	0.26	0.24	0.22	0.20	0.185	0.175	0.165	0.155	0.145	0.14	0.13
4	0.69	0.58	0.50	0.44	0.39	0.38	0.32	0.30	0.28	0.26	0.24	0.23	0.21	0.20	0.19	0.18
5	0.87	0.74	0.64	0.56	0.50	0.45	0.41	0.38	0.35	0.33	0.31	0.29	0.27	0.26	0.24	0.23
6		0.89	0.77	0.68	0.61	0.55	0.50	0.46	0.43	0.40	0.37	0.35	0.33	0.31	0.29	0.28
7			0.91	0.80	0.71	0.64	0.59	0.54	0.50	0.47	0.44	0.41	0.39	0.36	0.35	0.33
8				0.92	0.82	0.74	0.68	0.62	0.57	0.53	0.50	0.47	0.44	0.42	0.40	0.38
9					0.93	0.84	0.76	0.70	0.65	0.60	0.57	0.53	0.50	0.47	0.45	0.43
10						0.93	0.85	0.78	0.72	0.67	0.63	0.59	0.56	0.53	0.50	0.48
11							0.94	0.86	0.80	0.74	0.69	0.65	0.62	0.58	0.55	0.52
12								0.94	0.87	0.81	0.76	0.71	0.67	0.64	0.60	0.57
13									0.97	0.88	0.82	0.77	0.73	0.69	0.65	0.62
14										0.95	0.89	0.84	0.79	0.74	0.71	0.67
15											0.95	0.90	0.85	0.80	0.76	0.72
16												0.96	0.90	0.85	0.81	0.77
17													0.96	0.91	0.86	0.82
18														0.96	0.91	0.87
19															0.96	0.92
20																0.97

（3）在正态概率纸上描点。如图 2-12 所示，在正态概率纸上标数据点 $(t_1, \hat{F}(t_1))$，$(t_2, \hat{F}(t_2))$，…，$(t_n, \hat{F}(t_n))$，如果这些点近似地在一条直线上，则说明该分布为正态分布。

（4）绘分布直线。如图 2-12 所示，过所描点配置一条回归直线，凭目力或误差理论定出此线的位置，使其与各点的差平方和为最小，且 $F(t)$ 在 30%～70% 的范围内偏差应尽量小。

（5）参数估计。由式(2-35)、式(2-36)可以用作图法估计均值 μ 和标准偏差 σ（见图 2-12）。

① 过 $F(t)$ 轴上刻度为 50% 的点向右引水平线与回归直线相交，从交点向下引垂线，读出垂足的刻度为 $t_{0.50}$，即为 μ 的估计值，$\hat{\mu}=t_{0.50}$。

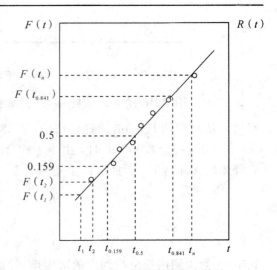

图 2-12 描点、配置直线和点估计

② 过 $F(t)$ 轴上刻度为 84.1% 或 15.9% 的点向右引水平线与回归直线相交，从交点下引垂线，读出垂足的刻度 $t_{0.841}$ 或 $t_{0.159}$，则 $\hat{\sigma}=t_{0.841}-t_{0.50}$ 或 $\hat{\sigma}=t_{0.50}-t_{0.159}$。

例 2 - 7　由某批零件中随机抽取 10 个样品，然后在同一条件下进行寿命试验，得寿命数据（单位：kh）为 6.21，7.50，5.00，6.80，9.61，8.54，8.04，9.09，11.45，10.31，试检验该零件的失效概率分布是否服从正态分布，并估计其平均寿命、标准差和可靠度为 80% 的可靠寿命。

解　（1）检验失效概率分布是否为正态分布。

将观察数据由小到大依次列入表 2 - 4 中，查表 2 - 3 的中位秩表，将子样容量为 10 的一列中位秩数据列入表 2 - 4 中，按表 2 - 4 中的 t_i 和 $F(t_i)$ 的数据在正态概率纸上画数据点，如图 2 - 13 所示。由于这些点的连线是一条直线，因此该零件的失效概率分布是正态分布得以验证。

表 2 - 4　某零件寿命试验数据

序号 i	1	2	3	4	5	6	7	8	9	10
t_i/kh	5.00	6.21	6.80	7.50	8.04	8.54	9.09	9.61	10.31	11.45
中位秩数 $F(t_i)$	0.075	0.165	0.26	0.38	0.45	0.55	0.64	0.74	0.84	0.93

（2）估计平均寿命和标准差。由正态概率纸 $F(t)$ 轴的 50% 和 84.1% 刻度点分别引水平线与分布直线相交，再由交点作 t 轴的垂线，得 $t_{0.50}$ 和 $t_{0.841}$，则由式（2 - 35）、式（2 - 36）得

$$\hat{\mu} = t_{0.50} = 8.2 \text{ kh}$$

$$\hat{\sigma} = t_{0.841} - t_{0.50} = 10.6 - 8.2 = 2.4 \text{ (kh)}$$

（3）求可靠度为 80% 的可靠寿命 $t(R=0.8)$。

因已知 $R=0.8$，故 $F=1-R=0.2$，在图 2 - 13 的 $F(t)$ 轴上由 $F(t)=20\%$ 刻度点引出水平线并与分布直线相交，再由此交点作 t 轴的垂线，交于 t 轴的点即为可靠度为 80% 的可靠寿命 $t(R)$ 的估计值，$\hat{t}(R)=\hat{t}(0.8)$。由该图得 $\hat{t}(0.8)=6.4$ kh。

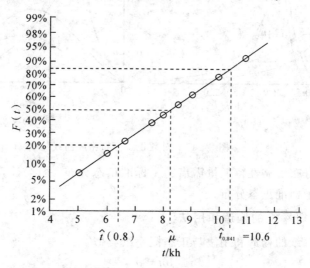

图 2 - 13　例 2 - 7 的图分析

2.4.2 对数正态失效分布

1. 对数正态分布的定义

若 X 是一个随机变量，且随机变量 $Y=\ln X$ 服从正态分布 $N(\mu,\sigma)$，我们把它叫做对数正态分布。

对数正态失效分布的描述函数和特征量分别为

$$f(t)=\frac{1}{\sqrt{2\pi}\sigma t}\exp\left[-\frac{1}{2}\left(\frac{\ln t-\mu}{\sigma}\right)^2\right] \qquad t\geqslant 0 \tag{2-37}$$

$$F(t)=P(T\leqslant t)=\Phi\left(\frac{\ln t-\mu}{\sigma}\right) \tag{2-38}$$

$$R(t)=P(T>t)=1-\Phi\left(\frac{\ln t-\mu}{\sigma}\right) \tag{2-39}$$

$$\lambda(t)=\frac{f(t)}{R(t)}=\frac{\frac{1}{\sqrt{2\pi}\sigma t}\exp\left[-\frac{1}{2}\left(\frac{\ln t-\mu}{\sigma}\right)^2\right]}{1-\Phi\left(\frac{\ln t-\mu}{\sigma}\right)} \tag{2-40}$$

$$E[t]=\exp\left(\mu+\frac{1}{2}\sigma^2\right) \tag{2-41}$$

$$D[t]=\exp(2\mu+2\sigma^2)-\exp(2\mu+\sigma^2) \tag{2-42}$$

式中：μ 和 σ^2 为 $\ln t$ 的均值和方差，而不是 t 的均值和方差；Φ 为标准正态分布密度函数。

$f(t)$ 的曲线如图 2-14 所示。

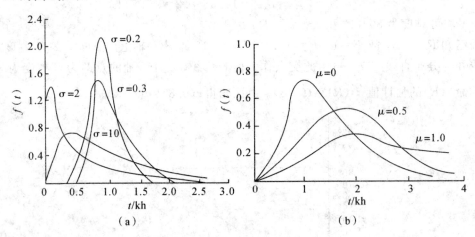

图 2-14 对数正态分布密度曲线

同计算正态分布可靠性特征量需借助于标准正态分布一样，计算对数正态分布可靠性特征量也需借助于标准正态分布。

2. 对数正态概率纸的构造和用法

对数正态概率纸的构造和用法与正态概率纸类似。

设

$$z=\frac{\ln t-\mu}{\sigma},\quad x=\ln t$$

则

$$z = \frac{\ln t - \mu}{\sigma} = \frac{x - \mu}{\sigma}$$

而由式(2-38)知

$$F(t) = \Phi\left(\frac{\ln t - \mu}{\sigma}\right) = \Phi(z)$$

设有一个 x-z 坐标系,两条轴上都是等距的刻度,并在横轴上标出与 x 值相对应的 t 值($x = \ln t$),在纵轴标上与 z 值相对应的 $\Phi(z)$ 值或 $F(t)$ 值$\left(\Phi(z) = F(t) = \frac{\ln t - \mu}{\sigma}\right)$,这个 t-$\Phi(z)$ 或 t-$F(t)$ 坐标系都是不等距的,由于 x、z 满足关系式 $z = \frac{x - \mu}{\sigma}$,因此,对数正态分布的分布函数 $F(t)$ 在 x-z 坐标系中的图形是一条直线。

参数 μ 的估计值 $\hat{\mu} = \ln t_{0.5}$;参数 σ 的估计值 $\hat{\sigma} = \ln t_{0.841} - \ln t_{0.50}$(或 $\hat{\sigma} = \ln t_{0.50} - \ln t_{0.159}$),平均寿命、寿命方差、可靠寿命等的估计不能由图中读出,有了 μ 和 σ 的估计后,可按式(2-41)、式(2-42)加以计算。

2.4.3　韦布尔型失效分布

韦布尔分布是瑞典物理学家韦布尔(W. Weibull)在分析材料强度及链条强度时推导出的一种分布函数,它是由最弱环节模型导出的,这个模型如同由许多链环串联而成的一根链条,两端受拉力时,其中任意一个环断裂,则链条失效,显然,链条断裂发生在最弱环节。广义地讲,一个整体的任何部分失效则整体失效。这样的现象是很多的,如滚动轴承于齿轮传动的接触强度,链条传动于螺旋压缩弹簧的疲劳断裂,普通滑动轴承的磨损等,都符合韦布尔分布。

韦布尔分布是可靠性分析中常用的较复杂的一种分布,它对于各种类型的试验数据拟合的能力很强。例如,指数分布函数只能适用于偶然失效期,而韦布尔分布对于浴盆曲线的三个失效期都能适应,因此它的使用范围很广。

1. 韦布尔失效分布的定义

若设失效时间 t 是一个随机变量,则三参数韦布尔失效分布的描述函数和特征量为

$$F(t) = \begin{cases} 1 - e^{\frac{-(t-\gamma)^m}{t_0}} & (t \geqslant \gamma) \\ 0 & (t < \gamma) \end{cases} \tag{2-43}$$

$$f(t) = \begin{cases} \dfrac{m}{t_0}(t-\gamma)^{m-1} e^{\frac{-(t-\gamma)^m}{t_0}} & (t \geqslant \gamma) \\ 0 & (t < \gamma) \end{cases} \tag{2-44}$$

$$R(t) = \begin{cases} e^{\frac{-(t-\gamma)^m}{t_0}} & (t \geqslant \gamma) \\ 0 & (t < \gamma) \end{cases} \tag{2-45}$$

$$\lambda(t) = \begin{cases} \dfrac{m}{t_0}(t-\gamma)^{m-1} & (t \geqslant \gamma) \\ 0 & (t < \gamma) \end{cases} \tag{2-46}$$

$$E[t] = t_0^{\frac{1}{m}} \Gamma\left(1 + \frac{1}{m}\right) + \gamma \tag{2-47}$$

$$D[t] = t_0^{\frac{2}{m}}\left[\Gamma\left(1+\frac{2}{m}\right) - \Gamma^2\left(1+\frac{1}{m}\right)\right] \qquad (2-48)$$

其中 $\Gamma(m)$ 为 Γ 函数，即

$$\Gamma(m) = \int_0^\infty t^{m-1}e^{-t}dt \qquad (2-49)$$

上述公式中，常数 m 为形状参数，其值的大小决定了韦布尔分布曲线的形状。如图 2-15所示，当 $m>1$ 时，其相应的密度函数曲线均呈单峰性，且随 m 值的减小峰高逐渐降低；若 $3\leqslant m\leqslant 4$，则曲线与正态分布的形状很近似；当 $m=1$ 时，相应曲线则是指数分布的密度曲线，该曲线与在 $t=\gamma$ 处的垂线相交，交点处的纵坐标为 $\frac{1}{t_0}$，此时 $\frac{1}{t_0}$ 就是指数分布的失效率；当 $m<1$ 时，密度函数曲线与在 $t=\gamma$ 处的垂线不相交，而是与它渐近。

位置参数 γ 的大小反映了密度函数曲线的起始点的位置在横坐标轴上的变化，因此 γ 又称为起始参数或转移参数。在可靠性分析中，γ 具有极限值（例如疲劳极限、寿命极限等）的含义，表示产品在 $t=\gamma$ 以前不会失效，在其以后才会失效。因此 γ 也称为最小保证寿命，即保证产品在 $t=\gamma$ 以前不会失效。

t_0 为尺度参数，它的数值决定曲线在横轴上放大和纵轴上缩小的倍数，或在横轴上缩小和纵轴上放大的倍数。$\eta = t_0^{\frac{1}{m}}$ 称为真尺度参数。

图 2-15、图 2-16、图 2-17 分别为韦布尔失效分布的密度函数曲线、可靠度函数曲线和失效率函数曲线。

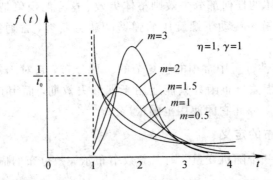

图 2-15 韦布尔分布的密度函数曲线（$\eta=1$，$\gamma=1$）

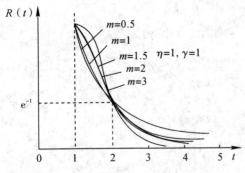

图 2-16 韦布尔分布的可靠度函数曲线
（$\eta=1$，$\gamma=1$）

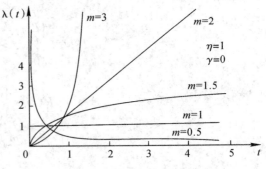

图 2-17 韦布尔分布的失效率函数
（$\gamma=0$）

2. 韦布尔分布概率纸的构造和用法

由式(2-43)可得到

$$\frac{1}{1-F(t)}=\mathrm{e}^{\frac{(t-\gamma)^m}{t_0}}$$

取自然对数得到

$$\ln\frac{1}{1-F(t)}=\frac{(t-\gamma)^m}{t_0}$$

再取一次对数就有

$$\ln\left[\ln\frac{1}{1-F(t)}\right]=m\ln(t-\gamma)-\ln t_0 \tag{2-50}$$

当 $\gamma=0$ 时，则有

$$\ln\left[\ln\frac{1}{1-F(t)}\right]=m\ln t-\ln t_0 \tag{2-51}$$

令

$$Y=\ln\left[\ln\frac{1}{1-F(t)}\right],\quad X=\ln t,\quad B=\ln t_0 \tag{2-52}$$

则式(2-51)可写成

$$Y=mX-B \tag{2-53}$$

此式在 X-Y 的直角坐标系中的图形是一条直线，斜率为 m，纵截距为 $-B$，由式(2-52)得
$$t=\mathrm{e}^X,\quad F(t)=1-\exp(-\mathrm{e}^Y) \tag{2-54}$$

注意：X-Y 坐标系的 X、Y 都是等距的刻度，在旁边标出与之相对应的 t、$F(t)$ 值，此时，新坐标系 t-$F(t)$ 刻度是不等距的。

考虑 $\gamma=0$ 时的情况，韦布尔分布函数曲线上的一点$(t,F(t))$，即满足式(2-51)的点，按 t-$F(t)$ 坐标系在上述坐标纸上描点，这一点在 X-Y 坐标系的坐标(X,Y)应满足方程式(2-53)。因此 $\gamma=0$ 时的韦布尔分布函数在这种特殊的坐标纸上的图形是一条直线，以 m 为斜率，$-B$ 为纵截距。

为了便于使用，刻度没有标在 X、Y 轴上，而是标在坐标纸四边，如图 2-18 所示，称上边的刻度尺为 X 尺，下边的为 t 尺，左边的为 $F(t)$ 尺，右边的为 Y 尺，它们之间的关系式由式(2-52)和式(2-54)表示。

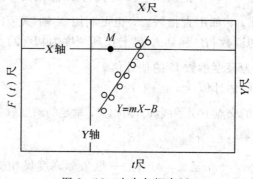

图 2-18　韦布尔概率纸

若已知一个样本观察值 t_i，便可算出 $\hat{F}(t_i)$ $(i=1,2,\cdots)$，以数据$[t_i, \hat{F}(t_i)]$在概率纸上描点，如果寿命 t 服从韦布尔分布并且 $\gamma=0$，那么这些点就会大致排列在一条直线的附近，因而可根据这些数据点配置一条直线，如图 2-18 所示。

当 $\gamma\neq0$ 时，则韦布尔分布函数在坐标纸上后段基本上为直线，但前段则为曲线（见图 2-19）。由于 t 接近 γ 时，$F(t)$ 接近于零，所以前段曲线与坐标纸上 t 轴交点的坐标基本上为 γ。

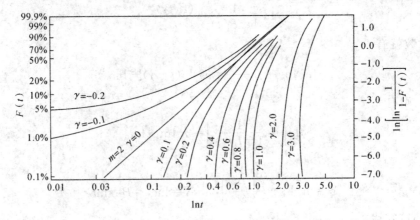

图 2-19　$m=2$，$t_0=1$，γ 取不同值时韦布尔分布的分布函数曲线

3. 韦布尔分布参数的点估计（图估计法）

1）$\gamma=0$ 的情况

韦布尔概率纸的图估计法与正态概率纸用法相似，可参见 2.4.1 节。

（1）形状参数 m 的点估计。

在韦布尔概率纸上有一个 $X=1$，$Y=0$ 的点，在此点上画一小圈，此点称为 m 的估计点，简称 M 点，过 M 点作回归直线的平行线，则该平行线的方程为：$Y=m(X-1)$。

当 $x=0$ 时，则 $y=-m$。因此平行线与 Y 坐标轴交点的读数绝对值就是形状参数 m 的估计值。

具体做法是：过 $M(1,0)$ 点作回归直线的平行线与 Y 轴相交，过交点右引水平线和 Y 尺相交，交点刻度的绝对值就是形状参数 m 的估计值 $\hat{m}$。

（2）尺度参数 t_0 的估计。

因为 $B=\ln t_0$，所以 $t_0=e^B$，把回归直线延长与 Y 轴相交，得到其交点的数值 $|B|$，再查指数表便得 t_0 的估计 $\hat{t}_0$。如不查指数表，也可利用 X 轴（$X=\ln t$）找出 t_0 值，即将回归直线与 Y 轴交点在 Y 尺的读数 $|B|$ 移到 X 尺上找到刻度为 $|B|$ 的点，从该点下引垂线和 t 轴相交，则垂足的刻度即为尺度参数 t_0 的估计值 $\hat{t}_0$。

（3）真尺度参数 η 的估计值。

过回归直线与 X 轴的交点下引垂线和 t 轴相交，垂足的刻度就是真尺度参数 η 的估计值 $\hat{\eta}$。

（4）平均寿命 μ 的估计。

将（1）中的截距线 $y=-m$ 延长，与右边 $\dfrac{\mu}{\eta}$ 纵坐标刻度尺相交，得其交点的数值 $\dfrac{\hat{\mu}}{\eta}$，再乘 $\hat{\eta}$ 即得 μ 的估计值 $\hat{\mu}$。

（5）寿命标准偏差 σ 的估计。

将上述截距线再延长，与右边 σ/η 纵坐标刻度尺相交，得其交点的数值 $\hat{\sigma}/\eta$，再乘 $\hat{\eta}$ 即得 σ 的估计 $\hat{\sigma}$（当 $\hat{m}$ 为 $0.2 \sim 1.5$ 时，可用概率纸上边的放大刻度尺估计 μ/η 和 σ/η）。

（6）t 尺的数据变换。

在韦布尔概率纸上 t 尺的刻度范围是 $0.1 \sim 100$，为了扩大数轴范围，对 t 尺可作如下变换，令

$$t = t' \cdot 10^k$$

式中：t 为需变换的时间；t' 为变换后的时间；k 为放大倍数的幂指数。

例如，若 t 为 $10 \sim 10000$，则选取 $k=2$；若 t 为 $0.0001 \sim 1$，则取 $k=-2$。按 t' 作图后，所得参数点估计为 $\hat{m}'$、$\hat{\gamma}'$、$\hat{t_0}'$、$\hat{\eta}'$，那么，最后结果为

$$\hat{m} = \hat{m}', \quad \hat{\gamma} = \hat{\gamma}' \cdot 10^k, \quad \hat{t_0} = \hat{t_0}' \cdot 10^{mk}, \quad \hat{\eta} = \hat{\eta}' \cdot 10^k$$

例 2-8　某机械组装件 100 个，出厂后得到现场故障数据，以一个月为一个区段进行了累计，到第 10 个月得到了表 2-5 的统计故障数据报告。该组装件为何种失效分布？请对参数作点估计。

表 2-5　某机械组装件的现场故障数据

月数	1	2	3	4	5	6	7	8	9	10
故障数	3	3	4	5	5	2	8	2	8	2
累积故障数	1	6	10	15	20	22	30	32	40	42
$F(t_i)$	3%	6%	10%	15%	20%	22%	30%	32%	40%	42%

解　把上述数据描点在韦布尔概率纸上得一直线，如图 2-20 所示，说明该组装件服从韦布尔失效分布，并由此可知 $\hat{\gamma}=0$。

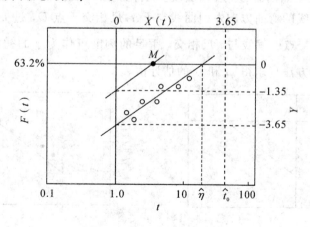

图 2-20　作图法求 $\hat{m}$ 和 $\hat{t_0}$

按上述 m 和 $\hat{t_0}$ 的估计方法，从图上得到

$$\hat{\gamma}=0, \quad \hat{m}=1.35, \quad \hat{t_0}=38.5（月）, \quad \hat{\eta}=14.9（月）$$

$$\hat{\mu} = \frac{\mu}{\eta} \cdot \hat{\eta} = 0.917 \times 14.9 = 13.7（月）$$

$$\hat{\sigma}=\frac{\sigma}{\eta}\cdot\hat{\eta}=0.682\times14.9=10.2（月）$$

2）$\gamma>0$ 的情况

如果在韦布尔概率纸上描出的图不能配置为一条直线，而是一条曲线，则不应当立即断定它不能用韦布尔分布拟合。这是因为韦布尔概率纸是在 $\gamma=0$ 的情况下构造出来的，当试验数据服从 $\gamma=0$ 的韦布尔分布时，则回归线为直线，但当 $\gamma\neq0$ 时，回归线并不是直线。当 $\gamma>0$ 时，回归线向下弯，呈凸形；当 $\gamma<0$ 时，回归线向上弯，呈凹形，如图 2-21 所示。试按照下面所讲的方法，改变位置参数的 γ 值，重新配点，看能不能在重新所描各点间配置一条直线，这种方法叫做直线化。

（1）位置参数 γ 的估计。

如果实验数据为一曲线，则将曲线平滑地外延至与 t 轴相交，其交点位置的值，即为位置参数 γ 的估计值 $\hat{\gamma}$（见图 2-21（a））。

（2）形状参数 m 和尺度参数 t_0 的估计。

求得 $\hat{\gamma}$ 后，可把原试验所得的 t_i 数值分别减去 $\hat{\gamma}$，即得 $t_i-\hat{\gamma}$ 值，据此，重新在韦布尔概率坐标纸上描点 $(t_i-\hat{\gamma},F(t_i))$，便可得一近似直线，这条直线相当于把曲线上的各点右移 $\hat{\gamma}$ 后得到。有了这样的试验直线，则可按前一种 $\hat{\gamma}=0$ 的情况来估计 m 和 t_0 值。

3）$\gamma<0$ 的情况

当 $\gamma<0$ 时，如图 2-21（b）所示，它意味着分布曲线在 $t=0$ 以前就开始了，因此需要将 t 尺变换为

$$t''=t+\hat{\gamma}$$

并将所描曲线上的数据点向右移 $|\gamma|$ 以实现直线化。在曲线的上端，沿切线方向画出曲线的切线，然后沿着曲线的弯曲方向左引曲线与 $F(t)$ 尺相交于点 D，过 D 点右引水平线与切线相交与 C，再由此交点引垂线与 t 尺相交，垂足的刻度可作为 γ 的初始估计值 $\hat{\gamma}$。得到 $\hat{\gamma}$ 的估计值后，按前述方法可求得 $\hat{m}$ 和 $\hat{t_0}$ 的估计值。

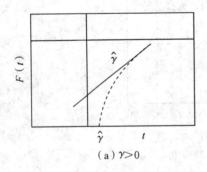
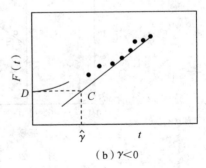

图 2-21　$\hat{\gamma}$ 不为零时参数估计示意图

例 2-9　对 15 个某灯泡进行了寿命试验，其结果见表 2-6，则该组装件为何种失效分布？请对参数作点估计。

表 2 - 6　某灯泡寿命试验数据

式样 i	1	2	3	4	5	6	7	8	9	10	11	12	13	14	15
实验数据 $t'_i \times 10^2/h$	12.08	14.30	16.89	19.01	20.46	23.02	26.00	26.73	29.45	32.38	35.21	36.28	42.04	46.25	57.87
$(t'_i - \hat{\gamma}') \times 10^2/h$	4.08	6.30	8.89	11.01	12.46	15.02	18.00	18.73	21.45	24.38	27.21	28.28	34.04	38.25	49.87
$F(t''_i) = i/n+1$	6.25%	12.5%	18.8%	25%	31.3%	37.5%	43.8%	50%	56.3%	62.5%	68.8%	75%	81.3%	87.5%	93.8%

解　由表知 $t_i = 12.08 \times 10^2 \sim 57.87 \times 10^2$ h，需经数据变换，令 t'_i 为 12.08～57.87，$10^k = 10^2$，按 t'_i、$F(t'_i)$ 在韦布尔概率纸上描点，回归成一曲线，见图 2-22。将实测数据点的连接曲线光滑外延与 t 轴交于 $\hat{\gamma}' = 8.0$ 处，然后将所有 t'_i 减去 8.0，得变换后数据 $t'_i - \hat{\gamma}'$，把 $(t'_i - \hat{\gamma}', F(t'_i))$ 重新在坐标纸上描点，得一直线。按前述 $\hat{m}$ 和 $\hat{t}_0$ 的估计方法，可得

$$\hat{\gamma}' = 8.0 \text{ h}, \quad \hat{m}' = 1.60, \quad \hat{t}'_0 = \mathrm{e}^{5.14} = 170.7 \text{ h}, \quad \hat{\eta}' = 24.8 \text{ h}$$

由此得出估计值为

$$\hat{\gamma} = \hat{\gamma}' \times 10^k = 8.0 \times 10^2 \text{ h}$$

$$\hat{m} = \hat{m}' = 1.60$$

$$\hat{\eta} = \hat{\eta}' \times 10^k = 24.8 \times 10^2 \text{ h}$$

$$\hat{t}_0 = \hat{t}'_0 \times 10^{mk} = 170.7 \times 10^{1.60 \times 2} = 2.70 \times 10^5 \text{ h}$$

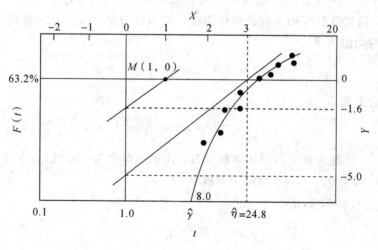

图 2 - 22　例 2 - 9 作图法求解

2.4.4　指数型失效分布

在可靠性设计和进行数据分析时，指数分布占有相当重要的地位，当失效率 $\lambda(t) = \lambda =$ 常数时，便可得到

$$F(t) = 1 - e^{-\lambda t} \qquad (2-55)$$

$$f(t) = \lambda e^{-\lambda t} \qquad (2-56)$$

$$R(t) = e^{-\lambda t} \qquad (2-57)$$

这便是指数分布，$F(t)$，$f(t)$，$R(t)$，$\lambda(t)$ 图形见图 2-23。由于失效率为常数，所以指数分布具有"无记忆性"。所谓"无记忆性"，是指所研究的产品被使用一段时间后，仍然同新产品一样，即产品工作一段时间后的寿命分布与原来未工作的寿命分布相同。指数分布不但在电子元器件可靠性研究方面得到广泛应用，而且在繁杂的机械系统或整机可靠性计算方面也得到应用。

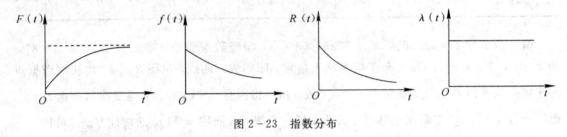

图 2-23　指数分布

指数分布是韦布尔分布的一个特例，因为式(2-43)至式(2-46)中，当 $m=1$，$1/t_0 = \lambda$，$\gamma = 0$ 时正好得出式(2-55)至式(2-57)。

指数分布在可靠性分析中具有特殊重要地位，这是因为：

(1) 它描述 $\lambda(t) = \lambda =$ 常数的失效过程，这一过程又称为随机(偶然)失效过程(阶段)。在这一阶段，没有一种失效机构对失效起主导作用，零件的失效纯属偶然，这一阶段是产品工作的最佳阶段。很多电子元器件和电子设备的寿命服从指数分布。

(2) 指数分布各项可靠性指标具有严格的统计计算方法，而且用数学处理也很方便。在不少的场合，用指数分布的各种公式作为统一的对比方法还是比较方便的。

指数分布的均值为

$$\mu = \int_0^\infty t f(t) \mathrm{d}t = \int_0^\infty R(t) \mathrm{d}t = \int_0^\infty e^{-\lambda t} \mathrm{d}t = \frac{1}{\lambda} \qquad (2-58)$$

指数分布的方差为

$$\sigma^2 = \lambda \int_0^\infty t^2 e^{-\lambda t} \mathrm{d}t - \mu^2 = \frac{2}{\lambda^2} - \frac{1}{\lambda^2} = \frac{1}{\lambda^2} \qquad (2-59)$$

例 2-10　某机械设备寿命服从指数分布，其平均寿命为 10000 h，求该机工作到 t(单位：h)为 10，100，1000，10000 时的失效概率。

解　已知 $\mu = 10000$ h，故

$$\lambda = \frac{1}{\mu} = \frac{1}{10000} \ \mathrm{h}^{-1}$$

由式(2-55)得

$$F(10) = 1 - e^{-\frac{10}{10000}} = 0.0009995 \approx 0.001$$

$$F(100) = 1 - e^{-\frac{100}{10000}} = 0.00995 \approx 0.01$$

$$F(1000) = 1 - e^{-\frac{1000}{10000}} = 0.095 \approx 0.1$$

$$F(10000) = 1 - e^{-\frac{10000}{10000}} = 0.632$$

由本例计算结果可看出，当寿命服从指数分布时，将平均寿命 μ 作为规定的工作寿命，则失效概率将达到 0.632。

指数分布的分布函数曲线，可以用韦布尔概率纸画出，也可用单对数坐标纸画出，都是一条直线，并可进行参数估计（图估计法）。

2.5 可靠性计算中常用的概率分布

2.5.1 二项分布

二项分布又称为伯努利（Bernoulli）分布。设试验只有两种可能的结果，例如"失败"或"成功"；"抽到不合格品"或"抽到合格品"等。把这两种相反的结果用 A 与 $\overline{A}$ 表示，且记 $P\{A\}=p$，$P\{\overline{A}\}=1-p=q(0<p<1)$。若将试验独立地重复进行 n 次，则称这样的独立试验序列为 n 重伯努利试验，简称为伯努利试验。

由于

$$(p+q)^n=p^n+C_n^1 p^{n-1}q+C_n^2 p^{n-2}q^2+\cdots+C_n^x p^{n-x}q^x+\cdots+C_n^{n-1}pq^{n-1}+q^n \quad (2-60)$$

式中：$C_n^x=\dfrac{n!}{x!\,(n-x)!}$，且 $0!=1$。其中右边第一项是表示 n 次试验全部发生 A 的概率，第二项表示 A 出现 $n-1$ 次而 $\overline{A}$ 出现一次的概率，其余类推。在 n 次试验中，A 发生 x 次，$\overline{A}$ 发生 $n-x$ 次的概率 $P\{x\}$ 是

$$P\{x\}=C_n^x p^x q^{n-x} \quad (2-61)$$

二项分布的用途很广泛，例如在产品的质量检验或可靠性抽样检验中用来设计抽样检验方案，在可靠性试验和可靠性设计中用于对材料、器件、部件以及一次使用设备或系统的可靠度估计，在可靠性设计中用来解决冗余（即储备或备用，是为了提高部件或系统的可靠性所采取的技术措施——冗余技术）部件的可靠度分配问题等。

例 2-11 次品率为 10% 的产品，每 15 个装一箱，求一箱中有次品 0 个、1 个、2 个、…、4 个的概率。

解 在式（2-61）中，设 $n=15$，$p=0.9$，$q=0.1$，即可求得

次品 0 个的概率 $=1\times0.9^{15}\times0.1^0=0.206$

次品 1 个的概率 $=15\times0.9^{14}\times0.1^1=0.343$

次品 2 个的概率 $=105\times0.9^{13}\times0.1^2=0.267$

次品 3 个的概率 $=455\times0.9^{12}\times0.1^3=0.129$

次品 4 个的概率 $=1365\times0.9^{11}\times0.1^4=0.043$

2.5.2 泊松分布

泊松分布是二项分布的一种特殊情况。二项分布中，当 n 非常大（50 以上）时计算很繁琐。若 $np\to\lambda$（λ 为某一大于零的常数），n 趋于无穷大时，即

$$P\{X=x\}=\lim_{n\to\infty}C_n^x q^{n-x}p^x \quad (2-62)$$

经推导可得

$$P\{X=x\}=\frac{\lambda^x}{x!}e^{-\lambda} \quad x=0,1,\cdots \quad (2-63)$$

即随机变量 X 服从泊松分布，λ 为泊松分布的参数（$\lambda > 0$）。

泊松分布累积失效 k 次的概率，即累积分布函数为

$$P\{X \leqslant k\} = \sum_{x=0}^{k} \frac{\lambda^x}{x!} e^{-\lambda} \qquad (2-64)$$

泊松分布的均值和方差为

$$E[x] = \lambda \qquad (2-65)$$
$$D[x] = \lambda \qquad (2-66)$$

一般来讲，当 $n \geqslant 50$，$p < 0.1$，$\lambda = np < 10$ 时，用泊松分布代替二项分布计算简单，且精度可满足要求。

2.5.3 χ^2 分布

χ^2 分布是可靠性中使用的又一重要分布。二项分布限于考虑一个事件只有两个可能的结果，例如好和坏，而 χ^2 分布却可以考虑许多可能的结果，不过每一结果都要单独发生，且没有其他可能的结果。

1. 定义

设 X 为总体；X_1，X_2，$\cdots$，X_n 为子样；x_1，x_2，$\cdots$，x_n 为观测值；g 为观测值 x_i 的统计量。若总体 $X \sim N(0,1)$，x_1，x_2，$\cdots$，x_n 是总体的一个样本，且 x_i 与总体 X 同分布，即 $x_i \sim N(0,1)$，而统计量 g 为

$$g = x_1^2 + x_2^2 + x_3^2 + \cdots + x_n^2 = \sum_{i=1}^{n} x_i^2 \qquad (2-67)$$

则统计量 g 服从自由度为 n 的 χ^2 分布，记为 $\chi^2 \sim \chi^2(n)$。

χ^2 统计量分布密度为

$$f(x) = \begin{cases} \dfrac{1}{2\Gamma\left(\dfrac{n}{2}\right)} \left(\dfrac{x}{2}\right)^{\frac{n}{2}-1} e^{-\frac{x}{2}} & x > 0 \\ 0 & x \leqslant 0 \end{cases} \qquad (2-68)$$

χ^2 分布的数学期望及方差分别为

$$E[\chi^2] = n \qquad (2-69)$$
$$D[\chi^2] = 2n \qquad (2-70)$$

2. χ^2 分布的用途

1）指数分布函数的参数区间估计

在各种不同的可靠性试验中，指数分布中的参数区间估计也是不同的，最简单的一种情况就是定数的、没有更换的寿命试验数据。为了求得失效率 λ 的区间估计，即为求得两个统计量 λ_L 和 λ_U，使得

$$P\{\lambda_L \leqslant \lambda \leqslant \lambda_U\} = 1 - \alpha \qquad (2-71)$$

其中，α 为置信水平，$1-\alpha$ 为置信度，(λ_L, λ_U) 为置信区间，定数失效元件数目为 n，可以证明函数 $2\lambda T_n$ 的分布是自由度为 $2n$ 的 χ^2 分布，它是不含未知参数的常用分布。这里 T_n 是总的试验时间：

$$T_n = t_1 + t_2 + \cdots + t_n + (N-n)t_n \tag{2-72}$$

N 是投入试验的元件总数目。对于任意 α，借助 χ^2 分布的上侧分位点，找出 α 分位数 $\chi_\alpha^2(2n)$，使得

$$P\{2\lambda T_n > \chi_\alpha^2(2n)\} = \alpha \tag{2-73}$$

最后对式(2-73)进行等价变换，可得

$$P\left\{\lambda > \frac{\chi_\alpha^2(2n)}{2T_n}\right\} = \alpha \tag{2-74}$$

或

$$P\left\{\lambda \leqslant \frac{\chi_\alpha^2(2n)}{2T_n}\right\} = 1-\alpha \tag{2-75}$$

令

$$\lambda_U = \frac{\chi_\alpha^2(2n)}{2T_n} \tag{2-76}$$

表明区间 $(0, \lambda_U)$ 覆盖住未知参数的概率为 $1-\alpha$，故称 $(0, \lambda_U)$ 是置信度为 $1-\alpha$ 的单侧置信区间，λ_U 称为单侧置信上限，经类似推导平均寿命的估计值 $1/\lambda_U$ 应为平均寿命的单侧置信下限。综上所述，区间估计一般可分为三步：

（1）首先要寻求一个含有未知参数 θ 的子样分布，而它的分布不含有未知参数 θ，通常这个分布是常用分布，例如 χ^2 分布、t 分布及 F 分布。

（2）利用常用标准分布的分位数表，为给定置信水平 α 找出需要的分位点。

（3）利用等价变换方法求出未知参数 θ 的置信度为 $1-\alpha$ 的置信区间。

例 2-12　对服从指数分布的产品进行抽样寿命试验，所抽 9 个样品中，截尾试验数 $n=7$，它们的寿命时间（单位：h）为 150，450，500，530，600，650，700，试问产品的置信度为 90% 的平均寿命 MTTF 双侧置信区间。

解　已知 $N=9$，$n=7$，$t_n=700$ h，求出总试验时间 $T_n=4980$ h。为了求出 MTTF 的双侧置信区间，把置信水平 $\alpha=0.1$ 均分，然后从 χ^2 分布上侧分位表查出

$$\chi_{0.05}^2(14) = 23.685$$

$$\chi_{0.95}^2(14) = 6.571$$

由此计算 MTTF 的置信度为 0.90 时的双侧置信上限与下限为

$$\text{MTTF（下限）} = \frac{2T_n}{\chi_{0.05}^2(2n)} = \frac{2 \times 4980}{23.685} = 420.5 \text{ (h)}$$

$$\text{MTTF（上限）} = \frac{2T_n}{\chi_{0.95}^2(2n)} = \frac{2 \times 4980}{6.571} = 1515.8 \text{ (h)}$$

所以，该产品的寿命置信区间为 (420.5, 1515.8)，其置信度为 90%。

2）正态分布函数的方差区间估计

（1）μ 已知，σ^2 的置信区间。

构造统计量为

$$\frac{1}{\sigma^2} \sum_{i=1}^n (x_i - \mu)^2 \sim \chi^2(n) \tag{2-77}$$

求得置信度 $1-\alpha$ 的双侧区间上限与下限为

$$\hat{\sigma}_L = \left[\frac{s^2}{\chi^2_{\frac{\alpha}{2}}(n)}\right]^{\frac{1}{2}} \tag{2-78}$$

$$\hat{\sigma}_U = \left[\frac{s^2}{\chi^2_{1-\frac{\alpha}{2}}(n)}\right]^{\frac{1}{2}} \tag{2-79}$$

(2) μ 未知，σ^2 的置信区间。

构造统计量为

$$\frac{1}{\sigma^2}\sum_{i=1}^{n}(x_i-\bar{x})^2 \sim \chi^2(n) \tag{2-80}$$

利用 χ^2 分布的上侧分位点可得

$$P\left\{\chi^2_{1-\frac{\alpha}{2}}(n-1) \leqslant \frac{(n-1)s^2}{\sigma^2} \leqslant \chi^2_{\frac{\alpha}{2}}(n-1)\right\} = 1-\alpha \tag{2-81}$$

故可求得估计区间为

$$\hat{\sigma}_L = \frac{(n-1)s^2}{\chi^2_{\frac{\alpha}{2}}(n-1)} \tag{2-82}$$

$$\hat{\sigma}_U = \frac{(n-1)s^2}{\chi^2_{1-\frac{\alpha}{2}}(n-1)} \tag{2-83}$$

2.5.4　t 分布

1. 定义

若总体 $X \sim N(0,1)$，$Y \sim \chi^2(n)$，且 X 与 Y 相互独立，则称统计量

$$T = \frac{X}{\sqrt{Y/n}} \tag{2-84}$$

服从自由度为 n 的 t 分布，记为 $T \sim t(n)$，其分布函数为

$$f(t) = \frac{\Gamma\left(\frac{n+1}{2}\right)}{\sqrt{n\pi}\,\Gamma\left(\frac{n}{2}\right)}\left(1+\frac{t^2}{n}\right)^{-\frac{n+1}{2}} \qquad -\infty < t < +\infty \tag{2-85}$$

不同自由度 n 值的 t 分布函数如图 2-24 所示。由图可以看出，$f(t)$ 是 t 的偶函数，对称于 $t=0$ 点，当 n 很大 $(n>3)$ 时，它与 $N(0,1)$ 非常接近；n 越小，它与 $N(0,1)$ 差别越大。

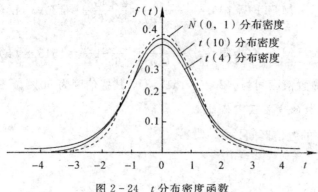

图 2-24　t 分布密度函数

t 分布的数学期望及方差分别为

$$E[T]=0 \qquad n>1 \tag{2-86}$$

$$D[T]=\frac{n}{n-2} \qquad n>2 \tag{2-87}$$

2. 用途

分布函数可以做数学期望（均值）的区间估计。

1）已知 σ^2 时，用正态分布来求解

点估计时用子样的均值 $\bar{x}$ 来估计总体的 μ，子样的平均值为

$$\bar{x}=\frac{1}{n}\sum_{i=1}^{n}x_i \tag{2-88}$$

而统计量（随机变量）为

$$g=\frac{\bar{x}-\mu}{\sqrt{\dfrac{\sigma^2}{n}}}\sim N(0,1) \tag{2-89}$$

式（2-89）表明，已找到了这样的统计量，它含有未知参数 μ，而其分布是标准正态分布 $N(0,1)$，因此，对给定置信度 $1-\alpha$，利用标准正态分布的双侧分位表可以找到 $z_{\frac{\alpha}{2}}$，使

$$P\left\{-z_{\frac{\alpha}{2}}\leqslant\frac{\bar{x}-\mu}{\sigma\sqrt{n}}\leqslant z_{\frac{\alpha}{2}}\right\}=1-\alpha \tag{2-90}$$

故求得 μ 的上、下限估计值为

置信上限估计值：

$$\hat{\mu}_{L}=\bar{x}-z_{\frac{\alpha}{2}}\frac{\sigma}{\sqrt{n}} \tag{2-91}$$

置信下限估计值：

$$\hat{\mu}_{U}=\bar{x}+z_{\frac{\alpha}{2}}\frac{\sigma}{\sqrt{n}} \tag{2-92}$$

2）未知 σ^2 时，用 t 分布来求解

当 σ^2 未知时，可以用样本方差 s^2 来估计 σ^2，可以证明

$$\frac{(\bar{x}-\mu)\sqrt{n}}{s}\sim t(n-1) \tag{2-93}$$

即

$$\frac{(\bar{x}-\mu)\sqrt{n}}{\sqrt{\dfrac{1}{n-1}\sum_{i=1}^{n}(x_i-\bar{x})^2}} \tag{2-94}$$

这样得到 μ 的置信区间为

$$\hat{\mu}_{L}=\bar{x}-t_{\frac{\alpha}{2}}\sqrt{\frac{s^2}{n(n-1)}} \tag{2-95}$$

$$\hat{\mu}_{U}=\bar{x}+t_{\frac{\alpha}{2}}\sqrt{\frac{s^2}{n(n-1)}} \tag{2-96}$$

习 题

2-1 已知某产品的失效率为常数，$\lambda(t)=\lambda=0.30\times10^{-4}$ h^{-1}，可靠度函数 $R(t)=$ e$^{-\lambda t}$，试求可靠度 $R=99.9\%$ 的相应可靠寿命 $t_{0.999}$、中位寿命 $t_{0.5}$ 和特征寿命 $T_{e^{-1}}$。

2-2 某汽车装有一个失效概率为 0.1×10^{-4} km^{-1} 的零件，今有 2 个该零件的备件，若想让这台汽车行程 50 000 km，则其成功的概率是多少？

2-3 某发动机在运转 2000 h 时更换了 2 次同一零件，而该零件的失效率 $\lambda=0.1\times10^{-3}$ h^{-1} 已知，试分析这台发动机是否有其他问题。

2-4 有一弹簧，其寿命 t 服从对数正态分布，即 $\ln t \sim N(13.9554,0.1035^2)$，若将该弹簧在使用 10^6 次载荷循环后更换，求在其更换前失效的概率。若要保证它 99% 的可靠度，应在多少次载荷循环之前更换？

2-5 已知某机械零件的疲劳寿命服从对数正态分布，且 $\mu=4.5$，$\sigma=1$，求该零件在 $t=110$ 单位时间内的可靠度及失效率。该零件在 $t=90$ 单位时间内的可靠度又是多少？

2-6 已知某外设产品的工作寿命服从韦布尔分布，且由历次试验得知 $m=2$，$\eta=200$ h，$\gamma=0$，试求该产品的平均寿命、可靠度为 $R=90\%$ 的可靠寿命、在 200 h 内的最大失效率和平均失效率，以及当 $\lambda=0.1\times10^{-2}$ h^{-1} 时的更换寿命及可靠度。当位置参数 $\gamma=30$ h 时，求该部件工作到 50 h 时不失效的概率。

2-7 某系统的平均无故障工作时间 $\theta=1000$ h，在该系统 1500 h 的工作期内需要有备件更换，现有 3 个备件供使用，则系统能达到的可靠度是多少？

2-8 对 100 台汽车变速器进行寿命试验，在完成 1000 h 试验时，失效的变速器有 5 台，若已知其失效率为常数，试求其特征寿命、中位寿命及任一变速器在任一小时的失效率。

2-9 某元件的参数服从形状参数 $m=4$，尺度参数 $\eta=1000$ h 的韦布尔分布，求 $t=500$ h 的可靠度 $R(t)$ 及失效率 $\lambda(t)$。

2-10 某轴承厂对某型轴承做疲劳寿命试验至失效，数据（单位：h）为 89，121，183，184，269，360，363，466，477，547，583，637，766，890，945，1595，2067，2174，试编制程序，实现用概率图法判断其分布类型。

2-11 150 个产品，工作到 $t=20$ h，失效 50 个，再工作 1 h，又失效 2 个，求 $t=20$ h 的失效率观测值 $\hat{\lambda}(20)$。

2-12 取 5 个指示灯泡进行寿命试验，寿命（单位：h）为 3000，8000，175 000，44 000，53 500，求 MTTF 的观测值及中位寿命 $\hat{t}_{0.5}$。

2-13 若灯泡寿命服从指数分布，按习题 2-12 中的数据求 $\hat{\lambda}$、$\hat{R}(4000)$、$\hat{t}(0.95)$ 及 $\hat{t}_{0.5}$。

第3章　典型系统的可靠性分析

为了讨论问题的方便，在可靠性工程中，常常将机械电子产品的系统、分系统、整机、分机、机械零部件及电子元器件等通称为产品或系统，而把组成各系统或产品的组成部分称为部件或单元。

按系统是否可以维修，又将系统分为不可维修系统和可维修系统。不可维修系统是指单元或系统一旦失效，不进行任何维修或更换的系统，例如日光灯管、灯泡、导弹以及卫星推进器等一次性使用的系统。产品不进行维修的原因有：① 维修费用高于产品本身的价值（如灯泡）；② 不能维修或维修困难（如导弹）；③ 对产品或系统主要侧重于其性能和完成任务的可靠性，而忽略其维修性。

机械电子产品大多数是可维修系统，不可维修系统相对可维修系统来说简单得多，而且对不可维修产品的研究方法与结论也适用于可维修系统。本章主要集中讨论典型不可维修系统的可靠性特性，并假定系统及各组成单元的失效为相互独立的，而且各单元在任意时刻 t 只处于两种状态之一：成功或失败。

3.1　可靠性框图

系统是各个单元相互有机的组合，它与各单元之间必然存在一定的关系。为了从一个实际存在的系统中找出各单元间的关系，首先要将所要分析的系统简化为合理的物理模型，然后再由物理模型进一步得到参数和设计变量的数学模型。

对于复杂产品的一个或一个以上的功能模式，用方框表示的各组成部分的故障或它们的组合如何导致产品故障的逻辑图，称为可靠性框图（参见 GJB 451A—2005）。可以用可靠性框图来评价系统（或产品）的设计，确定子系统、元件的可靠性水平，还可以进一步抽象出系统的数学模型。可靠性框图和数学模型是可靠性预测和可靠性分配的基础，在可靠性技术中具有十分重要的意义。

本节主要讨论如何建立系统的可靠性框图。对于简单的系统，功能关系比较清楚，可靠性框图也容易画出，但对于复杂系统，要搞清其功能关系需要一定的方法和技巧。

对于同样一个系统，如果它所完成的功能不同，或者定义它的失效状态不同，其可靠性框图的形式也可能是不同的。下面举几个实例来说明。

1. 流体系统

图 3-1(a)表示控制管中流体的两个阀门 1 和 2，在结构上它们是串联在一起的。

如果其功能是为了使液体流通，则两个阀门有任何一个打不开（关闭），系统就不能正常工作，其可靠性框图（功能模型）表示为一个串联系统，如图 3-1(b)所示。

如果该结构的功能是为了截住流体，则任一阀门能关闭，就能保证系统的正常，只有两个阀门均不能关闭时，系统才失效，所以其可靠性框图表示为一个并联系统，如图 3-1 (c)所示。

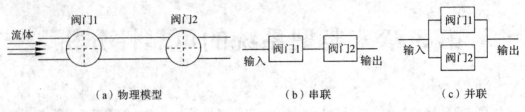

（a）物理模型　　　　　（b）串联　　　　　（c）并联

图 3-1　流体系统

系统单元间的物理关系与功能关系是两个不同的概念，必须注意它们的区别。可靠性框图应从可靠性的角度来表示逻辑功能关系。

2. 电容器系统

电路中经常使用并联电容器，如图 3-2(a)所示，对于这个系统，从可靠性角度来讨论就有两种分析结果。

如果所设计的系统在电容器短路时失效，显然，任何一个电容器失效均会导致该电路系统失效，从功能关系来看，该电容器系统的可靠性框图应表示为一个串联系统，如图 3-2(b)所示。

若系统的失效模式定义为开路，电容器以开路失效为其失效模式，则此时系统的可靠性框图就表示为一个并联系统，如图 3-2(c)所示。

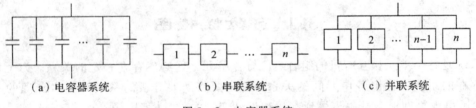

（a）电容器系统　　　　（b）串联系统　　　　（c）并联系统

图 3-2　电容器系统

3. 振动系统

振动系统的力学模型如图 3-3(a)所示。振动系统中各要素有：弹簧刚度 K、系统阻尼 C、外摩擦 f、外载荷 F。可以根据其力学特性，利用各要素间的相互关系，建立振动方程，也就是系统的数学模型。从力学模型看，各要素之间是并联关系，但从可靠性角度看，系统中任一要素失效，系统即丧失工作能力，因此其功能逻辑关系为串联形式，如图 3-3(b)所示。

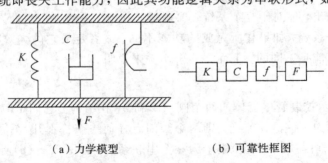

（a）力学模型　　　　　（b）可靠性框图

图 3-3　振动系统

3.2 串联系统的可靠性

串联系统是指系统中只要有一个单元失效就会导致整个系统失效的系统，或者说只有当系统中所有单元都正常工作时，系统才能正常工作的系统。

串联系统的可靠性框图如图 3-4 所示。该系统由 n 个相互独立的单元组成，很容易看出，若要求整个系统正常工作，则各单元都必须正常工作。

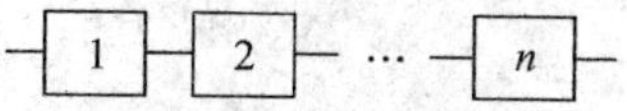

图 3-4 串联系统的可靠性框图

假设第 i 个单元的寿命为 ξ_i，可靠度为 $R_i(t) = P\{\xi_i > t\}$ ($i = 1, 2, \cdots, n$)，根据串联系统的定义，系统寿命 ξ 为

$$\xi = \min\{\xi_1, \xi_2, \cdots, \xi_n\}$$

于是系统的可靠度 $R_s(t)$ 为

$$
\begin{aligned}
R_s(t) &= P\{\min(\xi_1, \xi_2, \cdots, \xi_n) > t\} \\
&= P\{\xi_1 > t, \xi_2 > t, \cdots, \xi_n > t\} \\
&= \prod_{i=1}^{n} P\{\xi_i > t\} = \prod_{i=1}^{n} R_i(t)
\end{aligned}
\tag{3-1}
$$

即系统的可靠度等于组成该系统各单元的可靠度 $R_i(t)$ 之连乘积。

例如图 3-5 所示的某一测量雷达系统，以分系统为单元，其可靠度可表示为

$$R_s(t) = R_负(t) \cdot R_发(t) \cdot R_收(t) \cdot R_角(t) \cdot R_距(t) \cdot R_伺(t) \cdot R_计(t) \cdot R_控(t) \cdot R_显(t)$$

负载 → 发射 → 接收 → 测角 → 测距 → 伺服 → 计算 → 主控 → 显示

图 3-5 测量雷达系统的可靠性框图

下面从式(3-1)出发开始讨论，得出一些等效的关系式来。易得到系统失效分布 $F_s(t)$ 与各单元失效分布 $F_i(t)$ 的关系为

$$F_s(t) = 1 - \prod_{i=1}^{n} [1 - F_i(t)] \tag{3-2}$$

概率密度函数为

$$f_s(t) = F'_s(t) = \sum_{i=1}^{n} \left\{ f_i(t) \cdot \prod_{j \neq i, j=1}^{n-1} [1 - F_j(t)] \right\} \tag{3-3}$$

当第 i 个单元的失效率为 $\lambda_i(t)$ 时，系统的可靠度为

$$R_s(t) = \prod_{i=1}^{n} \exp\left[-\int_0^t \lambda_i(t)\,dt\right] = \exp\left[-\int_0^t \sum_{i=1}^{n} \lambda_i(t)\,dt\right] \tag{3-4}$$

系统失效率 $\lambda_s(t)$ 为

$$
\begin{aligned}
\lambda_s(t) &= -\frac{R'(t)}{R(t)} = \frac{f_s(t)}{R_s(t)} = \frac{\left\{ \sum\limits_{i=1}^{n} \left[f_i(t) \prod\limits_{j \neq i, j=1}^{n-1} R_j(t) \right] \right\}}{\prod\limits_{i=1}^{n} R_i(t)} \\
&= \sum_{i=1}^{n} \frac{f_i(t)}{R_i(t)} = \sum_{i=1}^{n} \lambda_i(t)
\end{aligned}
\tag{3-5}
$$

式(3-5)表明,由独立单元组成的串联系统的失效率是所有单元失效率之和。

当 n 个单元(部件)的寿命服从 $\lambda_i(t)=\lambda_i$(常数)的指数分布时,系统的可靠度和平均寿命分别为

$$R_s(t) = \exp[-\lambda_s t] = \exp\left[-\sum_{i=1}^n \lambda_i t\right] \tag{3-6}$$

$$\mathrm{MTTF}_s = \int_0^\infty R_s(t)\,\mathrm{d}t = \frac{1}{\displaystyle\sum_{i=1}^n \lambda_i} \tag{3-7}$$

特殊地,若各单元失效率相等,即当 $\lambda_1=\lambda_2=\cdots=\lambda_n=\lambda$ 时,系统的失效率和可靠度分别为

$$\lambda_s = n\lambda$$

$$R_s(t) = e^{-n\lambda t} = e^{-\frac{nt}{\theta}}$$

式中:θ 为单元的平均失效时间,$\theta = \dfrac{1}{\lambda}$。

从上面的分析可见:

(1) 串联系统的可靠度比组成系统的每个单元的可靠度低;

(2) 串联系统的平均寿命 MTTF_s 比单元的 MTTF_i 要低;

(3) 串联系统的失效率 $\lambda_s(t)$ 比单元失效率 $\lambda_i(t)$ 高。

例 3-1 某系统由三个单元串联构成,若各单元的平均失效时间(单位:h)为 250,100,350,求系统的平均失效时间,并比较系统和各单元在 30 h 的可靠度(设各单元均服从指数分布)。

解

$$\lambda_s = \lambda_1 + \lambda_2 + \lambda_3 = \frac{1}{250} + \frac{1}{100} + \frac{1}{350} = \frac{59}{3500} \ (\mathrm{h}^{-1})$$

系统的平均失效时间为

$$\theta_s = \mathrm{MTTF}_s = \frac{1}{\lambda_s} = \frac{3500}{59} = 59.322 \ (\mathrm{h})$$

当 $t=30$ h 时,有

$$R_1(30) = \exp\left[\frac{-30}{250}\right] = e^{-0.12} = 0.8869$$

$$R_2(30) = \exp\left[\frac{-30}{100}\right] = e^{-0.30} = 0.7408$$

$$R_3(30) = \exp\left[\frac{-30}{350}\right] = e^{-0.0857} = 0.9179$$

$$R_s(30) = \exp\left[\frac{-30 \times 59}{3500}\right] = e^{-0.5057} = 0.6031$$

因此有

$$R_s(30) = R_1(30) \cdot R_2(30) \cdot R_3(30) = 0.6031$$

即系统的可靠度随串联单元数 n 的增加而迅速降低,且 $R_s \leqslant \min\{R_i\}$。

例 3-2 10 个独立和相同的分系统组成一个串联系统。每个分系统的失效时间服从指数分布,其 $\mathrm{MTTF}_i(i=1,2,\cdots,10)$ 为 2000 h。假定在时刻 $t=0$ 时系统开始工作,计算当

$t=50$ h 时该串联系统的可靠度。

解 已知 $n=10$，$t=50$ h，$\theta_i=\mathrm{MTTF}_i=2000$ h，故

$$\lambda_{\mathrm{s}}=\frac{1}{\theta_i}n=\frac{1}{2000}\times10=\frac{1}{200}(\mathrm{h}^{-1})$$

当 $t=50$ h 时，有

$$R_{\mathrm{s}}(t)=\mathrm{e}^{-n\lambda_i t}=\mathrm{e}^{-10\times\frac{1}{2000}\times50}=0.7788$$

则该串联系统在 $t=50$ h 时的可靠度为 0.7788。

3.3 并联系统的可靠性

并联系统又称并联冗余系统。为了使系统工作更保险可靠，往往在系统的工作过程中使所需要的零件、部件有一定的储备，以用来改进系统可靠性。为了完成某一工作目的所设置的设备除了满足运行的需要外，还有一定冗余的储备，就称为并联冗余系统。例如将某些控制系统设计成两套并联系统，或设计成同时具有机械式、电气式和液压式的系统，只要有一套在正常工作，就能维持系统正常工作。

并联系统可分为工作储备系统和非工作储备系统，它们又分别称为平行冗余和开关系统。

工作储备系统是使用多个零部件来完成同一任务的组合。在该系统中，所有的单元一开始就同时工作，但其中任一个单元(零部件)都能单独地支持整个系统工作，也就是说，在系统中只要不是全部单元都失效，系统就可以正常运行。有的工作储备系统要求同时有两个以上的单元正常工作，系统才能正常工作。例如飞机有四个发动机，只要有两个发动机正常工作就能飞行，这就称为"n 中取 k"或"表决"系统。

非工作储备系统是指系统中有一个或多个单元处于工作状态，其余单元则处于"待命"状态，当工作的某单元出现故障后，处于"待命"状态的单元立即转入工作状态。转入工作状态时，必须经过转换开关，而这时就存在一个能否及时发现故障的监测问题和转换开关本身的可靠性问题。那么，在这里所说的"理想"开关是指开关本身完全可靠，不发生故障，且监测可靠安全。

除常见的串、并联系统外，还有网络系统和其他更复杂的系统，将在本章后两节介绍。

综上所述，可将系统分类如下：

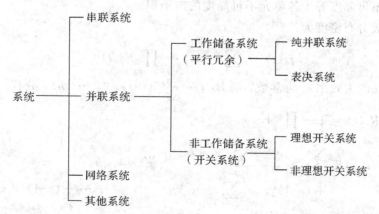

一般来说，非工作储备系统的可靠度要高于工作储备系统。这是因为虽然工作储备系统的每个单元均在不满负荷状态下运行，但它们毕竟是在运行，设备的损耗总是不可避免地存在。而非工作储备系统就不存在这个问题，但非工作储备系统存在着何时启用"待命单元"的监测及"待命单元"启动投入运行的"开关"可靠性问题。因此，"非工作储备"比"工作储备"可靠性高的结论是假定单元在储备期不失效，并且在系统监测故障完全准确及时和转换开关"理想"的条件下得出的。实际上，开关的可靠度问题总是存在的。

3.3.1 纯并联系统

图 3-6 为 n 个相互独立的单元组成的纯并联系统。在图示系统中，只要有一个单元正常工作，系统就能正常运行；反之，只有当系统的 n 个单元全部失效，系统才失效。

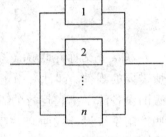

图 3-6 纯并联系统

设第 i 个单元的寿命为 ξ_i，可靠度为 $R_i(t)(i=1, 2, \cdots, n)$，并已知 $\xi_1, \xi_2, \cdots, \xi_n$ 相互独立。在初始时刻 $t=0$，所有单元都是新的，且同时开始工作，由定义知，纯并联（通常称并联）系统的寿命 ξ 在各单元寿命 ξ_i 中是最大者，即

$$\xi = \max\{\xi_1, \xi_2, \cdots, \xi_n\}$$

则系统的可靠度 $R_s(t)$ 为

$$
\begin{aligned}
R_s(t) &= P\{\max(\xi_1, \xi_2, \cdots, \xi_n) > t\} \\
&= 1 - P\{\max(\xi_1, \xi_2, \cdots, \xi_n) \leqslant t\} \\
&= 1 - P\{\xi_1 \leqslant t, \xi_2 \leqslant t, \cdots, \xi_n \leqslant t\} \\
&= 1 - \prod_{i=1}^{n}[1 - R_i(t)] \\
&= 1 - \sum_{i=1}^{n} F_i(t)
\end{aligned}
\tag{3-8}
$$

可得系统的失效分布为

$$
F_s(t) = P\{\max(\xi_1, \xi_2, \cdots, \xi_n) \leqslant t\} = P\{\xi_1 \leqslant t, \xi_2 \leqslant t, \cdots, \xi_n \leqslant t\} = \prod_{i=1}^{n} F_i(t)
$$

$$\tag{3-9}$$

即并联系统的不可靠度等于各单元不可靠度的连乘积。

系统的失效分布密度为

$$
f_s(t) = \sum_{i=1}^{n}\left[f_i(t) \cdot \prod_{j=1, j \neq i}^{n} F_j(t)\right]
\tag{3-10}
$$

假定单元 i 的失效率 λ_i 为常数，则 $R_i(t) = e^{-\lambda_i t}(i=1, 2, \cdots, n)$，故有

$$
\begin{aligned}
R_s(t) &= 1 - \prod_{i=1}^{n}(1 - e^{-\lambda_i t}) \\
&= \sum_{i=1}^{n} e^{-\lambda_i t} - \sum_{1 \leqslant i \leqslant j \leqslant n} e^{-(\lambda_i + \lambda_j)t} + \cdots \\
&\quad + (-1)^{i-1} \sum_{1 \leqslant j_1 < \cdots < j_i \leqslant n} e^{-(\lambda_{j_1} + \lambda_{j_2} + \cdots + \lambda_{j_i})t} + \cdots + (-1)^{n-1} e^{-(\lambda_1 + \lambda_2 + \cdots + \lambda_n)t}
\end{aligned}
$$

积分上式得系统的平均寿命 MTTF_s：

$$\mathrm{MTTF_s} = \int_0^\infty R_s(t)\mathrm{d}t = \sum_{i=1}^n \frac{1}{\lambda_i} - \sum_{1 < i < j < n} \frac{1}{\lambda_i + \lambda_j} + \cdots + (-1)^{n-1} \frac{1}{\lambda_1 + \lambda_2 + \cdots + \lambda_n}$$

$$(3-11)$$

当 $n=2$ 时，系统的可靠度为

$$R_s(t) = \mathrm{e}^{-\lambda_1 t} + \mathrm{e}^{-\lambda_2 t} - \mathrm{e}^{-(\lambda_1 + \lambda_2)t} \tag{3-12}$$

系统的平均寿命为

$$\mathrm{MTTF_s} = \frac{1}{\lambda_1} + \frac{1}{\lambda_2} - \frac{1}{\lambda_1 + \lambda_2} \tag{3-13}$$

特殊地，当 $\lambda_1 = \lambda_2 = \lambda$ 时，则有

$$R_s(t) = 2\,\mathrm{e}^{-\lambda t} - \mathrm{e}^{-2\lambda t} \tag{3-14}$$

$$\mathrm{MTTF_s} = \frac{3}{2\lambda} \tag{3-15}$$

同样，当 $n=3$ 时，系统的可靠度为

$$R_s(t) = \mathrm{e}^{-\lambda_1 t} + \mathrm{e}^{-\lambda_2 t} + \mathrm{e}^{-\lambda_3 t} - \mathrm{e}^{-(\lambda_1 + \lambda_2)t} - \mathrm{e}^{-(\lambda_1 + \lambda_3)t} - \mathrm{e}^{-(\lambda_2 + \lambda_3)t} + \mathrm{e}^{-(\lambda_1 + \lambda_2 + \lambda_3)t} \tag{3-16}$$

系统平均寿命为

$$\mathrm{MTTF_s} = \int_0^\infty R_s(t)\mathrm{d}t = \frac{1}{\lambda_1} + \frac{1}{\lambda_2} + \frac{1}{\lambda_3} - \frac{1}{\lambda_1 + \lambda_2} - \frac{1}{\lambda_1 + \lambda_3} - \frac{1}{\lambda_2 + \lambda_3} + \frac{1}{\lambda_1 + \lambda_2 + \lambda_3}$$

$$(3-17)$$

特殊地，当 $\lambda_1 = \lambda_2 = \lambda_3 = \lambda$ 时，有

$$R_s(t) = 3\,\mathrm{e}^{-\lambda t} - 3\,\mathrm{e}^{-2\lambda t} + \mathrm{e}^{-3\lambda t}$$

$$\mathrm{MTTF_s} = \frac{3}{\lambda} - \frac{3}{2\lambda} + \frac{1}{3\lambda} = \frac{11}{6\lambda} \tag{3-18}$$

推广之，当 n 个相同且独立的单元并联时，系统的可靠度为

$$R_s(t) = 1 - (1 - \mathrm{e}^{-\lambda t})^n = 1 - \exp(-n\mathrm{e}^{-\lambda t})$$

其平均寿命为

$$\mathrm{MTTF_s} = \int_0^\infty R_s(t)\mathrm{d}t = \frac{1}{\lambda} \sum_{i=1}^n \frac{1}{i} \tag{3-19}$$

例 3-3 由四个零件 A，B，C，D 组成的工作储备系统，四个零件的可靠度分别为 $R_A = 0.9$，$R_B = 0.8$，$R_C = 0.7$，$R_D = 0.6$，求该系统的可靠度 R_s。

解 根据式（3-8）得

$$
\begin{aligned}
R_s(t) &= 1 - \prod_{i=1}^n [1 - R_i(t)] \\
&= 1 - (1 - 0.9) \times (1 - 0.8) \times (1 - 0.7) \times (1 - 0.6) \\
&= 0.9976
\end{aligned}
$$

由结果可以看出，工作储备系统将大大提高系统的可靠度。

例 3-4 已知可靠度相同的三单元并联工作系统，每个单元的平均寿命为 2500 h，试确定使系统可靠度达到 0.9962 所允许的系统工作时间。

解 根据题目要求知，$R_s(t) = 0.9962$，则

$$F_s(t) = 1 - R_s(t) = 0.0038$$

由纯并联关系式，且注意到三单元完全相同，故有

$$F_s(t) = F_1(t) \cdot F_2(t) \cdot F_3(t) = [F(t)]^3 = 0.0038$$

所以

$$F_1(t) = F_2(t) = F_3(t) = 0.156049$$

则每个单元的可靠度为

$$R_1(t) = R_2(t) = R_3(t) = 1 - F(t) = 0.84395$$

若每个单元均服从指数分布，即

$$\lambda = \frac{1}{\theta} = \frac{1}{2500} \ (\text{h}^{-1})$$

则由

$$R(t) = \text{e}^{-\lambda t}$$
$$0.84395 = \text{e}^{-\frac{t}{2500}}$$

解得

$$t = 424.15 \ \text{h}$$

即使系统可靠度满足要求的系统工作时间为 424.15 h。

3.3.2　串并联系统

如图 3-7 所示，若各单元的可靠度函数分别为 $R_{ij}(t)(i=1, 2, \cdots, n; j=1, 2, \cdots, m_i)$，且所有单元寿命都相互独立，则按串联和并联公式得

$$R_s(t) = \prod_{i=1}^{n} \left\{ 1 - \prod_{j=1}^{m_i} [1 - R_{ij}(t)] \right\}$$

若各单元可靠度相等，即 $R_{ij}(t) = R(t)$，当 $m_i = m$ 时，有

$$R_s(t) = \{ 1 - [1 - R(t)]^m \}^n$$

当 $R(t) = \text{e}^{-\lambda t}$ 时，则有

$$R_s(t) = [1 - (1 - \text{e}^{-\lambda t})^m]^n$$

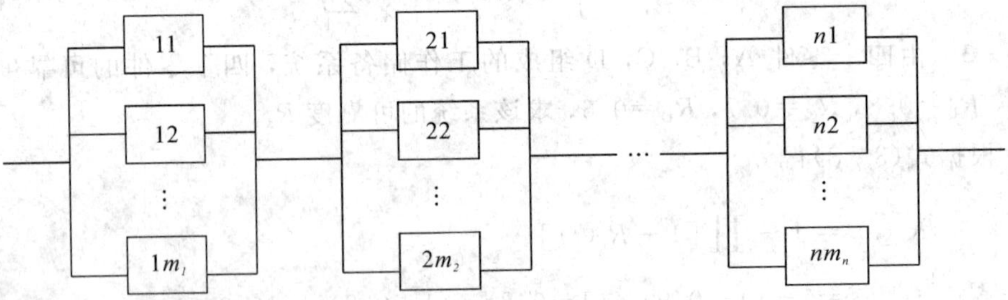

图 3-7　串并联系统示意图

3.3.3　并串联系统

如图 3-8 所示，若各单元的可靠度函数分别为 $R_{ij}(t)(i=1, 2, \cdots, m; j=1, 2, \cdots, n_i)$，且所有单元寿命都相互独立，则同样依串联和并联公式得

$$R_{\mathrm{s}}(t) = 1 - \prod_{i=1}^{m}\left[1 - \prod_{j=1}^{n_i} R_{ij}(t)\right]$$

设所有的 $R_{ij}(t) = R(t)$，当 $n_i = n$ 时，则有

$$R_{\mathrm{s}}(t) = 1 - \{1 - [R(t)]^n\}^m$$

当各单元均服从指数分布，即 $R(t) = \mathrm{e}^{-\lambda t}$ 时，则有

$$R_{\mathrm{s}}(t) = 1 - (1 - \mathrm{e}^{-n\lambda t})^m$$

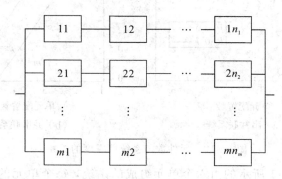

图 3-8　并串联系统示意图

基于上面的分析，对如图 3-9 所示的由若干串联和并联结构串联起来的复合系统，也可采用同样的方法分析。

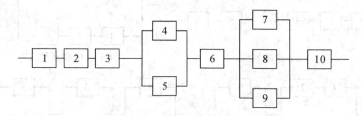

图 3-9　复合系统可靠性框图

设图 3-9 中各单元相互独立，且可靠度均为 $R(t)$，则系统可靠度为

$$\begin{aligned}
R_{\mathrm{s}}(t) &= R_1(t) \cdot R_2(t) \cdot R_3(t) \cdot \{1 - [1 - R_4(t)] \cdot [1 - R_5(t)]\} \cdot R_6(t) \\
&\quad \cdot \{1 - [1 - R_7(t)] \cdot [1 - R_8(t)] \cdot [1 - R_9(t)]\} \cdot R_{10}(t) \\
&= R(t)^5 \cdot \{1 - [1 - R(t)]^2\} \cdot \{1 - [1 - R(t)]^3\}
\end{aligned}$$

从串、并联系统的讨论可知，对串联系统来说，元器件的可靠性水平及元器件数目的多少是系统可靠性的决定因素，故为提高串联系统的可靠度，必须尽量减少串联元件数并提高每个元件的可靠度。由图 3-10(a) 可知，随元件可靠度的提高，系统可靠度的增量变小。

通常认为并联系统可提高系统的可靠度，但这也是有一定限度的。由图 3-10(b) 可以看出，对于并串联系统，过多增加并联支路数是无效的，当 $m > 4$ 以后，系统可靠度的增量很有限。

对于系统配置来讲，要合理利用并联冗余的优点，又要综合考虑其性能与成本的影响，特别对于机械系统，设计并联系统通常使其结构复杂化，且价格较昂贵。故采用并联结构时更应慎重。

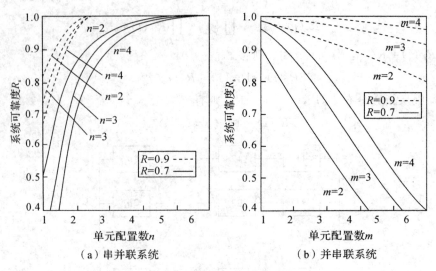

（a）串并联系统　　　（b）并串联系统

图 3-10　元件数与系统可靠度的关系

例 3-5　如图 3-11 所示的由六个单元组成的系统，每个单元的可靠度相同，即 $R=0.9$，试确定每个系统的可靠度并比较之。

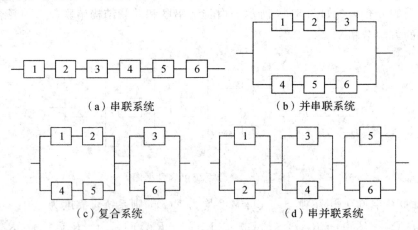

（a）串联系统　　　（b）并串联系统

（c）复合系统　　　（d）串并联系统

图 3-11　六单元组成的系统

解　（a）对串联系统，有

$$R_s = R^6 = 0.9^6 = 0.53144$$

（b）对并串联系统，$n=3$，$m=2$，$1-R=0.1$，则有

$$R_s = 1-(1-R^n)^m = 1-(1-0.9^3)^2 = 0.9266$$

（c）对复合系统，有

$$R_s = [1-(1-R^2)^2] \cdot [1-(1-R)^2]$$
$$= [1-(1-0.9^2)^2] \cdot [1-(1-0.9)^2] = 0.9639 \times 0.99 = 0.95426$$

（d）对串并联系统，$m=2$，$n=3$，则有

$$R_s = [1-(1-R)^m]^n = [1-(1-0.9)^2]^3 = 0.9703$$

从计算结果可以看出，同样的六个元件，不同的配置下其可靠度相差很大，显然串并联系统（见图 3-11（d））的系统可靠度最高。

3.3.4　n 中取 k（表决）系统

n 中取 k 系统用符号 $k/n(G)$ 表示。它是这样一种系统：在并联的 n 个单元中，至少有 k 个单元正常工作时，系统才正常工作。显然，$n/n(G)$ 系统为 n 单元串联系统，$1/n(G)$ 系统为 n 单元纯并联系统。例如由总数为 n 的硅片组成的太阳能电池系统，当大于等于 k 片硅片工作时，系统即正常供电，就属于这种表决系统。图 3-12 即为表决系统的可靠性框图。

现以图 3-13 所示的 3 中取 2 系统为例，来说明这种系统可靠度的计算方法。

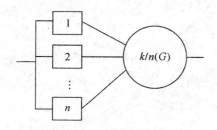

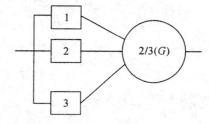

图 3-12　表决系统的可靠性框图　　　图 3-13　3 中取 2 系统的可靠性框图

装有三台发动机的飞机至少有两台发动机正常工作时，飞机才能正常飞行。如果三台发动机的寿命分别为 $\xi_i(i=1, 2, 3)$，且相互独立，其可靠度 $R_i(t)=P\{\xi_i>t\}$，则系统正常工作有四种可能组合：三台发动机都正常；两台正常一台失效。因此系统的可靠度为

$$R_s(t)=R_1(t)\cdot R_2(t)\cdot R_3(t)+R_2(t)\cdot R_3(t)\cdot[1-R_1(t)]+R_1(t)$$
$$\cdot R_3(t)\cdot[1-R_2(t)]+R_1(t)\cdot R_2(t)\cdot[1-R_3(t)] \tag{3-20}$$

若发动机寿命服从指数分布，即

$$R_i(t)=e^{-\lambda_i t}$$

则

$$R_s(t)=e^{-(\lambda_1+\lambda_2+\lambda_3)t}+e^{-(\lambda_2+\lambda_3)t}\cdot(1-e^{-\lambda_1 t})+e^{-(\lambda_1+\lambda_3)t}$$
$$\cdot(1-e^{-\lambda_2 t})+e^{-(\lambda_1+\lambda_2)t}\cdot(1-e^{-\lambda_3 t}) \tag{3-21}$$

系统的平均寿命为

$$\theta=\int_0^\infty R_s(t)\mathrm{d}t=\frac{1}{\lambda_1+\lambda_2}+\frac{1}{\lambda_2+\lambda_3}+\frac{1}{\lambda_1+\lambda_3}-\frac{2}{\lambda_1+\lambda_2+\lambda_3} \tag{3-22}$$

如果三个单元的寿命同分布，可靠度相同，即 $R_1(t)=R_2(t)=R_3(t)=R(t)$，则

$$R_s(t)=[R(t)]^3+3[R(t)]^2\cdot[1-R(t)] \tag{3-23}$$

$$\theta=\frac{3}{2\lambda}-\frac{2}{3\lambda}=\frac{5}{6\lambda} \tag{3-24}$$

同样，对于由 n 个独立单元组成的 $k/n(G)$ 系统，假设所有单元寿命同分布，可靠度相同，则系统的可靠度为

$$R_s(t)=\sum_{i=k}^n C_n^i\cdot[R(t)]^i\cdot[1-R(t)]^{n-i}=\sum_{i=0}^{n-k}C_n^i\cdot[F(t)]^i\cdot[R(t)]^{n-i} \tag{3-25}$$

若各单元服从指数分布，即 $R(t)=e^{-\lambda t}$，则

$$R_s(t)=\sum_{i=k}^n C_n^i\cdot e^{-i\lambda t}\cdot(1-e^{-\lambda t})^{n-i}=\sum_{i=0}^{n-k}C_n^i\cdot(1-e^{-\lambda t})^i\cdot e^{-(n-i)\lambda t} \tag{3-26}$$

系统平均寿命为

$$\text{MTTF}_s = \int_0^{+\infty} R(t)\mathrm{d}t = \sum_{i=k}^{n} C_n^i \int_0^{+\infty} e^{-i\lambda t}(1-e^{-\lambda t})^{n-i}\mathrm{d}t = \sum_{i=k}^{n} \frac{1}{i\lambda} \qquad (3-27)$$

例 3-6 一架具有三台发动机的喷气式飞机，至少要有两台发动机正常工作才能飞行。设飞机事故仅由发动机事故引起，发动机的失效率为常数 $R(t)=e^{-\lambda t}$，$\text{MTBF}=2\times10^3$ h，试计算飞行 10 h 末和 100 h 末飞机的可靠度。

解 这是 3 中取 2 系统，由式(3-25)得

$$R_s(t)=C_3^2 \cdot [R(t)]^2 \cdot [1-R(t)]+C_3^3 \cdot [R(t)]^3$$
$$=3 \cdot [R(t)]^2 \cdot [1-R(t)]+[R(t)]^3$$
$$=3 \cdot [R(t)]^2 - 2[R(t)]^3$$

由已知条件

$$\lambda = \frac{1}{\theta} = \frac{1}{2\times10^3} \ (\mathrm{h^{-1}})$$

得

$$R(t)=e^{-t/(2\times10^3)} \approx 1 - \frac{t}{2\times10^3}$$

在 10 h 末，有

$$R(10)=1-\frac{10}{2\times10^3}=0.995$$

$$R_s(10)=3\times0.995^2-2\times0.995^3=0.999925$$

在 100 h 末，有

$$R(100)=1-\frac{100}{2\times10^3}=0.95$$

$$R_s(100)=3\times0.95^2-2\times0.95^3=0.99275$$

可见使用 10 h 飞机发生事故的可能性为万分之一，100 h 后就升为千分之一了。

例 3-7 设计一台设备的电源，要求平日最大供电为 6 kW，紧急情况下为 12 kW。若利用发电机作为电源，可提供以下三种方案：① 一台 12 kW 发电机；② 两台 6 kW 发电机；③ 三台 4 kW 发电机。设各种发电机的可靠度相同，均等于 R，且它们的失效相互独立，试比较这三种方案。

解 (1) 紧急情况下，三种方案分别对应的可靠度如下：

① 用一台 12 kW 发电机，$R'_{s1}=R$；

② 用两台 6 kW 发电机串联，$R'_{s2}=R^2$；

③ 用三台 4 kW 发电机串联，$R'_{s3}=R^3$。

显然 $R'_{s1}>R'_{s2}>R'_{s3}$，即在紧急情况下用一台 12 kW 的单机供电可靠度最高。

(2) 平日情况下，三种方案分别对应的可靠度如下：

① 用一台 12 kW 发电机，$R_{s1}=R$；

② 用两台 6 kW 发电机并联，$R_{s2}=2R-R^2$；

③ 用三台 4 kW 发电机构成 2/3(G) 系统，$R_{s3}=3R^2-2R^3$。

对三种方案进行比较，结果如下：

(a) $R_{s2}-R_{s1}=(2R-R^2)-R=R(1-R)>0$，所以 $R_{s2}>R_{s1}$；

(b) $R_{s2}-R_{s3}=(2R-R^2)-(3R^2-2R^3)=2R(1-R)^2>0$，所以 $R_{s2}>R_{s3}$。

故可知, 在平日情况下, 采用二台 6 kW 发电机并联的可靠度最高, 如图 3-14 所示。

再对①和③这两种方案加以比较, 得

$$R_{s1} - R_{s3} = R - (3R^2 - 2R^3) = R(1-R)(1-2R)$$

当 $R = 0.5$ 时, $R_{s1} = R_{s3}$, 两种方案可靠度相同; 当 $R > 0.5$ 时, $R_{s1} < R_{s3}$, 采用三台 4 kW 发电机构成 $2/3(G)$ 系统可靠度更高一些; 当 $R < 0.5$ 时, $R_{s1} > R_{s3}$, 采用单机供电较可靠。因此, 两种方案的优劣与各单元本身的可靠度高低有关, 应视具体情况而定。

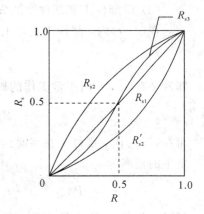

图 3-14　各种系统的可靠度比较

3.3.5　非工作储备系统

假设系统由完成同一功能的 n 个部件和一个转换开关 K 组成, 如图 3-15 所示, 其工作方式是一个部件处于工作状态, 其余部件处于备用状态, 当工作部件产生故障时, 转换开关使一个备用部件立即转入工作状态, 直到最后一个部件失效时系统发生失效。这种系统称为非工作储备系统。

按储备系统和备用件的不同故障特点, 又可将非工作储备系统分为冷储备系统和热储备系统。

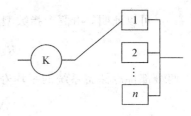

图 3-15　非工作储备系统

1. 冷储备系统

冷储备系统的备用部件在备用状态下不会发生失效, 不劣化, 储备期的长短对以后的使用寿命没有影响, 即备用故障率 $\eta = 0$。

冷储备系统中, 依开关 K 的性质又分为理想转换开关和非理想转换开关两种。

1) 理想转换开关的可靠度

有理想开关条件下的两部件冷储备系统如图 3-16 所示, 现在来求系统的可靠度和平均寿命。

图 3-16　两部件冷储备系统状态图

两部件的冷储备系统中, 只要有一个部件正常, 系统就能正常工作。该事件包含有:

(1) 部件 1 寿命为 ξ_1, 工作到时刻 t 时, 有 $\xi_1 > t$;

(2) 部件 1 在 $(0, t)$ 之间的某时刻 t_1 发生故障, 即 $\xi_1 \leqslant t_1$, 而且部件 2 在 (t_1, t) 中正常工作, 即部件 2 的寿命 ξ_2 大于 $t - t_1$;

(3) 设部件 1 和部件 2 的失效概率密度函数分别为 $f_1(t)$ 和 $f_2(t)$。

在 $(0, t)$ 内，部件 1 正常工作的概率为

$$P\{\xi_1 > t\} = \int_t^\infty f_1(\tau_1)\mathrm{d}\tau_1$$

部件 2 在 (t_1, t) 内正常工作的概率为

$$P\{\xi_2 > t - t_1\} = \int_{t-t_1}^\infty f_2(\tau_2)\mathrm{d}\tau_2$$

而在 $(0, t)$ 内，部件 1 在某时刻 t_1 发生故障、部件 2 在 (t_1, t) 内正常工作，这两个事件同时发生的概率为

$$P\{\xi_2 > t - t_1, \xi_1 \leqslant t_1\} = \int_0^t f_1(\tau_1) \int_{t-t_1}^\infty f_2(\tau_2)\mathrm{d}\tau_2\mathrm{d}\tau_1$$

所以，在 $(0, t)$ 内系统正常工作的概率为

$$R_s(t) = \int_t^\infty f_1(\tau)\mathrm{d}\tau + \int_0^t f_1(\tau_1)\int_{t-t_1}^\infty f_2(\tau_2)\mathrm{d}\tau_2\mathrm{d}\tau_1 \qquad (3-28)$$

可以证明，由两个指数型部件组成的冷储备系统的可靠度 $R_s(t)$ 为

$$R_s(t) = \frac{\lambda_2}{\lambda_2 - \lambda_1} \cdot \mathrm{e}^{-\lambda_1 t} + \frac{\lambda_1}{\lambda_1 - \lambda_2} \cdot \mathrm{e}^{-\lambda_2 t} \qquad (3-29)$$

两个部件冷储备系统的平均寿命为

$$\mathrm{MTTF_s} = \int_0^\infty R_s(t)\mathrm{d}t = \frac{1}{\lambda_1} + \frac{1}{\lambda_2} \qquad (3-30)$$

若系统是由 n 个指数型部件组成的冷储备系统，则其系统寿命为 $\xi = \xi_1 + \xi_2 + \cdots + \xi_n$。同样可以证明，系统的可靠度为

$$R_s(t) = \sum_{i=1}^n \left(\prod_{j=1, j\neq i}^n \frac{\lambda_j}{\lambda_j - \lambda_i} \right) \mathrm{e}^{-\lambda_i t} \qquad (3-31)$$

系统的平均寿命为

$$\mathrm{MTTF_s} = \sum_{i=1}^n \frac{1}{\lambda_i} \qquad (3-32)$$

在 n 个部件组成的系统中，各部件失效率相等且相互独立，即 $\lambda_1 = \lambda_2 = \cdots = \lambda_n = \lambda$，则

$$R_s(t) = \sum_{i=0}^{n-1} \frac{(\lambda t)^i}{i!} \mathrm{e}^{-\lambda t} \qquad (3-33)$$

系统的平均寿命为

$$\mathrm{MTTF_s} = \frac{n}{\lambda} \qquad (3-34)$$

2) 转移开关不完全可靠的系统可靠度

设转移开关的可靠度为 $R_K(t)$，则式(3-28)变成

$$R_s(t) = \int_t^\infty f_1(\tau)\mathrm{d}\tau + R_K(t)\int_0^t f_1(\tau_1)\int_{t-t_1}^\infty f_2(\tau_2)\mathrm{d}\tau_2\mathrm{d}\tau_1 \qquad (3-35)$$

若转换开关及部件 1、部件 2 都服从指数分布，其失效率分布为 λ_K、λ_1 和 λ_2，则式(3-35)变为

$$R_s(t) = \mathrm{e}^{-\lambda_1 t} + \frac{\lambda_1}{\lambda_1 + \lambda_K - \lambda_2} \left[\mathrm{e}^{-\lambda_2 t} - \mathrm{e}^{-(\lambda)_1 + \lambda_K)t} \right] \qquad (3-36)$$

这时系统的平均寿命为

$$\mathrm{MTTF_s} = \theta_s = \int_0^\infty R(t)\mathrm{d}t = \frac{1}{\lambda_1} + \frac{1}{\lambda_2} \cdot \frac{1}{\lambda_1 + \lambda_K} \tag{3-37}$$

若转换开关的可靠度为常数，即 $R_K(t) = R_K$，则式(3-36)和式(3-37)变为

$$R_s(t) = \mathrm{e}^{-\lambda_1 t} + R_K \frac{\lambda_1}{\lambda_1 - \lambda_2}[\mathrm{e}^{-\lambda_2 t} - \mathrm{e}^{-\lambda_1 t}] \tag{3-38}$$

$$\theta_s = \frac{1}{\lambda_1} + R_K \frac{1}{\lambda_2} \tag{3-39}$$

2. 热储备系统

热储备系统的部件在备用状态可能会发生故障，因此分析它的可靠性比分析冷储备系统要复杂得多。这里，只研究最简单的情形。

假设系统是由两个指数型部件组成的热储备系统，其工作寿命分别为 ξ_1 和 ξ_2，且相互独立，失效率分别为 λ_1 和 λ_2。假设备用件的储备寿命为 η，也服从参数为 μ 的指数分布，并且转入工作状态后的失效率仍为 λ_2。

设有随机变量 x，当 $\xi_1 < \eta$ 时，储备有效；当 $\xi_1 > \eta$ 时，储备无效，即

$$x = \begin{cases} 1 & \xi_1 < \eta \\ 0 & \xi_1 \geqslant \eta \end{cases}$$

则系统的寿命可表示为

$$\xi = \xi_1 + x \xi_2$$

其可靠度为

$$R_s(t) = P\{(\xi_1 + x \xi_2) > t\}$$

或

$$1 - R(t) = P\{(\xi_1 + x \xi_2) \leqslant t\} = P\{\xi_1 + \xi_2 \leqslant t, \ x = 1\} + P\{\xi_1 \leqslant t, \ x = 0\}$$
$$= P\{\xi_1 + \xi_2 \leqslant t, \ \xi_1 < \eta\} + P\{\xi_1 \leqslant t, \ \xi_1 \geqslant \eta\}$$

当转换开关完全可靠时，系统的可靠度为

$$R_s(t) = \mathrm{e}^{-\lambda_1 t} + \frac{\lambda_1}{\lambda_1 + \mu - \lambda_2}[\mathrm{e}^{-\lambda_2 t} - \mathrm{e}^{-(\lambda_1 + \mu)t}] \tag{3-40}$$

系统的平均寿命为

$$\mathrm{MTTF_s} = \frac{1}{\lambda_1} + \frac{\lambda_1}{\lambda_2(\lambda_1 + \mu)} \tag{3-41}$$

当转换开关不完全可靠且 $R_K(t) = R_K$ 时，系统的可靠度为

$$R_s(t) = \mathrm{e}^{-\lambda_1 t} + R_K \frac{\lambda_1}{\lambda_1 + \mu - \lambda_2}[\mathrm{e}^{-\lambda_2 t} - \mathrm{e}^{-(\lambda_1 + \mu)t}] \tag{3-42}$$

而平均寿命为

$$\theta_s = \frac{1}{\lambda_1} + R_K \frac{\lambda_1}{\lambda_2(\lambda_1 + \mu)} \tag{4-43}$$

当 $R_K(t) = \mathrm{e}^{-\lambda_K t}$ 时，则有

$$R_s(t) = \mathrm{e}^{-\lambda_1 t} + \frac{\lambda_1}{\lambda_1 + \mu + \lambda_K - \lambda_2}[\mathrm{e}^{-\lambda_2 t} - \mathrm{e}^{-(\lambda_1 + \mu + \lambda_K)t}] \tag{3-44}$$

$$\theta_s = \frac{1}{\lambda_1} + \frac{1}{\lambda_2} \cdot \frac{\lambda_1}{\lambda_1 + \mu + \lambda_K}$$

假设系统是由 n 个相同部件组成的热储备系统，一个部件在工作时，另外 $n-1$ 个部件备用，工作时部件失效率为 λ，储备时失效率为 μ，转换开关完全可靠，图 3-17 显示了失效率的变化情况。

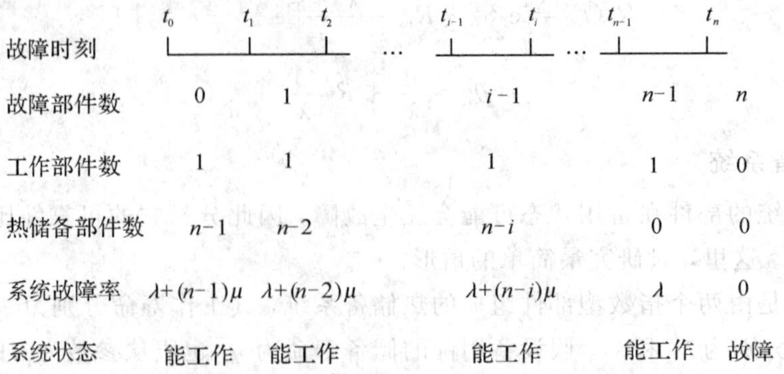

故障时刻	t_0	t_1	t_2		t_{i-1}	t_i		t_{n-1}	t_n
故障部件数	0	1			$i-1$			$n-1$	n
工作部件数	1	1			1			1	0
热储备部件数	$n-1$	$n-2$			$n-i$			0	0
系统故障率	$\lambda+(n-1)\mu$	$\lambda+(n-2)\mu$			$\lambda+(n-i)\mu$			λ	0
系统状态	能工作	能工作			能工作			能工作	故障

图 3-17 热储备系统状态变化图（理想开关）

由图 3-17 可知，在 $(t_{i-1},\ t_i)$ 区间内，已有 $i-1$ 个部件发生故障，$n-i+1$ 个部件正常，其中 1 个在工作，$n-i$ 个在热储备。设所有部件均服从指数分布，由于指数分布的无记忆性，所以在该区间系统的失效率 $\lambda_{si}=\lambda+(n-i)\mu$，该区间发生第 i 次故障的时间是 T_i。显然 T_i 服从参数为 λ_{si} 的指数分布，所以，该热储备系统等价于 n 个独立的失效率不同的指数型部件组成的冷储备系统，其中第 i 个部件的工作失效率 $\lambda_i=\lambda_{si}=\lambda+(n-i)\mu$。应用部件失效率不同的冷储备系统可靠度计算式 (3-31)，得热储备系统的可靠度计算式为

$$R_s(t)=\sum_{i=1}^{n}\left[\prod_{j=1,\ j\neq i}^{n}\frac{\lambda+(n-j)\mu}{(i-j)\mu}\right]e^{-[\lambda+(n-i)\mu]t} \tag{3-45}$$

例 3-8 某两单元组成的非工作冷储备系统，各单元的失效率为 $\lambda_1=\lambda_2=0.0001\ h^{-1}$，求系统工作到 1000 h 的可靠度。设开关的可靠度为 1。

解 根据式 (3-33) 得该系统的可靠度计算式为

$$R_s(t)=e^{-\lambda t}\cdot\sum_{i=0}^{1}\frac{(\lambda t)^i}{i!}=e^{-\lambda t}\cdot(1+\lambda t)$$

将 $\lambda=0.0001\ h^{-1}$，$t=1000\ h$ 代入上式即可求得系统可靠度为 0.9953。

3.4 网 络 系 统

3.4.1 概述

可靠性工程中系统的概念是由系统和单元之间的功能关系定义的。在实际问题中，系统与单元之间的关系错综复杂，除串联、并联、储备、混联等系统外，还有大型的非串联、非并联系统构成的网络系统。例如在一台大型自动机床上，综合了机械、液压、气动、电子线路等，构成一个复杂的网络。在电气系统中，也会经常遇到通信网络、电路网络、计算机网络等。再如图 3-18(a) 所示的并网供电系统，当开关 K 不完全可靠时，其可靠性框图如图 3-18(b) 所示。显然，它不属于前面定义过的任何一种系统，为此，要引入新的网络系统概念。

简单讲，网络是由一些节点以及连接某些节点对之间的弧组成的图。设节点是 $V=$

$\{v_1, v_2, \cdots, v_n\}$ 的集合，弧是 $E=\{e_1, e_2, \cdots, e_n\}$ 的有限集合，对于 V 满足非空集，而且每一个 $e_i \in E$，与 V 中有序或无序元素 $\{(v_i, v_j)\}(i, j=1, 2, \cdots, n)$ 相对应，且 $v_i \neq v_j$，则称 (V, E) 组成一个网络图 G。V 中的元素是 G 的节点，E 中的元素是 G 的弧。连接两个节点的弧是有向的，称为有向弧；连接两个节点的弧若没有方向（或是双向的），则称为无向弧。若在 G 中同时存在有向弧和无向弧，则称 G 为混合型网络。从网络图的概念来看，不存在从某节点流出又流入该节点的弧。

网络分析中，还常用到"路"的概念。任意两个节点间由有向弧或无向弧组成的弧序列称为节点间的一条路。路中所包含的弧的数目称为路的长度。两个节点间有许多条路，对于某一条路，如果从其序列中除去任意一条弧，它就不再是连接两个节点间的路了，则称此路为该两节点间的最小路。如图 3-19 所示的桥形网络是一个混合型网络。在节点 1 和 2 间有四条最小路 $\{a, b\}$，$\{c, d\}$，$\{a, e, d\}$，$\{c, e, b\}$。

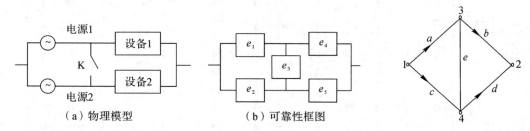

（a）物理模型　　　　　　　　（b）可靠性框图

图 3-18　并网供电系统　　　　　　　　图 3-19　桥形网络

在讨论网络系统时，均假设系统或弧都只有两个状态：正常和失效；且假设节点不会失效，各弧之间是相互独立的。求解复杂系统可靠度或失效概率的方法有状态枚举法、概率图法、路径枚举法和简化网络的方法等。

3.4.2　状态枚举法（真值表法）

状态枚举法是把复杂系统内各单元可靠与失效两种状态的所有不同组合状态全部排列出来的方法。系统的可靠或失效状态，就是这些相应不同组合状态的逻辑和。因此，求系统的可靠度或失效概率就是求这些相应组合状态逻辑和的概率。由于这些状态彼此互不相容，即系统出现了某一种状态，就不可能同时出现另一种组合状态，由概率论加法定理可知，不同组合状态逻辑和的概率等于各个组合状态概率之和。

对于一个由 n 条弧组成的网络系统，假设单元均为正常和失效两种状态，分别用"1"和"0"表示，系统正常这一事件用 $s=1$ 表示，系统故障用 $s=0$ 表示，则可列出 2^n 种不同的组合状态。从中找出使 $s=1$ 的所有状态，于是可求出系统可靠度。

例 3-9　求如图 3-19 所示的桥形网络的可靠度。假定每条弧正常的概率为 0.7，且每条弧间相互独立。

解　每条弧及系统正常用"1"表示，失效用"0"表示。依次列出并分析各种组合状态，以判断系统的状态，如表 3-1 所示。

将系统处于 $s=1$ 的状态组合列出，即

$$s=\bar{a}bcd\bar{e}+\bar{a}bcde+\bar{a}bc\bar{d}e+a\bar{b}cd\bar{e}+a\bar{b}cde+a\bar{b}\bar{c}de+a\bar{b}cd\bar{e}+a\bar{b}\bar{c}de$$

$$+ab\bar{c}\bar{d}e+ab\bar{c}de+abc\bar{d}\bar{e}+abc\bar{d}e+abc\bar{d}\bar{e}+abc\bar{d}\bar{e}+abcd\bar{e}+abcde$$

由独立性假定得到

$$R_s = P(s) = q_a q_b p_c p_d q_e + q_a q_b p_c p_d p_e + \cdots + p_a p_b p_c p_d q_e + p_a p_b p_c p_d p_e$$

式中 $p_a = p_b = p_c = p_d = p_e = 0.7$，$q_a = q_b = q_c = q_d = q_e = 1 - 0.7 = 0.3$，代入后的系统可靠度为 $R_s = 0.80164$。

表 3 - 1 桥形网络真值表

状态号	a	b	c	d	e	s	状态号	a	b	c	d	e	s
0	0	0	0	0	0	0	16	1	0	0	0	0	0
1	0	0	0	0	1	0	17	1	0	0	0	1	0
2	0	0	0	1	0	0	18	1	0	0	1	0	0
3	0	0	0	1	1	0	19	1	0	0	1	1	1
4	0	0	1	0	0	0	20	1	0	1	0	0	0
5	0	0	1	0	1	0	21	1	0	1	0	1	1
6	0	0	1	1	0	1	22	1	0	1	1	0	1
7	0	0	1	1	1	1	23	1	0	1	1	1	1
8	0	1	0	0	0	0	24	1	1	0	0	0	1
9	0	1	0	0	1	0	25	1	1	0	0	1	1
10	0	1	0	1	0	0	26	1	1	0	1	0	1
11	0	1	0	1	1	0	27	1	1	0	1	1	1
12	0	1	1	0	0	0	28	1	1	1	0	0	1
13	0	1	1	0	1	1	29	1	1	1	0	1	1
14	0	1	1	1	0	1	30	1	1	1	1	0	1
15	0	1	1	1	1	1	31	1	1	1	1	1	1

注意：当组成系统的弧数 n 很大时，这种方法不可取。

3.4.3 概率图法

如图 3 - 20 所示，用二进制表示 2^n 个状态，使图中每一个小方格表示一个 n 位的二进制数，此二进制数又表示弧的一种状态，如在 $n = 5$ 中，" $*$ "与" $* *$ "分别表示 01110 与 11110，只有首位不同。

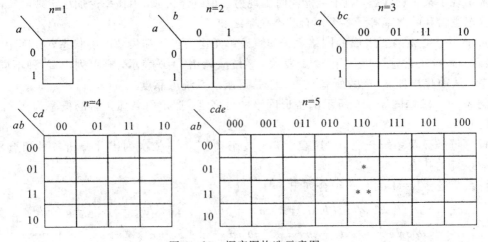

图 3 - 20 概率图构造示意图

（1）构图要求：相邻两个方格的二进制数，仅在一位上有差别。

（2）二进制数不是由小到大排列，而是采用格雷码的二进制数。求格雷码的方法是：当 $b_1 b_2 \cdots b_n$ 为 n 位二进制数，$c_1 c_2 \cdots c_n$ 为对应的格雷码时，有

$$c_1 = b_1$$

$$c_i = \begin{cases} 1 & b_{i-1} \neq b_i, \\ 0 & b_{i-1} = b_i, \end{cases} \quad i = 2, 3, \cdots, n$$

例如三位的二进制数由小到大排列为 000，001，010，011，100，101，110，111，对应的格雷码则为 000，001，011，010，110，111，101，100。

例 3-10　对例 3-9 的网络系统，利用概率图法求解其系统可靠度。

解　如图 3-19 所示为一个五单元网络，依上述方法构造其概率图，如图 3-21 所示。将系统正常时 ab、cde 分别对应状态的小格作阴影标志。

按如图 3-21(a)所示方式划分方块后，可直接写出系统正常时的事件和为

$$s = cd + ab\bar{c} + abc\bar{d} + a\bar{b}\bar{c}de + \bar{a}bc\bar{d}e$$

则系统的可靠度为

$$
\begin{aligned}
R_s &= P(s) \\
&= p_c p_d + p_a p_b q_c + p_a p_b p_c q_d + p_a q_b q_c p_d p_e + q_a p_b p_c q_d p_e \\
&= 0.7^2 + 0.7^2 \times 0.3 + 0.7^3 \times 0.3 + 2 \times 0.7^3 \times 0.3^2 \\
&= 0.80164
\end{aligned}
$$

由于概率图划分方块的方式不同，又可划分为如图 3-21(b)所示的形式，即

$$s = ab + \bar{a}cd + a\bar{b}cd + a\bar{b}\bar{c}de + \bar{a}bc\bar{d}e$$

同样代入 $p = 0.7$，$q = 0.3$，可得系统可靠度为 0.80164。

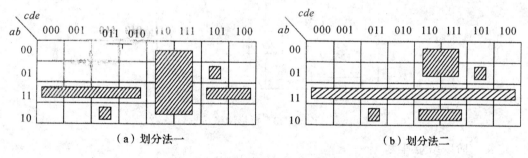

图 3-21　网络系统的概率图

从该例可见，用概率图法求网络系统的可靠度比状态枚举法简单些，尤其对 $n \leq 6$ 的系统更容易些，但对更为复杂的网络系统，使用此法也是有一定困难的。

3.4.4　路径枚举法

前面已提到了网络系统中最小路的概念。那么所谓的路径枚举法就是把系统的所有最小路全部列出，则系统的可靠状态就是这些路径通路状态的逻辑和，即在这些路径中，任意一条路径呈现通路状态，系统就处于工作状态。因此，路径枚举法的第一步工作就是要列出网络的全部最小路径集合。下面就介绍几种排列最小路径的方法。

1. 直接观察法

对于比较简单的网络，可采用直接观察法列出路径。例如图 3-22 所示是一高压氧供给系统的简化网络图，通过观察可以直接列出四条最小路径：AD、CD、BE、CE，于是系统的可靠工作状态为

$$s_\mathrm{T} = \bigcup_{i=1}^{4} A_i = A_1 \bigcup A_2 \bigcup A_3 \bigcup A_4 = AD + CD + BE + CE$$

式中：s_T 为以路径表示系统的可靠状态；A_i 为系统中的第 i 条路径。

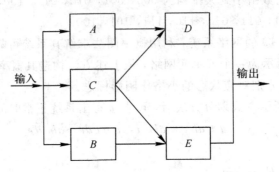

图 3-22　高压氧供给系统的简化网络

2. 联络矩阵

对于比较复杂的网络，采用直接观察法容易把有些路径漏掉，联络矩阵法就可避免遗漏。现在以如图 3-23 所示的桥形网络为例说明这种方法(实际可采用直接观察法，这里仅仅作为例子加以说明)。先对图上的节点标注序号，然后顺序写出 $1 \sim n$ 阶联络矩阵。

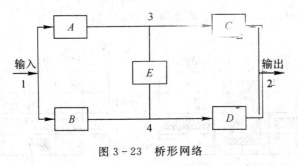

图 3-23　桥形网络

定义一阶联络矩阵为

$$\boldsymbol{X} = [x_{ij}]$$

矩阵元素 $x_{ij} = \begin{cases} 0 \\ x \end{cases}$，其中行号 i 表示路径起点，列号 j 表示路径终点；当相邻节点间没有单元连接或虽有单元连接但方向与路径指向相反时，x_{ij} 取值为 0；当相邻节点间有一个单元连接，并与路径方向一致时，取值为 1。根据此约定，联络矩阵中元素 $x_{ii} = 0$。

二阶联络矩阵定义为

$$\boldsymbol{X}^2 = \boldsymbol{X}\boldsymbol{X}$$

r 阶矩阵为

$$\boldsymbol{X}^r = \boldsymbol{X}^{r-1}\boldsymbol{X}$$

系统的路集就是各阶矩阵中以输入节点序号为行，以输出节点序号为列的元素 x_{ij} 的逻

辑和。其中一阶矩阵中的相应元素 x_{12} 表示路径中仅包含一个单元，r 阶矩阵中的相应元素 x_{ij} 表示仅包含有 r 个单元的路径。

根据上述规则，可列出图 3-23 的各阶矩阵（系统的输入节点 $i=1$，输出节点 $j=2$）。

一阶矩阵为

$$X = \begin{bmatrix} 0 & 0 & A & B \\ 0 & 0 & 0 & 0 \\ 0 & C & 0 & E \\ 0 & D & E & 0 \end{bmatrix}$$

一阶矩阵中 $x_{12}=0$ 表示系统中不存在由单个单元组成的路径。

二阶矩阵为

$$X^2 = \begin{bmatrix} 0 & 0 & A & B \\ 0 & 0 & 0 & 0 \\ 0 & C & 0 & E \\ 0 & D & E & 0 \end{bmatrix} \cdot \begin{bmatrix} 0 & 0 & A & B \\ 0 & 0 & 0 & 0 \\ 0 & C & 0 & E \\ 0 & D & E & 0 \end{bmatrix} = \begin{bmatrix} 0 & AC+BD & BE & AE \\ 0 & 0 & 0 & 0 \\ 0 & DE & 0 & 0 \\ 0 & CE & 0 & 0 \end{bmatrix}$$

二阶矩阵中 $x_{12}=AC+BD$，表示存在由两个单元组成的两条路径，即 AC 与 BD。

三阶矩阵为

$$X^3 = \begin{bmatrix} 0 & AC+BD & BE & AE \\ 0 & 0 & 0 & 0 \\ 0 & DE & 0 & 0 \\ 0 & CE & 0 & 0 \end{bmatrix} \cdot \begin{bmatrix} 0 & 0 & A & B \\ 0 & 0 & 0 & 0 \\ 0 & C & 0 & E \\ 0 & D & E & 0 \end{bmatrix} = \begin{bmatrix} 0 & BCE+ADE & 0 & 0 \\ 0 & 0 & 0 & 0 \\ 0 & 0 & 0 & 0 \\ 0 & 0 & 0 & 0 \end{bmatrix}$$

三阶矩阵中的相应元素 $x_{12}=BCE+ADE$，表示存在由三个单元组成的两条路径，即 BCE 与 ADE。

四阶矩阵为

$$X^4 = X^3 X = (0)$$

即不存在由四个单元组成的路径。

因此，如图 3-23 所示桥形网络存在四条路径，即 AC、BD、BCE、ADE。

路径枚举法的第二步工作是计算系统的可靠度。由于各条最短路径彼此之间是相容的，即一条路径可靠工作并不排斥另一条路径也同时可靠工作。因此，不像状态枚举法那样，系统工作可靠状态的概率等于各组合状态可靠工作的概率之和。这时，可用下述方法计算系统可靠度。

设输入、输出节点间最小路径分别为 A_1，A_2，$\cdots$，A_m，在这 m 条最小路中至少有一条路畅通（正常）这件事，可以用 $\bigcup\limits_{i=1}^{m} A_i$ 表示，所以系统正常就是 $s = \bigcup\limits_{i=1}^{m} A_i$。

系统可靠度为

$$R_s(t) = P\{s\} = P\{\bigcup_{i=1}^{m} A_i\}$$

由概率加法定理得

$$R_s(t) = \sum_{i=1}^{m} P\{A_i\} - \sum_{i \leqslant j=2}^{m} P\{A_i A_j\} + \sum_{i \leqslant j \leqslant k=3}^{m} P\{A_i A_j A_k\} - \cdots + (-1)^{m-1} P\{A_1 A_2 \cdots A_m\}$$

$$(3-47)$$

例 3-11 设桥形网络如图 3-24 所示，已知各弧正常工作的概率 $p_A = p_B = p_C = p_D = p_E = 0.8$，求该无向网络系统的可靠度。

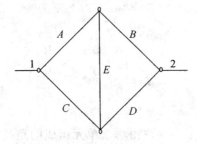

图 3-24 无向桥形网络

解 由以上分析可知，该无向网络输入、输出节点之间有四条最小路 AB、CD、AED、CEB，所以有

$$R_s = P\{s\} = P\{\bigcup_{i=1}^{4} A_i\}$$

$$= \sum_{i=1}^{4} P\{A_i\} - P\{A_1 A_2\} - P\{A_1 A_3\} - P\{A_1 A_4\} - P\{A_2 A_3\}$$

$$- P\{A_2 A_4\} - P\{A_3 A_4\} + P\{A_1 A_2 A_3\} + P\{A_1 A_2 A_4\}$$

$$+ P\{A_1 A_3 A_4\} + P\{A_2 A_3 A_4\} - P\{A_1 A_2 A_3 A_4\}$$

$$= P\{AB\} + P\{CD\} + P\{AED\} + P\{CEB\} - P\{ABCD\} - P\{ABED\}$$

$$- P\{ABCE\} - P\{CDAE\} - P\{CDEB\} + 2P\{ABCDE\}$$

$$= 2 \times 0.8^2 + 2 \times 0.8^3 - 5 \times 0.8^4 + 2 \times 0.8^5$$

$$= 1.28 + 1.024 - 0.4096 \times 5 + 0.32768 \times 2$$

$$= 0.91136$$

3.4.5 简化网络的方法

简化网络的方法有串、并联简化及无向、有向网络的贝叶斯分解方法。

1. 串、并联简化

如图 3-25(a)所示，一个由 n 条弧组成的串联结构，d_i 表示第 i 条弧及该弧正常这一事件。记 $p_i = P(d_i)(i=1, 2, \cdots, n)$，则可用 d 弧代替这个 n 条弧的串联结构，即 $d = \bigcap_{i=1}^{n} d_i$，所以

$$P\{d\} = \prod_{i=1}^{n} p_i$$

同样，对图 3-25(b)网络中 n 条弧的并联结构也可用一条等价弧来代替，此时 $d = \bigcup_{i=1}^{n} d_i$，则

$$P\{d\} = P\{\bigcup_{i=1}^{n} d_i\} = 1 - \prod_{i=1}^{n} q_i$$

式中：$q_i = 1 - p_i$，$i = 1, 2, \cdots, n$。

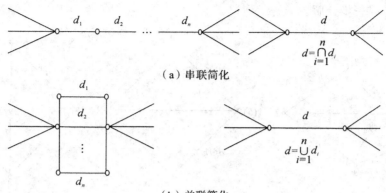

（a）串联简化

（b）并联简化

图 3-25 串、并联简化

2. 无向网络的贝叶斯分解法

贝叶斯定理即是利用验前概率和条件概率来求验后概率。贝叶斯分解方法可以把非串、并联网络分解转化为若干个互不相容的串、并联网络，以此求得系统的可靠度。这样一来，求解非串、并联复杂系统的可靠度就转化为求串、并联系统的可靠度了。此方法的关键是选取某些单元，在对这些单元做出可靠或失效处理后，进行逐步简化。

下面讨论二终端无向网络 G。x 是 G 的任一弧，用 x 或 $\bar{x}$ 表示该弧正常或失效，由全概率公式得网络系统 s 的可靠度为

$$R_s = P\{s\} = P\{x\} \cdot P\{s|x\} + P\{\bar{x}\} \cdot P\{s|\bar{x}\} \qquad (3-48)$$

式中：$P\{s|x\}$ 为在 x 正常的条件下，网络系统 G 正常工作的条件概率；$P\{s|\bar{x}\}$ 为在 x 失效条件下，网络系统正常工作的条件概率。

用 $G(x)$ 记 G 中把 x 弧两端节点合二为一后所得的子网络，记 $G(\bar{x})$ 为 G 中去掉 x 弧后所得的子网络，故可得

$$P\{s|x\} = P\{G(x)\}$$
$$P\{s|\bar{x}\} = P\{G(\bar{x})\}$$

所以网络系统的可靠度可写为

$$R_s = P\{s\} = p_x P\{G(x)\} + q_x P\{G(\bar{x})\} \qquad (3-49)$$

式中：$p_x = P\{x\}$ 为弧 x 正常的概率，$p_x + q_x = 1$。

对于任一网络，若其中 x 弧能使式（3-49）成立，则 x 弧可以用来分解。无向网络中任一弧都可用来进行分解。进行这种分解的目的是使子网络 $G(x)$ 和 $G(\bar{x})$ 比原有的 G 简单，且容易求其可靠度，依次分解下去，即可求得系统的可靠度。

例 3-12 如图 3-26 所示，给定无向网络 G。1、2 分别为输入、输出节点，$a, b, \cdots, h$ 表示弧。试对此无向网络进行简化分解。

解 （1）选 e 弧进行分解。如图 3-27 所示，相应的子网络 $G(e)$、$G(\bar{e})$ 如图 3-27（a）和图 3-27（c）所示。对 $G(e)$ 进行串、并联简化，如图 3-27（b）所示，故系统可靠度为

$$R_s = p_e \cdot P\{G(e)\} + q_e \cdot P\{G(\bar{e})\}$$

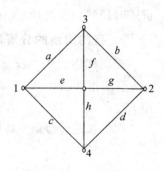

图 3-26 无向网络 G

子网络 $G(\bar{e})$ 需进一步分解。

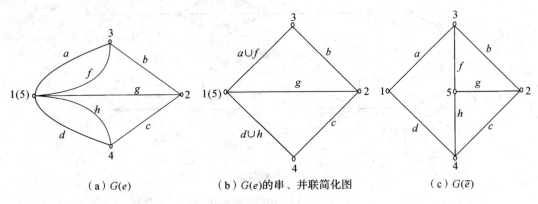

（a）$G(e)$ 　　　　　（b）$G(e)$ 的串、并联简化图 　　　　　（c）$G(\bar{e})$

图 3 – 27　网络 G 的第一次分解

（2）对于网络 $G(\bar{e})$，选 g 弧进行分解，如图 3 – 28 所示。使节点 2、5 合并得 $G(\bar{e}g)$，2、5 节点断开得 $G(\bar{e}\bar{g})$。

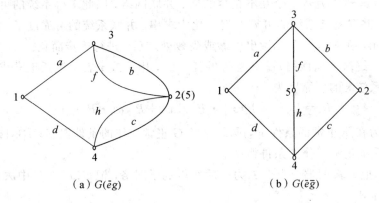

（a）$G(\bar{e}g)$ 　　　　　　　　（b）$G(\bar{e}\bar{g})$

图 3 – 28　网络 G 的第二次分解

可见，$G(\bar{e}g)$ 已可利用串、并联系统直接求解；而 $G(\bar{e}\bar{g})$ 与前面曾讨论过的无向桥形网络相同，可直接利用其结论，也可进一步对 $G(\bar{e}\bar{g})$ 作分解（以 f、h 之交作分解弧），最终求出系统的可靠度。

显然，无向网络的分解法是一个逐次化简的方法。虽然该方法在写出系统可靠度的解析式时仍然比较麻烦，但在求解数值解时，还是较为方便的。

3. 有向网络的分解法

无向网络的任一弧 x 均可用来分解，但对有向网络，任选 x 弧时，一般式（3 – 49）不成立，下面用如图 3 – 29 所示的有向网络简例来说明。图中 1、2 分别是输入、输出节点，系统用 s 表示。

选 e 弧进行分解，易见

$$s = ab \cup aed \cup cd \text{（系统正常）}$$

$$s \mid e = ab \cup ad \cup cd \text{（当 } e \text{ 正常时，系统正常）}$$

$$s \mid \bar{e} = ab \cup cd \text{（当 } e \text{ 故障时，系统正常）}$$

而选 e 分解的子网络 $G(e)$ 和 $G(\bar{e})$ 分别为

$$G(e) = ab \bigcup ad \bigcup cb \bigcup cd$$

$$G(\bar{e}) = ab \bigcup cd$$

系统可靠度仍可写为 $R_s = p_e \cdot P\{s|e\} + q_e \cdot P\{s|\bar{e}\}$，但却不能写成式(3-49)的形式。因为在该有向网络中 $G(e) \neq s|e$，所以不能选 e 弧进行分解。这是由于构成 $G(e)$ 子网络时，只简单地把 e 的两个节点 3 和 4 合并，无形中增加了一条新路 cb。

因此，对有向网络，需分析选什么样的弧才能进行分解。

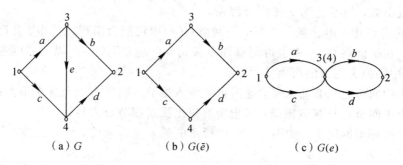

（a）G　　　　　　　（b）$G(\bar{e})$　　　　　　　（c）$G(e)$

图 3-29　有向网络 G 的分解

对任意弧 x 总有 $s|\bar{x} = G(\bar{x})$，因而只需考虑 $s|x$ 是否等于 $G(x)$ 就可以了。为使等式

$$s|x = G(x)$$

成立，必须在构成 $G(x)$ 时，与 $s|x$ 比较，不产生新的路，或者说，凡可使式(3-49)成立的弧均可用来进行分解。

由以上分析可知，网络中所有弧可分为两类：一类是与输入、输出节点 1、2 相连的弧，如图 3-30 所示，这些弧都可用来分解；另一类是中间弧。

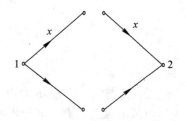

图 3-30　与输入、输出节点相连的弧

设有中间弧 x 如图 3-31 所示，其两端节点为 i、j。为分析 $G(x)$ 是否比 $s|x$ 增加了新的路，只需考察 x 弧及 i、j 两节点处的流入、流出弧即可。对于一个含有中间弧 x，端节点为 i 和 j 的子网络 s_x，将其节点合并成节点 0 后的子网络记为 $G_0(x)$。把所有流入节点 i（或 j）的弧归并为一条流入弧，同样把所有流出节点 i（或 j）的弧归并为一条流出弧，则中间弧只可能出现如图 3-31 所示的三种情形。

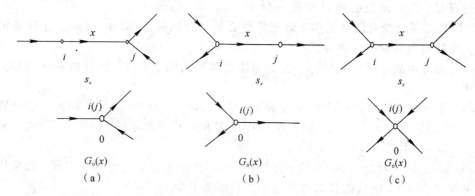

s_x　　　　　　　　　s_x　　　　　　　　　s_x

$G_0(x)$　　　　　　$G_0(x)$　　　　　　$G_0(x)$

（a）　　　　　　　（b）　　　　　　　（c）

图 3-31　中间弧 x 的情形

在图 3-31(a)、(b)两种情况下，不论 x 弧的方向，在两个节点中的一个(i 或 j)只有流入或流出弧时，分解后的 $G_0(x)$ 中没有新增加的路出现，即 $s_x|x=G_0(x)$，就是说 x 弧可以用来作分解弧；而在图 3-31(c)情况时，$G_0(x)$ 比 $s_x|x$ 新增加了一条路，即 $s_x|x\neq G_0(x)$，故不能选 x 弧进行分解。

根据上述分析，得出以下结论：对有向网络中的 x 弧，不论它本身的方向如何，若其两个端点中有一个只有流入或流出弧，则可以选 x 弧进行分解；否则，若 x 弧的两个端点处都有流入、流出弧，则不能选 x 弧作分解弧。

在有向网络 G 中，用 x 弧分解后，子网络 $G(x)$ 中可能会出现新的串、并联结构，应以等价弧代替。在子网络 $G(x)$ 中也可能有许多弧或节点是无用的，可以去掉以进一步简化网络。从 $G(x)$ 中去掉无用弧的可能情形有：

(1) 一个中间节点只有流入弧，这时可把流入该节点的所有弧及这个节点都去掉；

(2) 一个中间节点只有流出弧，可把所有流出弧及该节点去掉；

(3) 在某些环形网络中，如图 3-32 中所示的弧 a 是多余的，可以去掉。

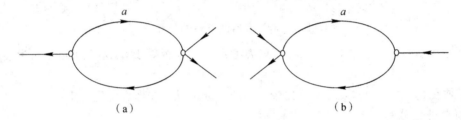

$$（a）\qquad\qquad（b）$$

图 3-32　环形网络中的多余弧 a

习　　题

3-1　如图 3-33 所示为由一电容 C 和电感 L 组成的振荡电路。试分析其功能关系，画出其可靠性框图。

3-2　一个系统由完全相同的三台设备组成，在工作期间系统的负载水平(功能)不同。可以将这项任务分为三个阶段，各阶段的负载情况是：第一阶段必须至少有一台工

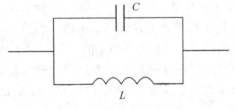

图 3-33　振荡电路示意图

作，第二阶段必须至少有两台工作，第三阶段必须三台同时工作。试根据上述任务情况分别画出三个阶段所对应的可靠性框图。

3-3　导弹由战斗部 1、引信 2、控制系统 3 和发动机 4 组成。试分析并画出导弹的可靠性框图。

3-4　如果串联系统由 n 个可靠度 $R_i(i=1,2,\cdots,n)$ 相等的元件组成，试分别求出 $n=1,5,10,15,20,25,30,50$ 时系统的可靠度 R_s，并列表分析。假定 R_i 取六个典型数据：1，0.99，0.98，0.97，0.96，0.95。

3-5　一系统有功能上串联的 10 个部件，各部件相互独立且可靠度相同。如果指定此系统的可靠度为 0.9，问所需各部件的最小可靠度为多少。

3-6　设某系统在 $t=100$ h 时的 $R(t)=0.999$。

（1）若系统是指数型单部件的，当 $t=100$ h 时，该系统的 $f(t)$、$\lambda(t)$ 和 θ 各是多少？

（2）若系统是由两个相同的指数型部件构成的并联系统，当 $t=100$ h 时其 $f_s(t)$、$\lambda_s(t)$、θ_s 又是多少？

3-7　已知五个单元的可靠度分别为 $R_1=0.95$，$R_2=0.99$，$R_3=0.70$，$R_4=0.75$，$R_5=0.90$，试设计由以上五单元组成的组合系统。要求：① 各功能单元都必须用到且数量不限；② 为了减少系统的重量与成本，单元数应尽可能少；③ 所设计系统可靠度大于 0.5；④ 给出几种方案并进行对比。

3-8　已知某网络系统如图 3-34 所示，给定 $R_1=0.96$，$R_2=0.92$，$R_3=0.95$，$R_4=0.80$，$R_5=R_6=0.70$，$R_7=0.90$，求系统可靠度。

3-9　设有复合系统如图 3-35 所示，由 7 个部件组成，部件间相互独立。已知各部件的可靠度 $R_i(i=1,2,\cdots,7)$，求系统的可靠度。

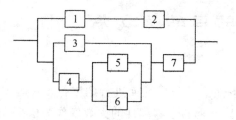

图 3-34　某网络系统

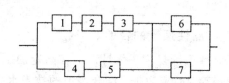

图 3-35　复合系统可靠性框图

3-10　有一个由两台油泵组成的冷储备开关系统，设油泵的寿命服从指数分布、失效率 $\lambda=0.0001$ h^{-1}。求该开关系统运行至 1000 h 与 10000 h 时的可靠度。假设开关为理想开关。

3-11　某电源系统是由主发电机和蓄电瓶组构成的冷储备系统，其故障率分别为 $\lambda_1=0.05$ h^{-1}，$\lambda_2=0.05$ h^{-1}，转换开关的可靠度 $R_K=0.9$，试求工作时间 $t=10$ h 时的系统可靠度。

3-12　有一设备的电源采用发电机与电池组成的备用储备系统，电池组为备用部件。发电机和电池组的失效率均服从指数分布，发电机失效率 $\lambda_1=0.0002$ h^{-1}，电池组失效率 $\lambda_2=0.001$ h^{-1}，并设其为理想转换开关系统。求电源系统在 10 h 时的可靠度。

3-13　已知如图 3-36 所示有向网络 G 中各路的工作可靠度均为 0.98，求系统的可靠度 R_s。

3-14　试求如图 3-37 所示系统的可靠度。设其中各部件的可靠度均为 $R=0.9$。

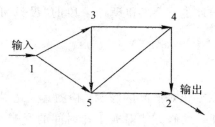

图 3-36　有向网络系统

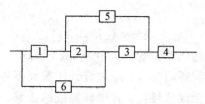

图 3-37　某系统示意图

第4章 可靠性预计与分配

为保证所设计的产品能达到规定的可靠性指标,就要进行系统的可靠性设计和可靠性分析,而可靠性设计与可靠性分析的前提是可靠性预计和可靠性分配。这当中可靠性预计又是可靠性分配的基础。

4.1 可靠性预计的目的及分类

1. 可靠性预计的目的

可靠性预计是为了估计产品在给定的工作条件下的可靠性而进行的工作,它运用以往的工程经验、故障数据,结合当前的技术水平,以元器件、零部件的失效率作为依据,预报产品(元器件、零部件、子系统或系统)实际可能达到的可靠度。这是一个由局部到整体、由小到大、由下到上的过程,是一个综合的过程。其主要目的如下:

(1) 检验本设计是否能满足给定的可靠性目标,预测产品的可靠度值;

(2) 在方案论证阶段,通过可靠性预计,根据预计结果的相对性进行方案比较,选择最优方案;

(3) 综合设计参数及性能指标要求,以达到合理提高产品可靠性的目的;

(4) 发现影响产品可靠性的主要因素,找出薄弱环节,以采取必要的措施,降低产品的失效率,提高其可靠度;

(5) 为可靠性增长试验、验证试验及费用核算等方面的研究提供依据;

(6) 通过可靠性预计为可靠性分配奠定基础。

2. 可靠性预计的分类

(1) 按设计阶段分,有构思阶段的“实现可能性的预测”和设计阶段的“设计可靠性预计”。

(2) 按预计方法分,包括如下4个方法。

① 预测偶然失效的失效率(或 MTBF)。

② 预测耗损失效:通过统计了解元器件的常态变化对产品的影响,检测其变化界限。

③ 预测维修性:了解维修系统的维修设计效果、维修方式对非工作时间的影响,探讨故障诊断与抽验方法等。

④ 分析失效模式的效应:通过定性分析找出设备、系统中可能产生的失效机理及失效造成的不可靠、不安全因素,并根据失效发生的频数和重要性寻找设计、制造、检查、管理等方面的解决办法。

此外,还有模拟法、失效的树状因果分析法。

4.2　可靠性预计方法

4.2.1　系统可靠性预计的一般方法

1. 性能参数法

性能参数法是在统计大量相似系统的性能参数与可靠性的关系基础上，进行回归分析，得出一些经验公式及系数，以便在方案论证及初步设计阶段能根据初步确定的系统性能及结构参数预计系统可靠性。

2. 系统基本可靠性预计的数学模型

基本可靠性模型为串联模型，设系统各组成单元之间相互独立，则有

$$R_s(t_s) = R_1(t_1) \cdot R_2(t_2) \cdots R_n(t_n) \qquad (4-1)$$

式中：$R_s(t_s)$ 为系统可靠度；$R_i(t_i)$ 为第 i 个单元可靠度；t_s 为系统工作时间；t_i 为第 i 个单元工作时间。

严格地说，系统内各组成单元的工作时间并不一致。例如，一架飞机，其燃油、液压、电源等系统是随飞行同时工作的，而其应急动力、弹射救生等系统则仅在应急状态下工作，故其相应的工作时间远远小于飞机（系统）工作时间。

通常，工程上为简单起见，将系统内各单元工作时间视为相等的，且各单元均服从指数分布，即

$$t_1 = t_2 = \cdots = t_n = t_s \qquad (4-2)$$

$$R_i(t_i) = e^{-\lambda_i t_i} \qquad (4-3)$$

式中：λ_i 为第 i 个单元失效率。

则有

$$R_s(t_s) = e^{-(\lambda_1 + \lambda_2 + \cdots + \lambda_n)t_s} = e^{-\sum\limits_{i=1}^{n} \lambda_i t_s} \qquad (4-4)$$

而

$$\lambda_s = \sum_{i=1}^{n} \lambda_i \qquad (4-5)$$

也就是说，对于串联模型，预计的系统失效率等于各单元失效率之和。另外，值得一提的是，若系统中有部分单元的工作时间少于系统的工作时间，则根据式（4-5）所预计的结果一定是偏保守的。

3. 相似设备法

用相似设备法获得的经验来进行可靠性预计，是将被评估的新产品与以往类似产品进行比较，可以将旧设备（产品）暴露出来的缺点作为新产品改进的重点。由于系统的可靠性与其内部存在的缺陷密切相关，可以用从旧产品上获得的产品失效率与其内部缺陷之间的关系系数 k，来计算新产品的失效率。

设新产品缺陷总数为 n_r，原产品缺陷总数为 n_b，n_i 为新引进的缺陷总数，n_e 为已排除

的缺陷总数,则

$$n_r = n_b + n_i - n_e \qquad (4-6)$$

故新产品的失效率为

$$\lambda_r = k \cdot n_r \qquad (4-7)$$

4. 相似电路法

若已知新老系统的电路相似,并知道老系统各种电路的失效率和新系统的各种电路数,则可按经验公式估计新系统的失效率为

$$\lambda_s = \sum_{i=1}^{N} n_i \lambda_i \qquad (4-8)$$

式中:λ_s 为新系统的失效率;λ_i 为老系统第 i 种电路的失效率;n_i 为新系统有 n_i 条第 i 种电路;N 为新系统的电路总类数。

相似电路法的可靠性预计步骤如下:

(1)计算或估计各种单元电路的数目。

(2)利用相似单元电路失效率数据表估计每种单元电路的失效率。

(3)将每种单元电路的数目乘以各自的失效率,然后再将这些数字相加,即可得出设备的预计失效率。

5. 失效率预计法

当研制工作进展到详细设计阶段,已经有了产品原理图和结构图,选出了元部件,也知道元部件的类型、数量、使用环境及使用应力,并已具有实验室常温条件测得的失效率时,可采用失效率预计法,这种方法对电子产品和非电子产品均适用,具体步骤如下(见图 4-1)。

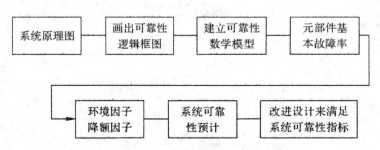

图 4-1 失效率预计法的流程图

(1)根据产品功能画出可靠性框图。

(2)按可靠性框图建立相应的数学模型。

(3)确定各方框中元部件或设备的失效率,该失效率应为工作失效率,在实验室常温条件下测得的失效率为基本失效率。对于非电产品可只考虑降额因子 D 和环境因子 K 对 λ 的影响。非电产品工作失效率为

$$\lambda = \lambda_G K D \qquad (4-9)$$

式中:λ 为工作失效率;λ_G 为基本失效率;K、D 为取值由工程经验确定。

因为目前尚无正式可供查用的数据手册,其中环境因子可暂参考中华人民共和国国家军用标准 GJB/Z 299C—2006《电子设备可靠性预计手册》中所列的各种环境系数 π_E。对于

电子产品则采用元器件应力分析法(详见 4.2.2.3)预计其工作失效率。

(4) 系统可靠性预计:根据设计任务书要求预计基本可靠性或任务可靠性。将预计值和要求值相比较,当预计结果不能满足规定要求时,应改进设计来满足系统可靠性指标。

4.2.2　电子、电气设备可靠性预计

1. 电子、电气设备可靠性预计特点

(1) 电子、电气设备最大的特点是寿命服从指数分布,即失效率是常数,所以,通常可采用公式 $\lambda_s = \sum_{i=1}^{n} \lambda_i$ 预计设备或系统的可靠性指标。

(2) 电子、电气设备均是由电阻、电容、二极管、集成电路等标准化程度很高的电子元器件组成的,而对于标准元器件,现已积累了大量的试验、统计失效率的数据,建立了有效的数据库,且有成熟的预计标准和手册。对于国产电子元器件,可采用国家军用标准 GJB/Z 299C—2006《电子设备可靠性预计手册》进行预计;而对于进口电子元器件,则可采用美国军用标准 MIL - MDBK - 217F《电子设备可靠性预计》进行预计。

2. 元件计数法

元件计数法适用于电子设备方案论证及初步设计阶段,需要已知:

(1) 通用元器件的种类和数量;

(2) 元器件的质量等级;

(3) 设备环境。

计算步骤:先计算设备中各种型号和各种类型的元器件数目,然后再乘以相应型号或相应类型元器件的基本失效率,最后把各乘积累加起来,即可得到部件、系统的失效率。

这种方法的优点是只使用现有的工程信息,不需要详尽地了解每个元器件的应力及它们之间的逻辑关系就可以迅速地估算出系统的失效率。其通用公式为

$$\lambda_s = \sum_{i=1}^{n} N_i \lambda_{Gi} \pi_{Qi} \qquad (4-10)$$

式中:λ_s 为系统总的失效率;λ_{Gi} 为第 i 种元器件的通用失效率;π_{Qi} 为第 i 种元器件的通用质量系数;N_i 为第 i 种元器件的数量;n 为设备所用元器件的种类系数。

式(4-10)适用于应用在同一环境类别的设备。如果设备所包含的各个单元是在不同环境中工作(如机载设备有的单元应用于座舱,有的单元应用于无人舱),则式(4-10)就应该分别按不同环境考虑,然后,将这些"环境-单元"失效率相加即为设备的总失效率。环境分类如表 4-1 所示,其通用工作环境温度如表 4-2 所示。

《电子设备可靠性预计手册》(以下简称《手册》)给出了各种元器件的通用失效率,同时给出了微电子器件、分立半导体器件、阻容元件及机电元件通用的质量等级及对应的值。微电子器件(如中小规模单片集成电路、只读存储器、MOS 线性电路等)的通用失效率应考虑成熟系数。固体钽电解电容器的通用失效率还应考虑电阻系数。具体设计时,可查阅《手册》。

表 4 - 1 环境条件分类表

环境分类	代号	说　明
地面良好	G_B	能保持正常气候条件，机械应力接近于零的地面良好环境，其维护条件良好，如有温湿度控制的实验室或大型地面站等
导弹发射井	G_{MS}	发射井中的导弹及其辅助设备所处的环境
一般地面固定	G_{F1}	在普通的建筑物内或通风较好的固定机架上，受振动、冲击影响很小的环境条件，如固定雷达、通信设备和电视机、收录机等家用电器所处的环境
恶劣地面固定	G_{F2}	只有简陋气候防护设施的地面环境或地下坑道，其环境条件较恶劣，如高温、低温、温差变化大、高湿、霉菌、盐雾和化学气体等
平稳地面移动	G_{M1}	在比较平稳的移动状态下，有所振动与冲击，如在公路上行驶的专用车辆及火车车厢环境
剧烈地面移动	G_{M2}	安装在履带车辆上，在较剧烈的移动状态下工作，受振动与冲击影响较大，通风及温湿度控制条件受限制，使用中维修条件差。如装甲车内的环境条件
背　负	M_P	由人携带的越野环境，维护条件差
潜　艇	N_{SB}	潜艇内的环境条件
舰船良好舱内	N_{S1}	行驶时较为平稳，且受盐雾、水蒸气影响较小的舰船舱内，如近海大型运输船和内河船只的空调舱
舰船普通舱内	N_{S2}	能防风雨的普通舰船舱内，常有较强烈的振动和冲击，如水面战船舱内或甲板以下的环境
舰船舱外	N_U	舰船甲板上的典型环境，经常有强烈的冲击和振动，包括无防护、暴露于风雨下的环境
战斗机座舱	A_{IF}	战斗机飞行员座舱环境，无太高的温度、压力和过于强烈的冲击振动
战斗机无人舱	A_{UF}	有高温、高压、强烈的冲击与振动等恶劣环境条件，如战斗机机身、机尾、机翼等部位的设备舱、炸弹舱
运输机座舱	A_{IC}	运输机空勤人员的座舱环境
运输机无人舱	A_{UC}	运输机上无环境条件控制的非载人区域环境
直升机	A_{RW}	在带旋转翼直升机机内或机外安装的环境
宇宙飞行	S_F	在地球轨道上飞行，不包括动力飞行和重返大气层，如卫星中的电子设备的安装环境
导弹发射	M_L	由于导弹发射，火箭飞行、射入轨道及重返大气层或降落伞着陆等引起的噪声、振动、冲击及其他恶劣的环境条件
导弹飞行	M_F	与吸气助燃推进导弹、巡航导弹的动力飞行和处于无动力自由飞行导弹相关的环境条件

表 4-2　各种元器件的通用工作环境温度　　　　　℃

环境	G_B	G_{MS}	G_{F1}	G_{F2}	G_{M1}	G_{M2}	M_P	N_{SB}	N_{S1}
T_A	30	30	40	40	65	60	40	45	40
环境	N_{S2}	N_U	A_{IF}	A_{UF}	A_{IC}	A_{UC}	A_{RW}	S_F	M_L	M_F
T_A	45	70	55	70	55	70	55	30	55	55

例 4-1　试用元件计数法预计某地面搜索雷达的 MTBF 及工作 100 h 的可靠度。该雷达使用的元器件类型、数量及失效率见表 4-3。

解
$$MTBF = \frac{10^6}{3926.75} = 255 \text{ (h)}$$

工作 100 h 的可靠度为

$$R(100) = e^{\frac{-100}{255}} = 0.676$$

表 4-3　某雷达使用的元器件及其失效率

元器件类型	使用数量	故障率 $\times 10^6$ h^{-1}	总故障率 $\times 10^{-6}$ h^{-1}	元器件类型	使用数量	故障率 $\times 10^{-6}$ h^{-1}	总故障率 $\times 10^{-6}$ h^{-1}
电子管，接受管	96	6	576.0	可变合成电阻器	38	7.0	266.00
电子管，发射管（功率四极管）	12	40	480.0	可变线绕电阻器	12	3.5	42.00
电子管，磁控管	1	200	200.00	同轴电阻器	17	12.31	226.47
电子管，阴极射线管	1	15	15.00	电感器	42	0.938	39.40
晶体二极管	7	2.98	20.86	电气仪表	1	1.36	1.36
高 K 陶瓷固定电容器	59	0.18	10.62	鼓风机	3	630	1890.00
钽箔固定电容器	2	0.45	0.90	同步电动机	13	0.8	10.40
云母膜制电容器	89	0.018	1.60	晶体壳继电器	4	21.38	85.12
固定纸介电容器	108	0.01	1.08	接触器	14	1.01	14.14
碳合成固定电容器	467	0.0207	9.67	拨动开关	24	0.57	13.66
功率型薄膜固定电容器	2	1.6	3.20	旋转开关	5	1.75	8.75
固定线绕电阻器	22	0.39	8.58	总和	1070	947.3292	3926.75
功率变压器和滤波变压器	31	0.0625	1.94				

3. 元器件应力分析法

元器件应力分析法适用于电子设备详细设计阶段，该方法要求已具备详细的元器件清单、电应力比、环境温度等信息。这种方法预计的可靠性比计数法的结果要准确些。

元器件应力分析法是《手册》的主要部分，它详细提供了应用元器件应力分析法进行电子设备可靠性预计的基本数据，共包括 13 类元器件的工作失效率 λ_p 预计模型，基本失效率 λ_b 模型及模型中各参数值，应用于不同环境下的环境系数 π_E，不同质量等级的质量系数 π_Q 以及与设计、工艺、结构等因素有关的其他 π 系数值，描述电应力、温度应力与失效率关系的基本失效率并以"$T-S$"数据表和曲线图的形式给出。还提供了各类元器件的现场使用失效形式、分类及失效率预计的计算实例。

《手册》中列出 13 类元器件：集成电路、半导体分立器件、光电子器件、电子管、电阻器与电位器、电容器、感性元件、继电器、开关、连接器、灯、压电陀螺和光纤连接器。并给出 19 类环境条件的环境系数：地面良好、导弹发射井、一般地面固定、恶劣地面固定、平稳地面移动、剧烈地面移动、背负、潜艇、舰船良好舱内、舰船普通舱内、舰船舱外、战斗机座舱、战斗机无人舱、运输机座舱、运输机无人舱、直升机、宇宙飞行、导弹发射和导弹飞行。

下面以分立晶体管中硅 NPN 晶体管为例说明元器件应力分析的预计计算。工作失效率 λ_p 为

$$\lambda_p = \lambda_b(\pi_E \cdot \pi_Q \cdot \pi_A \cdot \pi_{S_2} \cdot \pi_r \cdot \pi_C) \tag{4-11}$$

式中：λ_p 为工作失效率，$10^{-6}/h$；λ_b 为基本失效率，$10^{-6}/h$，见表 4-4 和图 4-2；π_E 为环境系数，见表 4-5；π_Q 为质量系数，见表 4-6；π_A 为应用系数，见表 4-7；π_{S_2} 为电压应力系数，见表 4-8；π_r 为额定功率系数，见表 4-9；π_C 为结构系数，见表 4-10。

表 4-4　硅 NPN 晶体管基本失效率 λ_b　　　　　　$10^{-6}/h$

$T/℃$ 　λ_b 　S	0.1	0.2	0.3	0.4	0.5	0.6	0.7	0.8	0.9	1.0
0	0.030	0.036	0.042	0.049	0.058	0.067	0.079	0.095	0.118	0.154
5	0.031	0.038	0.044	0.052	0.061	0.071	0.084	0.102	0.128	0.171
10	0.033	0.040	0.047	0.055	0.064	0.075	0.089	0.109	0.140	0.192
15	0.036	0.042	0.049	0.058	0.067	0.079	0.095	0.118	0.154	0.218
20	0.038	0.044	0.052	0.061	0.071	0.084	0.102	0.128	0.171	0.250
25	0.040	0.047	0.055	0.064	0.075	0.089	0.109	0.140	0.192	0.291
30	0.042	0.049	0.058	0.067	0.079	0.095	0.118	0.154	0.218	
35	0.044	0.052	0.061	0.071	0.084	0.102	0.128	0.171	0.250	
40	0.047	0.055	0.064	0.075	0.089	0.109	0.140	0.192	0.291	
45	0.049	0.058	0.067	0.079	0.095	0.118	0.154	0.218		
50	0.052	0.061	0.071	0.084	0.102	0.128	0.171	0.250		
55	0.055	0.064	0.075	0.089	0.109	0.140	0.192	0.291		
60	0.058	0.067	0.079	0.095	0.118	0.154	0.218			
65	0.061	0.071	0.084	0.102	0.128	0.171	0.250			
70	0.064	0.075	0.089	0.109	0.140	0.192	0.291			
75	0.067	0.079	0.095	0.118	0.154	0.218				
80	0.071	0.084	0.102	0.128	0.171	0.250				

续表

T/℃ ＼ S ＼ λ_b	0.1	0.2	0.3	0.4	0.5	0.6	0.7	0.8	0.9	1.0
85	0.075	0.089	0.109	0.140	0.192	0.291				
90	0.079	0.095	0.118	0.154	0.218					
95	0.084	0.102	0.128	0.171	0.250					
100	0.089	0.109	0.140	0.192	0.291					
105	0.095	0.118	0.154	0.218						
110	0.102	0.128	0.171	0.250						
115	0.109	0.140	0.192	0.291						
120	0.118	0.154	0.218							
125	0.128	0.171	0.250							
130	0.140	0.192	0.291							
135	0.154	0.218								
140	0.171	0.250								
145	0.192	0.291								
150	0.218									
155	0.250									
160	0.291									

T 为工作环境温度或带散热片功率器件的管壳温度。

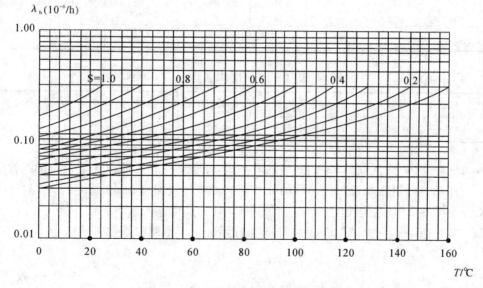

图 4 - 2　硅 NPN 晶体管基本失效率模型

表 4-5 环境系数 π_E

环境	G_B	G_{MS}	G_{F1}	G_{F2}	G_{M1}	G_{M2}	M_P	N_{SB}	N_{S1}
π_E	1.0	1.2	2.0	5.0	5.5	11	7.5	5.0	3.5
环境	N_{S2}	N_U	A_{IF}	A_{UF}	A_{IC}	A_{UC}	A_{RW}	S_F	M_L	M_F
π_E	7.0	14	15	24	7.5	12	17	0.50	28	15

表 4-6 质量系数 π_Q

质量等级	A_2	A_3	A_4	A_5	B_1	B_2	C
π_Q	0.03	0.05	0.10	0.20	0.40	1.0	5.0

表 4-7 应用系数 π_A

应 用	逻辑开关	线性放大	高 频 (200 MHz$<f<$500 MHz)	微 波 ($P<$1 W, $f\geqslant$0.5 GHz)
π_A	0.7	1	3	4

表 4-8 电压应力系数 π_{S_2}

$S_2=\dfrac{外加电压(V_{CE})}{额定电压(V_{CEO})}$	1	0.9	0.8	0.7	0.6	0.5	0.4	0.3	0.25	$<$0.25
π_{S_2}	3.0	2.2	1.62	1.2	0.88	0.65	0.48	0.35	0.30	0.30

表 4-9 额定功率系数 π_r

额定功率 P/W	$P<$0.7	0.7$\leqslant P<$1	1$\leqslant P<$5	5$\leqslant P<$20	20$\leqslant P<$50	50$\leqslant P<$200	$P\geqslant$200
π_r	0.80	1.0	1.5	2.2	3.0	4.0	5.5

表 4-10 结构系数 π_C

结构	不匹配对或互补对	双发射极	达林顿对	单管	匹配对	复式发射极
π_C	0.70	1.1	0.80	1.0	1.2	1.2

例 4-2 已知符合 GJB 33A JP 级的硅 NPN 单管，在恶劣地面固定设备的线性电路中使用，使用功耗是额定功耗(0.7 W)的 0.4 倍，工作环境温度为 40 ℃，$T_S=25$ ℃，$T_M=175$ ℃，外加电压 V_{CE} 是额定电压 V_{CEO} 的 60%，计算其工作失效率。

解 第一步：$T_S=25$ ℃，$T_M=175$ ℃，硅器件电应力调整系数 $C=1$，且

$$\frac{P_{OP}}{P_M}\times C=0.1\times 4=0.4$$

第二步：$T=40$ ℃，$S=0.4$，查表 4-4，$\lambda_b=0.075\times 10^{-6}$/h。

第三步：确定 π 系数。

查表 4-1、表 4-5，恶劣地面固定(G_{F_2})时 $\pi_E=5.0$；查表 4-6，GJB 33A JP 级产品，质量等级为 A_4，$\pi_Q=0.10$；查表 4-7 线性工作 $\pi_A=1$；因为 $S_2=60\%$，查表 4-8，电压应力系数 $\pi_{S_2}=0.88$，查表 4-9 得额定功率系数 $\pi_r=1.0$；单管，查结构系数表 4-10，$\pi_C=1.0$。

第四步：计算 λ_p，按式(4-11)得

$$\lambda_p=0.075\times10^{-6}\times5.0\times0.10\times1\times0.88\times1.0\times1.0=0.033\times10^{-6}(h^{-1})$$

4. 简单枚举归纳推理可靠性快速预计法

电子设备可靠性指标高低不仅取决于构成设备本身(包括电子元器件及机械零部件)的可靠度，而且还取决于设备所处的工作环境及所承受的电应力、温度应力，同时也不仅取决于设计，而且取决于制造工艺。一部电子设备不可能完全由电子元器件堆积而成，还有机械零部件，尽管机械零部件比电子元器件失效率低，但在预计时不能不考虑，工程实践证明，环境应力筛选是提高电子设备可靠性有效措施，在预计时理应予以考虑，一部电子设备复杂程度，所含电子元器件数量多少，又是一个影响电子设备可靠性指标高低的重要因素。简单枚举归纳推理的可靠性快速预计法是考虑到上述各因素对电子设备的可靠性的影响而提出的一种简单快速、方便工程应用的预计方法，该方法由于考虑了更多的影响因素，因而准确度较高。其预计公式为

$$\lambda_S=\lambda_0\cdot N\cdot K_1\cdot K_2\cdot K_3\cdot K_4\cdot K_5 \qquad (4-12)$$

式中：λ_S 为设备失效率；λ_0 为电子元器件平均基本失效率，其估计值为 $\lambda_0=(1\sim10)\times10^{-6}\ h^{-1}$；$N$ 为设备所含电子元器件数量；K_1 为降额设计效果因子，一般降额因子取值为 $K_1=(1\sim10)\times10^{-2}$；$K_2$ 为环境应力筛选效果因子，一般取值为 $K_2=0.1\sim0.5$；K_3 为环境影响因子，推荐取值：试验室内为 1，普通室内为 5，陆用(固定)为 8，车载为 20，舰船载为 15，机载为 50；K_4 为机械结构影响因子，取值为 $K_4=1.5\sim3.5$；K_5 为制造工艺影响因子，取值为 $K_5=1.5\sim3.5$。

4.2.3　机械产品特殊的可靠性预计方法

对机械类产品而言，它具有一些不同于电子类产品的特点，诸如：

(1) 许多机械零部件是为特定用途单独设计的，通用性不强，标准化程度不高；

(2) 机械部件的失效率通常不是常值，其设备的故障往往是由于耗损、疲劳和其他与应力有关的故障机理造成；

(3) 机械产品的可靠性与电子产品可靠性相对比对载荷、使用方式和利用率更加敏感。

基于上述特点，对看起来很相似的机械部件，其失效率往往是非常分散的，这样，用数据库中已有的统计数据来预测可靠性其精度是无法保证的。因此，目前预计机械产品可靠性尚没有相当于电子产品那样通用、可接受的方法。近几年来，美国、英国、加拿大、澳大利亚等国家积极地开展此项工作研究。并取得了一定的成果，出版了一些手册和数据集。诸如，《机械可靠性预计手册》(草案)、《非电子零部件可靠性数据》等，这些资料均对现阶段机械产品可靠性预计工作具有很大参考价值。

1. 修正系数法

修正系数法的基本思想：既然机械产品的"个性"较强，难以建立产品级的可靠性预计模型，但若将它们分解到零件级，则有许多基础零件是通用的。如密封件既可用于阀门，也

可用于制动器或汽缸等。通常将机械产品分成密封、弹簧、电磁铁、阀门、轴承、齿轮和花键、泵、过滤器、制动器及离合器等十类。这样,对诸多零件进行故障模式及影响分析,找出其主要故障模式及影响这些模式的主要设计、使用参数,通过数据收集、处理及回归分析,可以建立各零部件失效率与上述参数的数学函数关系(即失效率模型或可靠性模型)。实践结果表明,具有耗损特征的机械产品,在其耗损期到来之前,在一定的使用期限内,对某些机械产品寿命近似按指数分布处理仍不失其工程特色。因此,机械产品预计的失效率则为各零件失效率之和。例如,齿轮失效率模型可表达为

$$\lambda_{GE} = \lambda_{GE,B} \cdot C_{GS} \cdot C_{GP} \cdot C_{GA} \cdot C_{GL} \cdot C_{GN} \cdot C_{GT} \cdot C_{GV} \tag{4-13}$$

式中:λ_{GE} 为在特定使用情况下齿轮失效率(故障数/10^6 转);$\lambda_{GE,B}$ 为制造商规定的基本失效率(失效率/10^6 转);C_{GS} 为计及速度偏差(相对于设计)的修正系数;C_{GP} 为计及扭矩偏差(相对于设计)的修正系数;C_{GA} 为计及不同轴性的修正系数;C_{GL} 为计及润滑偏差(相对于设计)的修正系数;C_{GN} 为计及污染环境的修正系数;C_{GT} 为计及温度的修正系数;C_{GV} 为计及振动和冲击的修正系数。

计算齿轮系统失效率的最好途径是利用各齿轮制造商的技术规范规定的基本失效率,并根据实际使用情况及设计的差异来修正其失效率。

2. 相似产品类比论证法

相似产品类比论证法的基本思想是根据仿制或改型的类似国内外产品已知的失效率,分析两者在组成结构、使用环境、原材料、元器件水平、制造工艺水平等方面的差异,通过专家评分给出各修正系数,综合权衡后得出一个失效率综合修正因子 D,如式(4-14)所示

$$D = K_1 \cdot K_2 \cdot K_3 \cdot K_4 \tag{4-14}$$

式中:K_1 为修正系数,表示我国原材料与先进国家原材料的差距;K_2 为修正系数,表示我国基础工业(包括热处理、表面处理、铸造质量控制等方面)与先进国家的差距;K_3 为修正系数,表示生产厂现有工艺水平与先进国家工艺水平的差距;K_4 为修正系数,表示生产厂在产品设计、生产等方面的经验与先进国家的差距。

在应用中可根据实际情况对式(4-14)修正系数进行增补或删减。下面举一个工程实例来说明。

例 4-3 某型飞机电源系统的恒装是参照国外某公司的产品研制的,已知该液压机械式恒装的 MTBF=4000 h,试对比分析国产恒装的 MTBF。

解 因为国产恒装是在国外产品基础上研制的,且已知原型号产品的 MTBF=4000 h,故采用相似产品类比论证法,即以国外恒装的失效率为基本失效率,在此基础上考虑综合的修正因子 D,该因子 D 应包括原材料、元器件、基础工业、工艺水平、技术水平、产品结构(即产品相似性)、使用环境等诸因素,通过专家评分可得出下式中的修正系数。

$$D = K_1 \cdot K_2 \cdot K_3 \cdot K_4 \cdot K_5$$

其中,K_1、K_2、K_3、K_4 的含义与式(4-14)相同,$K_1=1.2$,$K_2=1.2$,$K_3=1.2$,$K_4=1.5$;K_5 为新的修正系数,表示国产某型号恒装与国外产品在结构等方面的差异。国产某型恒装是双排泵——马达结构而国外产品是单排结构,国产某型恒装工作温度正常情况在 150℃ 而国外产品一般工作温度 125 ℃ 左右,综合分析得 $K_5=1.2$。

因此,综合修正因子 D 为

$$D = 1.2 \times 1.2 \times 1.2 \times 1.5 \times 1.2 = 3.1104$$

所以，国产某型恒装的失效率为

$$\lambda_{新} = D \cdot \lambda_{旧} = 3.1104 \times \frac{1}{4000} = 7.776 \times 10^{-4} (h^{-1})$$

$$T_{MTBF新} = \frac{1}{\lambda_{新}} = 1286.0 \ (h)$$

4.2.4　保证可靠性预计正确性的要求

关于一个系统进行可靠性预计的结果与实际的可靠性指标是否接近，这涉及预计是否可信的问题。为了保证一定的预计精度，需要注意以下几点。

(1) 预计模型选取的正确性。

系统可靠性模型是进行预计的基础之一。如果可靠性模型不正确，预计结果就会失去其应有的价值。例如，需要预计系统的任务可靠性，却建立了全串联模型（除非该系统确实没有冗余度或替代工作模式）；或按工作原理图应当建立非工作储备模型，却建成工作储备模型。因此，必须清楚地了解系统的工作原理，明确系统"任务故障"的定义，依据具体设计方案做出合理的简化，建立正确的可靠性模型。

(2) 数据选取的正确性。

元器件、零部件的失效率数据是系统可靠性预计的基础。一个大型复杂系统，往往装有一万至十万个元器件，如果元器件、零部件本身的失效率数据不准，那系统可靠性的计算就有"失之毫厘，谬以千里"之感。目前，进行可靠性预计的主要数据来源是：

① 参考国外相似产品的数据，根据国内水平加以修正。

② 参考国内相似产品的数据，根据新产品的特点加以修正。

③ 查阅有关的可靠性数据手册。对进口电子元器件，可查阅美国军标 MIL - HDBK - 217《电子设备可靠性预计手册》；对国产电子元器件，可查阅国家军标 GJB/Z 299C—2006《电子设备可靠性预计手册》。

(3) 非工作状态产品可靠性预计。

非工作状态含不工作状态与储存状态两种，在进行可靠性预计时一般可以认为产品在这两种状态下的失效率相同。实践证明：长期不工作或储存的产品存在一定的退化，也就是说，产品在非工作状态下也可能出现故障。要保证产品可靠性预计的正确性，必须同时考虑产品的工作与非工作两种状态。

一般产品工作与非工作状态下的失效率不存在确定的比例关系，这是因为两者的影响因素有着较大的差异。许多应用及设计变量都对工作失效率有较大的影响，但对非工作失效率却影响甚微，例如降额等。因此，要正确地预计系统的可靠性首先应确定系统的工作与非工作时间，要详细了解系统的工作模式，精确计算各分系统、部件的实际工作时间，这对于提高系统可靠性预计的准确性有着十分重要的意义。在所有影响可靠度的因素中，最主要的是实际工作时间要算得很准。比如，对于某科学卫星来讲，并不是每个分系统在入轨后的整个任务时期内都在工作。遥测分系统在绕地球一圈 98 min 的周期内，实际工作时间仅为 18 min，其余时间都是关机状态，实际工作时间仅占 18%，而能源分系统在整个任务期间都在工作，其工作时间为 100%。

在确定了系统的工作与非工作时间后，按照其不同的失效率分别计算其对系统可靠性的影响，然后加以综合，预计出可靠性指标。

4.2.5 研制阶段不同时期可靠性预计方法的选取

可靠性预计应随研制工作的进展而深化，一般分为三个阶段（见表4-11）：

（1）方案论证阶段。在这个阶段，信息的详细程度只限于系统的总体情况、功能要求和结构设想。一般采用性能参数法或相似产品法，以工程经验预计系统的可靠性，为方案决策提供依据。

（2）初步设计阶段。该阶段已有了工程图或草图，系统的组成已确定，可采用元件计数法或专家评分法预计系统的可靠性，发现设计中的薄弱环节并加以改进。

（3）详细设计阶段。这个阶段的特点是系统的各个组成单元都具有了工作环境和使用应力信息，可采用应力分析法或失效率预计法来较准确地预计系统的可靠性，为进一步改进设计提供依据。

表4-11 不同研制阶段预计方法的选取

研 制 阶 段	可靠性预计方法
方案论证	性能参数法、相似产品法
初步设计	元件计数法、专家评分法、修正系数法、相似产品类比论证法
详细设计	应力分析法、失效率预计法

4.2.6 进行可靠性预计时的注意事项

进行可靠性预计时需注意：

（1）应尽早地进行可靠性预计，以便当任何级别上的可靠性预计值未达到可靠性预测值或未达到可靠性分配值时，能及时地在技术和管理上予以注意，采取必要的措施。

（2）在产品研制的各个阶段，可靠性预计应反复迭代进行。在方案论证和初步设计阶段，由于缺乏较准确的信息，所做的可靠性预计只能提供大致的估计值，尽管如此，仍能为设计者和管理人员提供关于达到可靠性要求的有效反馈信息；而且，这些估计值仍适用于最初分配的比较和确定分配的合理性。随着设计工作的进展，产品定义进一步确定，可靠性模型的细化和可靠性预计工作亦应反复进行。

（3）可靠性预计结果的相对意义比绝对值更为重要。一般预计值与实际值的误差在1～2倍之内可认为是正常的。通过可靠性预计可以找出系统易出故障的薄弱环节，并对系统加以改进；在对不同的设计方案进行优选时，可靠性预计结果是方案优选、调整的重要依据。

（4）可靠性预计值应大于成熟期的规定值。

4.3 可靠性分配

可靠性分配（reliability allocation）是把系统的可靠性指标按一定的方法合理地分配给分系统、设备、零部件（或元器件）的全过程。

可靠性分配的目的：

（1）合理地确定系统中每个单元的可靠度指标，以便在单元设计、制造、试验、验收时切实地加以保证。反过来又将促进设计、制造、试验、验收方法和技术的改进和提高。

（2）通过可靠性分配，帮助设计者了解零件、单元(子系统)、系统(整体)间可靠性度的相互关系，做到心中有数，减少盲目性，明确设计的基本问题。

（3）通过可靠性分配，使设计者更加全面地权衡系统的性能、功能、费用及有效性等与时间的关系，以期获得更为合理的系统设计，提高产品的设计质量。

（4）通过分配，使系统所获得的可靠度值比分配前更加切合实际，可节省制造的时间及费用。

可靠性分配的方法虽然很多，但往往都是根据分配的结果，找出指标值与预测值的差距再加以修改。不同的系统要求的侧重点不同，比如有的要求体积最小，有的要求重量最轻，有的要求功率最大等，所以可靠性分配的研究方法有各种各样。但是，所有的设计均希望费用低，研制时间短又能达到系统的可靠性要求。

进行可靠性分配时，应依据下述原则：

（1）技术水平。对技术成熟的单元，能够保证实现较高的可靠性或预期投入使用时可靠性可以有把握地增长到较高水平，则可分配给较高的可靠性。

（2）复杂程度。考虑分机、部件的复杂程度，越复杂分配的可靠度指标应该越低。

（3）重要程度。对重要的单元，如该单元失效将会产生严重的后果，或该单元的失效常会导致全系统的失效，则应分配给较高的可靠度。

（4）任务情况。对整个任务时间内均需连续工作及工作条件恶劣，难以保证很高可靠性的单元，则应分配给较低的可靠度。

如果说可靠性预测是从单元到系统、由个体到整体进行的话，那么可靠性分配则是按相反方向由系统到单元或由整体到个体的对可靠性进行落实的。因此可靠性预测是可靠性分配的基础。

下面介绍一些常用的可靠性分配方法。

4.3.1　无约束条件的系统可靠性分配方法

1. 等分配法

等分配法是在设计初期，当产品定义并不十分清晰时所采用的最简单的分配方法，它是对系统中全部单元分配以相等的可靠度的方法。

1) 串联系统可靠度分配

当系统中 n 个单元具有近似的复杂程度、重要性以及制造成本时，则可用等分配法分配系统各单元的可靠度。设系统由 n 个分系统串联组成，若给定系统可靠度指标为 R_s^*，则按等分配法，分配给各单元的可靠度指标 R_i^*（ * 表示分配指标，下同）为

$$R_i^* = \sqrt[n]{R_s^*} \qquad i=1, 2, \cdots, n \tag{4-15}$$

2) 并联系统可靠度分配

当系统的可靠度指标要求很高(例如 $R_s > 0.99$)而选用已有的单元又不能满足要求时，则可选用 n 个相同单元的并联系统，这时单元的可靠度 R_i^* 可大大低于系统的可靠度 R_s^*，单元的可靠度 R_i^* 分配为

$$R_i^* = 1 - (1 - R_s^*)^{\frac{1}{n}} \qquad i = 1, 2, \cdots, n \qquad\qquad (4-16)$$

3) 串并联系统可靠度分配

利用等分配法对串并联系统进行可靠性分配时,可以先将串并联系统化简为"等效串联系统"和"等效单元",再给同级等效单元分配以相同的可靠度。

例如,对于如图 4-3(a)所示的串并联系统作两步化简后,则可先从最后的等效串联系统(见图 4-3(c))开始按等分配法对各单元分配可靠度

$$R_1^* = R_{s_{234}}^* = (R_s^*)^{\frac{1}{2}}$$

再由图 4-3(b)分得

$$R_2^* = R_{s_{34}}^* = 1 - (1 - R_{s_{234}}^*)^{\frac{1}{2}}$$

最后再求图 4-3(a)中的 R_3^* 和 R_4^* 为

$$R_3^* = R_4^* = (R_{s_{34}}^*)^{\frac{1}{2}}$$

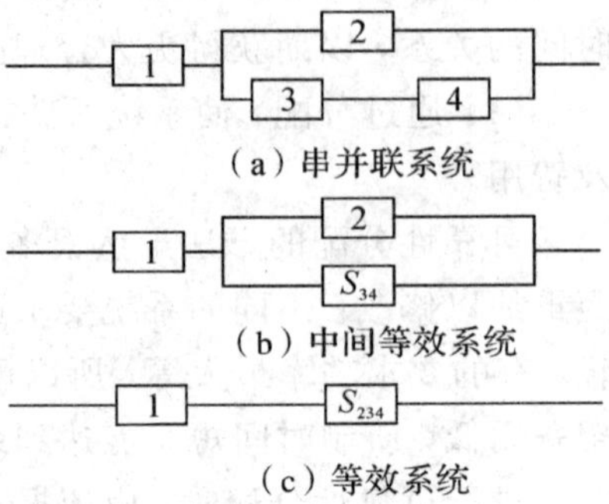

(a) 串并联系统

(b) 中间等效系统

(c) 等效系统

图 4-3 串并联系统的可靠性分配

2. 比例分配法

比例分配法适用范围:新设计的系统与原有系统基本相同,已知原有系统各单元不可靠度预测值 F_i 或失效率预测值 λ_i,但对新设计的系统规定了新的可靠性要求,或者根据已掌握的可靠性资料,已能预测得新设计系统各单元的 F_i 或 λ_i,但尚未满足新设计系统可靠性要求。这主要有以下几种情况。

1) 串联系统

(1) 新系统分配给各单元的不可靠度 F_i^* 与相应单元的不可靠度预测值 F_i 成正比;若系统要求可靠度为 R_s^*,则不可靠度 $F_s^* = 1 - R_s^*$,按比例分配法,各单元的不可靠度为

$$F_i^* = \frac{F_s^* \cdot F_i}{\sum\limits_{i=1}^{n} F_i} = \frac{(1 - R_s^*) \cdot F_i}{\sum\limits_{i=1}^{n} F_i} \qquad i = 1, 2, \cdots, n \qquad (4-17)$$

(2) 各单元失效服从指数分布时,各单元分配的失效率 λ_i^* 与相应单元失效率预测值 λ_i 成正比;若要求系统的失效率为 λ_s^*,则各单元分配的失效率为

$$\lambda_i^* = \frac{\lambda_s^* \cdot \lambda_i}{\sum\limits_{i=1}^{n} \lambda_i} \qquad i = 1, 2, \cdots, n \qquad (4-18)$$

例 4-4 已知某系统为 4 个单元串联,原系统工作 100 h 时,各单元失效概率分别为 $F_1 = 0.0425$,$F_2 = 0.0149$,$F_3 = 0.0487$,$F_4 = 0.0004$,新设计要求工作 100 h 的可靠度为 $R_s^* = 0.95$,求分配给各单元的可靠度。

解 用式(4-17),其中

$$\sum\limits_{i=1}^{n} F_i = 0.0425 + 0.0149 + 0.0487 + 0.0004 = 0.1065$$

$$F_s^* = 1 - R_s^* = 1 - 0.95 = 0.05$$

$$F_1^* = \frac{0.05}{0.1065} \times 0.0425 = 0.01995, \quad R_1^* = 1 - F_1^* = 1 - 0.01995 = 0.98005$$

$$F_2^* = \frac{0.05}{0.1065} \times 0.0149 = 0.0070, \quad R_2^* = 1 - F_2^* = 1 - 0.0070 = 0.9930$$

$$F_3^* = \frac{0.05}{0.1065} \times 0.0487 = 0.0229, \ R_3^* = 1 - F_3^* = 1 - 0.0229 = 0.9771$$

$$F_4^* = \frac{0.05}{0.1065} \times 0.0004 = 0.00019, \ R_4^* = 1 - F_4^* = 1 - 0.00019 = 0.99981$$

验算
$$R_s^* = R_1^* \cdot R_2^* \cdot R_3^* \cdot R_4^* = 0.9507 > 0.95$$

故此次分配满足系统可靠度的要求。

例 4 - 5　一个串联系统由 3 个单元组成，单元失效服从指数分布，各单元的预计失效率为 $\lambda_1 = 0.005 \ \text{h}^{-1}$，$\lambda_2 = 0.003 \ \text{h}^{-1}$，$\lambda_3 = 0.002 \ \text{h}^{-1}$，要求工作 20 h 时系统的可靠度为 $R_{sd} = 0.980$，试问应给各单元分配的可靠度各为何值？

解　(1) 预计系统失效率的确定。

$$\lambda_s = \sum_{i=1}^{3} \lambda_i = 0.005 + 0.003 + 0.002 = 0.01 \ (\text{h}^{-1})$$

(2) 校核 λ_s 能否满足系统的设计要求。

由预计失效率 λ_s 所决定的工作 20 h 的系统可靠度为

$$R_s = \text{e}^{-\lambda_s t} = \text{e}^{-0.01 \times 20} = \text{e}^{-0.2} = 0.8187 < R_{sd} = 0.980$$

故需要提高单元的可靠度并重新进行可靠度的分配。

(3) 计算系统所容许的失效率 λ_{sd}。

$$\lambda_{sd} = \frac{-\ln R_{sd}}{t} = \frac{-\ln 0.980}{20} = 0.001010 \ (\text{h}^{-1})$$

(4) 计算各单元的容许失效率 λ_i^*。

按式(4 - 18)得

$$\lambda_1^* = \frac{\lambda_1}{\sum\limits_{i=1}^{3} \lambda_i} \cdot \lambda_{sd} = \frac{0.005}{0.01} \times 0.001010 = 0.000505 \ (\text{h}^{-1})$$

$$\lambda_2^* = \frac{\lambda_2}{\sum\limits_{i=1}^{3} \lambda_i} \cdot \lambda_{sd} = \frac{0.003}{0.01} \times 0.001010 = 0.000303 \ (\text{h}^{-1})$$

$$\lambda_3^* = \frac{\lambda_3}{\sum\limits_{i=1}^{3} \lambda_i} \cdot \lambda_{sd} = \frac{0.002}{0.01} \times 0.001010 = 0.000202 \ (\text{h}^{-1})$$

(5) 计算各单元分配的可靠度。

$$R_1^*(20) = \text{e}^{-\lambda_1^* t} = 0.98995, \ R_2^*(20) = \text{e}^{-\lambda_2^* t} = 0.99396, \ R_3^*(20) = \text{e}^{-\lambda_3^* t} = 0.99597$$

(6) 检验系统可靠度是否满足要求。

$$R_s^*(20) = R_1^*(20) \cdot R_2^*(20) \cdot R_3^*(20) = 0.98995 \times 0.99396 \times 0.99597$$
$$= 0.9800053 > 0.980$$

系统的设计可靠度大于给定值 0.980，即满足要求。

2) 并联系统

对于并联系统，若系统要求不可靠度为 F_s^*，按比例分配法，各单元的不可靠度为

$$F_i^* = \left(\frac{F_s^*}{\prod\limits_{i=1}^{n} F_i}\right)^{\frac{1}{n}} \cdot F_i \qquad i = 1, 2, \cdots, n \tag{4 - 19}$$

式中：F_i 为各单元预测的不可靠度。

当各单元寿命服从指数分布时，按比例分配法，各单元的失效率为

$$\lambda_i^* = \left(\frac{\lambda_s^*}{\prod\limits_{i=1}^{n} \lambda_i}\right)^{\frac{1}{n}} \cdot \frac{\lambda_i}{t} \qquad i = 1, 2, \cdots, n \qquad (4-20)$$

式中：λ_i 为各单元预测的失效率。

例 4 - 6 已知某系统为 3 个单元并联，预测得工作 1000 h 时，各单元不可靠度分别为 $F_1 = 0.08$，$F_2 = 0.10$，$F_3 = 0.15$，新设计要求工作 1000 h 时，$R_s^* = 0.9995$，求各单元应分配的可靠度。

解 用式(4-19)，其中

$$\prod_{i=1}^{3} F_i = F_1 F_2 F_3 = 0.08 \times 0.10 \times 0.15 = 0.0012$$

$$F_s^* = 1 - R_s^* = 1 - 0.9995 = 0.0005$$

$$F_1^* = \left(\frac{0.0005}{0.0012}\right)^{\frac{1}{3}} \times 0.08 = 0.0598, \quad R_1^* = 1 - F_1^* = 1 - 0.0598 = 0.9402$$

$$F_2^* = \left(\frac{0.0005}{0.0012}\right)^{\frac{1}{3}} \times 0.10 = 0.0747, \quad R_2^* = 1 - F_2^* = 1 - 0.0747 = 0.9253$$

$$F_3^* = \left(\frac{0.0005}{0.0012}\right)^{\frac{1}{3}} \times 0.15 = 0.1120, \quad R_3^* = 1 - F_3^* = 1 - 0.1120 = 0.8880$$

验算 $\qquad R_s^* = 1 - F_1^* F_2^* F_3^* = 1 - 0.0598 \times 0.0747 \times 0.1120 = 0.9995$

3) 冗余系统可靠度分配

对于具有冗余部分的串并联系统，要想把系统的可靠度指标直接分配给各个单元，计算比较复杂。通常是将每组并联单元适当组合成单个单元，并将此单个单元看成是串联系统中并联部分的一个等效单元，这样便可用串联系统可靠度分配方法，将系统的容许失效率或失效概率分配给各个串联单元和等效单元，然后再确定并联部分中每个单元的容许失效率或失效概率。

若由 n 个并联单元组成的串联方框分配到的容许失效概率为 F_a^*，则

$$F_a^* = F_1^* \cdot F_2^* \cdots \cdot F_n^* = \prod_{i=1}^{n} F_i^* \qquad (4-21)$$

式中：F_i^* 为各并联单元的容许失效概率。

利用各并联单元已求得的预计失效概率 F_i，可建立 $n-1$ 个相对关系式：

$$\begin{cases} \dfrac{F_2}{F_1} = \dfrac{F_2^*}{F_1^*} \\[2mm] \dfrac{F_3}{F_1} = \dfrac{F_3^*}{F_1^*} \\[1mm] \qquad \vdots \\[1mm] \dfrac{F_n}{F_1} = \dfrac{F_n^*}{F_1^*} \end{cases} \qquad (4-22)$$

解式(4-21)和式(4-22)联立的方程组，即可求得各并联单元应分配到的容许失效概率 F_i^* 值。

例 4-7　如图 4-4(a)所示的并联子系统由 3 个单元组成,已知它们的预计失效概率和预计可靠度为

$$F_1=0.03,\ R_1=0.97;\ F_2=0.05,\ R_2=0.95;\ F_3=0.12,\ R_3=0.88$$

如果该并联子系统在串联系统中的等效单元分得的容许失效概率为 $F_a^*=0.005$,试计算并联子系统中各单元所容许的失效概率。

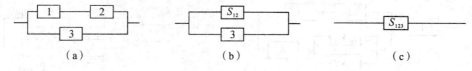

图 4-4　三单元系统

解　可按相对失效概率比例法为各单元分配可靠度,其计算步骤如下:

(1) 将并联子系统化简为一个等效单元,如图 4-4(b)、(c)所示。

(2) 求各分支的预计失效概率和预计可靠度。

第 I 分支:

$$R_I=R_1R_2=0.97\times0.95\approx0.92,\ F_I=1-R_I=0.08$$

第 II 分支:

$$R_{II}=R_3=0.88,\ F_{II}=F_3=0.12$$

(3) 求并联子系统等效单元的预计失效率和预计可靠度。由式(4-21)得 $F_a=F_I F_{II}\approx$ 0.01, $R_a=1-0.01=0.99$。

(4) 按并联子系统的等效单元所分得的总容许失效概率 F_a^* 求各分支的容许失效概率。

若 $F_a^*=0.005$,按式(4-21)和式(4-22)得

$$\begin{cases} 0.005=F_I^*\cdot F_{II}^* \\[2mm] \dfrac{F_I^*}{F_{II}^*}=\dfrac{F_I}{F_{II}},\ \text{即}\quad \dfrac{F_I^*}{F_{II}^*}=\dfrac{0.08}{0.12} \end{cases}$$

解上述方程组得 $F_I^*=0.0577$, $F_{II}^*=0.0866$。

(5) 将分支的容许失效概率分配给该分支的各单元。

由于第一分支为两个串联单元,故应将 $F_I^*=0.0577$ 再分配给单元 1 和单元 2,按式(4-17)有

$$F_1^*=\frac{F_1}{F_1+F_2}\cdot F_I^*=\frac{0.03}{0.03+0.05}\times0.0577=0.0216$$

$$F_2^*=\frac{F_2}{F_1+F_2}\cdot F_I^*=\frac{0.05}{0.03+0.05}\times0.0577=0.0361$$

(6) 列出最后分配结果。

$F_1^*=0.0216,\ R_1^*=0.9784;\ F_2^*=0.0361,\ R_2^*=0.9639;\ F_3^*=0.0866,\ R_3^*=0.9134$

(7) 检验。

$$R_a^*=1-(1-R_3^*)\cdot(1-R_1^*R_2^*)=0.99507>0.995$$

故分配符合要求。

如冗余单元在一级以上,则此方法要一级一级地继续使用,直到各个单元得到容许失效概率正比于它的预计失效概率为止。这一方法要一级一级的重复。例如图 4-5(a)所示为复杂冗余系统的框图,最低一级的第一次组合将得到如图 4-5(b)所示的方框图,图中 S_{45}

代表并联单元 4 和 5，经第二次组合后，得到如图 4-5(c)所示的方框图，图中 S_{23} 代表串联方框 2 和 3，S_{456} 代表串联方框 S_{45} 和 6，最后组合成串联框图，如图 4-5(d)所示，其中，S_{23456} 代表并联方框 S_{23} 和 S_{456}。等效单元 S_{23456} 的容许失效概率确定以后，便可用上述方法按简化组合过程相反的次序逐级进行可靠度分配，从而求得各单元分配到的可靠度指标。

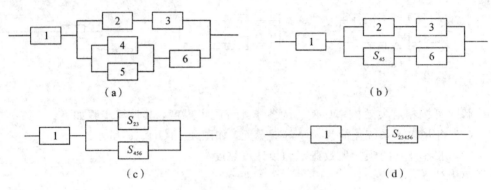

图 4-5　复杂冗余系统逻辑图的简化组合过程

3. AGREE 分配法

AGREE 分配法由美国电子设备可靠性顾问团(AGREE)提出，是一种比较完善的综合方法。这个方法是假定设备的故障时间符合指数分布，这一假设对大部分系统和整机均适合。令系统是由 k 个装置所组成的，而每一装置又由 n_i 个基本组成单元所构成，这里的基本组成单元可以是一级晶体管电路，也可以是其他相同的基本部件或电路。这样系统的基本组成单元数为

$$N = \sum_{i=1}^{k} n_i \qquad (4-23)$$

各装置的基本组成单元数，反映了各装置的复杂程度。

现在要由系统的可靠性指标值来确定各装置相应的可靠性指标值。符合指数分布的装置可靠度为

$$R_i = e^{-\lambda_i t_i} \qquad (4-24)$$

式中：t_i 为第 i 个装置的任务时间；λ_i 为第 i 个装置的失效率。

第 i 个装置的重要度定义：第 i 个装置的故障引起系统发生故障的概率为

$$\omega_i = \frac{\text{由第 } i \text{ 个装置引起系统的故障数}}{\text{第 } i \text{ 个装置故障总数}} \qquad (4-25)$$

考虑装置的重要度之后，把系统变成一个等效的串联系统，则系统的可靠度 R_s 可以表示为

$$R_s = \prod_{i=1}^{k} R_i' \qquad (4-26)$$

式中的 R_i' 由式(4-27)确定：

$$R_i' = 1 - \omega_i F_i \qquad (4-27)$$

式(4-27)是由重要度的定义而导出的，其中 F_i 是某装置的故障概率，ω_i 是该装置的重要度，把式(4-27)代入式(4-26)，则

$$R_s = \prod_{i=1}^{k}(1 - \omega_i F_i) = \prod_{i=1}^{k}\left[1 - \omega_i(1 - R_i)\right]$$

$$= \prod_{i=1}^{k}\left[1 - \omega_i(1 - e^{-\lambda_i t_i})\right] \tag{4-28}$$

对于指数函数 e^{-x}，当 $x \ll 1$ 时，有 $e^{-x} \approx 1 - x$，对式(4-28)反复运用这一近似式便可得到

$$R_s \approx \prod_{i=1}^{k}(1 - \omega_i \lambda_i t_i) \approx \prod_{i=1}^{k} e^{-\lambda_i \omega_i t_i}$$

这里分下列两种情况讨论。

1）等分配方式

由式(4-26)得

$$R'_i = (R_s)^{\frac{1}{k}} = e^{-\lambda_i \omega_i t_i}$$

对上述两边取对数得到

$$\frac{1}{k}\ln R_s = -\lambda_i \omega_i t_i$$

因而得到待分配装置容许失效率 λ_i 的分配值，用 λ_i^* 表示，即

$$\lambda_i^* = \frac{-\ln R_s^*}{k \omega_i t_i} \tag{4-29}$$

对于指数型装置，已知 λ_i^* 之后可求得可靠度的分配值。

2）考虑装置复杂度之后的分配公式

对比等分配的算式，有下式成立：

$$R'_i = (R_s)^{\frac{n_i}{N}} = e^{-\lambda_i \omega_i t_i}$$

对上式两边取对数而得到第 i 个装置分配容许失效率 λ_i^* 为

$$\lambda_i^* = \frac{n_i(-\ln R_s^*)}{N \omega_i t_i} \tag{4-30}$$

AGREE 分配法可在产品设计的方案阶段中应用，此法是对指数型系统，考虑子系统的复杂度和重要度的一种分配方法。装置的复杂度是用其方案包括的基本组成单元数来描述的，比较容易确定。装置的重要度一般可用其定义式(4-25)确定，若某装置的所有故障均导致系统发生故障，则此时该装置的重要度 ω_i 等于 1。

例 4-8　某机载电子设备要求工作 12 h 的可靠度为 0.923，此设备各单元的有关数据如表 4-12 所示，试对各分系统（设备）进行可靠度分配。

表 4-12　某机载电子设备有关数据表

单元 A_i	A_i 中元器件数 n_i	A_i 工作时间 t_i/h	A_i 的重要系数 ω_i
A_1 发动机	102	12	1.0
A_2 接收机	91	12	1.0
A_3 控制设备	242	12	1.0
A_4 起飞自动装置	95	3	0.3
A_5 电源	40	12	1.0

解 已知 $R_s^* = 0.923$，$N = \sum\limits_{i=1}^{5} n_i = 570$，代入式（4-30）计算平均无故障工作时间为

$$\theta_1^* = \frac{1}{\lambda_1^*} = -\frac{570 \times 1.0 \times 12}{102 \times \ln 0.923} = 837 \text{（h）}$$

$$\theta_2^* = \frac{1}{\lambda_2^*} = -\frac{570 \times 1.0 \times 12}{91 \times \ln 0.923} = 938 \text{（h）}$$

$$\theta_3^* = \frac{1}{\lambda_3^*} = -\frac{570 \times 1.0 \times 12}{242 \times \ln 0.923} = 353 \text{（h）}$$

$$\theta_4^* = \frac{1}{\lambda_4^*} = -\frac{570 \times 0.3 \times 3}{95 \times \ln 0.923} = 67 \text{（h）}$$

$$\theta_5^* = \frac{1}{\lambda_5^*} = -\frac{570 \times 1.0 \times 12}{40 \times \ln 0.923} = 2134 \text{（h）}$$

则得到分配给分系统（设备）的可靠度 R_i^*：

$$R_1^* = e^{-12/837} = 0.9858, \quad R_2^* = e^{-12/938} = 0.9678$$

$$R_3^* = e^{-12/353} = 0.9666, \quad R_4^* = e^{-3/67} = 0.9562$$

$$R_5^* = e^{-12/2134} = 0.9944$$

4. 按复杂性分配

复杂性分配方法又叫评分法，因为各单元的复杂程度是由评分得来的。

1）串联系统

由各单元可靠度分别为 R_1，R_2，$\cdots$，R_n 组成的串联系统，其系统的可靠度为

$$R_s = \prod_{i=1}^{n} R_i$$

各单元发生故障的概率（不可靠度 F_i）通常与各单元的复杂程度系数 C_i 成正比，即

$$F_i = KC_i \qquad i = 1, 2, \cdots, n$$

于是系统的可靠度为

$$R_s = \prod_{i=1}^{n} (1 - KC_i) \tag{4-31}$$

式中：K 为比例系数，且 $K > 0$。

若给定系统的可靠度指标 R_s^*，试求各分系统的分配可靠度指标 R_i^*，由式（4-31）得

$$R_s^* = \prod_{i=1}^{n} (1 - KC_i)$$

式中：C_i 是各单元的复杂程度系数。显然 K 是 n 次代数方程的正实根，当 $n \geq 4$ 时，解高次代数方程是没有一般方法的，故采用一次近似解法。

将式（4-31）改写为

$$R_s^* = 1 - \sum_{i=1}^{n} C_i K + \cdots + (-1)^n \sum_{i=1}^{n} C_i K^n$$

当 $K > 0$ 且非常小时，可以取

$$R_s^* = 1 - \sum_{i=1}^{n} C_i K$$

得系统的容许失效概率为

$$F_s^* = \sum_{i=1}^{n} C_i K$$

即 $K = \dfrac{F_s^*}{\sum\limits_{i=1}^{n} C_i}$，故 i 单元所容许的失效概率为

$$F_i^* = C_i K = C_i \cdot \frac{F_s^*}{\sum\limits_{i=1}^{n} C_i} \qquad i = 1, 2, \cdots, n \qquad (4-32)$$

令 $\delta_i = \dfrac{C_i}{\sum\limits_{i=1}^{n} C_i}$ 为相对复杂系数，则

$$F_i^* = \delta_i F_s^*, \quad R_i^* = 1 - \delta_i F_s^* \qquad i = 1, 2, \cdots, n$$

式中：R_i^* 是第一次分配的结果，若记为 $R_{i\mathrm{I}}^*$，可以采取修正系数 h 来修正。

令 $R_{i\mathrm{II}}^* \approx h \cdot R_{i\mathrm{I}}^*$，代入到系统可靠度指标中，有

$$R_s^* = \prod_{i=1}^{n} R_{i\mathrm{II}}^* = h^n \prod_{i=1}^{n} R_{i\mathrm{I}}^*$$

得

$$h = \left(\frac{R_s^*}{\prod\limits_{i=1}^{n} R_{i\mathrm{I}}^*} \right)^{\frac{1}{n}}$$

故二次分配结果为

$$R_{i\mathrm{II}}^* = \left(\frac{R_s^*}{\prod\limits_{i=1}^{n} R_{i\mathrm{I}}^*} \right)^{\frac{1}{n}} \cdot R_{i\mathrm{I}}^* \qquad i = 1, 2, \cdots, n \qquad (4-33)$$

例 4-9　已知系统由 4 个单元串联组成，各个单元的复杂系数分别为 10，25，5，40，系统要求的可靠度指标为 0.8，试求各单元分配的可靠度指标。

解
$$\delta_1 = \frac{C_1}{\sum\limits_{i=1}^{4} C_i} = \frac{10}{10 + 25 + 5 + 40} = 0.1250$$

同理求出

$$\delta_2 = 0.3125 \qquad \delta_3 = 0.0625 \qquad \delta_4 = 0.5000$$

而

$$F_s^* = 0.20$$

列表 4-13 计算，第一次分配后

$$\prod_{i=1}^{4} R_{i\mathrm{I}}^* = 0.9750 \times 0.9375 \times 0.9875 \times 0.9000 \approx 0.8124$$

故
$$h = \left(\frac{R_s^*}{\prod\limits_{i=1}^{n} R_{i\mathrm{I}}^*} \right)^{\frac{1}{n}} = \left(\frac{0.8}{0.8124} \right)^{\frac{1}{4}} = 0.996$$

进行第二次分配，结果列表 4-13 中，经检验符合分配要求。

表 4-13 例 4-9 计算列表

单元 A_i	复杂系数 C_i	δ_i	$\delta_i F_s^*$	$1-\delta_i F_s^*$	R_{iII}^*
A_1	10	0.1250	0.0250	0.9750	0.971
A_2	25	0.3125	0.0625	0.9375	0.934
A_3	5	0.0625	0.0125	0.9875	0.984
A_4	40	0.5000	0.1000	0.9000	0.896
共计	80	1.0000	0.2000	$\prod\limits_{i=1}^{4} R_{i1}^* \approx 0.8124$	$\prod\limits_{i=1}^{4} R_{iII}^* \approx 0.8$

2）并联系统

对由 A_1，A_2，…，A_n 组成的并联系统，各单元服从指数分布，对高可靠系统，系统也近似服从指数分布，系统的不可靠度 $F_s(t)$ 为

$$F_s(t) = \prod_{i=1}^{n} F_i = \prod_{i=1}^{n} (1-e^{-\lambda_i t_i}) \approx \prod_{i=1}^{n} \lambda_i t_i$$

式中：F_i 为各单元的失效概率；λ_i 是各单元的失效率。

设系统的失效率指标为 λ_s^*，分系统 A_i 的复杂程度系数为 C_i，所以当 $n=2$ 时，有

$$\frac{\lambda_1^*}{\lambda_2^*} = \frac{C_1}{C_2}$$

又因为

$$\lambda_s^* = \lambda_1^* \cdot \lambda_2^* \cdot t$$

联立求解得各单元的容许失效率指标为

$$\lambda_1^* = \sqrt{\frac{C_1 \lambda_s^*}{C_2 t}} \tag{4-34}$$

$$\lambda_2^* = \sqrt{\frac{C_2 \lambda_s^*}{C_1 t}} \tag{4-35}$$

在式（4-34）、式（4-35）中，令 $t_i = t$。当 λ_1^*、λ_2^* 求得后，即可按指数分布求得各单元所分配的可靠度。

4.3.2 有约束条件的系统可靠性分配方法

前面几节介绍的可靠性分配法都是以所设计的系统能满足规定的可靠性指标为目的，除了可靠性指标外，没有其他约束条件。这就使问题处理起来简单，但往往与实际情况差别较大。事实上，在设计一个系统时，是有许多约束条件的。例如在费用、重量、体积、消耗功率等的限制条件（即约束条件）下，使所设计系统的可靠度最大，或者把可靠性维持在某一指标值以上作为限制条件，而使系统的其他参数达到最优化。

在约束条件下分配可靠度指标的必要条件是用一些数据或公式将约束变量与可靠性指标联系起来，也就是说，对于具有不同可靠性要求或设计方案不同的系统，其费用、重量等因素都必须是可以计算的，下面介绍一些分配方法。

1. 花费最小的分配方法

设串联系统中，各单元的预测可靠度为 R_1，R_2，$\cdots$，R_n，是按非减顺序排列的，则系统的预计可靠度为 $R_s = \prod\limits_{i=1}^{n} R_i$。

如果系统要求的可靠度 R_s^* 比 R 大，则至少其中一个子系统的可靠度应提高，这样做必然要付出一定量的花费函数 $G(R_i，R_i^*)$，此函数表示第 i 个单元的可靠度水平由 R_i 提高到 R_i^* 所需的总花费量。显然，$(R_i - R_i^*)$ 值愈大，即可靠度提高的幅度愈大，则费用函数 $G(R_i，R_i^*)$ 值也就愈大，费用也就愈高；另外，R_i 值愈大，则提高 $(R_i - R_i^*)$ 值所需的费用也愈高。

要使系统可靠度由 R_s 提高到 R_s^* 的总花费则为 $\sum\limits_{i=1}^{n} G(R_i，R_i^*)$，$i = 1，2，\cdots，n$，希望总花费为最小，于是构成一个最优化设计问题，其数学模型为

$$\left.\begin{array}{l} 目标函数：\quad \min \sum\limits_{i=1}^{n} G(R_i，R_i^*) \\[3mm] 约束条件：\quad \prod\limits_{i=1}^{n} R_i^* \geqslant R_s^* \end{array}\right\} \tag{4-36}$$

令 j 表示系统中需要提高可靠度的单元序号，显然应从可靠度最低的单元开始提高其可靠度，即 j 从 1 开始，按需要可递次增大。

令

$$R_{0,j} = \left[\frac{R_s^*}{\prod\limits_{i=j+1}^{n+1} R_i}\right]^{\frac{1}{j}} \qquad j = 1，2，\cdots，n \tag{4-37}$$

其中，$R_{n+1} = 1$，则有

$$R_{0,j} = \left[\frac{R_s^*}{\prod\limits_{i=j+1}^{n+1} R_i}\right]^{\frac{1}{j}} > R_j \tag{4-38}$$

式 (4-38) 表明，想要获得所要求的系统可靠度指标 R_s^*，则 $j = 1，2，\cdots，n$ 各单元的可靠度均应提高到 $R_{0,j}$，若继续增大 j，当达到某一值（例如 $j+1$）后使得

$$R_{0,j+1} = \left[\frac{R_s^*}{\prod\limits_{i=j+2}^{n+1} R_i}\right]^{\frac{1}{j+1}} < R_{j+1} \tag{4-39}$$

即第 $(j+1)$ 号单元的预计可靠度 R_{j+1} 已比提高到 $R_{0,j+1}$ 的值大，因此，j 为需要提高可靠度单元的序号的最大值，令它为 k_0，$i = 1，2，\cdots，k_0$ 的各单元的分配可靠度 R_i^* 均应提高到

$$R_{k_0} = \left[\frac{R_s^*}{\prod\limits_{i=k_0+1}^{n+1} R_i}\right]^{\frac{1}{k_0}} = R_0^* \tag{4-40}$$

即序号为 $i = 1，2，\cdots，k_0$ 的各单元分组的可靠度皆为 R_0^*，而序号为 $i = k_0+1，k_0+2，\cdots$，n 的各单元的分配可靠度仍保持原预计可靠度值 $R_i (i = k_0+1，k_0+2，\cdots，n)$ 不变。即最优化问题的唯一最优解为

$$R_i^* = \begin{cases} R_0^* & i \leqslant k_0 \\ R_i & i > k_0 \end{cases} \qquad (4-41)$$

提高有关单元的可靠度后,系统的可靠度指标为

$$R_s^* = (R_0^*)^{k_0} \prod_{i=k_0+1}^{n+1} R_i \qquad (4-42)$$

例 4-10 由 A、B、C 三个分系统组成的串联系统,其预测可靠度为 $R_A = 0.88$,$R_B = 0.93$,$R_C = 0.89$,已知系统的可靠度指标 $R_s^* = 0.80$,试求各分系统的可靠度分配指标。

解 由于:$R_A R_B R_C = 0.728 < 0.80$,令 $R_1 = 0.88 < R_2 = 0.89 < R_3 = 0.93$。

当 $j = 1$ 时

$$R_{0,1} = \left[\frac{R_s^*}{R_2 R_3}\right]^{\frac{1}{1}} = \frac{0.80}{0.89 \times 0.93} = 0.966 > R_1 = 0.88$$

当 $j = 2$ 时

$$R_{0,2} = \left[\frac{R_s^*}{R_3 R_4}\right]^{\frac{1}{2}} = \left(\frac{0.80}{0.93 \times 1}\right)^{\frac{1}{2}} = 0.927 > R_1 = 0.89$$

当 $j = 3$ 时

$$R_{0,3} = \left[\frac{R_s^*}{R_4}\right]^{\frac{1}{3}} = 0.80^{\frac{1}{3}} = 0.928 < R_3 = 0.93$$

故取 $k_0 = 2$,代入式(4-40)有

$$R_0^* = \left[\frac{R_s^*}{R_3}\right]^{\frac{1}{2}} = \left[\frac{0.80}{0.93}\right]^{\frac{1}{2}} = 0.927$$

各系统分配的可靠度指标为

$$R_1^* (\text{或} R_A^*) = R_2^* (\text{或} R_C^*) = 0.927, \quad R_3^* (\text{或} R_B) = R_3 = 0.93$$

即系统中分系统 A 的可靠度 $R_A = 0.88$ 提高到 $R_A^* = 0.927$;分系统 C 的可靠度 $R_C = 0.89$ 提高到 $R_C^* = 0.927$;分系统 B 的可靠度 $R_3^* = R_B = 0.93$。

2. 拉格朗日(Lagrangian)乘数法

拉格朗日乘数法是求多元函数条件极值的一种数学方法,用它来求解多元函数自变量有附加条件的极值问题。

一般地,拉格朗日乘数法可叙述如下:

欲求 n 元函数 $F(x_1, x_2, \cdots, x_n)$ 在 m 个 $(m < n)$ 附加条件

$$\left.\begin{array}{l} G_1(x_1, x_2, \cdots, x_n) = 0 \\ G_2(x_1, x_2, \cdots, x_n) = 0 \\ \vdots \\ G_m(x_1, x_2, \cdots, x_n) = 0 \end{array}\right\} \qquad (4-43)$$

下的可能极值点,可以用常数 1,λ_1,λ_2,$\cdots$,λ_m 顺序乘 F,G_1,G_2,$\cdots$,G_m,把结果加起来,得函数:

$$H(x_1, x_2, \cdots, x_n) = F + \lambda_1 G_1 + \lambda_2 G_2 + \cdots + \lambda_m G_m \qquad (4-44)$$

然后写出 $H(x_1, x_2, \cdots, x_n)$ 无附加条件时具有极值的必要条件为

$$\frac{\partial H}{\partial x_1} = \frac{\partial F}{\partial x_1} + \lambda_1 \cdot \frac{\partial G_1}{\partial x_1} + \lambda_2 \cdot \frac{\partial G_2}{\partial x_1} + \cdots + \lambda_m \frac{\partial G_m}{\partial x_1} = 0$$

$$\frac{\partial H}{\partial x_2} = \frac{\partial F}{\partial x_2} + \lambda_1 \cdot \frac{\partial G_1}{\partial x_2} + \lambda_2 \cdot \frac{\partial G_2}{\partial x_2} + \cdots + \lambda_m \frac{\partial G_m}{\partial x_2} = 0$$

$$\vdots$$

$$\frac{\partial H}{\partial x_n} = \frac{\partial F}{\partial x_n} + \lambda_1 \cdot \frac{\partial G_1}{\partial x_n} + \lambda_2 \cdot \frac{\partial G_2}{\partial x_n} + \cdots + \lambda_m \frac{\partial G_m}{\partial x_n} = 0 \tag{4-45}$$

其中，式(4-45)由 n 个方程组成，式(4-43)由 m 个方程组成，所以联立可解出 $n+m$ 个未知数，即 x_1，$x_2 \cdots$，x_n 和 λ_1，λ_2，$\cdots$，λ_m，而 x_1，$x_2 \cdots$，x_n 就是可能为极值点的坐标。

利用上述拉格朗日乘数法，可用来处理有约束条件下的可靠度分配问题。

例 4-11 某机械系统由两个分系统组成，分系统的可靠度和它的制造费用 x 之间的关系，可用下式表示：

$$R = 1 - e^{-\alpha(x-\beta)} \qquad \alpha、\beta 是常数$$

在给出系统可靠度指标 R_s 后，把它分配给分系统，这时要使系统的费用最小。

$$R_s^* = 0.72$$

设

$$\begin{cases} \alpha_1 = 0.9 \\ \beta_1 = 4.0 \end{cases} \qquad \begin{cases} \alpha_2 = 0.4 \\ \beta_2 = 0.0 \end{cases}$$

试把 R_s^* 分配给两个分系统。

解 这就是在 $R_s^* = \prod\limits_{i=1}^{k} R_i^*$ 的限制条件下，求使 $X = \sum\limits_{i=1}^{k} x_i$ 为最小的 R_i^* 的问题。引入拉格朗日乘数 λ，得

$$H = \sum x_i + \lambda \left(R_s^* - \prod\limits_{i=1}^{k} R_i^* \right)$$

求 $\partial H / \partial x_i = 0$，得

$$\lambda = \frac{R_i^*}{R_s^*} \cdot \frac{1}{\alpha_i (1 - R_i^*)}$$

因本例题有两个分系统，可得

$$\begin{cases} R_1^* \cdot R_2^* = 0.72 \\ \dfrac{R_1^*}{0.9 \times 0.72(1 - R_1^*)} = \dfrac{R_2^*}{0.4 \times 0.72(1 - R_2^*)} \end{cases}$$

所以，可解得 $R_1^* = 0.9$，$R_2^* = 0.8$。

计算得各分系统的成本为 $x_1 = 6.56$，$x_2 = 4.03$。

习 题

4-1 什么是可靠性预测？预测的目的是什么？

4-2 产品设计中可靠性预测的过程如何？

4-3 什么是可靠性分配？分配的原则是什么？

4-4 某导弹由 5 个分系统串联构成，要求导弹的可靠度指标 $R_s^* = 0.9$，试用等分配法分配可靠度指标。

4-5 由3个相同单元组成的并联系统，已知 $R_s^* = 0.99$，求单元的可靠度。

4-6 假设系统S由3个分系统串联组成，已知系统的可靠度指标 $R_s^* = 0.9$，并且知道各系统预计可靠度为0.92，0.94，0.94，试以比例分配法求各分系统可靠度指标。

4-7 已知串联系统4个单元寿命为指数分布，失效率预测值为 $\lambda_1 = 0.000425$ h^{-1}，$\lambda_2 = 0.000149$ h^{-1}，$\lambda_3 = 0.000487$ h^{-1}，$\lambda_4 = 0.000004$ h^{-1}，新设计要求 $R_s^* = 0.95$，求各单元应有的可靠度。

4-8 已知某系统由3个单元并联，预测得各单元失效率为 $\lambda_1 = 0.00008$ h^{-1}，$\lambda_2 = 0.00010$ h^{-1}，$\lambda_3 = 0.00015$ h^{-1}，新设计要求工作20 h时 $R_s^* = 0.9995$，求各单元应有的可靠度。

4-9 假设系统配置如图4-6所示，已给系统的可靠度指标为0.9，部件1的预测可靠度为0.95，部件2及部件3的预测可靠度都为0.88，试求各部件分配的可靠度指标。

4-10 如图4-7所示的并联子系统由3个单元组成，已知它们的预测失效概率分别为 $F_1 = 0.04$，$F_2 = 0.06$，$F_3 = 0.12$，如果该并联子系统在串联系统中的等效单元分得的容许失效概率 $F_a = 0.005$，试计算并联系统中各单元所容许的失效概率值。

图4-6 题4-9图　　　　　　　图4-7 题4-10图

4-11 假设系统由4个部件组成，其逻辑关系为串联形式，已知各部件的复杂系数 $C_1 = 11$，$C_2 = 23$，$C_3 = 5$，$C_4 = 7$，系统要求 $R_s^* = 0.9$，求各单元应有的可靠度。

4-12 一个系统由5个分系统串联而组成，系统的可靠性目标是运转10 h，其可靠度为0.99，子系统所需的数据如表4-14所示，试分配各系统的可靠度指标。

表4-14 题4-12表

子系统编号 i	组件数 n_i	重要系数 ω_i	运转时间 t_i/h
1	25	1.00	10
2	80	0.97	9
3	45	1.00	10
4	60	0.93	7
5	70	1.00	10

4-13 一个四单元的串联系统，要求在连续工作48 h期间内系统的可靠度为0.96，而单元1、单元2工作时间为48 h，重要度为1.0；单元3工作时间为10 h，重要度为0.90；单元4的工作时间为12 h，重要度为0.85。求应怎样分配它们的可靠度（已知它们的组件数分别为10，20，40，50）。

4-14 一个系统由4个分系统串联组成，如果要系统正常工作则子系统必须工作。系统的可靠度目标为0.95，所有的4个子系统具有相同的可靠度改进函数，所估计的分系统可靠度分别为0.75，0.85，0.90，0.95，为使花费在系统改进上的总努力为最小，应当分配给分系统以什么样的可靠度指标？

第 5 章　可维修系统的可靠性

可维修系统是指系统的组成单元（或零、部件）发生故障后，经过修理使系统恢复到正常工作状态。

维修性是指在规定的使用条件下，在规定时间内按照规定的程序和方法维修时，产品保持或恢复到能完成规定功能的能力。因此，维修性不是指具体的维修技术或如何排除故障的方法。维修性与可靠性一样，是产品在设计阶段被赋予的固有性能之一。

对于不可维修系统，我们总是希望系统具有较高的可靠性，即系统不易发生故障。对于可维修系统，不仅希望系统具有较高的可靠性，而且还希望在系统产生故障时，便于检修人员发现并排除故障，这就是维修性设计问题。

显然，由于故障发生的原因、部件、程度不同，系统所处环境不同，维修设备不同，修理人员水平不同，修复时间是一个随机变量。人们需要研究修复时间这一随机变量的变化规律。可修复系统的可靠性，不仅包含系统的狭义可靠性，而且还应包含广义可靠性（受维修等因素影响）。

本章主要讨论有关维修性的主要数量特征以及典型维修系统的可靠性计算。

5.1　维修性的确定及指标的确定

5.1.1　维修性要求

对产品维修性的基本要求应包括维修性定性要求和维修性定量要求。维修性定性要求是描述定量指标的必要条件，而定量指标是在定性要求的约束下实现的。通常在设计之前就应明确定性和定量要求，将定性要求转化为设计准则，按定量要求确定选用参数和指标。

1. 维修性要求

维修性定性要求一般包括以下内容：

（1）具有良好的可达性；

（2）达到较高的标准化水平和互换性要求；

（3）确保系统安全；

（4）具有完善的防差错措施和识别标志；

（5）良好的可测试性；

（6）尽量减少维修项目，降低维修技能要求；

（7）对贵重件应有可修复性要求；

（8）符合维修的人机工程要求。

为了确定维修性要求，首先应全面了解以往类似产品在维修性方面存在的不足和缺陷，并针对本产品的特殊性，有的放矢地提出该产品在维修方面的要求。例如某产品设计中有结构复杂的火控系统，则维修性要求的重点是该产品的电子部分应实现模块化和自动检测功能。

2. 维修性定量要求

对产品维修性的定量描述，是对维修性优劣的度量。描述维修性的量称为维修性参数，或维修性指标。

1) 维修度

维修主要反映在产品由故障状态到正常状态的维修时间上，显然，维修时间是非负的随机变量，记为 η。

设产品的维修时间 η 的分布函数为 $G(\eta)$，称此为产品的维修度，即

$$G(t) = P\{\eta \leqslant t\} \tag{5-1}$$

式中：t 为规定的维修时间。

式(5-1)表明，维修度表示产品在规定条件下和规定时间内，按照规定的程序和方法进行维修时，保持或恢复到规定状态的概率。

维修度 $G(t)$ 是维修时间的递增函数，$G(0)=0$，$G(\infty) \to 1$。

$G(t)$ 也可以表示为

$$G(t) = \lim_{N \to \infty} \frac{n(t)}{N} \tag{5-2}$$

式中：N 为送修的产品总数；$n(t)$ 为时间 t 内完成维修的产品数。

在工程实践中，维修度用试验或统计数据来求得，N 为有限个产品总数，$G(t)$ 的估计量 $\hat{G}(t)$ 为

$$\hat{G}(t) = \frac{n(t)}{N} \tag{5-3}$$

2) 维修时间密度函数

维修时间密度与失效概率密度相似，则有维修时间密度函数 $g(t)$（或称维修密度函数），表示为

$$g(t) = \frac{\mathrm{d}G(t)}{\mathrm{d}t} = \lim_{\Delta t \to 0} \frac{G(t+\Delta t) - G(t)}{\Delta t} \tag{5-4}$$

$$G(t) = \int_0^t g(t) \mathrm{d}t$$

同样，$g(t)$ 的估计量 $\hat{g}(t)$ 表示为

$$\hat{g}(t) = \frac{n(t+\Delta t) - n(t)}{N\Delta t} = \frac{\Delta n(t)}{N\Delta t} \tag{5-5}$$

式中：$\Delta n(t)$ 为时间 Δt 内完成修复的产品数。

由式(5-5)可见，$\hat{g}(t)$ 的工程意义是单位时间内完成预期维修概率，或单位时间内完成维修数与总送维修数之比。

3) 修复率

产品的瞬时修复率 $\mu(T)$ 是指修理时间已达到某个时刻但尚未修复的产品，在该时刻

后的某单位时间内完成修复的概率，因此有

$$\mu(t) = \frac{G'(t)}{1-G(t)} = \frac{g(t)}{G(t)} \tag{5-6}$$

于是有

$$G(t) = 1 - \exp\left[-\int_0^t \mu(x)\mathrm{d}x\right]$$

与瞬时修复率相对应，产品从 $t=0$ 起进行修理，在时刻 t 处于修理状态，在 Δt 时间内修复的概率称为平均修复率，记为 $\bar{\mu}(t)$，则

$$\bar{\mu}(t) = \frac{1}{\Delta t}P\{t < \eta \leqslant t+\Delta t \,|\, \eta > t\} = \frac{1}{\Delta t}\frac{P\{t < \eta \leqslant t+\Delta t\}}{P\{\eta > t\}}$$

$$= \frac{1}{\Delta t}\frac{G(t+\Delta t)-G(t)}{1-G(t)} \tag{5-7}$$

4）平均修复时间

平均修复时间 MTTR 为产品修复时间的平均值，即

$$\mathrm{MTTR} = \int_0^\infty tg(t)\mathrm{d}t \tag{5-8}$$

当维修分布是指数分布时，即

$$G(t) = 1 - \mathrm{e}^{-\mu t} \qquad \mu(\text{常数}) > 0$$

则有

$$\mathrm{MTTR} = \frac{1}{\mu}$$

即在指数分布时，MTTR 和修复率 μ 互为倒数。

在工程上，修复率的估计量 $\hat{\mu}(t)$ 为

$$\hat{\mu}(t) = \frac{\Delta n(t)}{N_s \Delta t} \tag{5-9}$$

式中：N_s 是在 t 时刻尚未修复的产品数；$\hat{\mu}(t)$ 可用规定条件下和规定时间内完成修复的总次数与修复总时间之比来表示。

可靠度是失效时间 ξ 大于 t 的概率，维修度是修理时间 η 小于或等于 t 的概率。为使可靠性高，失效率必须小；要使维修度大，则修复率也必须大才行。对实际产品，总是希望失效率尽可能小而修复率尽可能大，它们之间的关系见表 5-1。

表 5-1　可靠度与维修度的比较

	可靠度	维修度
累积分布	$F(t) = P\{\xi \leqslant t\}$ $R(t) = P\{\xi > t\}$	$G(t) = P\{\eta \leqslant t\}$ $1-G(t)$（未修复）
密度函数	$f(t) = F'(t)$	$g(t) = G'(t)$
失效率及修复率	$\lambda(t) = \dfrac{f(t)}{R(t)}$	$\mu(t) = \dfrac{g(t)}{1-G(t)}$
指数分布平均时间	$\mathrm{MTTF} = \dfrac{1}{\lambda}$	$\mathrm{MTTR} = \dfrac{1}{\mu}$

5.1.2 维修性参数的选择

在我国国家军用标准 GJB 451A—2005《可靠性维修性保障性术语》中规定了产品十余项维修性参数以供选用。维修性参数是度量维修性的尺度，必须能够进行统计和计算，通常采用维修时间（均值、中值、最大值）、工时、维修费用等参数表示，也可以根据产品的特点和用户要求另行确定。维修性参数应能反映维修性的本质特性并应与维修性工作的目标紧密相关。下面讨论常用的维修性参数。

1. 维修性时间参数选择

1）平均修复时间（mean time to repair）MTTR 或 $\overline{M}_{ct}$

平均修复时间是产品维修性的一种基本参数，是指排除故障所需实际时间的平均值，即产品修复一次平均需要的时间。其度量方法是：修复时间的观测值等于给定时间内修复时间的总和与修复次数之比。排除故障的实际时间包括准备、检测诊断、换件、调校、检验及原件修复等时间，不包括管理和后勤供应延误的时间。当设备由 n 个可修复项目（分系统、组件或元器件等）组成时，平均修复时间为

$$\overline{M}_{ct} = \frac{\sum_{i=1}^{n} \lambda_i \overline{M}_{cti}}{\sum_{i=1}^{n} \lambda_i} \tag{5-10}$$

式中：λ_i 为第 i 个项目的失效率；$\overline{M}_{cti}$ 为第 i 个项目的平均修复时间。

在实际工作中，使用其观测值，即修复时间 t 的总和与修复次数 n 之比为

$$\overline{M}_{ct} = \frac{\sum_{i=1}^{n} t_i}{n} \tag{5-11}$$

对不同的维修级别，同一设备也可能有不同的平均修复时间，故在提出该指标时应说明维修级别。

当维修时间服从指数分布时，有

$$\overline{M}_{ct} = \frac{1}{\mu} \tag{5-12}$$

式中：μ 为修复率，它与平均修复时间互为倒数。

对于维修时间为对数正态分布的情况，则有

$$\overline{M}_{ct} = \exp\left(\theta + \frac{\sigma^2}{2}\right) \tag{5-13}$$

式中：θ 为维修时间 t 的对数均值，$\theta = \frac{1}{n} \sum_{i=1}^{n} \ln t$；$\sigma$ 为维修时间 t 的对数标准差。

2）最大修复时间 M_{max}

产品达到规定维修度所需的修复时间，即完成给定维修度或某个规定百分度（通常为90%或95%）所需的时间称为最大维修时间。最大修复时间通常是平均修复时间的 2～3 倍（对指数分布来说），具体取值取决于维修时间的分布和方差以及规定的百分数。

最大修复时间不计行政管理和供应延误的时间，同时应指明维修级别。

若维修时间为指数分布，则有

$$M_{\max} = -\overline{M}_{\mathrm{ct}}\ln(1-p) \qquad\qquad (5-14)$$

式中：p 为给定维修度 $G(t) = p$（如 0.95 或 0.9）。

故当 $G(t) = 0.95$ 时，$M_{\max} = 3\overline{M}_{\mathrm{ct}}$。

维修时间为正态分布时，有

$$M_{\max} = \overline{M}_{\mathrm{ct}} + Z_p \cdot \sigma \qquad\qquad (5-15)$$

式中：Z_p 为维修度为 p 时的正态分布分位点，当 $G(t) = p = 0.95$ 时，$Z_p = 1.65$，$G(t) = p = 0.9$ 时，$Z_p = 1.28$；σ 为维修时间的标准差。

维修时间为对数正态分布时，可得

$$M_{\max} = \exp(\theta + Z_p\sigma)$$

3) 修复时间中值 $\widetilde{M}_{\mathrm{ct}}$

$\widetilde{M}_{\mathrm{ct}}$ 表示维修度为 $G(t) = 50\%$ 时的修复时间，又称为中位修复时间。不同的分布，其中值与均值有不同的关系。

维修时间为指数分布时，有

$$\widetilde{M}_{\mathrm{ct}} = 0.693\overline{M}_{\mathrm{ct}}$$

维修时间为正态分布时，有

$$\widetilde{M}_{\mathrm{ct}} = \overline{M}_{\mathrm{ct}}$$

维修时间为对数正态分布时，有

$$\widetilde{M}_{\mathrm{ct}} = e^{\theta} = \frac{\overline{M}_{\mathrm{ct}}}{\exp(\sigma^2/2)}$$

当需要减少样本量时，可采用中值 $\widetilde{M}_{\mathrm{ct}}$，在对数正态分布条件下样本量可少至 20，而采用均值 $\overline{M}_{\mathrm{ct}}$，则要求样本量在 30 以上。

4) 恢复功能用的任务时间 MTTRF 或 M_{mct}

恢复功能用的任务时间是指任务剖面中，排除产品致命性故障所需实际时间的平均值。它是与任务有关的一种维修性参数，也可用产品致命性故障的总维修时间与致命性故障总数之比来度量。致命性故障是指那些使产品不能完成规定任务的或可能导致人、物重大损失的故障。

$\overline{M}_{\mathrm{ct}}$ 和 M_{mct} 都表示维修时间的平均值，但两者又有所区别。$\overline{M}_{\mathrm{ct}}$ 是在寿命剖面内排除所有故障时间的平均值，属基本维修性参数，反映产品完好性及对维修人力费用的要求；而 M_{mct} 则是在任务剖面内排除致命性故障时间的平均值，是任务维修性参数，反映对任务成功性的要求。虽然 $\overline{M}_{\mathrm{ct}}$ 和 $\overline{M}_{\mathrm{mct}}$ 反映的要求不同，但它们的统计计算方法是相同的。

5) 预防性维修时间 M_{pt}

预防维修是指定期检查，维修保养，有计划的换件、校正和检修等。预防维修时间也有均值（$\overline{M}_{\mathrm{pt}}$）、中值（$\widetilde{M}_{\mathrm{pt}}$）及最大值（$M_{\max,\mathrm{pt}}$）之分，其含义和计算方法与修复时间相似。计算时，以预防性维修频率代替失效率，预防性维修时间代替维修性维修时间。

平均预防维修时间 $\overline{M}_{\mathrm{pt}}$ 是每项预防维修或某个维修级别的一次预防维修所需时间的平均值，其计算式为

$$\overline{M}_{pt} = \frac{\sum\limits_{j=1}^{m} f_{pj} \overline{M}_{ptj}}{\sum\limits_{j=1}^{m} f_{pj}} \tag{5-16}$$

式中：f_{pj} 为第 j 项预防维修的频率，通常以产品每工作小时分担的 j 项维修作业数计算；$\overline{M}_{ptj}$ 为第 j 项预防维修的平均时间；m 为预防维修的项目数。

有时按需要也可以用日维修时间、周维修时间或年维修时间作为维修性参数。

预防维修时间不包括设备在工作的同时进行维修的作业时间，也不包括供应和行政管理延误时间。

6）平均维修时间 $\overline{M}$

平均维修时间 $\overline{M}$ 是产品每次维修所需实际时间的平均值，它包括修复性维修（排除故障）和预防维修。其度量方法是：在规定的期间内和规定的条件下产品维修的总时间与该产品计划维修和非计划维修事件总数之比。平均维修时间的表达式为

$$\overline{M} = \frac{\overline{\lambda M}_{ct} + f_p \overline{M}_{pt}}{\lambda + f_p} \tag{5-17}$$

式中：λ 为产品的失效率，$\lambda = \sum\limits_{i=1}^{n} \lambda_i$；$f_p$ 为产品预防维修的频率，$f_p = \sum\limits_{j=1}^{m} f_{pj}$。

7）维修停机时间率 M_{TUT}

维修停机时间率表示产品每工作小时维修停机时数的平均值，包括排除故障维修和预防维修，其计算式为

$$M_{TUT} = \sum\limits_{i=1}^{n} \lambda_i \overline{M}_{cti} + \sum\limits_{j=1}^{m} f_{pj} \overline{M}_{ptj} \tag{5-18}$$

维修停机时间率是反映产品可靠性和维修性的综合参数，其实质是反映可用性要求的参数。

2. 维修工时指标

最常用的工时指标是维修性指标（即维修工时指标）MI，表示每个工作小时的平均维修工时，称为维修工时率，表示为

$$MI = \frac{MMH}{OH} \tag{5-19}$$

式中：MMH 为产品在规定的使用期间内的维修工时数；OH 为产品在规定的使用期间的工作小时数。

因为维修分为排除故障维修和预防维修，故维修工时指标 MI 也由相应的两个维修性指数组成，即

$$MI = MI_c + MI_p$$

式中：MI_c 为排除故障维修的维修性指数，$MI_c = \sum\limits_{i=1}^{n} \lambda_i \overline{M}_{ci}$；$\overline{M}_{ci}$ 为完成第 i 项排除故障维修所需的平均工时数；MI_p 为预防维修的维修性指数，$MI_p = \sum\limits_{j=1}^{m} f_{pj} \overline{M}_{pj}$；$\overline{M}_{pj}$ 为完成第 j 项预防维修所需的平均工时数。

3. 维修性参数的选择原则

1) 使用参数与合同参数

按我国国家军用标准 GJB 1909A—2009《装备可靠性维修性保障性要求论证》将可靠性、维修性参数分为两类，即使用参数与合同参数。

使用参数是反映产品使用需要的维修性参数。对使用参数的量值，称为使用指标。使用参数中包含有承制方无法控制的会在使用中出现的随机因素，所以使用参数和使用指标不一定能直接写入合同。

合同参数表示在合同或研制任务书中说明使用方对产品维修性要求，并且是承制方在研制和生产中能控制与验证的维修性参数。这种参数的量值称为合同指标。

使用参数与指标是使用方在方案论证中使用的，而合同参数与指标是经过双方(使用方与承制方)协商后写入合同与任务书中的。

2) 维修性参数选择的依据

选择维修性参数的首要因素是产品的使用要求。同时应考虑产品的结构特点，比如对电子设备注重选择测试参数，对机械设备往往注重预防性维修和拆卸以及更换的时间参数。选择维修性参数还需和预期维修方案结合。选择的维修性参数必须经过转换成为可考核和验证的参数，才能作为合同参数。

对各种装备，选择的维修性参数可见 GJB 1909A—2009《装备可靠性维修性保障性要求论证》。表 5-2 是火炮可靠性、维修性参数选择的示例。

表 5-2　火炮可靠性、维修性参数选择的示例

序号	参数名称	类型		适用范围					验证方法	验证时机
		使用参数	合同参数	火炮	火力部分	火控部分	运行部分	身管		
1	平均故障间隔时间	√	√	☆	☆	☆	☆		试验验证	设计定型
2	平均严重故障间隔时间	√	√	☆	☆	☆	☆		试验验证	设计定型
3	射击故障率	√	√	○					试验验证	设计定型
4	大修间隔期	√		○					试验验证 分析评估	设计定型 部署使用
5	储存寿命	√	√	○	○	○	○		分析评估	部署使用
6	使用寿命	√	√					☆	试验验证 分析评估	设计定型 部署使用
7	使用可用度	√				○			分析评估	部署使用
8	固有可用度		√			○			试验验证	设计定型
9	平均修复时间	√	√	☆	○	○	○		试验验证 分析评估	设计定型 部署使用
10	恢复功能用的任务时间	√	√	☆	○	○	○		试验验证 分析评估	设计定型 部署使用

续表

序号	参 数 名 称	类 型		适 用 范 围					验证方法	验证时机
		使用参数	合同参数	火炮	火力部分	火控部分	运行部分	身管		
11	预防性维修时间	√	√	○					试验验证 分析评估	设计定型 部署使用
12	最大修复时间	√	√	○					试验验证 分析评估	设计定型 部署使用
13	身管更换时间	√	√					○	演示验证	设计定型
14	预防性维修工时	√		○					演示验证	设计定型
15	年平均维修费用	√	√	○					分析评估	部署使用
16	年平均备件费用	√	√	○					分析评估	部署使用
17	故障检测率	√	√			○			演示验证 分析评估	设计定型 部署使用
18	故障隔离率	√	√			○			演示验证 分析评估	设计定型 部署使用
19	虚警率	√	√			○			演示验证 分析评估	设计定型 部署使用
20	单炮战斗准备时间	√	√	☆					演示验证 分析评估	设计定型 部署使用
21	行军与战斗状态转换时间	√	√	☆	☆	☆	☆		演示验证	设计定型 部署使用
22	装弹时间	√	√	○	○				演示验证	设计定型
23	燃油加注时间	√	√	○					演示验证	设计定型
24	射击和行军前准备时间	√	√	☆	☆	☆	☆		演示验证	设计定型

符号说明:☆——优先选用的参数;○——适用的参数;√——适用的参数类型。

5.1.3 确定维修性指标

1. 确定维修性指标时主要考虑的问题

确定维修性指标时,首先考虑使用要求;其次综合考虑当前国内外同类装备的维修性水平和本设备预期采用的技术可能,使产品达到合理的维修性水平;最后根据现行的维修保障体制和各级维修时间的限制等综合考虑。

2. 使用指标与合同指标的转换

确定维修性使用指标后,还应将其转换为合同指标。通常利用回归模型进行转换(有线性与非线性模型)。

线性模型为

$$y = a + bx \tag{5-20}$$

非线性模型为

$$y = kx^a \tag{5-21}$$

式中：y 为合同指标；x 为使用指标；a，b，k，a 为考虑产品复杂性、使用环境和维修级别等因素的转换系数或指数，一般可根据相似产品的统计数据，用回归分析来确定。

5.1.4　维修分布

常见的维修分布有指数分布、正态分布、对数正态分布、定长分布等，前面已介绍过指数分布和正态分布，在此将讨论对数正态分布的 MTTR 与定长分布。

维修分布为对数正态分布，其维修密度函数为

$$g(t) = \frac{1}{\sqrt{2\pi}\,\sigma t} \exp\left[-\frac{1}{2\sigma^2}(\ln t - \mu)^2\right]$$

其平均修理时间 MTTR 为

$$
\begin{aligned}
\text{MTTR} &= \int_{-\infty}^{\infty} t g(t)\,\mathrm{d}t = \int_{-\infty}^{\infty} \frac{t}{\sqrt{2\pi}\,\sigma t}\exp\left[-\frac{1}{2\sigma^2}(\ln t - \mu)^2\right]\mathrm{d}t \\
&= \int_{-\infty}^{\infty} \frac{\exp(\sigma u + \mu)}{\sqrt{2\pi}}\,\mathrm{e}^{-\frac{u^2}{2}}\,\mathrm{d}u \\
&= \mathrm{e}^{\mu}\int_{-\infty}^{\infty} \frac{\mathrm{e}^{\frac{\sigma^2}{2}}}{\sqrt{2\pi}}\exp\left[-\frac{1}{2}(u-\sigma)^2\right]\mathrm{d}u \\
&= \mathrm{e}^{\mu + \frac{\sigma^2}{2}}\frac{\sqrt{2\pi}}{\sqrt{2\pi}} = \mathrm{e}^{\mu + \frac{\sigma^2}{2}} \tag{5-22}
\end{aligned}
$$

维修分布为定长分布，即

$$P\left\{\eta = \frac{1}{\mu}\right\} = 1 \tag{5-23}$$

表明产品只在时刻 $1/\mu$ 被修复，其均值为

$$\text{MTTR} = \frac{1}{\mu}$$

5.1.5　可用度

可用度是产品可靠性与维修性的综合指标，是指在规定的条件下，当任务需要时，产品处于可使用状态的概率。

可用度又分为瞬时可用度、平均可用度与稳态可用度等，它们都是描述可用性的特征量。

随着时间的进程，可维修产品总是在正常与故障状态交替，如图 5-1 所示。为研究 t 时刻产品处的状态，引入 $X(t)$ 来表示，其定义为

$$X(t) = \begin{cases} 0 & \text{表示产品在 } t \text{ 时刻完好} \\ 1 & \text{表示产品在 } t \text{ 时刻发生故障} \end{cases}$$

对于固定的 t，$X(t)$ 是随机变量；当 t 变动时，$X(t)$ 是一个随机过程。

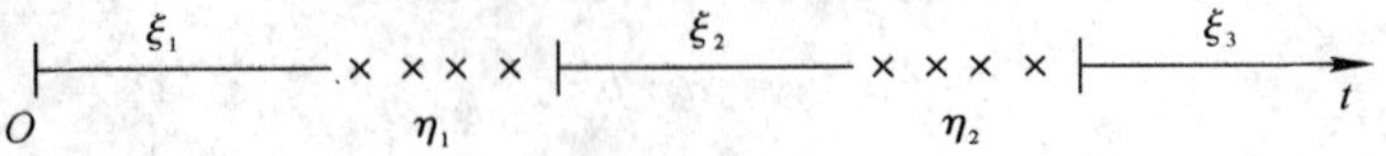

图 5-1 产品的进程

按可用度的定义，写出如下表达式：

$$A(t) = P\{X(t) = 0\} \tag{5-24}$$

$A(t)$ 为瞬时可用度，说明产品在 t 时刻具有或维持其规定功能的概率。与可用度对应，瞬时不可用度 $u(t)$ 定义为

$$u(t) = P\{X(t) = 1\} = 1 - A(t) \tag{5-25}$$

平均可用度是指某个规定区间内有用度的平均值。取 $(0, t]$ 时间区间，平均可用度为

$$\overline{A}(t) = \frac{1}{t} \int_0^t A(x) \mathrm{d}x \tag{5-26}$$

该指标表示为产品在区间 $(0, t]$ 中的期望产品完好时间与总时间之比。

如果极限 $A = \lim\limits_{t \to \infty} A(t)$ 存在，则称 A 为稳态可用度。

假设可维修产品从 $t = 0$ 时开始工作，且产品是完好的。若寿命分布为 $F(t) = 1 - \mathrm{e}^{-\lambda t}$，维修分布为 $G(t) = 1 - \mathrm{e}^{-\mu t}$，则产品的瞬时可用度用下式表示：

$$A(t) = \frac{\mu}{\lambda + \mu} + \frac{\lambda}{\lambda + \mu} \mathrm{e}^{-(\lambda + \mu)t} \tag{5-27}$$

产品的瞬时不可用度为

$$u(t) = 1 - A(t) = \frac{\lambda}{\lambda + \mu} - \frac{\lambda}{\lambda + \mu} \mathrm{e}^{-(\lambda + \mu)t} \tag{5-28}$$

产品的平均可用度为

$$\overline{A}(t) = \frac{1}{t} \int_0^t A(x) \mathrm{d}x = \frac{\mu}{\lambda + \mu} + \frac{\lambda}{(\lambda + \mu)^2 t} [1 - \mathrm{e}^{-(\lambda + \mu)t}] \tag{5-29}$$

在瞬时可用度的表达式中，令 $t \to \infty$，得稳态可用度 A 为

$$A = \frac{\mu}{\lambda + \mu} = \frac{\mathrm{MTBF}}{\mathrm{MTBF} + \mathrm{MTTR}} = \frac{1/\lambda}{(1/\lambda) + (1/\mu)} \tag{5-30}$$

式中：MTBF 为平均故障间隔时间；MTTR 为平均修复时间，即 $\overline{M}_{\mathrm{ct}}$。

稳态可用度又称为固有可用度，它表示在规定条件下，不考虑供应和行政延误时间及预防维修时间的可用度。

若在规定条件下，不考虑供应和行政延误时间及预防维修时间，而考虑预防维修时间，则有可达可用度 A_a 为

$$A_a = \frac{\mathrm{MTBM}}{\mathrm{MTBM} + \overline{M}} \tag{5-31}$$

式中：MTBM 为平均维修间隔时间。

同样，稳态不可用度表示为

$$u = \frac{\lambda}{\lambda + \mu} = \frac{\mathrm{MTTR}}{\mathrm{MTBF} + \mathrm{MTTR}} \tag{5-32}$$

若把 MTBF+MTTR 理解为产品的总时间，则 A 是工作时间与总时间之比。稳态可用度的计算式适用于各种分布。

例 5 – 1　设产品的失效密度函数为 $f(t) = \dfrac{\lambda^k t^{k-1}}{(k-1)!} e^{-\lambda t}$，$\lambda > 0$，$k$ 为正整数，维修时间分布为定长分布，求产品的稳态可用度。

解　根据式（5 – 8），先求产品的平均无故障间隔时间 MTBF：

$$\text{MTBF} = \int_0^\infty t f(t) \mathrm{d}t = \int_0^\infty \frac{(\lambda t)^k}{(k-1)!} e^{-\lambda t} \mathrm{d}t$$

$$= \int_0^\infty \frac{u^k}{(k-1)!} e^{-u} \frac{\mathrm{d}u}{\lambda} = \frac{\Gamma(k+1)}{\lambda(k-1)!} = \frac{k}{\lambda}$$

又知定长分布 $\text{MTTR} = \dfrac{1}{\mu}$，代入式（5 – 30），得

$$A = \frac{k/\lambda}{(k/\lambda) + (1/\mu)} = \frac{k\mu}{k\mu + \lambda}$$

因为可修产品随时间的进程是一串正常、故障交替的序列，所以当 $t > 0$ 时，在时间间隔 $(0, t]$ 内产品的故障数 $N(t)$ 必然是一个非负整数值的离散随机变量。设 $N(t)$ 为故障分布，则 $N(t) = k$ 时的概率为

$$P_k(t) = P\{N(t) = k\} \qquad k = 0, 1, 2, \cdots; \qquad t > 0$$

其均值为

$$E[N(t)] = \sum_{k=0}^\infty k P_k(t) \tag{5 – 33}$$

若极限 $N = \lim\limits_{t \to \infty} E[N(t)]/t$ 存在，则称 N 为平稳状态下单位时间内的平均故障数。

5.2　马尔可夫随机过程

绝大多数电子设备系统是可维修系统，对可维修系统的可靠性分析比不可维修系统的可靠性分析要复杂得多。根据寿命和修复时间的分布特点，将可维修系统分为两大类：马尔可夫型可维修系统与非马尔可夫型可维修系统。所谓马尔可夫型可维修系统，是指那些可应用马尔可夫随机过程理论来分析的系统。本节只介绍这种可维修系统。

5.2.1　随机过程的基本概念

某些自然界中事物变化的过程，可以用一个或几个时间 t 的确定函数来描述，这种过程称为确定性过程。如真空中的自由落体运动，当物体在任意时间 t 时，离开初始点的位置 $x(t)$ 为

$$x(t) = \frac{1}{2} g t^2 \qquad t > 0$$

则物体在进行自由落体运动，物体离开初始点的距离的变化过程是确定性的。

另一类事物的变化过程不能用一个或几个时间 t 的确定函数来描绘，这一类过程没有确定的变化形式，也没有必然的变化规律。对事物变化的全过程进行一次观测，得到的结果是一个时间 t 的函数，但对同一事物的变化过程独立地、重复地进行多次观测，所得的结果又不相同。例如，在同样条件下，重复测得 n 个风速 $v(t)$ 随时间 t 的变化曲线，每测试一

次，便得到一个风速-时间函数，如图 5-2 所示。把风速变化过程的观测视为一个随机试验，每次试验结果需在某个时间范围内持续进行，其相应的试验结果是一个时间 t 的函数。随着多次独立试验，可以得到一族风速-时间的函数，用此函数来描述变化过程。

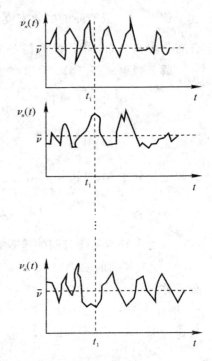

于是可给出随机过程的定义：设 E 是随机试验，$S=\{e\}$ 是它的样本空间，如果对于每一个 $e \in S$，总可以根据某种规则确定一时间 $t(t \in T)$ 的函数 $X(e, t)$ $(t \in T)$ 与之对应(T 是时间 t 的变化范围)。于是，对于所有的 $e \in S$，得到一族时间 t 的函数，称此族时间 t 的函数为随机过程。

或定义：如果对于每一个固定的 $t_1 \in T$，$X(t_1)$ 都是随机变量，则称 $X(t)$ 是一随机过程。

随机过程有连续时间、连续状态的随机过程，也有离散时间、离散状态的随机过程以及连续时间、有限或无限状态的随机过程等。

例 5-2　以 $X(t)$ 表示某雷达在累积开机时间 $(0, t)$ 内出现的故障数。对于每一个固定的时间 $t(t>0)$，

图 5-2　风速-时间函数

$X(t)$ 是一个取非负整数值 $0，1，2，\cdots$ 的随机变量。随着时间 t 的变动，得到了一族无穷多个相互有关的，且均依赖于时间 t 的随机变量 $X(t)(t>0)$，$X(t)$ 即为随机过程。

例 5-3　设某一系统在任一时刻只能处于正常、低效与故障三种状态之一，并将这三种状态分别记为 2、1、0，若以 $y(t)(t \geqslant 0)$ 表示在 t 时刻系统所处的状态，则对任意固定的 $t \geqslant 0$，$y(t)$ 是一个只能取 0，1，2 三个值的随机变量，而随机变量族 $y(t)(t \geqslant 0)$ 描述了系统的整个过程。

例 5-4　测量运动目标的距离时必然存在误差，以 $\varepsilon(t)$ 表示在 t 时刻的测量误差，$\varepsilon(t)$ 是一个随机变量，当目标随 t 按一定规律运动时，测量误差 $\varepsilon(t)$ 也随 t 而变化，即 $\varepsilon(t)$ 是依赖于 t 的一族随机变量，变量族 $\varepsilon(t)$ 是一个随机过程。

显然，例 5-2 和例 5-3 所示的都是离散型随机过程，即随机过程 $X(t)$，对于任意的 $t_1 \in T$，$X(t_1)$ 是离散型的随机变量。而在例 5-4 中则不同，随机过程 $\varepsilon(t)$ 对于任意的 $t_1 \in T$，$\varepsilon(t_1)$ 都是连续随机变量，所以称 $\varepsilon(t)$ 为连续型随机过程。

5.2.2　马尔可夫过程

当可维修系统的各单元寿命分布和故障后的维修时间分布以及其他有关的分布都是指数分布时，可用连续时间、离散状态的马尔可夫过程来描述。

设 $\{X(t), t \geqslant 0\}$ 是取值在 $E=\{0, 1, 2, \cdots\}$ 或 $E=\{0, 1, 2, \cdots, N\}$ 上的一个随机过程，对任意自然数 n 及任意 n 个时刻点 $t_1, t_2, \cdots, t_n (0 \leqslant t_1 < t_2 < \cdots < t_n)$ 均有

$$P\{X(t_n)=i_n | X(t_1)=i_1, X(t_2)=i_2, \cdots, X(t_{n-1})=i_{n-1}\}$$
$$=P\{X(t_n)=i_n | X(t_{n-1})=i_{n-1}\} \quad i_1, i_2, \cdots, i_n \in E \tag{5-34}$$

则称 $\{X(t), t \geqslant 0\}$ 为离散状态空间 E 上的连续时间马尔可夫过程。

式(5-34)解释：若给定系统在给定时刻 t_{n-1} 的过程 $\{X(t), t\geqslant 0\}$ 处于某个状态 i_{n-1}，则过程在 t_{n-1} 以后发展的概率规律与过程在 t_{n-1} 以前的历史无关，在时刻 t_n 系统处于状态 i_n 的概率，仅仅取决于 t_n 以前最近时刻 t_{n-1} 的状态 i_{n-1} 的条件概率。或者说，若给定过程现在所处的状态，则过程将来发展的概率规律与过程的历史无关。

设系统如图 5-3 所示只有两种状态，即正常状态 S 与故障状态 F。因故障，系统由正常状态 S 转移到故障状态 F；故障状态经修理恢复到正常状态。这种状态的转移完全是随机的。即对于每个固定的时刻 $t_1\in T$，系统所处的状态 $X(t_1)$ 是随机变量，则 $X(t)$ 是随机过程。对这种状态转移起作用的只是现在所处的状态，与以前的状态转移无关，即系统状态间的转移仅由前一时刻状态决定，与将来时刻、过去时刻的状态均无关，故此系统的状态转移过程是马尔可夫过程。

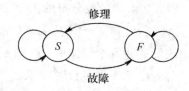

图 5-3　两状态图

若对于任意时刻的 t，$\Delta t\geqslant 0$，及对于任意的 $i, j\in E$，均有

$$P\{X(t+\Delta t)=j\,|\,X(t)=i\}$$
$$=P\{X(\Delta t)=j\,|\,X(0)=i\}\equiv P_{ij}(t) \tag{5-35}$$

式(5-35)表示马尔可夫过程的转移概率仅与时间差 Δt 有关，与起始位置的时刻 t 无关，则称这种过程为齐次马尔可夫过程。对于固定的 $i, j\in E$，函数 $P_{ij}(t)$ 表示从状态 i 转移到状态 j 的转移概率函数。

对齐次马尔可夫过程，若令

$$P_j\{t\}=P\{X(t)=j\} \qquad j\in E$$

则系统在时刻 t 处于状态 j 的概率，与系统在时刻 0 处于状态 k 的关系式为

$$P_j\{t\}=\sum_{k\in E}P_k\{0\}P_{kj}\{t\} \tag{5-36}$$

5.3　维修系统的可靠性计算

对本节中研究的可维修系统，假设如下：

(1) 部件的寿命与故障后的维修时间分布均为指数分布；

(2) 部件和系统都仅有两种状态，即正常状态和故障状态；

(3) 部件的故障和维修过程是相互独立的；

(4) 部件一经修复，就同新的一样；

(5) 在任意小的时间间隔 $(t, t+\Delta t)$ 内发生两次以上状态转移的概率很小，忽略不计。

5.3.1　单部件维修系统

由一个部件组成的维修系统是最简单的维修系统。当部件工作时，系统处于工作状态；当部件出故障时，系统处于故障状态。系统从时间 $t=0$ 时开始工作，工作一段时间发生故障，修理工马上进行修理，修复后(与原来新的一样)又立即投入正常工作，如此往复，形成故障状态与工作状态不断交替的过程。

设 $X(t)$ 表示 t 时刻系统所处的状态，则

$$X(t) = \begin{cases} 0 & t \text{ 时刻系统处于正常状态} \\ 1 & t \text{ 时刻系统处于故障状态} \end{cases}$$

显然 $\{X(t), t \geqslant 0\}$ 是一个随机过程，是连续时间、有限状态空间 $E = \{0, 1\}$ 上的马尔可夫过程。又由于指数分布的无记忆性，所以 $\{X(t), t \geqslant 0\}$ 是一个齐次马尔可夫过程。

若已知 $X(t) = 0$ 或 $X(t) = 1$，因为寿命与维修时间均为指数分布，因此，t 时刻以后系统发展的概率规律由 t 时刻系统是处于工作状态还是处于故障状态决定，而与该部件在 t 时刻已工作了多长时间或已修理了多长时间无关，即 t 时刻以后系统的发展概率规律由 $X(t) = 0$ 还是 $X(t) = 1$ 所决定，与 t 时刻以前的历史无关。类似地，也能说明该过程具有齐次性。

1. 转移概率

设系统寿命 ξ 呈参数为 λ 的指数分布：

$$P\{\xi \leqslant t\} = 1 - e^{-\lambda t} \qquad \lambda > 0, t \geqslant 0$$

维修时间呈参数为 μ 的指数分布：

$$P\{\eta \leqslant t\} = 1 - e^{-\mu t} \qquad \mu > 0, t \geqslant 0$$

修复后部件的寿命分布与新部件一样，且假定部件寿命 ξ 与修复时间 η 相互独立。

如图 5-4 所示为单部件系统的状态转移关系。图中"0"表示系统处于正常状态，"1"表示系统处于故障状态。则 P_{00} 表示系统保持状态"0"的概率，P_{01} 表示由状态"0"向"1"转移的概率，P_{11} 表示系统保持状态"1"的概率，P_{10} 表示由状态"1"向"0"转移的概率。现讨论系统从任意时刻 t 开始处于工作状态，经过 Δt 后，系统发生故障（故障

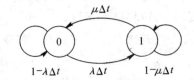

图 5-4　单部件系统的状态转移图

概率为 λ），且在 Δt 内只有一次故障的情况。这时系统在 Δt 内由状态"0"转移到状态"1"，其转移概率为

$$P_{01}\{\Delta t\} = P\{X(t + \Delta t) = 1 \mid X(t) = 0\} = P\{\xi \leqslant \Delta t\} + o(\Delta t)$$
$$= 1 - e^{-\lambda \Delta t} + o(\Delta t) = \lambda \Delta t + o(\Delta t) \tag{5-37}$$

系统从任意时刻 t 开始处于工作状态，经过 Δt 后仍继续正常工作，则系统在时间间隔 Δt 内保持状态"0"，此时系统的转移概率为

$$P_{00}\{\Delta t\} = 1 - P_{01}\{\Delta t\} = P\{X(t + \Delta t) = 0 \mid X(t) = 0\}$$
$$= 1 - \lambda \Delta t + o(\Delta t) \tag{5-38}$$

系统在时刻 t 处于故障状态，在 Δt 时间间隔内系统被修复的概率为 μ，即经过 Δt 后，系统由状态"1"转移到状态"0"，则系统的转移概率为

$$P_{10}\{\Delta t\} = P\{X(t + \Delta t) = 0 \mid X(t) = 1\}$$
$$= P\{\eta \leqslant \Delta t\} + o(\Delta t)$$
$$= 1 - e^{-\mu \Delta t} + o(\Delta t) = \mu \Delta t + o(\Delta t) \tag{5-39}$$

系统在 t 时刻处于故障状态，在 Δt 内没有修复仍处在故障状态，即保持状态"1"，此时

系统的转移概率为

$$P_{11}\{\Delta t\} = P\{X(t+\Delta t)=1 \mid X(t)=1\} = 1 - P_{10}\{\Delta t\} = 1 - \mu\Delta t + o(\Delta t) \tag{5-40}$$

2. 系统的可用度

由转移概率可以求出系统的可用度 $A(t)$。可用度是指系统在 t 时刻处于正常工作状态的概率。

设 $P_0\{t\}$，$P_1\{t\}$ 分别表示系统在时刻 t 处于状态"0"和状态"1"的概率，即

$$\left. \begin{array}{l} P_0\{t\} = A(t) = P\{X(t)=0\} \\ P_1\{t\} = P\{X(t)=1\} \end{array} \right\} \tag{5-41}$$

由全概率公式可得

$$P_0\{t+\Delta t\} = P_0\{t\}P_{00}\{\Delta t\} + P_1\{t\}P_{10}\{\Delta t\} = P_0\{t\}(1-\lambda\Delta t) + P_1\{t\}\mu\Delta t + o(\Delta t)$$

$$P_1\{t+\Delta t\} = P_0\{t\}P_{01}\{\Delta t\} + P_1\{t\}P_{11}\{\Delta t\} = P_0\{t\}\lambda\Delta t + P_1\{t\}(1-\mu\Delta t) + o(\Delta t)$$

对以上两式求导，可得关于 $P_0\{t\}$ 和 $P_1\{t\}$ 的微分方程组，即

$$\left. \begin{array}{l} P'_0\{t\} = -\lambda P_0\{t\} + \mu P_1\{t\} \\ P'_1\{t\} = \lambda P_0\{t\} - \mu P_1\{t\} \end{array} \right\} \tag{5-42}$$

根据初始（边界）条件

$$P_0\{0\} = 1 \qquad P_1\{0\} = 0 \tag{5-43}$$

知式（5-42）是常系数微分方程组，其对应的二阶常系数线性微分方程为

$$P''_0\{t\} = -(\lambda+\mu)P'_0\{t\}$$

解二阶方程得

$$P_0\{t\} = \frac{C_1}{\lambda+\mu}\mathrm{e}^{-(\lambda+\mu)t} + C_2$$

式中：C_1，C_2 是常数。

代入式（5-43）的初始条件，得到微分方程的解

$$\left. \begin{array}{l} P_0\{t\} = \dfrac{\mu}{\lambda+\mu} + \dfrac{\lambda}{\lambda+\mu}\mathrm{e}^{-(\lambda+\mu)t} \\[2mm] P_1\{t\} = \dfrac{\lambda}{\lambda+\mu} - \dfrac{\lambda}{\lambda+\mu}\mathrm{e}^{-(\lambda+\mu)t} \end{array} \right\} \tag{5-44}$$

此时系统的可用度为

$$A\{t\} = P_0\{t\} = \frac{\mu}{\lambda+\mu} + \frac{\lambda}{\lambda+\mu}\mathrm{e}^{-(\lambda+\mu)t} \tag{5-45}$$

若在时刻 $t=0$ 时，系统处于故障状态，则初始条件方程是

$$P_0\{0\} = 0 \qquad P_1\{0\} = 1$$

由类似推导可得

$$P_0\{t\} = \frac{\mu}{\lambda+\mu} - \frac{\mu}{\lambda+\mu}\mathrm{e}^{-(\lambda+\mu)t} \tag{5-45}$$

$$P_1\{t\} = \frac{\lambda}{\lambda+\mu} + \frac{\mu}{\lambda+\mu}\mathrm{e}^{-(\lambda+\mu)t} \tag{5-46}$$

则系统的可用度为

$$A\{t\} = \frac{\mu}{\lambda + \mu} - \frac{\mu}{\lambda + \mu} e^{-(\lambda + \mu)t} \tag{5-47}$$

求系统的稳态可用度,只需在式(5-45)与式(5-47)中令 $t \to \infty$,得

$$A = \lim_{t \to \infty} A(t) = \frac{\mu}{\lambda + \mu}$$

该式说明 A 与系统所处的初始状态无关。

平均可用度 $\overline{A}(t)$ 为

$$\overline{A}(t) = \frac{1}{t} \int_0^t A(t) \mathrm{d}t = \frac{\mu}{\lambda + \mu} + \frac{\lambda}{(\lambda + \mu)^2 t} \left[1 - e^{-(\lambda + \mu)t}\right]$$

对单部件系统的其他特征量,也可类似推出。设时刻 $t=0$ 时系统是好的,对单一部件系统,系统首次故障前的寿命分布就是此部件的寿命分布,所以单部件可维修系统的可靠度为

$$R(t) = 1 - F(t) = e^{-\lambda t}$$

系统首次故障前的平均时间是

$$\mathrm{MTTF} = \int_0^\infty R(t) \mathrm{d}t = \frac{1}{\lambda}$$

5.3.2 串联维修系统

1. 两个不同部件的串联系统

系统由两个不同的部件组成。当两个部件正常工作时,系统处于工作状态,若其中任一部件发生故障,则系统处于故障状态。

设两部件寿命分布为指数分布 $1 - e^{-\lambda_1 t}$,$1 - e^{-\lambda_2 t}$(λ_1,$\lambda_2 > 0$,$t \geqslant 0$),并假设故障后维修时间分布为指数分布(通常为对数正态分布)$1 - e^{-\mu_i t}$($\mu_i > 0$,$t \geqslant 0$,$i = 1, 2$)。若某部件 i 发生故障,此时修理工立即对故障部件进行维修,另一部件则停止工作,且在维修期间不失效。故障修复后,两部件又重新进入工作状态,系统也进入正常工作状态。设故障部件修复后的寿命分布与新部件一样,即其寿命仍为 $1 - e^{-\lambda_i t}$($i = 1, 2$),且设两部件之间以及它们的寿命和维修时间等所有的随机变量均相互独立。令

$$X(t) = \begin{cases} 0 & \text{时刻 } t \text{,两部件都正常工作} \\ 1 & \text{时刻 } t \text{,部件 1 故障,部件 2 正常工作} \\ 2 & \text{时刻 } t \text{,部件 2 故障,部件 1 正常工作} \end{cases}$$

即状态"0"是系统的工作状态,"1","2"均是系统的故障状态。根据上述假设,显然随机过程 $\{X(t), t \geqslant 0\}$ 是连续时间、有限状态空间 $E = \{0, 1, 2\}$ 上的齐次马尔可夫过程。

由单部件系统可推出以下转移概率:

$$\left. \begin{aligned} &P_{0i}\{\Delta t\} = \lambda_i \Delta t + o(\Delta t) \qquad i = 1, 2 \\ &P_{00}\{\Delta t\} = 1 - (\lambda_1 + \lambda_2) \Delta t + o(\Delta t) \\ &P_{i0}\{\Delta t\} = \mu_1 + o(\Delta t) \qquad i = 1, 2 \\ &P_{ii}\{\Delta t\} = 1 - \mu_1 \Delta t + o(\Delta t) \qquad i = 1, 2 \\ &P_{12}\{\Delta t\} = P_{21}\{\Delta t\} = o(\Delta t) \end{aligned} \right\} \tag{5-48}$$

利用图 5-5 解释这一组计算式的意义，图中省略了系统停留在原状态的概率。式(5-48)最后一式说明了系统必须经过状态"0"才能从状态"1"转移到状态"2"，同样，也必须经过状态"0"才能从状态"2"转移到状态"1"。又根据假设，在时间 Δt 内发生两次或两次以上不同状态转移的概率为 $o(\Delta t)$。

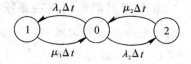

图 5-5　两部件串联系统状态转移图

令

$$P_i(t) = P\{X(t) = i\} \qquad i = 0, 1, 2$$

利用全概率公式有

$$P_0\{t+\Delta t\} = P_0\{t\}P_{00}\{\Delta t\} + P_1\{t\}P_{10}\{\Delta t\} + P_2\{t\}P_{20}\{\Delta t\}$$
$$= [1-(\lambda_1+\lambda_2)\Delta t]P_0\{t\} + \mu_1(\Delta t)P_1\{t\} + \mu_2(\Delta t)P_2\{t\} + o(\Delta t)$$
$$P_1\{t+\Delta t\} = P_0\{t\}P_{01}\{\Delta t\} + P_1\{t\}P_{11}\{\Delta t\} + P_2\{t\}P_{21}\{\Delta t\}$$
$$= \lambda_1(\Delta t)P_0\{t\} + (1-\mu_1\Delta t)P_1\{t\} + o(\Delta t)$$
$$P_2\{t+\Delta t\} = P_0\{t\}P_{02}\{\Delta t\} + P_1\{t\}P_{12}\{\Delta t\} + P_2\{t\}P_{22}\{\Delta t\}$$
$$= \lambda_2(\Delta t)P_0\{t\} + (1-\mu_2\Delta t)P_2\{t\} + o(\Delta t)$$

而 $P_0(t+\Delta t)$，$P_1(t+\Delta t)$，$P_2(t+\Delta t)$ 是下面微分方程组的解：

$$\left. \begin{array}{l} P'_0\{t+\Delta t\} = -(\lambda_1+\lambda_2)P_0\{t\} + \mu_1 P_1\{t\} + \mu_2 P_2\{t\} \\ P'_1\{t\} = \lambda_1 P_0\{t\} - \mu_1 P_1\{t\} \\ P'_2\{t\} = \lambda_2 P_0\{t\} - \mu_2 P_2\{t\} \end{array} \right\} \qquad (5-49)$$

初始条件为

$$P_0\{0\} = 1 \qquad P_1\{0\} = P_2\{0\} = 0$$

利用拉普拉斯变换解微分方程，并代入初始值，得到

$$A(t) = P_0(t)$$
$$= \frac{\mu_1\mu_2}{s_1 s_2} + \frac{s_1(s_1+\mu_1+\mu_2)+\mu_1\mu_2}{s_1(s_1-s_2)}e^{s_1 t} + \frac{s_2(s_2+\mu_1+\mu_2)+\mu_1\mu_2}{s_2(s_2-s_1)}e^{s_2 t} \qquad (5-50)$$

其中，s_1，s_2 是方程 $s^2+(\lambda_1+\lambda_2+\mu_1+\mu_2)s+(\lambda_2\mu_1+\lambda_1\mu_2+\mu_1\mu_2)=0$ 的两个根：

$$s_1, s_2 = \frac{-(\lambda_1+\lambda_2+\mu_1+\mu_2) \pm \sqrt{(\lambda_1+\lambda_2+\mu_1+\mu_2)^2 - 4(\lambda_2\mu_1+\lambda_1\mu_2+\mu_1\mu_2)}}{2}$$
$$= \frac{-(\lambda_1+\lambda_2+\mu_1+\mu_2) \pm \sqrt{(\lambda_1-\lambda_2+\mu_1-\mu_2)^2 + 4\lambda_1\lambda_2}}{2}$$

式(5-50)中，令 $t \to \infty$，得系统稳态可用度为

$$A = \lim_{t\to\infty} A(t) = \frac{\mu_1\mu_2}{s_1 s_2} = \frac{\mu_1\mu_2}{\lambda_1\mu_2+\lambda_2\mu_1+\mu_1\mu_2} = \frac{1}{1+(\lambda_1/\mu_1)+(\lambda_2/\mu_2)} \qquad (5-51)$$

经类似推导，可得串联系统的可靠度为

$$R(t) = e^{-(\lambda_1+\lambda_2)t} \qquad (5-52)$$

首次故障前的平均时间为

$$\text{MTTF} = \frac{1}{\lambda_1+\lambda_2} \qquad (5-53)$$

2. n 个相同部件的串联系统

由 n 个相同部件组成的串联系统，设每个部件的寿命 $\xi_i(i=1,2,\cdots,n)$ 的分布函数为 $1-e^{-\lambda t}(\lambda>0)$，故障维修时间 η_i 的分布函数为 $1-e^{-\mu t}(\mu>0)$，故障部件修理后的寿命分布与 ξ_i 相同，并假设所有随机变量是相互独立的。令

$$X(t)=\begin{cases} 0 & t \text{ 时刻系统工作} \\ 1 & t \text{ 时刻系统故障} \end{cases}$$

则 $\{X(t),t\geqslant 0\}$ 是齐次马尔可夫过程。设在时刻 t 时 n 个部件都正常，则在时间间隔 $[t,t+\Delta t]$ 内至少有一个故障的转移概率 $P_{01}\{\Delta t\}$ 为

$$\begin{aligned} P_{01}\{\Delta t\} &= P\{X(t+\Delta t)=1 \mid X(t)=0\} \\ &= 1-P\{\xi_1>\Delta t,\xi_2>\Delta t,\cdots,\xi_n>\Delta t\}+o(\Delta t) \\ &= n\lambda\Delta t+o(\Delta t) \end{aligned}$$

以 $P_{00}\{\Delta t\}$ 表示时刻 t 时，在 n 个部件都正常的条件下，时间 $[t,t+\Delta t]$ 内 n 个部件仍正常的概率，即

$$P_{00}\{\Delta t\}=P\{X(t+\Delta t)=0 \mid X(t)=0\}=1-P_{01}\{\Delta t\}=1-n\lambda t+o(\Delta t)$$

$P_{10}\{\Delta t\}$ 为 t 时刻有一个部件故障，在时间 $[t,t+\Delta t]$ 内故障部件被修复的概率，即可表示为

$$P_{10}\{\Delta t\}=P\{X(t+\Delta t)=0 \mid X(t)=1\}=P\{\eta\leqslant\Delta t\}+o(\Delta t)=\mu\Delta t+o(\Delta t)$$

同样有

$$P_{11}\{\Delta t\}=1-\mu\Delta t+o(\Delta t)$$

式中：$P_{11}\{\Delta t\}$ 为 t 时刻在一个部件故障的条件下，于时间间隔 $[t,t+\Delta t]$ 内部件没有被修好的概率。

又设

$$P_i\{t\}=P\{X(t)=i\} \qquad i=0,1$$

于是微分方程组为

$$\left.\begin{aligned} P'_0\{t\} &= -n\lambda P_0\{t\}+\mu P_1\{t\} \\ P'_1\{t\} &= n\lambda P_0\{t\}-\mu P_1\{t\} \end{aligned}\right\} \tag{5-54}$$

或改写为

$$\begin{bmatrix} P'_0\{t\} & P'_1\{t\} \end{bmatrix}=\begin{bmatrix} P_0\{t\} & P_1\{t\} \end{bmatrix}\begin{bmatrix} -n\lambda & n\lambda \\ \mu & -\mu \end{bmatrix} \tag{5-55}$$

将 $n\lambda$ 替换为 λ，则方程组与单部件的形式一样，因此可引用其结论。当初始条件为 $P_0\{0\}=1$，$P_1\{0\}=0$ 时，系统的可用度、稳态可用度及可靠度分别为

$$A(t)=\frac{\mu}{n\lambda+\mu}+\frac{n\lambda}{n\lambda+\mu}e^{-(n\lambda+\mu)t} \tag{5-56}$$

$$A=\frac{\mu}{n\lambda+\mu} \tag{5-57}$$

$$R(t)=e^{-n\lambda t} \tag{5-58}$$

若初始条件为 $P_0\{0\}=0$，$P_1\{0\}=1$，则有

$$A(t)=\frac{\mu}{n\lambda+\mu}-\frac{\mu}{n\lambda+\mu}e^{-(n\lambda+\mu)t}$$

3. n 个不同部件组成的串联系统

设系统是由 n 个不同部件组成的串联系统，即第 i 个部件寿命 ξ_i 的失效概率为 $F_i(t)=1-e^{-\lambda_i t}$，故障后的修理时间 η_i 的维修度为 $G_i(t)=1-e^{-\mu_i t}$，已知 $t\geqslant 0$，λ_i，$\mu_i>0$，$i=1,2,\cdots,n$。若 n 个部件均工作，则系统正常工作；若任一部件发生故障，则系统处于故障状态。设系统部件被修复，系统立即进入工作状态，且所有的随机变量都是相互独立的，修复后的部件与新的一样。

令

$$X\{t\}=\begin{cases} 0 & \text{在 } t \text{ 时刻，} n \text{ 个部件均正常} \\ i & \text{在 } t \text{ 时刻，第 } i \text{ 个部件处于故障状态而其余均正常} \end{cases} \quad i=1,2,\cdots,n$$

显然，状态空间为 $E=\{0,1,2,\cdots,n\}$，则 $\{X(t),t\geqslant 0\}$ 是状态空间为 E 的齐次马尔可夫过程。当 $j,k\neq 0$，$j\neq k(j,k=1,2,\cdots,n)$ 时，从 j 变化到 k 必经过 "0"，因为在 Δt 内发生两次以上状态变化概率为高阶无穷小，所以 $P_{jk}(\Delta t)=o(\Delta t)$。

在时间 Δt 内不同状态之间的转移概率为

$$P_{0i}\{\Delta t\}=\lambda_i(\Delta t)+o(\Delta t)$$

$$P_{i0}\{\Delta t\}=\mu_i(\Delta t)+o(\Delta t)$$

$$P_{00}\{\Delta t\}=1-\sum_{i=1}^{n}\lambda_i\Delta t+o(\Delta t)$$

$$P_{jj}\{\Delta t\}=1-\mu_j\Delta t+o(\Delta t) \qquad j=1,2,\cdots,n$$

图 5-6 为其转移状态图(省略了系统在原状态的概率)。

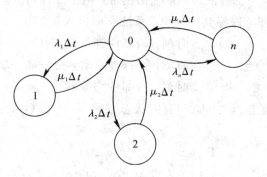

图 5-6　转移状态图

转移概率矩阵为

$$\mathbf{A}=\begin{bmatrix} -\Lambda & \lambda_1 & \lambda_2 & \cdots & \lambda_n \\ \mu_1 & -\mu_1 & 0 & \cdots & 0 \\ \mu_2 & 0 & -\mu_2 & \cdots & 0 \\ \vdots & \vdots & \vdots & & \vdots \\ \mu_n & 0 & 0 & \cdots & -\mu_n \end{bmatrix}$$

式中：$\Lambda=\sum_{i=1}^{n}\lambda_i$。

可通过解下列微分方程求系统可用度：

$$\begin{cases} [P'_0\{t\} & P'_1\{t\} & \cdots & P'_n\{t\}]=[P_0\{t\} & P_1\{t\} & \cdots & P_n\{t\}]\mathbf{A} \\ [P_0\{0\} & P_1\{0\} & \cdots & P_n\{0\}] \text{为初始条件} \end{cases}$$

得

$$A(t) = P_0\{t\} = \frac{1}{1 + \sum\limits_{j=1}^{n} \dfrac{\lambda_j}{\mu_j}} + \sum_{i=1}^{n} \frac{\prod\limits_{j=1}^{n}(s_i + \mu_j)}{s_i \prod\limits_{j \neq i}(s_i - s_j)} e^{s_i t}$$

式中：s_i, s_j 是拉普拉斯变换的算子。

系统的可靠度为

$$R(t) = e^{-\Lambda t}$$

且

$$\text{MTTF} = \frac{1}{\Lambda}$$

5.3.3 并联维修系统

1. 两个相同部件，一个人维修的并联系统

假设两部件的寿命分布均为 $1 - e^{-\lambda t}(\lambda > 0)$，故障后的修理时间呈参数 $\mu(\mu > 0)$ 的指数分布，两部件的寿命、维修时间等随机变量相互独立，故障修复后的寿命分布仍是参数为 λ 的指数分布。因为只有一个修理工，当修理工正在修理一个故障部件时，另一个故障部件必须等待修理，这时系统处于故障状态。故系统共有三种状态：两个部件都正常，则系统正常；一个部件正常，另一个部件故障，系统仍正常；两个部件均故障，系统故障。

两部件故障时，修理工修好其中一个，系统立即进入正常状态。令

$$X(t) = \begin{cases} 0 & t \text{ 时刻，两部件都正常工作} \\ 1 & t \text{ 时刻，一部件正常，另一部件故障} \\ 2 & t \text{ 时刻，两部件均故障} \end{cases}$$

可以证明 $\{X(t), t \geq 0\}$ 是连续时间，为有限状态空间 $E = \{0, 1, 2\}$ 上的齐次马尔可夫过程，其转移概率分别为

$$P_{01}\{\Delta t\} = 2\lambda \Delta t + o(\Delta t)$$
$$P_{12}\{\Delta t\} = \lambda \Delta t + o(\Delta t)$$
$$P_{10}\{\Delta t\} = P_{21}\{\Delta t\} = \mu \Delta t + o(\Delta t)$$
$$P_{00}\{\Delta t\} = 1 - 2\lambda \Delta t + o(\Delta t)$$
$$P_{11}\{\Delta t\} = 1 - (\lambda + \mu)\Delta t + o(\Delta t)$$
$$P_{22}\{\Delta t\} = 1 - \mu \Delta t + o(\Delta t)$$
$$P_{02}\{\Delta t\} = P_{20}\{\Delta t\} = o(\Delta t)$$

由图 5-7 可见，系统不能由状态"2"直接转移到状态"0"，也不可能由状态"0"直接转移到状态"2"，故 $P_{02}\{\Delta t\} = P_{20}\{\Delta t\} = o(\Delta t)$。

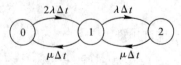

图 5-7　两相同部件，一个修理工的并联系统状态转移图

又有 $P_j\{t\} = P\{X(t)=j\}(j=0,1,2)$ 满足微分方程

$$[P'_0\{0\} \quad P'_1\{0\} \quad P'_2\{0\}] = [P_0\{0\} \quad P_1\{0\} \quad P_2\{0\}]\begin{bmatrix} -2\lambda & 2\lambda & 0 \\ \mu & -(\mu+\lambda) & 2\lambda \\ 0 & \mu & -\mu \end{bmatrix}$$

$$(5-59)$$

若在时刻 $t=0$ 时，两部件是好的，则初始条件为

$$[P_0\{0\} \quad P_1\{0\} \quad P_2\{0\}] = [1 \quad 0 \quad 0] \qquad (5-60)$$

应用拉普拉斯变换可得微分方程的解 $P_0^*\{s\}$，$P_1^*\{s\}$，$P_2^*\{s\}$。系统的可用度为

$$A(t) = P_0\{t\} + P_1\{t\} = 1 - P_2\{t\}$$

先求 $P_2^*\{s\}$，得到

$$P_2^*\{s\} = \frac{2\lambda^2}{s^3 + (3\lambda+2\mu)s^2 + (2\lambda^2+2\lambda\mu+\mu^2)s}$$

$$= \frac{2\lambda^2}{s(s-s_1)(s-s_2)}$$

$$= \frac{2\lambda^2}{s_1 s_2} \cdot \frac{1}{s} + \frac{2\lambda^2}{s_1(s_1-s_2)} \cdot \frac{1}{s-s_1} + \frac{2\lambda^2}{s_2(s_2-s_1)} \cdot \frac{1}{s-s_2} \qquad (5-61)$$

其中，s_1，s_2 是方程 $s^2 + (3\lambda+2\mu)s + (2\lambda^2+2\lambda\mu+\mu^2) = 0$ 的两个根：

$$s_1, s_2 = \frac{1}{2}[-(3\lambda+2\mu) \pm \sqrt{\lambda^2+4\lambda\mu}]$$

$P_2^*\{s\}$ 的逆变换式为

$$P_2^*\{s\} = \frac{2\lambda^2}{s_1 s_2} + \frac{2\lambda^2}{s_1(s_1-s_2)}e^{s_1 t} + \frac{2\lambda^2}{s_2(s_2-s_1)}e^{s_2 t}$$

则系统的可用度为

$$A(t) = 1 - P_2\{t\} = \frac{2\lambda\mu+\mu^2}{2\lambda^2+2\lambda\mu+\mu^2} - \frac{2\lambda^2(s_2 e^{s_1 t} - s_1 e^{s_2 t})}{s_1 s_2(s_1-s_2)} \qquad (5-62)$$

因为 s_1，s_2 是负值，得系统的稳态可用度为

$$A = \lim_{t\to\infty}A(t) = \frac{2\lambda\mu+\mu^2}{2\lambda^2+2\lambda\mu+\mu^2} \qquad (5-63)$$

下面介绍求系统可靠度的一种方法。在图 5-8 所示的并联系统状态转移中，令故障状态"2"为马尔可夫过程的吸收状态，即一旦进入这个状态，系统将永远停留在这个状态，不再转移为其他状态。

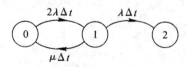

图 5-8　具有吸收状态的状态转移图

由于状态"2"的转移概率为零，于是构成一个新的马尔可夫过程 $\{\widetilde{X}(t), t\geqslant 0\}$，可得 $Q_j(t) = P\{\widetilde{X}(t)=j\}(j=0,1,2)$ 的微分方程组为

$$Q'_0(t) = -2\lambda Q_0(t) + \mu Q(t)$$
$$Q'_1(t) = 2\lambda Q_0(t) - (\lambda + \mu)Q_1(t) \tag{5-64}$$
$$Q'_2(t) = \lambda Q_1(t)$$

若时刻 $t=0$ 时，两部件是好的，得初始条件为

$$Q_0(0) = 1 \qquad Q_1(0) = Q_2(0) = 0 \tag{5-65}$$

对式 $(5-64)$ 中的前两式两端作拉普拉斯变换，并代入式 $(5-65)$ 的初始条件得

$$Q_0^*(s) = \frac{s + \lambda + \mu}{s^2 + (3\lambda + \mu)s + 2\lambda^2}$$

$$Q_1^*(s) = \frac{2\lambda}{s^2 + (3\lambda + \mu)s + 2\lambda^2}$$

两式相加得

$$Q_0^*(s) + Q_1^*(s) = \frac{s + 3\lambda + \mu}{s^2(3\lambda + \mu) + 2\lambda^2}$$

$$= \frac{(s_1 + 3\lambda + \mu)/(s_1 - s_2)}{s - s_1} + \frac{(s_2 + 3\lambda + \mu)/(s_1 - s_2)}{s - s_2}$$

上式中 s_1，s_2 是方程 $s^2 + (3\lambda + \mu)s + 2\lambda^2 = 0$ 的两个根：

$$s_1,\ s_2 = \frac{1}{2}\left[-(3\lambda + \mu) \pm \sqrt{\lambda^2 + 6\lambda\mu + \mu^2}\right]$$

反演 $Q_0^*(s)$，$Q_1^*(s)$ 得系统的可靠度为

$$R(t) = Q_0(t) + Q_1(t) = \frac{s_1 + 3\lambda + \mu}{s_1 - s_2}e^{s_1 t} + \frac{s_2 + 3\lambda + \mu}{s_2 - s_1}e^{s_2 t} \tag{5-66}$$

2. n 个相同部件，一个人维修的并联系统

假设 n 个部件的寿命服从参数为 λ 的指数分布，故障后的修理时间服从参数为 μ 的指数分布，n 个部件相互独立，只有一个修理工。当修理工在修理某个故障部件时，其他故障部件必须等待修理，系统共有 $n+1$ 个状态。令

$$X(t) = \begin{cases} j & \text{时刻 } t\text{，系统中有 } j \text{ 个部件故障} \\ n & \text{时刻 } t\text{，系统所有部件故障} \end{cases}$$

即当 $n = 0, 1, \cdots, n-1$ 时，系统正常。与前述方法类似，在时间 Δt 内的状态转移概率如图 5-9 所示，其转移概率为

$$P_{j(j+1)}\{\Delta t\} = (n-j)\lambda\Delta t + o(\Delta t) \qquad j = 0, 1, 2, \cdots, n$$

$$P_{jj}\{\Delta t\} = 1 - [(n-j)\lambda + \mu]\Delta t + o(\Delta t) \qquad j = 0, 1, 2, \cdots, n$$

$$P_{j(j-1)}\{\Delta t\} = \mu\Delta t + o(\Delta t)$$

$$P_{jk}\{\Delta t\} = o(\Delta t)$$

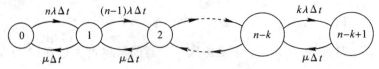

图 5-9　n 个相同部件，一个人维修的并联系统

于是可列出 $P_j\{t\}=P\{X(t)=j\}(j=0,1,2,\cdots,n)$ 满足的微分方程组：

$$
\begin{bmatrix} P_0'\{t\} \\ P_1'\{t\} \\ P_2'\{t\} \\ \vdots \\ P_{n-1}'\{t\} \\ P_n'\{t\} \end{bmatrix} = \begin{bmatrix} -n\lambda & \mu & 0 & \cdots & 0 & 0 & 0 \\ n\lambda & -(n-1)\lambda-\mu & \mu & \cdots & 0 & 0 & 0 \\ 0 & (n-1)\lambda & -(n-2)\lambda-\mu & \cdots & 0 & 0 & 0 \\ \vdots & \vdots & \vdots & & \vdots & \vdots & \vdots \\ 0 & 0 & 0 & \cdots & 2\lambda & -(\lambda+\mu) & \mu \\ 0 & 0 & 0 & \cdots & 0 & \lambda & -\mu \end{bmatrix} \cdot \begin{bmatrix} P_0\{t\} \\ P_1\{t\} \\ P_2\{t\} \\ \vdots \\ P_{n-1}\{t\} \\ P_n\{t\} \end{bmatrix}
$$

$$(5-67)$$

则平稳状态下的可用度为

$$
A = \dfrac{\displaystyle\sum_{k=0}^{n-1} \dfrac{1}{(n-k)!} (\lambda/\mu)^k}{\displaystyle\sum_{k=0}^{n} \dfrac{1}{(n-k)!} (\lambda/\mu)^k} \tag{5-68}
$$

对 n 个部件和一个修理工组成的 $k/n(G)$ 系统，可用类似的方法计算。

$k/n(G)$ 系统是指大于或等于 k 个部件工作时，系统正常工作，当有 $n-k+1$ 个部件故障时（或只有 $k-1$ 个部件工作）系统故障；在系统故障期内，$k-1$ 个好的部件也停止工作，不再发生故障，直到正在维修的部件被修好，有 k 个好的部件同时进入工作状态，系统才重新进入工作状态；其余假设与本节前面假设相同。该系统共有 $n-k+2$ 个状态 $E\{0,1,2,\cdots,n-k+1\}$，$P_{ij}\{\Delta t\}$ 的算式与并联系统类似。时间 Δt 内系统的状态转移概率见图 5-10。

该图是将图 5-9 右端截去一段后所得，故其讨论方法与并联系统完全一样。

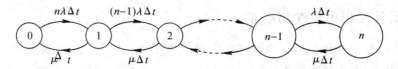

图 5-10　n 个相同部件，一个修理工的 $k/n(G)$ 系统状态转移图

习　题

5-1　什么是维修度、维修密度函数及修复率函数？

5-2　维修性参数中的合同参数与使用参数有何不同？

5-3　试述随机过程的概念。

5-4　如何分析与计算单部件维修系统的可用度？

5-5　试推导两个不同部件的串联系统的可用度表达式。

5-6　两个服从指数分布的部件，一个工作，另一个备用，备用期间不失效，即 $\lambda_{备}=0$，有一个修理工。求两相同部件系统的有用度和稳态可用度。

第六章　电子元器件的可靠性技术

晶体管的发明将人类历史带入又一次新的技术革命，尤其是进入 20 世纪 60 年代以后，随着 MOS 晶体管和 MOS 集成电路的出现，微电子工业将人类社会带入了一个高度集成的数字时代。1965 年，Gorden Moore 总结了集成电路发展的规律，提出了著名的"摩尔定律"，即集成电路的集成度每 3 年增长 4 倍。图 6-1 为 Gorden Moore 的原始预测草图。

图 6-1　摩尔定律的原始草图

集成电路朝着更大规模的集成度发展，可靠性问题成为 VLSI 超大规模集成电路发展和应用中需要考虑的重要因素。本章综合讨论电子元器件的使用可靠性、为提高元器件可靠性而引入的降额设计和动态设计、典型可靠性问题（经时击穿、栅泄漏、负偏压温度不稳定性）等内容，并介绍了针对元器件失效的分析技术。

6.1　元器件的使用可靠性控制

6.1.1　元器件使用可靠性与质量

使用可靠性是指产品在实际使用过程中表现出来的可靠性。电子元器件领域中，把避免使用不当造成失效的技术称为使用可靠性技术，亦可称为使用可靠性。需指出的是，使用可靠性不是元器件自身性能的表征，而是一门正确使用元器件的技术。

国家标准 GB/T 19000—2008 中对质量定义作了统一规定，即质量是一组固有特性满足需求的程度。该定义完整反映了现代质量观的内涵，包含了产品的所有重要特性，它要求在产品的整个生命周期内全面满足用户的需求。

质量等级是表征元器件固有质量水平的主要指标之一。元器件的质量等级可分为如下两大体系：① 用于元器件生产控制、选择和采购的生产保证质量等级；② 用于电子设备可靠性预计的可靠性预计质量等级。两者有所区别，又相互联系。由于它们有时都可以被简称为"质量等级"，所以很容易被混淆。不过，只有军用级元器件才有质量保证等级及失效率等级，而几乎所有的元器件都有可靠性预计的质量等级，这是两者最主要的差别。

生产保证质量等级是元器件总规范规定的质量等级（失效率等级），是生产厂家按总规范要求组织生产及产品出厂前规定的试验项目和应力条件进行筛选后产品品质的量化状态，是固有可靠性的表征。

国产电子元器件可靠性预计质量等级是按照国家军用标准 GJB/Z 299C—2006 进行电子设备可靠性预计时给出的质量等级，它与器件的质量保证等级及失效率等级有一一对应的关系。进口电子元器件可靠性预计质量等级主要是按照美国军用标准 MIL - HDBK - 217 NOTICE Ⅱ 进行电子设备可靠性预计时给出的质量等级。

6.1.2 元器件的使用质量管理

大量统计数据表明，元器件使用中的失效率往往比其基本失效率高 1~2 个数量级，并且由于元器件选择或使用不当造成的失效比例高达 50% 以上。因此，加强元器件的使用质量管理，对保证元器件的使用可靠性是十分必要的。

1. 元器件的使用质量管理流程

为保证元器件的使用质量，必须进行元器件的全过程的质量控制，称为元器件的使用质量管理。元器件的使用质量管理从大的方面可以分为设计选型的管理、采购管理、验收管理、储存管理、生产调试过程管理和合理的淘汰管理机制等，细化之后的过程一般包括：选择、采购、监制、验收、二次筛选、破坏性物理分析（DPA）、失效分析、保管储存、超期复验、发放、装联和调试、使用、静电防护、不合格元器件处理、评审及质量信息管理等工作内容，针对军用元器件，质量保证的基本流程（除评审、信息管理）如图 6 - 2 所示。

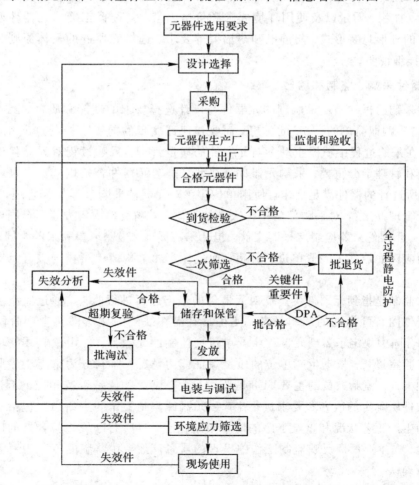

图 6 - 2 军用元器件的使用质量管理流程图

产品设计人员根据产品设计要求，依据上级单位发布的元器件优选目录，选择产品适用的元器件型号。产品设计初步完成后，应贯彻"保证质量，控制进度，节约经费，尽量集中"的原则，由采购主管部门统一协调组织采购工作。元器件验收包括到元器件生产单位去验收(下厂监制和验收)和到货检验两种类型的验收。对元器件原则上应全部进行二次筛选，对关键、重要的元器件应按产品要求进行破坏性物理分析。淘汰不合格元器件批次，储存和保管合格元器件，对元器件在仓库储存的条件必须做出明确的规定，并定期监督管理。对超过储存期的元器件要进行复查，按需要发放元器件、电装和调试，完成产品研制和生产。在元器件从出厂到装机调试过程中，各使用环节都应严格实施元器件的防静电要求。在产品生产及元器件使用的各个环节中，对关键元器件或重复出现失效的元器件应进行专门的失效分析。在元器件使用质量管理过程中，产品研制和生产单位应对元器件使用的合理性进行评审，并对元器件质量和可靠性信息进行收集、反馈和统计分析。

2. 元器件选择

元器件的选择是元器件使用质量管理流程中至关重要的一个环节，只有正确地选择元器件，才能保证设计目的的实现和确保产品的可靠性。设计人员应该根据元器件所使用部位的电性能、体积、质量以及使用环境要求和价格因素等，选择正确的元器件型号并考虑所选元器件的外形封装形式、防静电和耐辐射等要求。选择元器件的具体原则和方法将在6.1.3节中详细说明。

3. 元器件采购、监制和验收

元器件采购的目的是使采购到的元器件与设计选择要求的性能和质量一致。采购时要改变传统的"采购即简单的买卖"的思想，而要在保证质量的前提下控制进度和成本，进行统筹订货，在采购过程中积极主动参与元器件的质量管理。采购过程对元器件生产以及供应方的评价和管理十分重要，采购元器件需在型号配套元器件合格供应商名录内选择供应商。为保证所选择的器件满足要求，使用单位应该对元器件采购过程加强管理，制定"元器件采购质量管理办法"，对采购部门工作人员的责任、采购清单内容要求、合同要求等进行规定；同时，元器件采购应制定采购文件，包括采购标准、采购清单和采购合同；在签订采购合同之前应对元器件采购清单进行评审，通过评审的采购清单可作为签订元器件采购合同的依据。

元器件监制是指到元器件生产厂对元器件的生产过程进行监督。通过监制能够及早发现影响元器件固有可靠性的薄弱环节，使得具有潜在缺陷的元器件在生产阶段就予以剔除。在采购合同中规定了需到元器件生产单位去监制的元器件，应由验收委托单位委托具备资质的实验室进行。根据生产单位的质量保证能力情况，监制分为重点工序监制和全过程监制两种方式。监制人员的主要职责是监督、检查供货单位是否按相应的标准、技术条件及工艺文件所确定的内容和要求进行生产。元器件监制工作的主要内容包括了解元器件生产厂当前生产工艺状况和重点工序的质量控制状态，对厂商已经检验合格的监制品进行抽检或全检，向生产厂商反映监制工作中发现的质量问题，在监制的流程中对元器件的监制情况进行确认。

元器件验收工作主要是指到元器件生产厂去进行元器件的验收。元器件验收是到生产厂把好元器件质量的最后一道关，它对保证元器件的质量和供货进度以及减少经济损失均能起到重要作用。元器件验收包括下厂验收和到货检验两种形式。对于重点型号使用的元器件或关键元器件一般采用下厂验收的方式。在进行验收工作时，应该首先确认与元器件生产厂核实所验收的采购合同一致，了解提交验收元器件的全过程质量管理和控制情况，不能忽视生产过程中发生的质量问题、处理和分析结果及其纠正措施并索取相关报告；其次要检查所交付的元器件储存期是否满足订购合同规定的规范或技术条件的要求；同时，还要对生产厂的质量证明文件进行审查，质量证明文件至少应包括筛选试验报告、工艺流程卡、质量一致性报告和产品合格证等；应该与生产厂商共同完成验收试验，当合同中有DPA要求时，还应在验收时做规定的DPA项目。

4. 元器件筛选

元器件筛选是指专为剔除有缺陷的或可能引起早期失效的或选择具有一定特性的元器件产品进行的筛选。这种筛选一般都是在元器件产品的全部生产过程完成之后，对元器件产品100％的进行筛选。它是一种对产品进行全数的非破坏性检验，其目的是为了淘汰有缺陷的元器件和根据使用要求筛去不符合要求的元器件。对于任何设计合理、工艺成熟的生产线生产出来的产品也有可能还存在早期失效产品，它们会致使整批产品的使用可靠性大大降低，通过筛选剔除掉早期失效元器件，使得通过筛选的元器件从开始使用就进入失效率低而恒定的时期，从而提高元器件批产品的使用可靠性。

元器件的筛选分为一次筛选和二次筛选，一次筛选是元器件生产厂出厂之前对元器件进行的筛选。如果元器件生产单位已做的筛选试验不能满足产品对元器件质量控制要求时，为确保产品用元器件的使用质量，元器件的使用单位对已经验收合格的元器件可进行二次筛选，或使用单位认为有必要在一次筛选后再次进行筛选。

5. 元器件破坏性物理分析

破坏性物理分析（Destructive Physical Analysis，DPA）是为验证元器件的设计、结构、材料和制造质量是否满足预定用途或有关规范的要求，按照元器件的生产批次进行抽样，对元器件样品进行解剖，以及解剖前后进行一系列检验和分析的全过程。

DPA是对合格产品的分析，它是采用和失效分析相似的技术方法，分析评估特性良好的元器件是否存在影响可靠性的缺陷，是一种对批质量的评价。DPA借助一些失效分析的手段，并以预防失效为目的，对元器件的使用可靠性起着重要保障作用。它是遵循"预防为主、早期投入"的方针，对重要的元器件在投入使用之前，按生产批次对元器件抽样件进行DPA，剔除不合格的有缺陷的批次，从而保证系统的可靠性。

6. 失效分析和不合格元器件处理

失效分析是为确定和分析元器件的失效模式、失效机理和失效原因对失效样品所做的分析和检查。失效分析是对失效元器件的事后检查，通过对失效的元器件进行必要的电、物理、化学的检测和分析，确定失效模式、机理和原因。它既要从本质上研究元器件自身的不可靠性因素，又要分析研究其工作条件、环境应力和时间等因素对器件发生失效所产生的影响。

在到货检验、二次筛选、储存、电装和调试及使用过程中，发现失效或不合格元器件时，应对其进行失效分析，确定失效模式和失效机理，提出纠正措施。分析结果如为批次性失效，应对整批元器件拒收或退换，如为非批次性失效，则剔除失效元器件后可以接受。必要时应抽样进行 DPA，验证失效的非批次性。对于使用的元器件，应整批进行针对性检验，当不合格品率小于允许的不合格品率时，剔除不合格品后可整批接收或继续使用，否则应整批拒收、退换。

7. 元器件使用

设计人员在合理选择元器件的同时，应进一步采用一些可靠性设计技术，提高元器件的使用可靠性。这些使用可靠性设计包括降额设计、容差设计、热设计和电磁兼容防护设计等，这部分内容将会在 6.2 节和第 7 章中详细介绍。

8. 元器件电装与调试

元器件的电装是指将若干个元器件按照要求有序地组装和焊接到印制电路板的过程。正确的电装技术是保证元器件使用可靠性的重要措施，因此在电装时应该严格控制电装的环境和工艺。元器件电装的基本要求有：保证安全使用，不损伤元器件，保证电路的电性能正常，保证某些元器件(例如散热片、变压器等)的机械强度，保证散热要求，并且要满足电磁兼容要求。

电子电路的调试就是以达到电路设计指标为目的而反复进行的"测量、判断、调整、再测量"的过程。电路板应按操作规程进行调试，调试时应采取必要的防护措施，特别需要注意测试设备应良好接地，禁止电路板及整机在通电情况下装联或拆卸元器件。电路调试的目的是发现和纠正设计方案的不足和电装的不合理，然后采取措施加以改进，使电子电路或电子装置达到预定的技术指标。

9. 元器件储存、评审和质量信息管理

由于装备电子产品研制周期较长，而元器件更新换代比较快，往往在装备电子产品的研制过程中或产品在使用过程中需要维修时，有些元器件已经不再生产，为了解决这一矛盾，通常需要在采购电子元器件时留有足够的余量，以解决装备研制的需要。作为元器件的采购方和使用方普遍采用"一次采购、多次使用"的方式，但这主要取决于元器件允许长期储存的期限，以及超过了规定的储存期限后，需要通过必要的检测，才能验证元器件的质量和可靠性仍能满足要求。元器件的储存可靠性主要与这些因素有关：由设计、工艺和原材料决定的元器件固有质量状况，元器件储存的环境条件，元器件的不同类别，装备的可靠性要求。

元器件评审的目的是评定研制阶段的元器件在选择和使用等方面是否满足相关规定的要求。为确保产品质量，产品研制过程中可以组织专家对影响元器件质量的有关问题进行评审，以发现元器件选用过程中存在的问题并提出改进意见。元器件的评审工作包括：检查元器件的选用是否符合优选要求；检查关键、重要元器件选用情况是否正确合理；检查元器件的使用(降额设计、热设计和安装工艺等)是否符合有关规定；检查是否按规定进行了元器件验收、复验、二次筛选和破坏性物理分析以及对不合格批的处理；检查已用的元器件是否符合规定的元器件储存期要求；检查是否对失效元器件进行了失效分析、信息反馈及采取了有效措施。

元器件的质量与可靠性控制与各种相关的信息是密不可分的。在元器件选择、采购、监制和验收、筛选和复验以及失效分析等环节中，存在大量的元器件信息，如型号元器件选用信息、元器件相关的试验信息、元器件失效和失效分析信息等，这些信息对于从事型

号产品研究的单位来说都是极大的财富。建立现代信息管理立体网络，以最佳途径和最快的速度对质量与可靠性信息进行收集、整理、存储、分析、处理并反馈到决策和执行部门，单靠个体行为是无法完成的。为保证信息管理渠道畅通与信息的完整，必须建立科学的信息管理模式。良好的信息管理工作可以及时向各部门提供高质量信息，不仅可以缩短提高产品质量和可靠性的进程，而且可以减少为大量获取信息所做的重复试验，具有重大的经济效益。加强质量和可靠性信息管理网络建设是各企业有序、有效开展管理工作的必然要求。

6.1.3　元器件选用分析评价和优选目录

1. 元器件选用与分析评价过程

正确并合理地选择元器件，并对元器件选用过程进行管理和有效控制，是实现设计目标的有效手段。元器件选用及其控制的一般过程如图 6-3 所示。元器件选用应首先分析产品设计和元器件使用需求及其限制条件，根据元器件优选相关原则或优选目录选择元器件。对于所选择的元器件，应明确其可能遇到的局部使用环境，对其性能、可靠性、费用、电装、生产制造商及元器件代理商能力等进行评价。

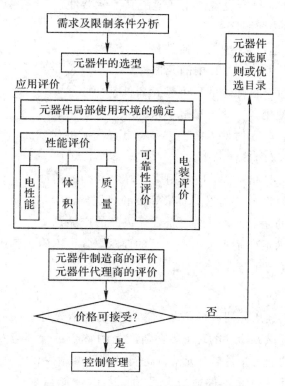

图 6-3　元器件的选用及其控制过程

1）元器件使用需求及限制分析

需求及限制分析的目标是通过分析使设计工程师可以选择恰当的元器件并使之符合所需的产品。即元器件的选用必须符合产品要求，同时还必须考虑受产品设计特性限制的要求。这些分析可能包括产品功能需求、外形及尺寸需求、市场价格期望、产品研制周期和上市时间需求、技术性限制、成本限制、测试需求及质量需求等内容。

2）元器件的选择

备选元器件首先应该符合产品的功能需求和技术发展趋势，此外，还必须考虑一个合理的可接受的费用。

（1）选择电子元器件一般遵循以下原则：

① 选用元器件的应用环境、性能指标、质量等级等应满足产品的要求；

② 优先选择经实践证明质量稳定、可靠性高、生命周期长的标准元器件；

③ 选择有良好信誉的生产厂家的元器件；

④ 弄清元器件的型号标志含义，提供完整的元器件型号；

⑤ 应最大限度地压缩品种、规格和生产厂家，有利于选购和管理。

（2）国产元器件的选择顺序：

① "型号元器件优选目录"中的元器件；

② 经军用电子元器件质量认证委员会认证合格的 QPL 及 QML 中的元器件；

③ 经过使用考验的、符合要求的、能够稳定供货的定点生产厂生产的元器件；

④ 有成功应用经验，符合设备使用环境的其他元器件。

（3）进口元器件的选择顺序：

① "型号元器件优选目录"中的元器件；

② 国外权威机构的 QPL/PPL 中的元器件；

③ 生产过程中经过严格筛选的高可靠元器件；

④ 经过国内型号使用考核符合型号要求的元器件；

⑤ 优先选择国外著名元器件生产厂家和有良好信誉的代理商。

（4）元器件质量等级的选择原则：

① 产品分配的可靠性指标高，应选用质量等级高的元器件；

② 关键部件或重要设备应选用高质量等级的元器件；

③ 基本失效率高的元器件，应选用质量等级高的产品；

④ 为了同时能够满足产品质量和经济性的要求，各种不同设备或同一设备的不同部件可以采用不同质量等级的元器件。

3）应用评价

元器件的寿命周期经历元器件的组装、储存和使用情况等相关的环境。元器件局部使用环境是指产品中邻近该元器件的环境，它随产品的整个过程环境变化。设计人员应分析元器件全寿命周期内的应力条件，对元器件进行性能、可靠性和电装等评价。

性能评价的目标是评价元器件适应产品功能和电性能需求的能力。所选元器件应在电、机械和功能性能上适合产品的运行条件，设计应使得各类元器件能够在最坏工作条件下也不会出现"过应力"情况。

可靠性评价为产品设计工程师提供了元器件在特定使用条件下可靠工作的持续能力。如果元器件的可靠性不能通过可靠性评价，应考虑一种可替换的元器件或改进产品设计，包括加入热设计、减振处理和修改组装参数等。

电装评价包括电装过程兼容性问题、电路板走线兼容性问题。电子设计人员除掌握印制电路板设计和各种可靠性试验技术之外，还必须了解电装工艺规范，有助于提高电子产品可靠性。

4）元器件制造商与代理商的评价

制造商评价是指对元器件制造商的生产一致性的能力进行评价。代理商评价是指在代理商能够不影响元器件内在质量条件下提供元器件以及提供所需服务的能力评价。如果元器件制造商与代理商能够满足最低可接受水平的要求，则他们所提供的元器件产品就可以成为备选元器件。

2. 军用产品元器件的选用

军用电子设备使用环境一般都比较恶劣，同时其质量和可靠性水平要求很高。军用产品设计人员必须根据元器件的性能特性要求、使用环境要求和质量等级要求等要素，正确地选择元器件。军用产品元器件的选择除了上文提到的原则之外，还应注意以下几点：

① 首先从"型号元器件优选目录"或有关部门制定的"元器件优选目录"中选择；

② 在满足性能和质量要求的前提下，优先选用国产元器件；

③ 严格控制"元器件优选目录"外的元器件和新研元器件的选用；

④ 不得选择禁止使用的元器件和尽可能减少限制使用的元器件。

为满足需要，在军用元器件选用过程中，设计工程师除了选择"型号元器件优选目录"中的元器件外，有时不得不选用目录外的元器件。因此，必须对军用元器件选用过程进行控制和管理来保证军用产品的质量和可靠性，该项工作包括优选目录外元器件的选用控制、新研国产元器件的选用控制、进口元器件的选用控制、工业级元器件的选用控制和塑封元器件的选用控制等内容。

3. 元器件优选目录制定和使用

对军用装备用元器件，产品研制单位应按照 GJB 3404—1998《电子元器件选用管理要求》制定"军用电子元器件优选目录"作为选用、质量管理和采购的依据。"元器件优选目录"应根据产品研制和生产不同阶段进行动态管理和修改。

与元器件优选相关的一些目录主要有：合格产品目录（Qualified Products List，QPL）、元器件合格制造厂目录（Qualified Manufacture List，QML）、元器件优选目录（Preferred Parts List，PPL）。QPL 和 QML 认证的目的是保证持续的产品性能、质量和可靠性，提供完成长时间或高复杂的评价和试验。

QPL 是对具体产品或产品系列进行的质量认证，包括生产线审查和产品鉴定。通过认证的产品列入认证合格产品清单，通常适合于要求长期和稳定供应的元器件产品，该产品设计或制造过程工艺应极少发生重大更改，常用于军事产品行业等领域。QML 是对材料和工艺而非具体产品进行的质量认证，包括生产线审查和材料与工艺鉴定，通过认证和鉴定的元器件生产线列入合格制造厂目录。PPL 是由研制单位按有关标准规定的要求内容和程序制定，为了使产品设计人员能择优选择元器件的品种、规格和生产厂，并控制选择的元器件质量等级，以及压缩元器件的品种、规格和生产厂，达到保证元器件的使用质量和减少保障费用的目的。

研发单位应在方案设计阶段就编制"元器件优选目录",编制目录时要优先将通过国家军用标准认证并列入合格产品目录的元器件和生产厂列入"元器件优选目录",选择实践证明质量稳定、可靠性高、技术先进的标准元器件作为优选品种。"元器件优选目录"的主要内容形式如表6-1所示,应包括序号、元器件名称和型号、规格、主要技术参数、封装形式、质量等级、采用标准及生产厂或研制单位等内容。

表6-1 "元器件优选目录"的项目内容

序号	名称	型号	主要技术参数	技术标准	质量等级	封装外形	生产厂或研制单位	备注
⋮	⋮	⋮	⋮	⋮	⋮	⋮	⋮	⋮

6.1.4　元器件使用可靠性设计

电子元器件的使用可靠性设计是在产品功能设计的同时,针对产品在使用过程中可能出现的失效模式,采取相应的设计技术,以消除或控制元器件失效,使产品在全寿命周期内满足规定的可靠性指标。元器件使用可靠性设计包括降额设计、热设计、静电防护设计、抗辐加固设计、耐环境设计等。

降额设计是将元器件在使用中所承受的应力低于其设计的额定值,通过限制元器件所承受的应力大小,达到降低元器件的失效率、延长使用寿命,提高使用可靠性的目的。需要降额的主要参数有结温、电压和电流等。

热设计是控制电子设备内所有元器件的温度,使其在设备所处的工作环境条件下不超过规定的最高允许温度,从而达到防止元器件出现过热应力而失效,保证电子设备正常、可靠工作的目的。温度是影响元器件失效率的重要因素,对微电路来说,温度每升高10℃大约可使失效率增加一倍。因此在元器件的布局和安装过程中,必须充分考虑到热的因素,采取有效的热设计,保证元器件工作在允许的温度范围内。

静电防护应贯穿于电子产品的全过程,即在设计、生产、使用的各环境都要采取相应措施。这可以从两个方面着手:一是在器件的设计和制造阶段,通过在芯片上设计制作各种静电保护电路或保护结构,来提高器件的抗静电能力;二是在器件的装机使用阶段,制定并执行各种防静电的措施,以避免或减少器件可能受到的静电的影响。因此必须在各个环节都采取措施,其中任何一个环节的疏忽,都可能造成静电对器件的损伤。

抗辐加固设计归纳起来有两种途径:一是根据使用需要,通过采用抗辐射能力强的新设计、新工艺、新材料等进行器件抗辐射加固,制造出具有较高抗辐射能力的器件;二是在器件使用过程中,采用抗辐射加固措施,使各种辐射效应减至最小,即应用抗辐射加固,又称系统级加固。

元器件的耐环境设计又称为环境适应性设计,是保证元器件在规定的寿命期内,在装运、储存和使用过程的预期环境中,实现规定功能的设计技术。根据元器件所处的环境类别,重点对元器件应进行耐高温环境设计、耐力学环境设计、"三防"(耐潮湿、盐雾和霉菌环境)设计、耐静电环境设计及耐辐射环境设计。

6.1.5 军用元器件质量保证及其标准

随着高新技术的发展,现代武器具有电子化、自动化、智能化的特点。电子设备作为高技术战争和电子战争的核心而言,其复杂程度不但很高,而且发展速度很快。对军工产品使用电子元器件加强全面质量管理,把它当做一项系统工程来实施,对提高整机产品的可靠性有举足轻重的意义。

1. 军用元器件质量保证

军工产品上的元器件质量由其固有质量和使用质量组成,因此军用元器件的质量保证由元器件固有质量保证和使用质量保证两部分组成。

为保证军用元器件的质量水平达到实际要求,军用元器件产品质量及其生产需要按照相关规范要求通过规定的程序予以认证。质量认证包括了两方面:一是对元器件生产单位的生产线及其质量保证能力的审查和评定;二是对其所生产的元器件产品进行鉴定或考核。凡符合规定要求的、通过质量认证的军用元器件,均被列入合格产品目录(QPL)或合格制造厂目录(QML),优先推荐给军工产品研制单位选择并使用。

在保证和提高军用元器件的固有质量的同时,作为军工产品的研制单位,在产品方案论证阶段结束后,应编制元器件质量和可靠性管理规定(或要求)作为军工产品后续研制阶段组织实施和监督检查元器件保证工作的主要依据。元器件质量和可靠性管理规定(或要求)主要包括了使用方质量保证机构的职责、元器件优选目录的制定、元器件质量等级范围、元器件监制验收要求、二次筛选要求、破坏性物理分析要求、失效分析要求和特殊环境(抗辐射和盐雾等)要求等内容。

军用元器件质量保证工作除了考虑上述问题外,对军工产品研制生产中使用到的进口元器件、新品元器件、自制元器件以及超期储存的元器件等的质量保证问题,进行控制和管理。

2. 军用元器件可靠性和质量保证有关标准

为保证军用元器件的质量与可靠性,我国制定了一系列的元器件规范、标准和指导文件。

元器件规范包括了元器件的总规范和详细规范。总规范对某一类元器件的质量控制规定了共性的要求,详细规范是对某一类元器件中的一个或一系列型号规定了具体的性能和质量控制要求,因此每个器件或元件的总规范下面又有若干个详细规范,总规范必须与详细规范配套使用。

元器件试验标准是指导对某一类元器件进行试验、测量或分析的技术标准,这类标准的数量较少,但对保证元器件的质量起很重要的作用。对元器件的用户而言,结合产品规范了解有关试验和测量方法的标准,不仅有助于深入地掌握元器件承受各种应力的能力,还可以为制定二次筛选等法规性文件提供参考。

元器件的指导性标准主要包括三种:第一种是指导电子设备设计的标准(与元器件密切相关),如 GJB/Z 299C—2006《电子设备可靠性预计手册》等;第二种是指导元器件选择和使用的标准,如 GJB/Z 56—1994《宇航用电子元器件选用指南 半导体集成电路》等;第三种是元器件的系列型谱,如 GJB/Z 38—1993《军用电容器系列型谱》等。

6.2 元器件的降额设计与动态设计

6.2.1 降额设计的定义及基本原理

所谓元器件的降额设计，国内外的相关文献中描述各有不同。在我国现行的元器件降额标准 GJB/Z 35—1993《元器件降额准则》中定义为"元器件使用中承受的应力低于其额定值，以达到延缓其参数退化，提高使用可靠性的目的。通常用应力比和环境温度来表示"。元器件工作过程中所承受的应力包括电、热、机械应力等。

1. 降额相关定义

需要明确的降额相关定义如下：

(1) 降额：元器件以承受低于其额定值的应力方式使用。

(2) 额定值：对于某一具体参数而言，额定值是设计的元器件所能承受的最大值（应力）。额定值通常用来说明那些随着应力增加，故障率也增加的应力，如温度、功率、电压或电流。例如，电容器的容量、电阻的阻值也是额定值，因为其对可靠性的影响不大，同性能关系更大，一般不考虑降额。

(3) 应力：施加在元器件上并能影响故障率的电气、机械或环境力。

(4) 应力比：工作应力除以最大额定应力，一般用 s 表示。

(5) 应用：元器件的使用方法，该方法通常直接影响预计的故障率。应用因子包括元器件工作环境的所有电气、机械及环境特性。关键应用因子是对元器件故障率有严重影响的一种具体特性，因此将其作为降额指南的一部分。

2. 降额设计基本原理

从元器件可靠性高低与承受的热、电应力的关系举例来说，一般情况下，元器件平均寿命（MTTF）可表示为

$$\text{MTTF} \propto F^{-m} \exp\left(\frac{E_a}{kT}\right) \qquad (6-1)$$

式中：F 代表电应力；T 为工作温度；k 是玻耳兹曼常数；E_a 是激活能；m 为指数项常数。

由式(6-1)可见，元器件工作时承受的电应力（例如工作电压、工作电流）和工作温度越高，则元器件的工作寿命就越低，可靠性越差。因此，在激活能 E_a 确定的情况下，要提高可靠性，就应该降低应力强度和工作温度。

降额设计的根本目的就是通过可靠性设计，使元器件工作时，对可靠性影响较大的关键部位承受的应力适当低于常规水平，延缓特性参数的退化，以降低其基本失效率从而提高使用可靠性。当元器件的工作应力高于额定应力时，失效率增加；反之，一般都要下降，这种关系如图 6-4 所示。

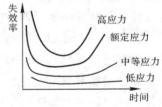

图 6-4 环境应力对失效率的影响

降额设计中元器件本身可以认为是可靠的,影响元器件可靠性和质量的主要参数都会给出额定值和最大额定值。最大额定值是器件的极限参数,是由其自身的结构、材料和工艺决定的。元器件在额定值下一般是允许工作的,但此时其失效率往往比较高。尽管元器件在设计时考虑留有一定的安全余量,元器件在开始使用时并没有发生失效(这里不将元器件缺陷引起的早期失效考虑进去),但是,比较大的使用应力施加在元器件上时,随着时间的推移其性能退化速度比较快,这是由于元器件本身的材料等原因造成的。因此,只有在低于额定值的条件下,元器件才能保证其性能与可靠性。

3. 降额设计的重要性

元器件的可靠性对其电应力和温度应力比较敏感,在一定范围内,随着电应力和温度应力的增加,元器件的失效率迅速上升。施加在电子元器件上的电、热应力大小直接影响电子元器件的基本失效率。

常规情况下允许给元器件施加的热电应力称为元器件最大工作条件。而考虑可靠性的要求,采取降额设计技术,元器件允许承受的热电应力称为安全工作条件。则安全工作条件与最大工作条件之比就是降额因子,又称为降额系数,以此表征元器件的降额程度。

1979年3月,航天 DF-5-20 批计算机在地面等效器件试验过程中,因电源中的固体钽电容直流工作电压降额系数高达 0.825(固体钽电容直流工作电压降额推荐:Ⅰ级,$S=0.5$;Ⅱ级,$S=0.6$;Ⅲ级,$S=0.7$),降额未达标而发生了事故。因此需要充分重视元器件的降额设计。

6.2.2 降额设计的基本原则

降额设计是保证产品可靠性的重要手段,也是元器件可靠性设计的重要内容,因此要求对系统所用元器件正确合理地做好降额设计,进行降额设计应遵循以下基本原则:

(1)元器件的降额量值允许做适当调整,但对关键元器件应保证规定的降额量值。在多参数的降额时,尽可能设计关键参数的降额,个别影响不大的参数可做适当的改变。

(2)各类电子元器件都有最佳的降额范围,在此范围内工作应力的变化对其失效率有明显的影响,在设计上也较容易实现,且不会在设备体积、重量方面付出过大代价。

(3)降额到一定程度后可靠性的提升是很微小的,因此不能过度降额,过度降额会使效益下降,增加设备的重量、体积和成本等,有时还会使某些元器件工作不正常,大大降低参数稳定性。

(4)不应采用过度的降额补偿方法解决低质量元器件的使用问题,同样也不能由于采用了高质量等级的元器件而不进行降额设计。

(5)对于系统和整机设计,目前积累了各种元器件降额设计的一套准则。例如,我国已制定 GJB/Z 35—1993《元器件降额准则》,国产元器件的降额设计应按此标准参考、执行。国外元器件降额可按美国国防部可靠性分析中心《元器件选择、应用和控制》和美国波音宇航公司《可靠性元器件降额准则》的降额设计要求进行。

(6)不应将相关标准所推荐的降额量值绝对化,降额设计是多方面因素综合考量的结果。

6.2.3 降额设计的内容

元器件降额设计的工作内容及过程主要分为以下几个方面：首先根据降额准则确定元器件的降额等级、降额参数以及降额因子，接下来根据确定好的降额等级、降额参数和降额因子对元器件进行降额分析与计算，最后撰写降额设计报告。

1. 降额准则

降额设计是可靠性设计中的一项重要内容，降额准则更是降额设计的依据与标准。在电子设备的可靠性设计准则中，通常都对元器件的降额使用提出了明确的要求。我国现行的元器件降额标准 GJB/Z 35—1993《元器件降额准则》是国内电子设备可靠性设计的重要标准，也是电子设备可靠性设计方案评审的主要依据，在工作实践中得到了广泛的应用。

由于国内外元器件质量等方面的要求不同，各个国家和大型企业均有属于自己的一套降额设计准则，如欧洲空间标准化合作组织（European Cooperation for Space Standardization，ECSS）发布的 ECSS - Q - 30 - 11C《电子元器件筛选和降额准则》，以及美军标 MIL - STD - 975M(NASA)《军用电气、电子、机电元件清单》附录 A《标准元器件降额准则》、NASA 标准 EEE - INST - 002《电气、电子和机电元器件选择、筛选、鉴定和降额指南》等。

2. 降额等级

对许多元器件类型来讲最低降额点和过降额点之间有一个可接受的降额等级范围，所谓最佳降额点是指应力增加一点就将引起故障率迅速增长的应力点。

通常元器件有一个最佳降额范围。在此范围内，元器件工作应力的降低对其失效率的下降有显著的改善，设备的设计易于实现，且不必在设备的重量、体积和成本等方面付出大的代价。

应按设备可靠性要求、设计的成熟性、维修费用和难易程度、安全性要求以及对设备重量和尺寸的限制因素，综合权衡确定其降额等级。

在最佳范围内推荐采用三种降额等级：Ⅰ级降额，也称最大降额；Ⅱ级降额，也称中等降额；Ⅲ级降额，也称最小降额。

（1）Ⅰ级降额。Ⅰ级降额是最大的降额，适用于设备故障将会危及安全、导致任务失败和造成严重经济损失情况时的降额设计。它是保证设备可靠性所必须的最大降额，对元器件使用可靠性的改善最大，超过Ⅰ级降额的降额设计往往对元器件可靠性的提高有限，并且可能使设备设计变得困难，起到适得其反的作用。

（2）Ⅱ级降额。Ⅱ级降额是中等降额，适用于设备故障将会使工作任务降级和发生不合理的维修费用情况的降额设计。这级降额对元器件使用可靠性有明显改善，Ⅱ级降额在设计上较Ⅰ级降额易于实现。

（3）Ⅲ级降额。Ⅲ级降额是最小的降额，适用于设备故障只对任务完成有较小的影响以及能快速、经济地修复设备的情况。这级降额在设计上最易实现，对元器件使用可靠性的相对效益最大，但可靠性改善的绝对效果不如Ⅰ级和Ⅱ级降额。

通常，用于很重要或很复杂的系统和设备中的元器件才采用Ⅰ级降额或Ⅱ级降额。各类电子元器件的详细降额准则及应用指南可参见 GJB/Z 35《元器件降额准则》或根据任务总体要求确定。表 6-2 为我国国家军用标准 GJB/Z 35 中对不同类型装备推荐应用的部分降额等级。

表 6-2　GJB/Z 35 推荐的部分降额等级

应用范围	降额等级	
	最　高	最　低
航天器与运载火箭	I	I
战略导弹	I	II
战术导弹系统	I	III
飞机与舰船系统	I	III
通信电子系统	I	III
武器与车辆系统	I	III
地面保障设备	II	III

3. 降额参数

降额参数指的是能够影响元器件失效率的有关性能参数和环境应力参数。降额参数确定的依据是元器件的失效模型。在 GJB/Z 299C《电子设备可靠性预计手册》中给出了各类国产元器件的失效模型。

根据不同类型元器件的工作特点，对元器件失效率有影响的主要降额参数和关键降额参数各不相同。大部分元器件的降额参数不仅内容不同，而且降额参数的数量也不一致，通常为 3 项到 7 项。

降额参数的确定原则，首先应符合元器件在某降额等级下各项降额参数的降额值的要求。其次，在不能同时满足时，要尽量保证对失效率降低起关键影响的元器件参数的降额量值。确定降额参数时还一定需要注意参数的细节，包括参数工作应力的性质（如定值或是交变值）和降额基准值的种类（如额定值或是极限值）。

一般来说，集成电路的降额参数有电源电压、输入电压、输出电流、功率、最高结温等。高结温是对集成电路破坏最大的应力，器件在工作时，结温要维持比较低的水平；器件实际工作频率应低于其额定工作频率，否则功耗会迅速增加；对于大规模集成电路，着重改进其封装散热方式以降低结温，尽可能降低其输入电平及输出电流和工作频率。再如，电容器的主要降额参数为电压和环境温度：电压影响电容器寿命，越接近额定电压时影响越大；环境温度影响电容器的使用寿命、电容量、绝缘电阻介电强度和器件的密封等。

4. 降额因子

降额因子是指元器件工作应力与额定应力之比。应力包括影响元器件失效率的电、热、机械等负载。降额因子一般小于 1，若等于 1 则没有降额。降额因子的选取有一个最佳范围，一般应力比为 0.5～0.9。在最佳降额范围内元器件的基本失效率会下降很多，但若进一步降低应力比，元器件失效率的下降程度微小，对提高系统可靠性并无太大作用，甚至可能有害。

在确定降额因子的过程中，不应将降额标准中的降额量值绝对化，要多方面因素综合考虑。对元器件失效率影响不大的个别参数在降额设计过程中可将降额量值作适当调整，但不要轻易降低降额等级。

5. 降额分析与计算

降额的分析与计算也是降额设计中非常重要的一项工作内容。在元器件降额设计的具体过程中，首先需要根据设备应用的具体工作条件确定出所选用元器件的降额等级，其次按照所规定的降额等级，明确元器件的降额参数和降额量值，再利用电、热应力分析计算或测试来获得温度值和电应力值，最后按照相关军用规范或元器件技术手册的数据，获得元器件的额定值，再考虑降额系数，获得元器件降额后的容许值。

降额可通过两种途径解决，即通过降低应用应力或者通过提高元器件的强度来实现，因此，对于没有达到元器件降额要求，尤其是降额不够的元器件应更改设计，采用容许值更大的元器件或者设法降低元器件的使用应力值。

因受条件限制，降额后仍未达到降额要求的个别元器件（非关键和重要元器件），经分析研究和履行有关审批手续后，方可允许暂时保留使用。

6.2.4 降额使用

降额使用就是使元器件在低于额定值的状态下工作。这是提高元器件使用寿命、保证电子设备可靠性的通用做法，也是可靠性设计的重要内容。元器件的寿命在其结构确定后，主要决定于它所承受的应力。降额使用时用减小应力的方法提高寿命的有效措施，在元器件使用过程中不可避免地会有外界条件的起伏波动，如果元器件在满额定值状态下工作，即使发生很小的起伏波动，也会使元器件时而进入超额定值的工作状态，影响其可靠性。

对什么参数实施降额，做多大幅度的降额，不同的元器件可能不同。相同的元器件在不同的工作条件和环境条件下也有区别，需要相互协调。

元器件的降额使用，并不是降额幅度越大越好。通常元器件都存在一个最佳的降额区。过低的降额会引起元器件性能的劣化和可靠性的降低。

6.2.5 降额设计应注意的问题

降额设计是可靠性设计的一项重要内容，因此一般型号均要求对系统所用元器件正确合理地做好降额设计以利于正确选择和使用元器件。

应熟悉各种元器件参数的含义，明确降额参数的基准值。元器件的降额参数主要是电参数和温度参数，电参数中包含电压、电流、功率等，温度参数包含结温、环境温度和壳温等。降额时需明确是哪种参数需降额，降额的基准值是额定值还是规定值。

为了制定出最佳的降额范围，需要综合考虑整机系统的重要性、寿命要求、失效后造成的危害程度及成本等问题。

降额可以有效提高元器件的使用可靠性，但降额是有限度的。各类元器件都有最佳的降额范围，在这个范围内工作应力的变化对其失效率有明显的影响。通常，超过最佳范围的更大降额，元器件可靠性的改善相对下降，而设备的重量、体积和成本却会有较快的增加。有时过度的降额会使元器件的正常特性发生变化，甚至有可能找不到满足设备或电路功能要求的元器件；过度降额还可能引入元器件新的失效机理，或导致元器件数量不必要的增加等问题。

元器件的降额量值允许做适当的调整，但对关键元器件应保证规定的降额量值。

需要注意的是，并不是所有元器件都可以随意进行降额设计。例如，电子管的灯丝电压和继电器的线圈吸合电流是不能降额的，否则会使电子管的寿命降低，继电器不能可靠吸合，特别是微波大功率磁控管等，对其降额不仅会影响寿命，而且还会因灯丝欠热而跳火，以致不能正常工作，继电器则不能吸合或引起接点抖动；晶体管的驱动功率不能降额，它直接影响额定频率，而其工作温度也必须保持在规定的限制范围内，以保证达到额定的工作频率。

有的元器件，降额到一定程度时却得不到预期的效果。例如，薄膜电阻器的功率降额到 10% 以下时，失效率就不再下降。又如三极管的 V_{ec} 电压降额到额定值的四分之一以下和一般二极管的反向电压降额到最大反向电压的 60% 以下时，失效率也都不再下降。

另外，必须根据产品可靠性要求选用适合质量等级的元器件，不应采用降额补偿的办法解决低质量等级元器件的使用问题。

6.2.6 降额设计示例

电子设备中一些常用元器件的基本失效率与降额后的失效率的比较可参见表 6-3，表中 S 表示降额系数。从表中可知，金属膜电阻当温度不变（70 ℃）时，功率降低一半，其失效率降低了两个数量级。云母电容的环境温度降低一半，电压降低 30%，其基本失效率降低三个数量级，因此降额设计是提高可靠性的有效办法。但并不是对所有的元器件都是降额越多越可靠，对的元器件降额过多时反而使失效率显著增加，所以在进行降额设计时应熟悉元器件的工作原理和失效机理才能做到合理降额。

表 6-3 连接器降额准则

名称	金属膜电阻	金属化纸介电容	云母电容	固态钽电容	集成电路
应力基本失效率 λ_0 / h^{-1}	70 ℃($S=1$) 1.7×10^{-7}	70 ℃($S=1$) 1.14×10^{-5}	80 ℃($S=1$) 1.76×10^{-5}	70 ℃($S=1$) $(7 \sim 9) \times 10^{-5}$	125 ℃ 2.1×10^{-5}
应力降额后失效率 λ / h^{-1}	70 ℃($S=0.5$) 1.5×10^{-9}	40 ℃($S=0.5$) 2.27×10^{-7}	40 ℃($S=0.7$) 3×10^{-8}	40 ℃($S=0.7$) $(3 \sim 5) \times 10^{-8}$	25 ℃ 4.8×10^{-7}

1. 电容器的降额设计

在电子设备中广泛使用的电容器有玻璃釉电容器、云母电容器、钽（铝）电解电容器、瓷介质电容器等。这些电容器的体积、成本、电容量和电性能都相差各异，各有特点。电容器是电子设备中使用量最大的元器件之一。电容器作为一种储能元件，用于长时间内积累电能和长时间或短时间释放能量，有用作整机电子线路的隔直流、旁路、耦合、滤波、储能、定时等功能。

电容器降额设计的目的是使电容器满足技术标准的同时还要预留更多的富余量，从而达到降低基本失效率，提高使用可靠性的目的。

电容器的降额设计有温度设计、电压降额设计、环境设计等内容。

温度降额设计，选择耐高温的结构材料，提高电容器的温度承受能力。如提高密封锡的熔化温度、选择耐高温的密封环，选择合适的形成温度等。

电压降额设计，在体积允许的情况下，尽可能地提高阳极钽芯氧化膜的形成电压，使电容器有更小的漏电流和更多的电压富余量。

环境降额设计,选择耐腐蚀性能好的材料作电容器的表面处理,选择绝缘电阻和绝缘电压远高于标准要求的材料作电容器的绝缘套管。

2. 连接器的降额设计

连接器在电子设备中也较为常见,其主要作用有:传输电信号;输送电能量;通过接触件的闭合或断开以使其所连接系统的电路被接通或断开。相对于其他电子元器件来说,连接器采用的零部件较多,结构较复杂,其可靠性水平目前也较低。因此,提高连接器的可靠性对提升电子设备的可靠性水平有着重要作用,其中连接器的降额设计又是其可靠性设计中的一个重要环节。

影响连接器可靠性的主要因素有插孔材料、接点电流、有效接点数目、插拔次数和工作环境,连接器降额的主要应力是工作电压、工作电流和温度。对于连接器主要是降低其最高工作电压、额定工作电流及最高插针额定温度。

连接器的降额准则见表6-4。连接器工作电压的最大值将随其工作温度的增加而下降,表中 T_M 为最高接触对额定温度。

表6-4 连接器降额准则

降额参数	降额等级		
	Ⅰ级降额	Ⅱ级降额	Ⅲ级降额
工作电压(DC 或 AC)	0.50	0.70	0.80
工作电流	0.50	0.70	0.80
温度/℃	$T_M - 50$	$T_M - 25$	$T_M - 20$

为增加接点电流,可将连接器的接触对并联使用。每个接触对应按规定对电流降额,由于每个接触对的接触电阻不同,电流也不相同,因此在正常降额的基础上需再增加25%余量的接触对数。例如,连接2 A 的电流,采用额定电流为1 A 的接触对,在Ⅰ级降额的情况下,需要5个接触对并联使用。

3. 错误的降额示例

工程设计人员在设计过程中,为了提高系统的可靠性,设计余量较大,但往往忽视了元器件本身的技术参数,导致不但没有提高可靠性,反而错误地使用元器件。

在某设计部门,设计人员设计某一电路,该电路需要一个15 V 直流电源。为了提高可靠性,设计人员选用功率较大的三端稳压块7815MK为该电路的直流电源。在该电路中,7815 的负载电路阻抗较大,消耗电流较小,仅几个毫安;而7815MK 实际最大输出电流为1.5 A。因此,设计人员认为以7815MK 提供几个毫安的电流,所留余量很大,该电源电路非常可靠。但设计人员忽视了7815MK 的使用范围是输出电流必须大于十毫安。因此,导致的结果是该电源电路不在工作条件之内,使得输出15 V 直流电源不稳定。在分析了故障原因后,设计人员在7815MK 的输出端与地之间加入一个电阻,使7815MK 的输出电流提高到数十毫安,这样才使输出稳定下来。

因此,必须在选用元器件时正确、合理地降额使用,不合理的降额使用不但对系统的可靠性没有帮助,反而影响了系统的正常工作。

6.2.7　动态设计

电子设备中所使用的任何元件、部件或分系统的参数必然有一定的制造误差，且随着设备工作时间的增长，其特征参数值也会发生变化。这些误差和变化必然会对系统的工作产生影响，当这种影响超过了设计容限时，系统就产生故障。变化的误差会使系统产生漂移失效。为了减小或克服这种失效，应改变过去那种认为元器件及机械部件的特性参数不变的静态设计思想，在设计上使参数漂移对系统的影响降至最低，即采用动态设计（又称容差设计）的方法。

下面介绍动态设计的主要方法及途径。

1. 工作状态设计

先采用正交表或其他组合方法，通过分析各种元器件（部件）参数的搭配，寻找一组能使电路（系统）性能最优的参数搭配。这种参数搭配要保证电路（系统）在内部参数（元器件参数）和外部参数（输入信号）等条件变化时，电路（系统）的性能参数变化最小。然后根据网络拓扑学的理论，利用计算机辅助网络分析，计算各个元器件（部件）的参数变化对电路（系统）参数的影响程度。在上述分析的基础上，最后确定系统的最佳工作状态。

2. 动态补偿设计

在设计电路时，为了减小电子元器件特征参数值随环境的变化，可采用动态补偿设计的方法，环境因素中，温度对电子元器件参数值的影响最为严重。电子元器件的特征参数值随温度的变化方式有两种：正温度系数（温度升高特征参数值增加）和负温度系数（温度升高特征参数值降低），如电感线圈所采用的磁介质材料中，钼坡莫合金具有正温度系数，而铝硅铁具有负温度系数。对于有机介质固定电容器，非极性有机介质一般具有负电容温度系数（如聚苯乙烯、聚丙烯等），极性有机介质一般具有正温度系数（如涤纶等）。对于某些陶瓷电容器、电解电容器，低温使用时电容量会明显减小。为此，可采用温度补偿的办法来克服这种影响。例如对于电感器，可以采用铝硅铁一类的负温度系数的磁芯来补偿线圈的正温度系数；对于半导体稳压二极管，稳压值是温度的函数，为提高稳压的精密度，大都采用串联补偿的方法来克服稳压值的温漂；对于由电感器和电容器所组成的振荡电路，为了减小温度变化对振荡频率的影响，可以选用负温度系数的电容器来抵消正温度系数的电感器随温度的变化量；某些晶体管的参数漂移，可以选用适当的电容器来抵消；此外，还可采用反馈技术来补偿特征参数变化所带来的影响。

3. 动态灵敏度分析设计

随着环境的变化，电子元器件的特征参数值也在改变。通过计算和分析，在电子设备的众多电路或众多的元器件中，找出关键不稳定的电路和元器件，继而采取相应的措施，这就是动态灵敏度分析设计的核心思想。

4. 元器件动态选用设计

不同电子元器件的特征参数随环境变化的程度是不一样的，因此考虑这些变化对于正确选择元器件是十分必要的。

在半导体分立元器件中，硅管的正常工作范围（$-55 \sim +155 \ ℃$）要比锗管（$-55 \sim +90 \ ℃$）宽，温度稳定性和适应性也较好。再加上硅的导热率比锗的高得多，因而硅管的抗烧毁性能也比锗管的好得多。因此，在温度较高的情况下，应尽量选用硅管。场效应晶体管是一种对静电极其敏感的器件，在包装、运输、测试、电装、调试时必须注意采取防静电措施。在潮湿和盐雾环境中工作的电子设备中，尽量不要采用塑封器件，因塑封器件密封性差，易老化。

常用电阻器中，用温度系数、储存稳定性、工作稳定性及耐潮性衡量，优选顺序：电阻合金线、块金属膜、金属玻璃釉、金属膜、金属氧化膜、热分解膜、合成碳膜。

选用电容器时，要综合考虑温度、相对湿度、大气压力、振动等各方面因素的影响。云母电容器的温度系数比某些陶瓷电容器好，但云母电容器的密封性不好，不宜在潮湿环境下工作；玻璃膜独石电容器的工作环境温度较宽($-55 \sim +125\ ℃$)，而聚苯乙烯电容器的工作温度范围较窄(仅为$-10 \sim +55\ ℃$)；液体钽电解和铝电解电容器不能在高空低气压下工作，铝电解电容器不宜用于盐雾环境下的电子设备，且其库存时间稍长，特征参数值明显变劣。

元器件选用的基本原则是：在最恶劣的环境情况下，当器件的特征参数值变化最大时，设备仍能正常工作。

5. 动态环境防护设计

由于电子元器件的特性随周围环境的变化而变化，如固态电阻器在$55\ ℃$、相对湿度95%的环境中放置$100\ h$，就有10%的阻值变化。因此在实验室静态环境中设计出的电子设备在动态的环境下往往不能可靠地工作，所以应进行动态环境防护设计。

大量的统计数据表明，在导致电子产品参数变化的诸因素中，温度、湿度和老化占$95\% \sim 98\%$，而其中尤以温度的影响最为显著，约占$60\% \sim 70\%$，因此，在动态环境防护设计中，应采取防止温度、湿度和老化对电子设备稳定性和可靠性影响的措施。对温度的防护可采用热设计方法，为器件的稳定可靠工作提供一个适宜的"微环境"。对湿度的防护可采取密封及三防工艺等措施。对于老化影响，除了控制库存和使用环境外，还应进行降额应用。

6. 元器件的特征值稳定

由于制造工艺和物理化学反应等原因，电子元器件往往要经过一段时间的使用后，其特征参数值才能稳定在某一水平上。因此，在出厂前应对电子元器件进行高温动态测试，目的是剔除那些特征参数值超过规定范围的元器件，并对正品元件通过烘烤而使其特征参数值稳定。实践证明，对电子元器件进行高温动态测试检测是筛选电子元器件最好的方法。

6.3 元器件的典型可靠性问题

20世纪90年代以来，集成电路技术得到了快速发展，特征尺寸不断减小，集成度和性能不断提高。这些发展给集成电路可靠性的保证和提高带来了巨大挑战：在MOS器件按比例缩小尺寸的同时，工作电压并未相应地等比降低，这使得MOS器件的沟道电场和氧化层电场显著增加，导致从前可以忽略的短沟道效应和薄栅氧化层效应变得越来越严重。当MOS器件的特征尺寸达到超深亚微米时，栅氧化层厚度进一步变薄，各种失效模式对超深亚微米MOS器件的影响不可忽视。本节将主要介绍关于器件可靠性的几种典型效应。

6.3.1　栅氧的经时击穿（TDDB）效应

1. 经时击穿（TDDB）及其可靠性概述

随着集成电路的迅速发展，其性能不断提高，超大规模集成电路技术的发展要求器件的特征尺寸不断缩小。在器件特征尺寸不断缩小、集成度和芯片面积以及实际功耗不断增加的情况下，物理极限的逼近使影响集成电路可靠性的各种失效机理的敏感度增强，设计和工艺中需要考虑和权衡的因素大大增加，剩余可靠性容限趋于消失，从而使集成电路可靠性的保证和提高面临巨大的挑战。

在这种情况下，MOS 器件的栅氧化层厚度在不断缩小，然而工作电压却不宜等比例的降低，这就使得在强电场的作用下栅氧化层的可靠性成为一个突出的问题。通常栅氧化层的击穿，是指在高电压下瞬时发生的，而实际上，即使所加电压在低于临界击穿电压的情况下，经过一段时间后也会发生击穿，这就是 TDDB 击穿，也叫经时击穿。

小尺寸 MOS 器件失效的主要因素为器件参数的漂移及栅氧化层的击穿。引起这些失效的主要原因是栅氧化层中的缺陷以及 Si—SiO$_2$ 界面缺陷。缺陷一方面来源于工艺制造过程，即原生缺陷；另一方面来源于器件的工作过程，在各种应力如电应力的作用会产生新的缺陷，而且随着工作时间的增加不断积累，最终导致器件失效。一般来说，栅氧化层的击穿通常可以分为两大类：一是过电应力引起的高压击穿；另一类是额定条件下与时间相关的经时击穿。高压击穿的原因及表现较为明显，通常可以通过正确的操作程序及电路保护来避免，而经时击穿则与介质层的缺陷等相关，这类击穿对产品的可靠性影响很大，需要在产品的设计阶段进行解决。因而研究 TDDB 效应对分析器件的可靠性问题具有重要意义。

2. 栅氧化层 TDDB 击穿机理

栅氧化层的可靠性是 MOS 集成电路中最重要的可靠性问题之一，它影响到半导体器件的使用寿命问题。要解决这个问题，需要深入地了解半导体内部材料是如何失效的，清楚地认识到失效的发生、失效的过程以及失效的结果。当前还没有能完美解释各种微纳米器件特性退化的模型，栅氧化层是如何击穿的，其击穿与哪些因素有关？可以说栅氧化层的击穿机理依旧是研究的重点。

1）栅氧化层 TDDB 击穿机理概述

薄栅氧化层击穿的限制因素依赖于注入热电子量和空穴量的平衡，当注入电子量非常少时，注入热电子所产生的陷阱数量是薄栅氧化层击穿的限制因素；当注入热电子较多时，注入的空穴量是影响击穿的主要因素。

因此认为薄栅氧化层的击穿是一个两步过程：第一步，注入的热电子在薄栅氧化层中产生空穴陷阱；第二步，空穴被薄栅氧化层中的陷阱俘获后产生导电通路，导致薄栅氧化层的击穿。或者反过来。

从原理上 TDDB 过程分为两个阶段：第一阶段为击穿积累阶段，其特点是在电应力作用下，氧化层内部及 Si—SiO$_2$ 界面处产生新生陷阱（电荷）的积累，导致氧化层内部的电场调制效应，当局部电场或局部电流达到临界值时，第二阶段即快速崩溃阶段开始，在这一阶段中，电和热的正反馈过程导致栅氧化层击穿。

2）TDDB 的软击穿与硬击穿

已有大量实验表明，TDDB 的本征击穿可分为软击穿和硬击穿两个过程。软击穿又叫做早期击穿、预击穿等，它不会导致明显的电流变化，只是在阴极和阳极间产生临时导电通道，属于一种非破坏性的击穿；而硬击穿则属于一种破坏性的击穿，这是因为其在阴极和阳极间产生了一个永久的导电通道，当在栅氧化层上施加高压应力时，栅氧化层中将产生陷阱，导致局部的高电流密度，并在这些区域产生大量的热量进而造成局部的软击穿，但是如果这个过程在一个区域发生多次，则产生硬击穿，氧化层被彻底破坏。

过去人们认为栅氧化层的 TDDB 击穿主要是由于 Na^+ 等沾污引起的，因而采取了各种防护措施以保护栅氧化层不被 Na^+ 等沾污。然而，实验结果发现，对于无 Na^+ 沾污的栅氧化层，仍然会产生 TDDB 击穿。

3）缺陷产生分析

一般认为，在电应力的作用下，栅氧化层及界面处不断产生多种缺陷，它们相互作用，引起器件退化。关于缺陷产生的机理有两种模型，即负电荷积累模型和正电荷积累模型。

负电荷积累模型认为栅泄漏电流是电子从阴极注入引起的。在电场的作用下，栅氧化层中产生 F-N 隧穿电流，电子从阴极出发，注入氧化层中，并且在阴极附近产生新的陷阱或被陷阱所俘获，局部电荷的积累使得氧化层中局部电场增强，引起局部介质击穿。随着时间的累积，这种局部介质击穿可以扩展到整个栅氧化层的击穿。

正电荷积累模型认为电子从阴极注入栅氧化层后与 SiO_2 晶格碰撞引发碰撞电离，形成电子-空穴对，电子在电场的作用下迅速进入阳极，而空穴则在向阴极的漂移过程中被氧化层陷阱俘获，产生带正电的空穴累积。增强的电场在阴极附近又引起碰撞电离，于是，正电荷中心不断向阴极靠近，阴极场强不断增大。当场强增大到一定程度时，介质被击穿。

人们通过研究得出以下结论：在栅氧化层击穿过程中，导致氧化层击穿的主要原因是氧化层中缺陷的产生与积累，而这些缺陷的产生是氧化层中的点缺陷在电场和载流子综合作用下的结果。在这些缺陷中，深能级缺陷在氧化层禁带中形成定域态。随着应力时间的持续，缺陷浓度不断增大，定域态之间的距离也不断缩小。当缺陷浓度达到一个临界值时，定域态通过交叠形成扩展能级，氧化层的漏电流开始急剧增大，介质击穿开始触发。

3. 栅氧化层 TDDB 击穿模型

自 20 世纪 70 年代初人们开始研究 TDDB 击穿机理到现在，仍没有能够精确描述栅氧化层击穿的完整模型，很多模型的物理机制与实验结果存在着矛盾。就目前来看，能够较为准确地描述栅氧化层击穿的物理模型大致包括以下几种：(1)电子俘获模型；(2)空穴击穿模型，即 1/E 模型；(3)热化学击穿模型，即 E 模型；(4)1/E 与 E 模型的统一模型；(5)界面态产生与积累模型。

1）电子俘获模型

电子俘获模型研究者认为电子俘获使阳极电场增加，增加到一个临界值引起 Si—O 键断裂而发生击穿。

早在 1978 年，E. Harari 首次采用恒流源取代常压或斜坡栅压，以保证电荷注入结处的常电场，避免了高电场条件下氧化层中产生的电荷陷阱对击穿的影响。对一组由厚度 $30\sim300$ Å 的 SiO_2 介质组成的面积为 2.3×10^{-6} cm^2 的小面积电容进行大量的实验，样品总数量是 10000。实验结果有力地证明了高应力条件下电子陷阱的产生与击穿之间的关系。当 Si—SiO_2 界面电子陷阱密度达到一定值时，导致局部电场高于某一临界值而发生介质击穿。该临界值为 3×10^7 V/cm^{-1}，这是 Si—O 键能承受的最大电场。高温下注入电子经历较多的电子声子相互作用，电子陷阱产生速率增加，氧化层退化较快，击穿时间变短。

后来 D. J. Dumin 从击穿的物理过程入手，把介质退化期间产生的陷阱和击穿统计结合，提出了介质击穿和退化相关模型。通过实验证明了电子注入界面的不平整是击穿的主要原因，更精确的模型应考虑陷阱产生的不均匀性及缺陷附近陷阱产生率的增加。

高场应力下超薄介质膜的退化是 VLSI 技术的重点关心问题。介质中电荷的俘获可以作为退化的监测，但究竟是电子俘获还是空穴俘获、体俘获还是界面俘获的问题上仍存在分歧。早期认为以断键形式引起的物理损伤是发生击穿的主要原因。陷阱产生是连接物理损伤和电性能退化的桥梁，而断键和形变表现为陷阱，因此也有理由认为可以利用产生陷阱作为介质品质的良好监测。P. P. Apte 模型研究了陷阱产生及击穿与五个关键参数的关系，即应力电流密度、氧化层厚度、应力温度、电荷注入极性和纯氧化物的氮化。这五个参数均观察到了氧化层退化和新陷阱产生的强烈关系，从原子结构得出其电特性，据此提出了介质击穿的物理损伤模型。该模型认为介质的物理损伤机制是电子被加速到高能以打断键，从而产生损伤。陷阱产生是介质损伤的具体表现。由电子传送的大量能量使阳极界面陷阱产生非常严重。阳极界面损伤和体内损伤形成细丝状的导电通路，产生大量电流而发生击穿。介质击穿可用陷阱产生来表征，见式（6-2）：

$$Q_{bd}=0.382\times\left(\frac{dV_g}{dQ_{inj}}\right)^{-0.89}$$

$$(6-2)$$

2）空穴击穿模型

空穴击穿模型又被称为 1/E 模型（hole induced breakdown model），最早由 Chen 等人提出。如图 6-5 所示，当电子从多晶硅栅注入时，一些具有足够高能量的电子可以直接越过 3.1 eV 阴极势垒而被 SiO_2 的电场加速到达阳极。另一些能量较低的电子则通过 F-N 隧穿到 SiO_2 的导带或者直接隧穿到阳极。在标准的器件工作温度（小于 150℃）下，能越过 3.1 eV 的电子数量可以忽略。

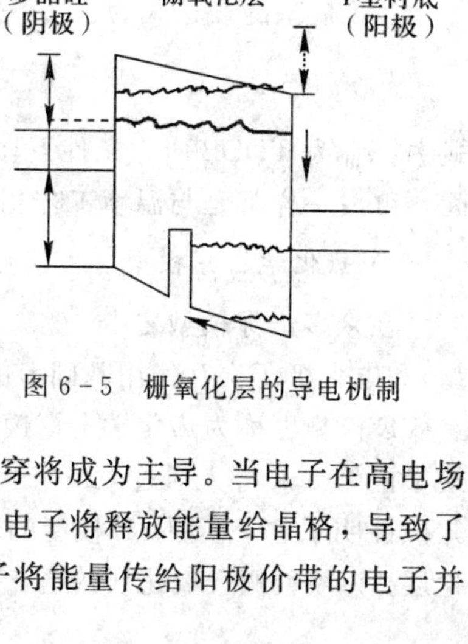

图 6-5 栅氧化层的导电机制

如果栅氧化层上加的电场大于 5 mV/cm，F-N 隧穿将占主导地位，但当栅氧化层厚度小于 5 nm 时，直接隧穿将成为主导。当电子在高电场下穿越氧化层时将会和晶格碰撞，发生散射。到达阳极后，电子将释放能量给晶格，导致了 Si—O 键的损伤，产生电子陷阱和空穴陷阱。另一部分电子将能量传给阳极价带的电子并使其激发进入导带，从而生成电子-空穴对。产生的空穴又隧穿回氧化层，形成空穴隧穿电流。由于空穴的迁移率比电子迁移率要低2～3个数量级，所以空穴很容易被陷阱俘获，这些被俘获的空穴又在氧化层中产生电场，使缺陷处局部电流不断增加，形成了正反馈，陷阱不断增多，当陷阱互相重叠并连成了一个导电通道时，氧化层被击穿，如图6-6所示。

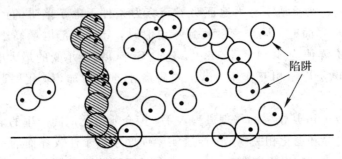

图6-6　本征氧化层击穿时导电通道示意图

1984年S. Holland和C. Hu等人通过对32 nm厚的MOS电容施加不同极性的恒流源发现电流的注入位于氧化层面积的很小部分，估计约为总面积的百万分之一，导致局部电场增强，斜率明显下降。对器件施加恒流应力，实验有力地证明了氧化层击穿是由正电荷的积累造成的，而这些正电荷经高温退火后无法消除。

Ⅰ. C. Chen修正了以前模型，提出了一个较完整的介质击穿量化模型。该模型具有以下特点：首先，尽管排除了俘获电子是引起击穿的原因，却考虑了它对氧化层内电场的影响。其次，以前的模型忽略了空穴在氧化层中的漂移，该模型考虑了空穴向阴极漂移，其中一部分被俘获，最后认为俘获的空穴位于局部区域。

C. F. Chen通过斜坡电压应力下I-V曲线和不同电量下高频C-V曲线的正向漂移证明存在电子俘获，而I-V曲线中阴极电场的增强和准静态C-V曲线中界面态密度的增加又证明了正电荷的产生。综合考虑了电子俘获、正电荷产生、薄弱区和结实区面积这几种因素，以碰撞电离产生的正电荷在Si—SiO$_2$界面附近薄弱区的聚集程度作为击穿判据，提出了介质击穿的理论模型。可预见薄栅介质的寿命，理论模型和实验取得了很好的一致。

1/E模型的表达式为

$$t_{BD} = t_0 \exp\left(\frac{G}{E_{ox}}\right) \tag{6-3}$$

式中：t_{BD}为TDDB应力条件下栅氧化层的寿命；E_{ox}为氧化层电场强度；t_0为本征击穿时间，和G一样都是与温度工艺相关的常数。

3）热化学击穿模型

在众多击穿模型之中，建立在F-N隧穿效应基础上的1/E模型（又被称为空穴击穿模型）和电偶极子交互作用基础上的E模型（也称为热化学击穿模型）被广泛接受。

E模型也称为热化学击穿模型，是基于Eyring化学反应的热化学击穿理论得到的，是最早由Crook等人通过大量实验观察得到的经验模型，后来McPherson等人又用热化学的知识证明了这个模型。E模型的理论主要是电场导致缺陷的产生，其次才是电流通过栅氧化层。该模型假设氧化层的退化和击穿是一个热力学过程。在E模型中，氧空位被认为是缺陷中心并导致陷阱的产生和 SiO_2 的击穿。正常的 SiO_2 结构中，Si—O—Si 键形成的键角大约是 $120°$ 到 $180°$，当键的夹角大于 $150°$ 或者由于 Si－SiO_2 表面缺少氧原子，则会形成氧空位结构，从而俘获空穴。

E 模型解决了 $1/E$ 模型由于仅仅考虑 F－N 隧穿电流而在低电场和低电流情况下对栅氧化层寿命评估的巨大误差。在高电场的 F－N 隧穿效应区域，隧穿电流同样对栅氧化层的击穿产生作用。加速电子在阳极端产生电子空穴对，空穴隧穿回氧化层，大部分空穴将穿过氧化层被阴极收集，部分空穴会被弱的 SiO_2 共价键俘获。俘获的空穴使共价键更加弱化，在增强电场的作用下加速共价键的断裂，从而导致栅氧化层击穿。因此，E 模型被称为增强电场热化学击穿模型。

E 模型的数学表达式为

$$t_{bd} = \tau \exp(-\gamma E_{ox}) \exp\left(\frac{E_a}{kT}\right) \qquad (6-4)$$

式中：γ 为电场加速因子，单位是 cm/MV。式 $(6-4)$ 两边取对数可以发现，失效时间的对数与栅氧化层上的外加电场 E_{ox} 呈线性关系，这也是热化学击穿模型被称为 E 模型的原因。

4）$1/E$ 与 E 的统一模型

尽管在高电场（10 MV/cm）下 E 模型和 $1/E$ 模型都能和实验结果吻合得很好，但在低电场下它们还是有较大的差异。由于现代的 IC 工作电场一般都小于 10 mV/cm，所以找到一个更适用于低场下的模型就变得非常重要。鉴于 $1/E$ 模型和 E 模型的优缺点，Chenming Hu 提出了一种统一的模型，见式 $(6-5)$。在这个模型中令

$$\frac{1}{t_{bd}} = \frac{1}{t_{bd1}} + \frac{1}{t_{bd2}} \qquad (6-5)$$

式中：t_{bd} 是统一模型的击穿时间；t_{bd1} 和 t_{bd2} 分别是 E 模型和 $1/E$ 模型的击穿时间。这个模型假设在足够高的电场下空穴产生和俘获机制占主导地位；当栅氧化层上的电压低于 F－N 电流的阈值时，F－N 隧穿机制不再适用，此时热化学机制成为主要机制。模型的应用结果表明在膜厚大于 5 nm 的情况下它能和实验结果很好地吻合。但是对于更薄的氧化层此模型仍需要修正，因为在更薄的氧化层中，直接隧穿成为主导机制。

McPherson 等人也指出 E 模型和 $1/E$ 模型都只是在某些条件适用，例如当氧化层中缺陷处的键强小于 3 eV 时，对于低电场和高于室温的情况 E 模型更符合实验结果。当键强高于 3 eV 时，需要俘获空穴破坏 Si—O 键，因此 $1/E$ 模型更容易解释。

5）界面态产生与积累模型

MOS 电容在施加电应力后不仅氧化层内有电荷俘获，Si－SiO_2 界面处也有界面态的产生与增长。随应力时间增加，$C-V$ 曲线畸变增加，界面态密度增加。C. F. Chen 对多晶硅 MOS 电容进行实验，界面态密度随注入的电子增加，它部分抵消了氧化层因俘获电子而引起平带电压的漂移，并且趋于饱和，表明界面态密度的影响不可忽略。J. J. Tzon 等研究了氧化层电荷的产生与击穿之间的温度关系，在 90 ℃时氧化层内的正电荷密度比 27 ℃时小，这与正电荷密度达到某一临界值引起击穿的事实不相符合。界面态随注入电子流密度的增加而增加，同时随温度的上升而上升。界面态密度及氧化层击穿时间具有相同的温度关系，表明二者之间有关联。

界面陷阱的另一模型由 D. J. Dimaria 等人提出，认为 SiO₂ 的击穿相当于界面态的等效，它的发生源于热电子引起的产生缺陷以及电荷俘获。

4. 基于 TDDB 效应的 MOS 器件测试方法

在研究栅氧化层寿命时，经常采用加速寿命试验，从而较快测得氧化层在加速试验条件下的寿命。将加速寿命试验得到的氧化层寿命按照一定的公式外推，就可以得到器件正常工作条件下的寿命。一般的测试方法为：先对器件进行基本特性测试，确定器件是否有效；通过 V – ramp 测试得出其击穿电压；在器件击穿电压以内的电压范围内选取适当电压作为栅应力；进行 TDDB 测试，处理并分析试验数据，得出结论。

器件的 TDDB 击穿如图 6 – 7 所示。

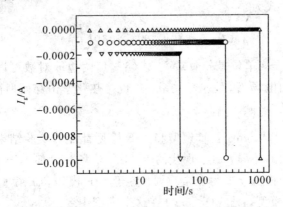

图 6 – 7　不同电压应力下器件的 TDDB 击穿

实际研究中，通常采用 Weibull 分布对 TDDB 击穿数据进行处理分析。如图 6 – 8 所示，对每个电压应力下多次测试得到的击穿时间进行处理，做出器件寿命的 Weibull 统计分布图。在图中选取 $F = 63.2\%$ 为失效标准，确定不同电压应力下器件的有效寿命。之后采用前面所介绍的多种寿命预测方法如 E 模型、1/E 模型或两者的统一模型等对实际器件进行寿命预测。

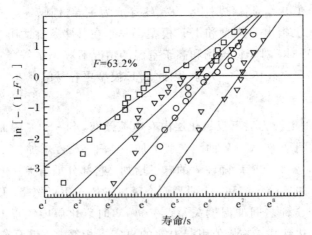

图 6 – 8　PMOS 器件在不同应力电压下的 Weibull 统计分布图

6.3.2　应力导致泄漏电流(SILC)效应

1. SILC 的影响

随着 MOS 器件栅氧化层厚度的不断减小和工作电压的非等比例下降，超薄栅氧(小于 10 nm)的可靠性变得愈发重要，此时即使外加电压不大，因为尺寸很小也会产生高的栅氧化层电场，很容易导致陷阱的产生与氧化层的击穿。这些陷阱将严重影响器件的栅氧特性，并导致器件特性参数的退化。同时应力产生的陷阱将会使得栅泄漏电流增大。在 MOS 器件中这种由于应力导致的泄漏电流增加称为 SILC(Stress Induced Leakage Current)。这种泄漏电流随着氧化层厚度的减小而增加，已经成为非挥发性存储器等比例缩小的一种限制因素。

2. 栅极漏电原理

1) 半导体中的隧穿效应

根据量子力学原理，微观粒子具有波粒二象性，不会在势垒壁前突然停止运动，而是以一定的几率穿过势垒，这种现象称为势垒贯穿。如果研究的粒子在运动时，遇到一个能量值高于其本身能量的势垒壁，按照经典物理原理，粒子是不可能越过势垒的。但是按照量子力学的粒子波动理论，可以解出除了在势垒边界处有反射波存在外，还有穿过势垒的波函数。根据波函数代表粒子的出现几率这种物理含义，表明了在势垒的另一边，粒子具有一定的出现几率。所以说粒子可以贯穿势垒。

理论计算表明，如果一个电子有几电子伏特的能量，方势垒的能量也是几电子伏特，当势垒宽度为 1 Å 时，粒子的隧穿概率达零点几；而当势垒宽度为 10 Å 时，粒子隧穿概率减小到 10^{-10}，已经微乎其微。由此可见隧穿现象与势垒宽度之间存在一定关系。此外，隧穿是一种微观效应，但这种现象可以通过宏观现象表现出来。解释为当粒子数达到一定数量级之后，通过隧穿，透过势垒壁的粒子就可以表现为宏观的电流。比如 MOS 结构反型层电子隧穿通过栅氧化层构成栅极漏电流，这种现象称为隧道效应。隧道效应是解释薄栅漏电流产生原理的物理基础。

隧穿现象可以分为 F-N 隧穿和直接隧穿。其中 F-N 隧穿本质上是一种场辅助下的隧穿。图 6-9 表示的是在 Si-SiO₂-多晶硅结构中 F-N 隧穿的产生机理：当一个较大的电压加在硅-二氧化硅-多晶硅结构上的时候，氧化层中的势垒会变得很陡峭。硅导带中的电子所面对的是一个依赖于外加电压的三角形势垒。在足够高的电压下，势垒的宽度变得很窄，以至于电子能穿越势垒从硅的导带进入氧化物的导带，并漂移到低电位端形成隧穿电流。

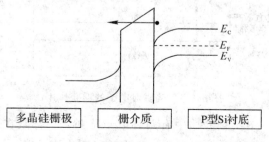

图 6-9　MOS 结构中电子 F-N 隧穿过程

一般认为，对于比较厚的栅氧化层，在施加较大的栅极电压时，电荷通过氧化层有热电子注入和 F - N 隧穿两种方式。但是在氧化层厚度小于 3 nm 时，直接隧穿就成为栅极泄漏电流的主要机制。这种现象对按比例缩小的超薄栅氧化层 MOS 器件性能会产生严重影响。图 6 - 10 是 MOS 结构中直接隧穿的简单示意图。从器件物理方面来讲，直接隧穿是一种能量较低载流子的隧穿过程，也是接近于平衡状态下的弹性输运过程。与热电子注入和 F - N 隧穿相比，在直接隧穿中，影响隧穿过程的许多物理因素也都发生了变化。所以如果直接隧穿是漏电流形成的主要机制，那么即便在栅极电压较小的情况下，直接隧穿电流的大小也要比热电子注入或 F - N 隧穿电流大几个数量级。

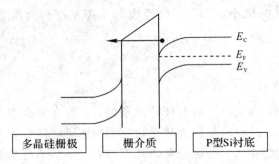

图 6 - 10　直接隧穿原理的简单示意图

2）应力对隧穿电流的影响

施加在器件上的电应力会对器件的电学特性产生较大的影响。有文献表明电应力可以改变栅介质中的缺陷分布，进而影响栅极漏电流的特性；也有研究认为，施加在栅极的电应力可以导致新的缺陷产生，由此产生的栅极漏电流增长称为应力导致的漏电。

要研究导致隧穿电流的根本原因，就需要研究一下栅介质与 Si 衬底之间的缺陷类型。在高 k 栅介质与 Si 衬底的界面上，存在着电子陷阱，其中包括原生电子陷阱和应力导致的电子陷阱。这些电子陷阱对器件的可靠性产生了不良的影响，如导致阈值电压偏移与表面沟道载流子迁移率下降等。与此同时，这些电子陷阱也可以对栅极漏电流的形成产生影响。有报道指出，电子陷阱的辅助作用可以增大栅极漏电流。电子陷阱俘获电子的物理过程如图 6 - 11 所示。

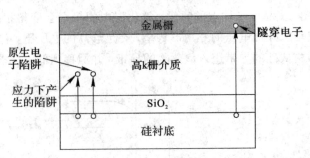

图 6 - 11　陷阱对电子的俘获作用

从图 6 - 11 中可以看出，栅介质中有两种电子陷阱：一种是在器件生长的过程中产生的，称为原生电子陷阱；一种是在对其施加应力的过程中产生的，称为应力导致电子陷阱。

这两种电子陷阱都会在对器件施加电应力的时候俘获从衬底来的大量电子。这些被俘获的电子不仅仅对器件的阈值电压等有很大的影响，同时，也会对栅极漏电流产生影响。如对栅极施加的恒定电应力，会使得栅氧化层与衬底之间的陷阱密度增加，这些缺陷会使得电子通过栅介质的通道增加，进一步导致栅极漏电流的增加。

3. SILC 导电机制

SILC 首次被 Maserjian 和 Zaman 于 1982 年发现，其特性已经被大量研究。Maserjian 和 Zaman 首次提出电荷辅助隧穿效应的观点，指出电子注入使 Si-SiO₂ 界面处正电荷的产生并积累对遂穿电流有显著贡献。后来又有人提出 SILC 并不是由氧化层中正电荷的产生并积累而引发的，而是由栅氧化层的局部缺陷、离子沾污以及注入界面处存在的弱键所引起的。之后，人们对其进行了广泛研究并积累了大量的实验与理论分析，为理解 SILC 的物理机制提供了基础。但在阐述 SILC 导电机制时存在一个难点，那就是通过 $I-V$ 特性分析所获取的信息并不足以理解 SILC 过程的物理起因。关于应力导致的漏电问题，目前已经提出了几种机制来解释应力导致的栅氧化层的漏电。例如，正电荷辅助隧穿、中性陷阱辅助隧穿和热辅助隧穿。

1）正电荷辅助隧穿模型

Teramoto 的实验结果表明，F-N 应力感应的额外泄漏电流是由高能电子产生的空穴注入氧化层而引起的。图 6-12 是 F-N 应力过程中 NMOS 器件载流子传输示意图。应力过程中，阴极导带电子在强电场作用下隧穿进入 SiO₂ 导带，在 SiO₂ 导带中不断加速并获取动能，从而成为高能电子。高能电子沿着 SiO₂ 导带进入阳极导带，高能电子在阳极和晶格碰撞下产生电子-空穴对。所产生的空穴在强电场作用下又反隧穿进入 SiO₂ 价带，其中一部分空穴陷入氧化层而成为陷阱正电荷。陷阱正电荷会使得氧化层内局部场强增强，场强的增大使得电子隧穿几率增加而产生额外栅泄漏电流，形成 SILC，如图 6-13 所示。进一步证实了可以通过热电子注入和紫外辐射方法减少氧化层陷阱正电荷所导致的泄漏电流。

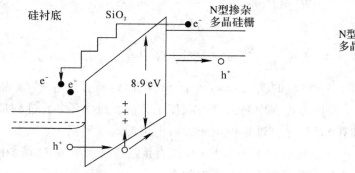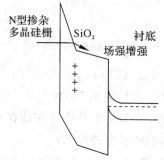

图 6-12 F-N 应力过程中 NMOS 器件载流子传输示意图　　图 6-13 正电荷辅助隧穿形成 SILC

2）陷阱辅助隧穿模型

Dumin 和 Rico 等人通过研究指出，SILC 的起因是陷阱辅助隧穿。他们认为高压应力下，氧化层内部和界面将会有陷阱产生。陷阱分布于氧化层内部，陷阱的存在成为过渡能级。电子从阴极导带隧穿进入陷阱能级，进而又从该陷阱能级隧穿到阳极导带，陷阱辅助电子隧穿从而产生 SILC。陷阱密度越高的区域，其额外泄漏电流就越大。当某个局部区域陷阱浓度超过临界值时，就会促使低能级电流增加，热量将会沿着该局部路径渗透，在阴极和阳极之间会形成一个短路通道，从而发生击穿。

在陷阱辅助隧穿模型提出后，又有众多学者对其进行了更深入的研究。根据隧穿电子的来源以及隧穿电子在通过氧化层过程中的能量耗损情况，陷阱辅助隧穿模型又有不同的分类。有些学者认为，陷阱辅助电子隧穿是一种弹性隧穿过程，能带图如图 6-14 所示。电子在陷阱辅助作用下穿过氧化层时其能量耗损可以忽略。

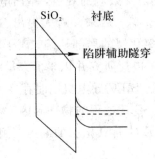

栅　　　SiO₂　　　衬底

陷阱辅助隧穿

图 6-14　陷阱辅助隧穿产生 SILC 的能带图

稳态时，电子从阴极隧穿到陷阱的速率和其从陷阱隧穿到阳极的速率相等，即

$$\alpha N_t P_1 (1-\alpha f) = \alpha N_t P_2 f \tag{6-6}$$

式中：N_t 是陷阱面密度，单位为 cm^{-2}；f 是陷阱占有概率；α 是简并列因子，P_1 和 P_2 分别是阴极和陷阱之间、陷阱和阳极之间的传输概率。

由式(6-6)计算得 f 为

$$f = \frac{P_1}{\alpha P_1 + P_2} \tag{6-7}$$

隧穿概率 P 为

$$P = \alpha P_2 f = \frac{P_1 P_2}{P_1 + \frac{1}{\alpha} P_2} \tag{6-8}$$

如果陷阱态是自旋简并，则 $\alpha = 2$，$P = \dfrac{2P_1 P_2}{2P_1 + P_2}$；否则 $\alpha = 1$，$P = \dfrac{P_1 P_2}{P_1 + P_2}$。

Takagi Shin-ichi 等人采用一种新的实验技巧研究 SILC 传输特性。对 n⁺ 多晶硅栅 PMOS 器件施加 F-N 应力，在应力过程中对其进行载流子分离测量实验，通过测量源端和栅端电流的变化来直接计算 SILC 导电过程中电子碰撞电离的量子产额。如图 6-15 所示为载流子分离技术原理。n⁺ 多晶硅栅的电子经 F-N 或直接隧穿注入到 Si 衬底，由于能量很高，电子会通过碰撞电离产生电子空穴对。产生的空穴由 P⁺ 源/漏区收集，碰撞电离的量子产额可以通过测量栅电流与源电流之比来确定。因为直接或 F-N 隧穿电流中电子能量和量子产额存在一定的函数关系，参与 SILC 导电过程的电子能量可以通过量子产额确定。其实验结果表明 SILC 过程中电子能量要比弹性隧穿过程中的能量期望值要低大约 1.5 eV。Takagi Shin-ichi 等人认为伴随着能量弛豫为 1.5 eV 的陷阱辅助隧穿是 SILC 的导电机理，从而提出了非弹性陷阱辅助隧穿模型，如图 6-16 所示。

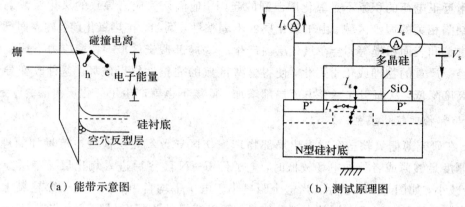

（a）能带示意图 （b）测试原理图

图 6-15 载流子分离技术原理

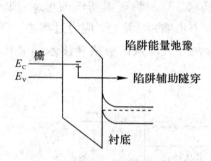

图 6-16 非弹性陷阱辅助隧穿能带

Chen 等人对栅氧厚度为 3.3 nm 的 NMOS 器件在高场恒压（CVS）应力下的软击穿（SBD）和 SILC 进行研究时，提出 SILC 是导带电子陷阱辅助隧穿和价带电子陷阱辅助隧穿共同作用所致，但前者仍然起主要作用，如图 6-17 所示。阴极价带一个电子参与隧穿的同时，一个空穴将在场强作用下向衬底流动。在实验中测得的衬底空穴电流就是由于阴极价带电子的陷阱辅助隧穿所引起的。

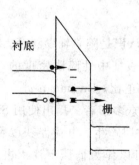

图 6-17 导带电子和价带电子共同陷阱辅助隧穿

3）热辅助隧穿模型

Olivio 等人在研究高场应力下厚度为 5.1～9.8 nm 的 SiO_2 膜退化时，发现以电流大跳跃形式出现的击穿并不是氧化层失效的主要机理。氧化层在经受高场应力后，低场额外泄漏电流将出现在毁坏性击穿之前。他们用多种测量技巧研究了氧化层泄漏特性，证明了阴极界面附近正电荷的积累不是氧化层泄漏的起因。他们认为应力导致的氧化层泄漏起因于与局部缺陷相关的瑕疵区域。由于氧化层的不完整性，例如，在热氧化前，硅表面已经存在的微小颗粒和表面粗糙等，会在氧化层内产生一些局部瑕疵区域。高场应力下瑕疵区域的绝缘体经受严重的物理或化学退化，使得这些区域的完整性得以破坏。这种改变导致了隧穿势垒高度降低，从而引起隧穿电流局部增加，低场下也就产生了氧化层泄漏。

4）局部物理损伤模型

Lee 在研究薄栅氧软击穿时提出局部物理损伤区导致氧化层泄漏电流增加的理论。当氧化层厚度足够薄或者外加电场较低时，电子经 F—N 隧穿后进入氧化层导带所穿越的距离 d_1 会减小，如图 6-18 所示。当这个距离小于电子平均自由程时，电子穿越氧化层导带是弹道穿越，仅仅在阳极释放其大部分能量。阳极能量的积累会导致 Si—SiO₂ 界面产生以断键形式存在的局部物理损伤区。局部物理损伤区的形成，使得氧化层厚度变薄。空穴势垒高度随之降低，空穴隧穿距离也缩短。总之，应力过程中 PDR（物理损伤区域）区的形成，使得空穴隧穿概率增加，大量的空穴将从阳极隧穿注入到氧化层，从而产生了栅氧化层内的额外泄漏电流。

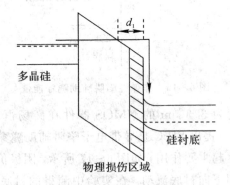

图 6-18   高场应力下超薄栅氧化层电子传输示意图

4. SILC 表征陷阱密度

对 SILC 的起因，比较广泛的认识是陷阱辅助隧穿，即 SILC 与氧化层中的陷阱密度有着直接联系，因此 SILC 的测量是表征中性陷阱密度的一种较好的方法。Buchanan 指出，归一化 SILC 与氧化层陷阱密度成正比，Buchanan 进一步提出击穿时的 SILC 是一种测量临界击穿缺陷密度的方法。其后，众多学者又提出使用 SILC 增长率去预测击穿。

在氧化层中会发生诸如中性陷阱产生、电荷俘获以及界面陷阱产生等退化现象。高场应力过程中产生的中性电子陷阱可以作为低压下注入电子的跳板，从而产生 SILC。SILC 的基本物理机制是陷阱辅助隧穿。应力过程中，中性电子陷阱密度增加，这就导致了 SILC 的逐渐增加。已经证明，对于固定厚度的氧化层，中性陷阱产生与 SILC 之间存在一一对应的关系。由于超薄氧化层中很难直接测量中性电子陷阱，SILC 可以作为一种间接工具来监测中性电子陷阱产生。

任意 t 时刻总中性电子陷阱密度由下面方程给出：

$$D_{ot} = D_{ot}(0) + D_{ot}(t) \tag{6-9}$$

式中：$D_{ot}(0)$ 是未施加应力器件的中性电子陷阱密度；$D_{ot}(t)$ 是高场应力过程中产生的中性电子陷阱密度。

类似地，任意 t 时刻固定电压 V 下测量的电流密度由 3 个不同成分组成。

$$J_{mea} = J_{tun} + J_{LEAK}(0) + J_{SILC}(t) \qquad (6-10)$$

式中：J_{tun} 是无陷阱理想氧化层隧穿电流，方程（6-9）中无对应成分；$J_{LEAK}(0)$ 是制造的器件中存在的由于中性电子陷阱而产生的泄漏电流；$J_{SILC}(t)$ 是应力导致的泄漏电流。在理想氧化层中，$D_{ot}(0)$ 和 $J_{LEAK}(0)$ 可以忽略，因为它们较 $D_{ot}(t)$ 和 $J_{SILC}(t)$ 要小得多。如果从测量电流密度中减去 J_{tun}，就可以得出 SILC 成分正比于中性电子陷阱密度 D_{ot}。因此得到式（6-11）：

$$\Delta J = J_{mea} - J_{tun} = J_{SILC}(t) \propto D_{ot}(t) \qquad (6-11)$$

Okada K 等人指出，对于固定厚度的氧化层，击穿时刻的中性电子陷阱密度与氧化层电场或外加栅压是无关的。在超薄氧化层中，软击穿时 SILC 也达到一个临界值，这与外加栅压是无关的。

SILC 可以用于表征软击穿。软击穿是一种没有强烈热效应的氧化层击穿现象，它不会导致器件最终失效。软击穿过程中，热损伤造成的击穿点没有横向延展。软击穿时，SILC 异常增加，电流出现起伏。已经证明，对于一个标准的经时击穿（TDDB）测试，如果不考虑软击穿现象，氧化层可靠性将被高估。高场电子注入过程中，氧化层中将会产生电子陷阱。它们是氧化层击穿的重要前提。Michel Depas 等人提出了一个模型，认为 SILC 是由电子通过氧化层中产生电子陷阱的两步隧穿过程引起的。产生的电子陷阱分布于氧化层整个区域中，SILC 被认为是所有电子陷阱的辅助隧穿电流。当局部电子陷阱数目达到临界值，在多晶硅栅和 Si 衬底之间形成一个传导路径，软击穿将会发生。与 SILC 相比，这是一个很局部化的现象，仅仅发生在电子陷阱数目达到临界值的区域。图 6-19 为陷阱辅助电子隧穿机理解释 SILC 和软击穿。对 SILC，最有效的陷阱位于氧化层隧穿势垒的中部。对于软击穿，电子在氧化层中的一个局部区域通过多级陷阱从多晶硅栅隧穿到 Si 衬底。当局部区域能量超过氧化层热击穿所需的能量值时，毁灭性击穿将发生。

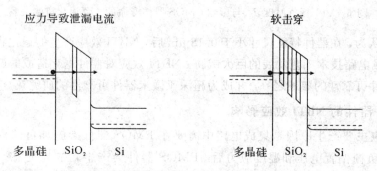

图 6-19　陷阱辅助电子隧穿解释 SILC 和软击穿

总之，SILC 效应一般用于评价低电场下氧化层的可靠性。由于 SILC 的基本物理机制是陷阱辅助隧穿，它可以作为一种间接工具来监测陷阱产生，被广泛用于去表征 MOS 器件击穿特性中。

6.3.3 负偏置温度不稳定性(NBTI)

1. NBTI 效应的定义

NBTI 效应是 PMOS 器件的负偏置温度不稳定性,通常指 PMOS 管在高温强场负栅压作用下表现出的器件性能退化,典型温度在 80～250 ℃的范围内。NBTI 效应引发阈值电压随温度和栅压应力的漂移,这种阈值电压的漂移对 CMOS 器件的可靠性造成了严重威胁。

随着器件尺寸的不断减小,PMOS 器件 NBTI 效应变得愈发明显,对 CMOS 器件和电路可靠性的影响也愈发严重,成为限制器件及电路寿命的主要因素之一。因此,研究 NBTI 效应的退化现象并从中找出其内在的产生机理进而提出抑制或消除 NBTI 效应的有效措施是当前集成电路(IC)设计者和生产者所面临的迫切问题。

2. NBTI 效应的研究意义

随着器件尺寸与工作电压的非等比减小,器件栅氧化层电场逐渐增大,NBTI 效应引发的退化日益显著。很多人对 NBTI 引起的器件退化进行了研究,发现当栅氧化层厚度减薄到一定程度时,NBTI 引起的退化将超过其他效应的影响,成为限制器件寿命的瓶颈之一。图 6-20 为人们对器件栅氧厚度减薄后,NBTI 效应将超过 HCI 效应成为器件寿命主要影响机制的预测。

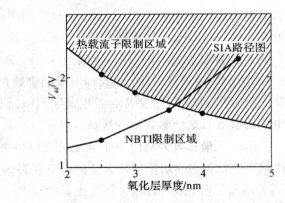

图 6-20 栅氧厚度 T_{ox} 与影响 CMOS 器件寿命的主要退化机制关系

一般研究认为,在器件特征尺寸小于 0.18 μm 后,NBTI 效应产生的退化将影响集成电路寿命,是对集成电路技术工艺发展的巨大威胁。NBTI 效应对器件退化造成的严重影响已经成为集成电路器件可靠性的瓶颈之一,并成为超深亚微米器件可靠性的研究热点之一。

3. PMOS 器件的 NBTI 效应影响

NBTI 效应主要产生原因是集成电路中需要在 PMOS 器件上施加负的栅偏压,经过施加一定时间的负栅偏置电压和温度应力后,PMOS 器件会产生新的界面态。这些界面态位于硅和二氧化硅的界面处,由于俘获空穴的界面态和固定电荷都带正电,使得阈值电压负方向漂移。相比之下,NMOS 器件受到的影响要小很多,这是由于界面态和固定电荷极性相反而相互抵消。图 6-21 给出了 PMOS 器件的 NBTI 效应示意图。

图 6-22 给出了典型的 PMOS 器件中 NBTI 的退化情况。从图中可以看出,器件在施加 NBTI 应力后,器件漏电流减小,跨导峰值降低,同时阈值电压负向漂移。这是由于

PMOS 器件在 NBTI 应力条件下，器件沟道处于强反型状态，沟道中的空穴在电场作用下注入栅氧化层产生界面态和氧化层电荷，从而引起器件参数的退化。

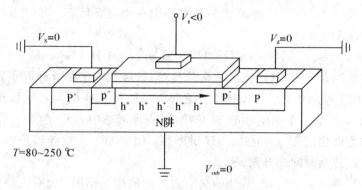

图 6-21　PMOS 器件的 NBTI 效应示意图

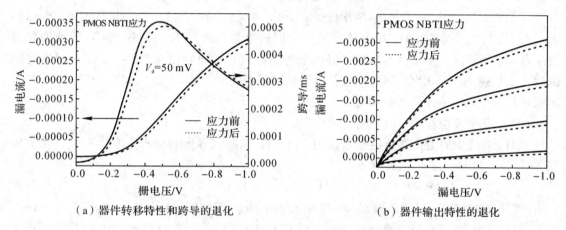

（a）器件转移特性和跨导的退化　　　　　（b）器件输出特性的退化

图 6-22　PMOS 器件的 NBTI 退化情况

　　到目前为止，普遍研究认为 PMOS 器件中的 NBTI 效应和 Si—SiO$_2$ 界面处界面态 N_{it} 的产生及正氧化层固定电荷 Q_f 有着密切的关系。NBTI 效应随着应力温度和负栅压的增大而增加，很多研究者认为 NBTI 效应是由 PMOS 器件反型层沟道中的热空穴所引起的，损伤是由在界面处热空穴与界面缺陷作用形成的正氧化层电荷 Q_f 和界面态 N_{it} 所导致的。Chen 等人提出了一个硅表面热空穴和硅氢键（Si—H）之间的电化学反应。它认为 NBTI 效应在源端和漏端产生的退化相同，在 NBTI 应力的作用下热空穴注入栅氧中，被氧化层陷阱俘获的空穴改变了氧化层电场 E_{ox}，增强了在氧化层中 H$^+$ 的漂移，H$^+$ 是反应过程中在 Si—SiO$_2$ 界面处产生的。界面态 N_{it} 的产生通常被解释为在 PMOS 器件中热空穴和界面处 Si—H 键之间发生电化学反应，断裂后的 Si—H 键在界面处形成硅悬挂键。反应中被释放的氢离子被认为向着栅电极扩散，限制了 NBTI 反应动力学。热空穴注入的影响被认为是退化的关键因素，然而释放的氢物质和缺陷之间的相互作用仍然不清楚。

4. PMOS 器件的 NBTI 效应的产生机理

1）界面态的产生模型

目前有关解释 NBTI 效应中界面态的产生模型主要有两种，即氢反应模型和电化学反应模型。

(1) 氢反应模型。

氢反应模型认为 NBTI 效应中，在高电场的作用下可以使 Si—H 键分解。最近的计算表明正电性的氢或质子 H^+ 是界面处唯一稳定的电荷态，而且 H^+ 可以和 Si—H 直接反应形成界面态。反应式如下：

$$Si_3 \equiv SiH + H^+ \rightarrow Si_3 \equiv Si \cdot + H_2 \qquad (6-12)$$

这个模型的依据是 Si—H（钝化的化学悬挂键）被极化，在靠近硅原子附近呈正电性电荷，在氢原子的附近呈负电性。可动的 H^+ 朝着负电性 Si—H 的偶极区域迁移。H^+ 和 H^- 发生反应形成 H_2，留下一个正电性的 Si 悬挂键（或界面态中心）。在这个模型中，H_2 可以被分解并再次作为催化剂使更多的 Si—H 键断裂。如果 Si—H 键能够不断参加反应，这个过程在理论上可以持续时间的非常长。

考虑到 Si—H 和 Si—SiO$_2$ 界面处的热空穴之间的相互作用，也有人提出不同的模型来解释 NBTI 引起的界面态。与热空穴反应导致 Si—H 键断裂的分解机制为

$$Si_3 \equiv SiH + h^+ \rightarrow Si_3 \equiv Si \cdot + H^+ \qquad (6-13)$$

在 NBTI 应力期间，H^+ 在由硅衬底指向栅极电场的作用下，从 Si—SiO$_2$ 界面向栅极发生移动。尽管该模型仍具有争议，但这个模型和最近的研究结果保持了一致，反向衬底偏置可以加速 NBTI 机制。同时，随着沟道载流子浓度的增加，Si—H 键中分解的 H^+ 具有更低的激活能，这一点和该模型也是一致的。

(2) 电化学反应模型。

NBTI 效应中的电化学反应模型认为，物质 Y 扩散到界面和 $\equiv$SiH 发生反应产生界面态 $Si_3 \equiv Si \cdot$ 和未知物质 X：

$$Si_3 \equiv SiH + Y \rightarrow Si_3 \equiv Si \cdot + X \qquad (6-14)$$

式中：Y 是未知物质。有人对铝栅 95 nm 厚氧化层的 MOS 器件施加 $(4 \times 10^6) \sim (7 \times 10^6)$ V·cm^{-1} 的负栅压应力，然后在氮氢混合气体中 500 ℃下退火 10 min。实验发现，NBTI 应力下产生的界面态 N_{it} 和氧化层固定正电荷 Q_f 密度相同。如果器件保持在应力温度并且使栅极接地，在 NBTI 应力下产生的界面态 N_{it} 缓慢减少。实验发现退化遵循 $t^{0.25}$ 的指数关系，并且提出如图 6-23 所示的模型。Si—H 键中的 H 和 SiO$_2$ 晶格发生反应，和氧原子形成 OH 基团，在氧化层中留下 Si$^+$，在硅表面留下带一个悬挂键的硅原子 Si·。Si$^+$ 形成正固定氧化层电荷，Si· 形成界面态。该模型为后续不断修正的模型奠定了基础，反应式为

$$Si_3 \equiv SiH + O_3 \equiv SiOSi \equiv O_3 \rightarrow Si_3 \equiv Si \cdot + O_3 \equiv Si^+ + O_3 \equiv SiOH + e^- \qquad (6-15)$$

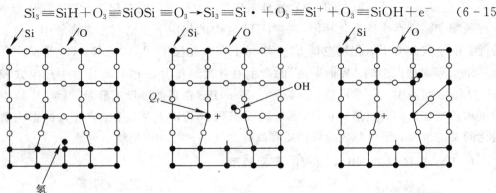

图 6-23　NBTI 效应中界面态 N_{it} 和氧化层固定电荷 Q_f 形成示意图

2）固定电荷的产生模型

固定电荷被称为 Q_f，是靠近 Si—SiO$_2$ 界面处的电荷，主要对阈值电压漂移发生作用，通常认为 Q_f 是三价硅悬挂键在氧化层中的产物，可以表示为 O$_3$≡Si$^+$，与界面态产生模型相似，Q_f 产生可以被模型化为

$$O_3 \equiv SiH + h^+ \rightarrow O_3 \equiv Si^+ + H^+ \tag{6-16}$$

界面态 N_{it} 和固定电荷都来自于分裂的 Si—H 键。对于 Q_f 来说可以发生在界面处或接近界面的氧化层中。随着 NBTI 应力时间的增加，Q_f 和 N_{it} 不断增加。但也有人认为在 NBTI 反应物中还必须有某种物质 A 的出现，这样才能促进 NBTI 效应发生。因此，给出了如下的电化学反应公式：

$$O_3 \equiv SiH + A + h^+ \rightarrow O_3 \equiv Si \cdot + H^+ \tag{6-17}$$

式中：A 是在 Si—SiO$_2$ 界面处与水有关的中性物质；h$^+$ 是硅表面的空穴。在 NBTI 应力期间，氢离子从硅氢键 Si—H 中释放出来。一些氢离子从界面扩散到体二氧化硅中，其中一些被俘获，引起阈值电压漂移。在早期的应力阶段，反应式（6-17）在界面处产生了界面态 N_{it} 和 H$^+$，这个过程被硅氢键的分解速率限制。经过一段应力时间后，H$^+$ 从界面到氧化层的传输限制了这个过程；反应速率被逐渐减小的 Si—SiO$_2$ 界面处电场限制，这是由氧化层中的正电荷陷阱 Q_f 和不断增加的界面态 N_{it} 造成的。因此，H$^+$ 的进一步扩散被减少，阈值电压漂移减小并逐步达到饱和，图 6-24 为 NBTI 效应中的电化学反应模型示意图。

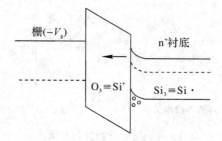

图 6-24　NBTI 电化学反应模型示意图

3）界面态和正氧化层电荷对器件特性的影响

PMOS 器件的阈值电压可以表示为 $V_{th} = V_{FB} - 2\Phi_F - |Q_B|/C_{ox}$，平带电压的公式可以表示为 $V_{FB} = \Phi_{ms} - Q_f/C_{ox} - Q_{it}/C_{ox}$，其中 Q_f 是固定氧化层电荷，Q_{it} 是界面态电荷。假设在 NBTI 应力下衬底掺杂浓度 N_D 和氧化层厚度 T_{ox} 都没有发生变化，可以导致阈值电压漂移的参数是固定电荷 Q_f 和界面态电荷 Q_{it}，其中 Q_{it} 的占有情况是和表面势 Φ_s 有关系的，这两种电荷密度中任意一个的增加都会导致阈值电压漂移。MOS 器件的饱和漏电流和跨导简单形式如下：

$$I_d = \left(\frac{W}{2L}\right)\mu_{eff} C_{ox} (V_g - V_{th})^2 \tag{6-18}$$

$$g_m = \left(\frac{W}{L}\right)\mu_{eff} C_{ox} (V_g - V_{th}) \tag{6-19}$$

导致饱和漏电流 I_d 与跨导 g_m 退化的两个因素是阈值电压和迁移率的变化。界面态的产

生增加表面散射，从而造成迁移率的变化。上面主要从公式推导的角度给出 NBTI 效应中正氧化层电荷 Q_f 和界面态电荷 Q_{it} 对器件参数和特性的影响。

界面态存在于 Si—SiO₂ 界面处，带有一个未配对的价电子，通常表示为 Si₃≡Si·。界面态是电活性缺陷，能量分布在整个 Si 带隙中。它们可以作为产生/复合中心对泄漏电流、低频噪声、迁移率、漏电流和跨导等造成影响。在 Si—SiO₂ 界面处的界面态在带隙的上半部分是受主型的，在带隙的下半部分是施主型的。这和掺杂原子的相反的，掺杂原子的施主能级位于能带的上半部分而受主能级位于能带的下半部分。如图 6-25(a) 所示，在平带条件下，低于费米能级的能态被电子占据，在带隙中下半部分的能态是中性的，被施主能态所占据。在带中和费米能级之间的能态是负电性的，它们被受主态所占据。那些超过 E_F 的能级是中性的，是未被占据的受主态。对于一个反型的 PMOS 器件来说，如图 6-25(b) 所示，在带中和费米能级之间的界面态是未被占据的施主态，导致出现了正电性的界面态，表示为"+"。因此，在反型 PMOS 器件中的界面态是正电性的，这导致了负的阈值电压漂移。在带隙上半部分的受主态和在下半部分的施主态对 NMOS 器件和 PMOS 器件阈值电压漂移的影响不同。

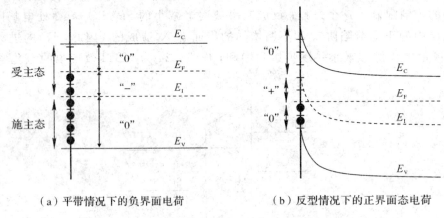

（a）平带情况下的负界面电荷　　　　（b）反型情况下的正界面态电荷

图 6-25　PMOS 器件衬底能带图

在平带时，N 沟和 P 沟分别是正电性和负电性的界面态电荷。固定电荷是正的，对于 N 沟，$Q_f - Q_{it}$；对于 P 沟，$Q_f + Q_{it}$。因此可以看出 PMOS 器件更容易被影响。从上述分析可知，界面态和氧化层电荷对器件有着重要的影响，这是 NBTI 效应引起器件退化的主要原因。

5. NBTI 效应的抑制方法

为了减少 NBTI 效应，必须降低 Si—SiO₂ 界面处的初始缺陷密度并防止水出现在氧化层中。在多晶硅淀积过程中，芯片表面的水被赶走，可减少水对氧化层的影响。有源 CMOS 器件中使用氮化硅覆盖层可将水隔离，明显改善 NBTI 效应。但是，氮化薄膜的光刻和几何尺寸优化非常重要，这是为了保证氢钝化悬挂键的同时，可使有源区的距离足够大，使水不能扩散到栅区域。另外的研究表明，在这些氮化薄膜覆盖的有源 PMOS 器件中，减小应力和 H 浓度非常重要。同时在工艺中将 Si—SiO₂ 界面处的损伤降低到最小也是非常必要的。初始的界面态密度越高，后面的 NBTI 效应越严重。

引入氘可以有效改善 HC 和 NBTI 效应。将氘注入 Si—SiO₂ 界面来形成 Si—D 键是很重要的。如果 MOS 器件侧墙包括了氮化硅，淀积过程中便有氢的存在，因此大多数悬挂键会被氢钝化接近饱和，氘难以取代它们。因此需要改变工艺来保证氘可以到达 Si—SiO$_2$ 界面以中和悬挂键，或取代已经存在的 Si—H 键中的氢。

掺氮和氮化引发了一些矛盾的观察结果。有人认为改善了 NBTI 退化，也有人认为导致了其他更严重的退化。实际上，优化栅氧中氮的掺杂浓度可以明显改善 NBTI 的灵敏度。因为氮与 Si—SiO$_2$ 界面处的距离越近，NBTI 退化越严重。因此可以通过使用 RPNO（远程离子氮化的二氧化硅）和 DPNO（耦合的等离子体氮化二氧化硅）氧化层，优化氮在氧化层中的位置，可改进 NBTI 效应的退化。

氧化层生长的化学方法对 NBTI 性能有着明显的影响。湿氧氧化比干氧氧化有着更差的 NBTI 性能，但是氟可以改善这种效应。F 在栅氧中的掺杂明显改善了 NBTI 性能和 $1/f$ 噪声。但是，应用 F 注入时应格外注意，因为 F 注入也可能引起硼穿通等效应的增强，从而引发器件性能的退化。

另外，根据前面的分析可知，氧化层介质电场对 NBTI 敏感度有着明显的影响。埋沟器件可减小 NBTI 效应，但不适用于现在先进的 CMOS 工艺。因此人们希望通过采用中间的功函数栅材料来减小 NBTI 敏感度，因为由于功函数和平带电压的差别，氧化层电场将减小。基于这些观点，采用全耗尽 SOI 可以改善 NBTI 性能，因为它采用了低掺杂沟道使栅氧化层电场变小，可以改善器件 NBTI 性能。

6.4　电子元器件的失效分析技术

6.4.1　失效分析的作用与意义

电子元器件的失效是指电子元器件出现不能正常工作、不能自愈等故障。元器件从设计到生产、应用各个环节都有可能失效，因而需要进行失效分析来确定元器件的失效模式，对失效机理及造成失效的原因进行诊断，并提出相应的纠正措施，提高电子元器件的可靠性。

失效分析对于提高电子元器件的固有可靠性，降低失效率提供了强有力的科学依据，对于进行可靠性工作具有重要意义。概括起来，失效分析的作用主要体现在以下几个方面：

（1）通过失效分析提出改进设计、工艺、应用的理论思想和措施。

（2）纠正设计和研制过程中的错误，缩短研制周期。

（3）为可靠性试验条件提供理论依据和实际分析手段。

（4）在生产阶段和使用阶段查找失效原因，判定失效的责任方。

（5）通过失效分析的结果，生产厂可以改进元器件的设计和工艺，客户可以改变电路板的结构与设计、改变环境使用参数，并在反复的失效分析中，不断提高产品的可靠性。

6.4.2　失效模式与失效机理

电子元器件的失效模式是指观察到的失效现象和失效形式，并不涉及器件为什么失效，常见的失效模式有开路、短路、参数漂移、功能失效等。

失效机理指的是器件失效的物理、化学根源，是器件失效的实质原因，用来说明器件是如何失效的。

由于电子元器件的种类很多，相应的失效模式与失效机理也很多。一般来说，器件的失效模式与失效机理有一定的相关性，一种失效模式可能对应不同的失效机理，这是因为器件的失效与原材料、设计、制造等密切相关，不同的工艺与结构可能带来不同的失效模式与失效机理。表6-5给出了不同的失效模式对应的主要失效机理。

表6-5　典型的失效模式与失效机理

失效模式	主要失效机理
开路	过电烧毁、静电损伤、金属电迁移、金属电化学腐蚀、压焊点脱落
短路（漏电）	过电应力、水汽、金属电迁移、PN结击穿
参数漂移	封装内水汽凝结、介质的离子沾污、欧姆接触退化、辐射损伤
功能失效	过电应力、静电放电、闩锁效应

6.4.3　失效分析的一般程序

失效分析作为一种检验器件失效模式与失效机理的手段，需要有计划有步骤地进行，既要防止丢失或掩盖出现失效的原因，又要防止引入新的不相关的失效因素。一般来说，失效分析程序的基本原则是：先调查了解失效情况，后分析失效器件；先做外部分析，后做内部分析；先做非破坏性分析，后做破坏性分析。

失效分析的一般程序如图6-26所示。

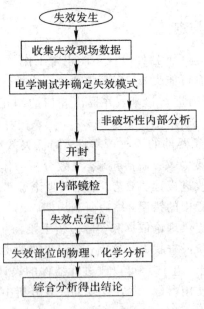

图6-26　失效分析的一般程序

1. 失效现场数据的收集

收集失效现场数据的主要内容体现在，对失效环境及失效应力的数据收集，对失效发生期以及失效样品在失效前后电测试结果的观察和记录。

失效环境一般包括温度、湿度、电源环境、元器件在电路图上的位置图和所受电偏置的情况等。

失效应力包括电应力、温度应力、机械应力、气候应力和辐射应力等。

失效发生期是指失效样品的经历，失效时间处于早期失效、随机失效或者磨损失效。

失效详情是指失效程度、失效比例和批次情况以及失效现象（无功能、参数变坏、开路、短路等）。

2. 电学测试并确定失效模式

电学测试分为功能测试和非功能测试，前者对全部电参数进行测试，后者为脚与脚之间的测试。用功能参数分析失效电路，只能够得出失效模式，但用于确定失效部位和失效原因是困难的，须将非功能测试与功能测试结合起来，相互合作，才能够既得到失效模式，又确定失效原因。

3. 非破坏性内部分析

非破坏性内部分析是指在不破坏元器件的情况下就可检查其内部状态。一般非破坏性分析要采用无损检测技术，包括 X 射线透射技术、反射式扫描声学显微技术、密封性检查技术等。

在进行非破坏性内部分析的时候，应当着重检查和分析与失效模式相关的部位。如果通过外部检查已经发现密封性存在问题，那么就不必再进行密封检查，以防对内部造成进一步的破坏。

4. 开封

打开封装的目的是进一步检查元器件的内部情况，需要将内部结构暴露出来。对于不同的结构和封装形式的元器件，要采用不同的开封方式，在这个过程中必须很小心，必须确保不损伤晶片、引线等，同时也要避免任何金属碎片、薄片等掉入封装内。

5. 内部镜检

内部镜检主要利用立体显微镜或高倍显微镜进一步检查内部结构，确认内部材料、设计、工艺上是否有异常情况，检查芯片是否有损伤或外来异物，检查颜色是否正常、在进行镜检的过程中，特别要注意观察失效部位的形状、尺寸、大小、颜色、结构等，并及时拍照记录。

6. 失效点定位

在芯片失效分析中，通过缺陷隔离技术来定位失效点，然后通过结构分析和成分分析确定失效的起因。缺陷点隔离可采用电子束测试、光发射分析、热分析和光束感生电流技术，在这个过程中必须把芯片暴露出来。

7. 失效部位的物理、化学分析

观察和分析元器件的失效部位，需要进行一系列的物理、化学处理，目的是使失效原因变得明朗化，提供最终的失效信息，然后再反馈到设计和生产中。

一般需要先去除芯片的钝化层，暴露出下层金属。由于芯片的失效部位常常存在于表面与次表面中，因而需要去除电介质和金属连线，这一过程必须在光学显微镜或扫描电子显微镜下进行，如果发现失效区域有任何污点或颗粒，则要进一步进行成分分析。

8. 综合分析

根据失效分析的结果，确定失效原因，并根据失效原因提出改进的措施和建议，包括设计、结构、工艺、材料、试验条件等各方面。

6.4.4 电子元器件失效分析技术

随着集成电路技术的发展，失效分析技术必须保持与其同样的发展才能够满足各方面所要求的相关支持。在进行电子元器件的失效分析时，要根据失效分析的需求，选用适当的分析设备，充分利用其功能与特点，这具有很强的技术性和经验性，有时采用多种技术对分析结果进行修正和补充也是十分必要的。下面主要介绍电子元器件失效分析中常用的设备及其有关的失效分析技术。

1. 光学显微镜分析技术

光学显微镜是进行电子元器件失效分析的主要工具之一，在失效分析过程中所使用的光学显微镜主要有立体显微镜和金相显微镜两种。立体显微镜的放大倍数较低，但是景深较大；金相显微镜的放大倍数较高，但景深较小。立体显微镜的放大倍数是可以自行调节的；金相显微镜的放大倍数不能够直接调节，它可以通过变换不同的物镜来进行调节。调节放大倍数是为了适应不同的观察对象的要求。通常把立体显微镜和金相显微镜结合使用，可观测到器件的外观，以及失效部位的表现形状、分布、尺寸、组织、结构、缺陷、应力等，如观察分析芯片在过电应力下的各种烧毁与击穿现象、引线内外键合情况、芯片裂缝、沾污、划伤、氧化层缺陷及金属层腐蚀等。

立体显微镜和金相显微镜都是用目镜和物镜组合来成像的，立体显微镜一般成正像，金相显微镜成的像是倒像。立体显微镜和金相显微镜均有入射和透射两种照明方式，并且配有一些辅助装置可提供明场、暗场、偏振等观察手段。

光学显微镜作为电子元器件失效分析的主要工具之一，其特点是操作简单，图像彩色透明，能观察多层金属化的芯片。缺点是景深小，空间分辨率低，放大倍数小，因而观察芯片细微结构有一定困难。

光学显微镜常用的观察方法有明暗场观察、微分干涉相衬观察、偏振光干涉法观察。下面分别对三种观察方法进行简单的介绍。

（1）明场观察的照明光线包括正入射光线以及较大角度的斜入射光线，由于其对所有光洁表面可以获得明亮清晰的表面，因而明场观察是最常用的观察方式；暗场观察是将照明光线中的近正入射光线滤去，只让较大入射角度的入射光线进入，常用于观察有凹凸不平的不光滑表面。

（2）微分干涉相衬观察的工作原理是将光源发出的光线，经聚光镜汇聚并通过起偏器产生一束线偏振光，该线偏振光经过 45°半透反射镜后射向 Wollaston 棱镜，分裂成两束振动方向垂直的线偏振光，这两束线偏振光通过物镜后变成两束相距极小的平行光束。该平行光经反射又回到棱镜上方，由于两束光线振动方向是相互垂直的，因此不会发生干涉，于是引入一个检偏器，使其获得干涉图样。通过改变棱镜的位置可以改变光程差，因此当样品表面不平滑时便引起局部干涉色的改变，产生清晰的对比度。

（3）偏振光干涉法观察的工作原理是在显微镜的照明光路中放入一只起偏器，在观察光路中放入一只检偏器，这样可以观察到样品表面的双折射现象，如果样品的双折射是由其内部的应力引起的话，则可通过偏振光干涉法观察到应力在样品表面的分布。利用偏振光干涉法观察，还可以通过在集成电路芯片上涂覆一层向列相液晶，利用液晶的相变点来检测集成电路上的热点。

2. 扫描电子显微镜分析技术

扫描电子显微镜又称扫描电镜，是最有用和最有效的半导体检查和分析工具之一。扫描电镜的制造依据是利用电子和物质的相互作用，当高能电子撞击物质时，被撞击的区域将产生二次电子、特征 X 射线、透射电子以及电磁辐射，因而利用电子和物质的相互作用，可以获取被测样品的各种物理性质及化学性质，如外观、结构、内部磁场等。通过对这些信息的收集，并且将其放大，便能观察到想要的各种信息。

扫描电镜常用二次电子和背散射电子来成像以作形貌观察。二次电子像具有分辨率高、放大倍数大、景深大、立体感强等一系列优点，可用来观察在光学显微镜下看不到的结构，如芯片表面金属引线的短路、开路、电迁移，氧化层的针孔和受腐蚀的情况，还可用来观察硅片的层错、位错和抛光情况以及作为图形线条的尺寸测量仪等。

背散式电子是指被散射到样品外的电子，它的能量比二次电子高，反映信息的深度较深，在一定程度可反映样品表面的形貌。由于背散射电子的发射率与样品表面层的"平均"原子序数有关，故也可反映样品的化学成分分布的差异。为了提高检测灵敏度和处理所得的图像，常在物镜底部对称位置上装两组背散式电子探测器，把两组所探测的信号相加，可以消除入射角和表面形貌的影响，得到纯的化学成分分布图像，把两组信号相减得到纯形貌像。利用背散式电子探测器得到的成分图像及形貌图像，可以分析样品表面的腐蚀坑、金硅的合金点等，其优点是可以减少由于绝缘层带来的干扰。表 6-6 给出了显微镜和扫描电镜的形貌像比较。

表 6-6　光学显微镜和扫描电镜的形貌像比较

仪器名称	真空条件	样品要求	空间分辨率	最大放大倍数	景深
光学显微镜	无	开封	3600 Å	1200	小
扫描电镜	高真空	开封、去钝化层	50 Å	50 万	大

3. 电子探针 X 射线显微分析技术

电子探针 X 射线显微分析技术又称电子探针，即利用电子所形成的探针作为 X 射线的激发源，进行显微 X 射线光谱分析。它的基本原理是将聚焦良好，具有一定能量的电子束照射到样品上，样品经电子束的轰击，发射特征 X 射线，通过 X 射线谱仪测定这些 X 射线的强度或频率，就可对样品进行定性或定量分析。电子探针的最大优点是探测的灵敏度高，分析区域小，适用于做微区分析。

电子束打在样品表面，被打击的区域内所含元素的原子被激发而产生特征 X 射线谱。因元素不同，原子结构也不同，激发产生的 X 射线的能量和波长也不同，因此电子探针常常有能谱仪和波谱仪两种探测系统。

一般常用波长色散法来测量 X 射线的波长。波长色散法的原理是利用了分光晶体对不同波长的 X 射线发生的衍射效应。这种方法的波长分辨率高，但要求入射束流大，X 射线利用率低。

4. 以测量电压效应为基础的失效定位技术

失效定位技术作为研究电子元器件产品失效机理可靠性的重要手段，在失效分析中具有关键性的作用。快速准确地进行失效定位是揭示失效机理的重要基础。一般在打开封装后，用显微镜看不到失效部位时，就需要对芯片进行电激励，根据芯片表面节点的电压、波形或发光异常点进行失效定位。

常用扫描电子显微镜的电压衬度像来进行失效定位。电子束在处于工作状态的被测芯片表面扫描，仪器的二次电子探头接收到二次电子的数量与芯片表面的电位分布有关。芯片的负电位发出大量二次电子，该区的二次电子像显示为亮区，芯片的正电位区发出的二次电子受阻，该区的二次电子像显示为暗区。这种受到芯片表面电位调制的二次电子像叫做电压衬度像。电压衬度像可用来确定芯片金属化层的开路或短路失效。

5. 红外显微镜分析技术

红外分析技术是指利用红外显微镜对微电子器件的微小区域进行高精度的非接触测温。红外显微镜的结构与金相显微镜相类似，但其采用近红外光源，并用红外变像管成像，可在不剖切器件芯片的情况下观察芯片内部的缺陷以及各种情况。由于一般的半导体材料以及薄金属对近红外光是透明的，因而红外显微镜相对于金相显微镜具有很多优势，常利用红外显微镜分析塑料封装的半导体器件。

红外显微镜的使用方法是，利用红外光从塑料封装半导体的背面入射，透过硅衬底，观察芯片表面，同时可以观察到键合点界面的情况。使用该技术可以避免开封带来的化学反应所引起的失效现象，同时利用红外显微镜不需要接触芯片表面，因而不会引入新的失效模式。

红外显微镜在半导体器件的失效分析中具有以下几种应用。

（1）红外光从芯片背面正入射，透过硅衬底和金属化层，到达芯片表面后反射回来。通过此方式可以检查金属和半导体的接触质量、金属腐蚀、金属化连线的对准情况等。为了提高观察质量，可能需要将芯片直接暴露出来，并将其抛光以减少芯片背面由于凹凸不平带来的漫反射。

（2）红外光从芯片的表面正入射，透过硅衬底和焊接层，到达芯片的表面后反射回来，利用此方式可以在不剖切的情况下，检查芯片与底座的焊接情况。

（3）红外光从芯片背面正入射，直接透射硅衬底与金属化层，采用此观察方式，同样需要将芯片直接暴露出来并抛光。由于金属化层和硅化物对红外光的透射能力较差，因而红外光透射的过程中，在金属化层和硅化物有针孔的地方会出现亮点，利用亮点的位置来判断金属化层和硅化物中出现针孔的位置、密度、大小等。

（4）PN结加正偏压时，从硅表面自发辐射红外光，该红外光波长约为 $1.1~\mu m$，虽然利用红外显微镜观察该波段的红外光并不是很灵敏，但由于正向偏置较大，因而该波长的红外光是能够被红外显微镜检测到的。此观察方式常用于对 CMOS 器件闩锁区进行定位。

（5）利用红外光的偏振干涉图像来进行观察。当半导体的材料内部存在缺陷和应力时，局部区域的光学性质产生变异，采用一般的观察方式很难进行检测，可通过红外光的偏振干涉图像进行观察和检测。

6. 红外热像仪分析技术

一般来说，器件的工作情况及失效会通过热效应反映出来。当器件的结构设计不当、器件材料有缺陷的时候，会导致局部温度升高，利用红外热像仪分析技术可观测到器件的内部情况。在这个过程中，为了不影响器件的正常工作，测温必须是非接触的，通过找出热点并利用高精度的方式测出温度，这对于电子元器件的失效分析具有重要意义。

红外热像仪是非接触测温仪器，它能测出表面各点的温度，给出试样表面的温度分析，被测物体发射辐射能的强度峰值所对应的波长与温度有关，用红外探头逐点测量物体表面各单元发射的辐射能峰值波长，通过计算可换算成表面各点的温度值。其工作原理是利用振动（或旋动）反射镜等光学系统对试样进行高速扫描，并将发自试样表面各点的热辐射汇聚至检测器，变换成电信号，再由显示器形成黑白或彩色的图像，分析观察试样表面各点的温度。因此，在半导体器件的失效分析中，红外热像仪提供了一种对半导体器件微小区域进行非接触测温的方法。

红外热像仪可分为便携式红外热像仪和显微红外热像仪，前者用于野外或大视野的温度探测，后者用于微小物体的显微温度探测。在半导体器件的失效分析中，主要是采用显微红外热像仪，这是因为需要探测的是半导体芯片表面微小区域的温度及分布情况。

显微红外热像仪主要用于功率器件、混合集成电路和微组装组件产品的热分析。它可检测分析这些产品在静态和动态工作条件下的热状态和异常温区，暴露出不合理的设计及结构。通常可以做到以下几个方面的检测分析：① 产品热设计验证与优化；② 静态、动态热性能分析；③ 峰值热阻测量；④ 芯片、基板黏结性能分析；⑤ 内引线键合性能分析；⑥ 多层布线互连异常分析；⑦ CMOS 电路的闩锁通道；⑧ 芯片表面划伤或氧化层台阶缺陷等引起的局部发热。由于采用同步测量，每幅图像的成像时间缩短，可进行动态热像测试。

7. 液晶热点检测技术

热点检测技术是一种有效的半导体器件失效分析手段，之前介绍过的红外热像仪检测技术就是一种热点检测技术，然而红外热像仪空间的分辨率不高、不能满足单片集成电路失效定位需要等问题，在这些场合常采用液晶热点检测技术来进行失效分析。

液晶是一种液体，它具有很强的特性，当温度低于相变温度时，液晶变为晶体；而当它受热温度高于相变温度时，就会变成各向同性的液体。液晶的这一特性，决定了可以在正交偏振光下观察液晶的相变点，检测热点。

液晶热点检测设备一般包括偏振光显微镜、样品台和电偏置控制电路，其中样品台是温度可调的。液晶热点检测技术可以用来检查针孔和热点等缺陷。若氧化层存在针孔，它上面的金属层和下面的半导体就可能短路而造成电学特性退化而失效。把液晶涂抹在被测管芯表面，再进行加热，若管芯氧化层有针孔，则会出现漏电流而发热，使得该点温度升高，利用正交偏振光在光学显微镜下观察热点与周围颜色的不同，便可确定热点的位置。液晶热点检测需要偏振显微镜在正交偏振光下观察，这是为了提高观察图像对液晶相变的反应灵敏度；当电压较高的时候，会使得图像变得模糊，为了获得较为清晰的图像，可使用加脉冲偏置电压代替普通电压；为了得到一个合适的工作温度，应控制样品的温度在临界温度范围内起伏，这样能保证热点的显示足够灵敏。如图 6-27 所示，给出了液晶的工作温度与临界温度之间的关系。

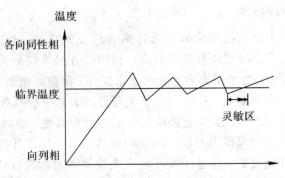

图 6-27 液晶工作温度与临界温度的关系

利用液晶热点检测技术可以确定管芯上的耗能区域，用于研究缺陷、杂质和静电放电引起的漏电通道、在晶体管结内的不规则电流分布以及 CMOS 电路的闩锁区域等。一般每次液晶热点检测需要 10 分钟左右，这种高效快速的分析方法使得其具有很强的优越性，与红外热像仪相比，液晶热点分析技术具有较高空间分辨率和热分辨率，目前空间分辨率可达到 1 μm，而能量分辨率可以达到 3 μW。

液晶不光可以用于热点检测，还可以检测氧化层的针孔位置和密度。向氧化层中注入液晶并通直流电，若氧化层中有针孔，则在针孔上方出现动态散射的湍流现象，在显微镜中可以看到漩涡图形，从而检测针孔的位置、密度、大小等。

8. 声学显微镜分析技术

声学显微镜又叫扫描电声显微镜，它不仅具有电子显微术高分辨率的特点，并且拥有声学显微术非破坏性内部成像的特点。利用声学显微镜可以检测材料内部的晶格结构、杂质颗粒、分层陷阱、空隙以及气泡等，这是因为超声波可在金属、陶瓷、塑料等均质材料中传播，且在不同介质中的传播速率不同、在两种介质的交界处会发生反射现象，所以声学显微镜分析技术是一种无损检测技术。

利用声学显微镜分析技术，能够观察到光学显微镜无法看到的样品内部情况，能够提供 X 光透射无法得到的高衬度图像，可以用来进行非破坏性分析。近年来，该技术发展很快，主要用于检查材料内的裂痕、不同材料间界面的完好性，尤其是对塑封器件内部的空洞、分层的检查特别有效，具有其他技术所无法比拟的优点。

声学显微镜分为三种：扫描激光声学显微镜（SLAM），扫描声学显微镜（SAM），以及 C 型扫描声学显微镜（C-SAM）。每种声学显微镜都有自己的特点，SAM 只能观察到样品表面几微米的区域，而 SLAM 和 C-SAM 能够观察到的范围较大，其中 SLAM 能够观察到样品内部的所有区域，C-SAM 能够观察到样品表面下几毫米的区域。下面分别介绍 SLAM 和 C-SAM 的工作原理及应用范围。

SLAM 即扫描激光声学显微镜，是一种透射式的声学显微镜，其工作原理是：样品下面的压电超声振子发送一束连续平面超声波到样品的底面，该束超声波能够透过样品到达样品的表面，引起样品表面的微振动。与此同时，由样品表面上方发射一激光束，激光束到达样品表面后，通过光栅式扫描探测表面各点的振动强度。若样品中存在缺陷，超声波在透过样品的过程中遇到材料缺陷则受到衰减，到达样品表面后强度较弱，通过这种方式检测出样品中缺陷的位置、大小及密度。需要注意的是，空气对超声波具有较强的衰减作用，因此需要在超声振子与底面之间充满液体,以减小超声波的衰减作用。

SLAM 的工作速度较快,能以每秒 30 幅的速度在高分辨率的荧光屏上显示样品的实时图像,在半导体的失效分析中,常用于管芯黏结、引线键合及材料多层互联结构的检测。

C-SAM 即 C 型扫描声学显微镜,是一种反射式扫描声学显微镜,也是一种无损检测技术,主要利用超声脉冲检测样品内部的失效情况。C-SAM 的工作原理是,利用超声换能器对样品进行机械扫描,同时发出一定频率的超声波,经过声学透镜聚焦并由耦合介质传到样品上。换能器由电子开关控制,使其在发射方式和接收方式之间交替变换。超声脉冲透射进样品的内部并被样品内的某个界面反射形成回波,其往返的时间由界面到换能器的距离决定,回波由示波器显示,其显示的波形是样品在不同界面的反射时间与距离的关系。通过控制换能器的范围在样品上进行扫描可以得到超声图像。在该图像中,与背景相比的衬度变化构成了重要的信息,若遇到空洞、裂缝等材料问题,则会产生高衬度,使图片便于区分,可以分析界面状态缺陷。

C-SAM 作为一种无损检测样品内部缺陷的失效分析技术,是对透视式声学显微镜的重要补充。其在 X、Y 方向的分辨率能够达到 23 μm,最大扫描面积可达 76 mm×76 mm,具有很强的功能。

9. 光辐射显微分析技术

电子元器件在电压应力的作用下,内部载流子会有能级跃迁,这势必会辐射出光子,产生光辐射现象。光辐射显微分析技术就是利用载流子能级跃迁辐射光子的这一特性,对光辐射现象进行探测,分析半导体内部的缺陷与损伤。

半导体器件的光辐射现象一般包括以下三种情况:少子注入 PN 结的复合辐射;局部强场载流子加速后与晶格原子碰撞产生的光辐射以及高场作用下介质自身发光,即隧道电流流过硅化物等介质薄膜时发射光子。

光辐射显微分析技术需要用到光辐射显微镜。光辐射显微镜采用先进的微光探测技术,将探测光子的灵敏度提高 6 个数量级,并且与数字图像分析技术相结合以提高信噪比。图 6-28 是光辐射显微镜的原理结构图,其工作原理是:首先在外部光源下对样品的局部进行实时图像探测,进而对该局部施加偏置并置于密闭空间中,此时唯一的光源来自于样品本身,再进行探测。样品产生的光辐射由显微镜头进行聚焦,并通过微通道级倍增器进行放大,再由固态摄像头进行探测。这样就可以捕捉到样品产生的微弱光辐射并确定其在样品中的位置。先进的光辐射显微镜系统都具有光谱分析功能,基本方法是在相同的电应力条件下,在探测光路中依次放入不同波长的滤波片,对样品的同一发光点进行探测,运

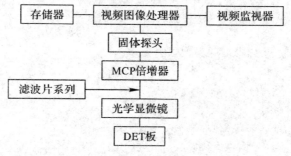

图 6-28　光辐射显微镜原理结构图

用系统的光子计数功能，对一划定的区域进行光子计数，从而得到波长和光子数的对应关系。利用这种对应关系可进一步作出光子波长与归一化光子数的曲线关系，将这一曲线关系与文献中给出的典型分类曲线进行分析对比，以确定发光机制。

利用光辐射显微分析技术可以通过对发光部位的定位来确定失效部位的位置，可以探测到的损伤及缺陷类型包括：漏电结、接触尖峰、氧化缺陷、栅针孔、静电放电损伤、闩锁效应、热载流子、饱和态晶体管以及开关态晶体管等。光辐射的强度与电压和电流的强度密切相关，所以需要选择合适的偏置条件来准确地探测缺陷位置。为了提高探测的准确性，可以对相应的良品器件单元进行单体探测并进行对比，从而排除由于设计缺陷等导致的辐射。光辐射显微分析技术作为一种高效快速的失效分析技术，能够检测到电子元器件中多种缺陷引起的失效，在失效定位方面具有无可比拟的优点。

随着现代分析检测技术以及仪器设备的发展，除了上述介绍的各种失效分析技术外，还有很多先进的技术与仪器，如离子束分析技术、核反应和离子感生 X 射线分析技术、X 电子能谱分析技术、俄歇电子能谱分析技术、紫外光电子能谱分析技术等，这些失效分析技术都有各自的特点与适用范围。可以说，为了满足半导体器件及大规模集成电路的需要，失效分析技术也在以旺盛的生命力迅速发展。

习　题

6-1　元器件使用质量管理的基本流程是什么？

6-2　元器件使用可靠性设计应考虑哪些方面？并结合实际微电路，说明其电子元器件的选用和针对该电路使用过程中可能出现的失效模式，采取相应的设计技术。

6-3　简述元器件降额设计的定义、根本目的及基本原则。

6-4　元器件降额设计的工作过程有哪几个方面？

6-5　TDDB 效应对器件造成的典型影响有哪些？

6-6　SILC 效应引起器件退化的主要原因是什么？

6-7　简述 MOS 器件 NBTI 效应，并区分 PBTI 效应。

6-8　失效分析的一般程序有哪些？什么叫非破坏性内部分析？

6-9　光学显微镜作为电子元器件失效分析的主要工具之一，具有怎样的特点？金相显微镜和立体显微镜有哪些区别？请结合失效分析的过程，阐述扫描电镜的工作原理。

第 7 章　电子设备可靠性设计技术

电子设备可靠性设计过程中，在对系统可靠性总体指标进行论证和分配后，还应对那些达不到可靠性预计和分配要求的子系统、部件、电路、元器件等进行可靠性设计和选择。

从根本上说，设计决定了产品的可靠性极限水平，确定了产品的固有可靠性。制造只是保障这一水平的实现，而使用只能维持这一水平。据国外有关资料介绍，在船用电子设备的故障原因中，属设计不合理的占 40%，电子元器件质量问题约占 30%，由操作和维护引起的故障约占 10%，由制造工艺引起的故障约占 10%。对我国某炮瞄雷达现场故障统计数据分析表明，约有 25% 以上是由设计不合理造成的。由此可见，为了提高系统或设备的可靠性，不能单纯追求元器件的高可靠性，而应高度重视系统、部件的可靠性设计。

利用可靠性设计，可以降低元器件及系统的使用失效率，降低设备的成本，提高设备的可靠性。电子设备可靠性设计技术包括热设计、降额设计、冗余设计、动态设计、环境防护设计(三防设计、电磁兼容设计等)、振动与冲击隔离设计等技术。本章主要讨论热设计、电磁兼容设计及振动与冲击隔离设计等技术。

7.1　可靠性热设计

热设计就是采用冷却、加热或恒温等措施，保证电子设备及元器件在规定的温度范围内正常工作的一种可靠性设计方法。

电子设备工作时，其功率损失通常以热能耗散的形式表现，因此，电子设备本身是一个热源。设备工作时，本身温度会升高，同时，周围的环境温度也对设备内部温度有影响。设备长期在过高的温度下工作，会引起其中的元件参数发生变化，如材料绝缘性能变坏，晶体管放大倍数和集电极电流变化，磁芯参数、电容器的容量和电阻器的阻值发生变化等。所有这些因素均会引起信号失真，使设备不能正常工作。

电子设备中的许多元器件的工作失效率均随温度按指数规律上升。因此，必须对它们进行温度控制，防止热损坏。

7.1.1　热设计基础

热设计的基本理论依据是传热学。掌握了不同传热过程的机理、理论和计算方法，就能有效地解决电子设备热设计中的各种实际问题。

1. 导热

傅里叶定律是导热的基本定律。其一维导热计算公式为

$$Q = -kS \frac{\mathrm{d}t}{\mathrm{d}x}$$

(7-1)

式中：Q 为热量，单位为 W；k 为物体的导热系数，单位为 W/(m·℃)；S 为垂直于导热方

向上物体的截面积，单位为 m^2；t 为摄氏温度，单位为℃；x 为导热方向。

定义热流密度为单位面积所通过的热量，用符号 q 表示，即

$$q=-k\frac{\mathrm{d}t}{\mathrm{d}x} \tag{7-2}$$

对一维单层平壁导热，将式(7-1)在 x 方向结合边界条件进行积分，可得导热量计算公式：

$$Q=\frac{kS}{\delta}(t_{w1}-t_{w2})=\frac{t_{w1}-t_{w2}}{R_t} \tag{7-3}$$

式中：δ 为导热路径长度(壁厚)，单位为 m；t_{w1}，t_{w2} 为壁面两侧温度，单位为℃；R_t 为导热热阻，$R_t=\delta/kS$，单位为℃/W。

式(7-3)在形式上与电学中的欧姆定律类似，故热路上热阻的串、并联与电路上电阻的串、并联相似，因此可用电路的分析方法来计算导热问题，这就是电热模拟。

导热发生在相互接触的两个物体表面上，由于实际接触面间的不平整等其他原因，将会在接触界面产生一个附加热阻——接触热阻。影响接触热阻的主要因素有接触界面接触点的数量、形状、大小及分布规律，接触界面的几何形状(粗糙度和波纹度)，间隙中介质的种类(真空、气体、液体等)，接触表面的硬度，接触界面间的压力，接触界面表面的氧化程度和清洁度，接触材料的导热系数等。粗糙度及接触压力对接触热阻的影响见图 7-1。

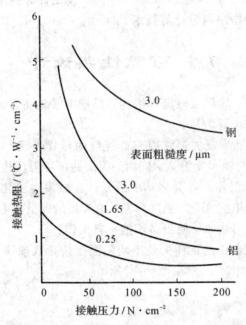

图 7-1 接触热阻与粗糙度、接触压力的关系

为了提高导热能力，应减小接触热阻。其方法有：提高接触表面的光洁度，增加接触面间的压力，在接触界面涂一薄层导热脂(导热膏)或加一层延展性好、导热系数高的材料薄片(如铜箔等)。

在电子设备中，有不少的导热问题是属于二维或多维的，其控制微分方程比较复杂，可用有限差分法或有限元法求解。如图 7-2 所示是一块电源印制板，其上装有两个功率晶体管和两个功率电阻，印制板垂直安装在温度为 70 ℃的冷板上，可用有限差分法求解各个

安装点的温度。

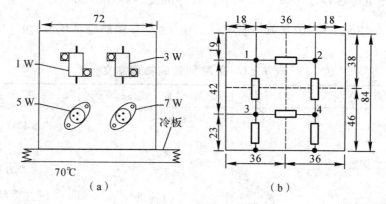

图 7-2　电源印制板

以元件安装中心为节点，将印制板分割成四个矩形小单元，如图 7-2(b) 所示。假设所有的热量均流向中心节点。以节点 1 为例，节点 2 和 3 的热量流向节点 1，加上节点 1 处元件的热量，则节点 1 的热平衡方程为

$$\frac{t_2-t_1}{R_{t1}}+\frac{t_3-t_1}{R_{t2}}+Q_1=0 \tag{7-4}$$

同理，节点 2、3、4 的热平衡方程分别为

$$\frac{t_1-t_2}{R_{t1}}+\frac{t_4-t_2}{R_{t3}}+Q_2=0 \tag{7-5}$$

$$\frac{t_1-t_3}{R_{t2}}+\frac{t_4-t_3}{R_{t4}}+\frac{t_0-t_3}{R_{t5}}+Q_3=0 \tag{7-6}$$

$$\frac{t_2-t_4}{R_{t3}}+\frac{t_3-t_4}{R_{t4}}+\frac{t_0-t_4}{R_{t6}}+Q_4=0 \tag{7-7}$$

式中：R_{t1}，R_{t2}，R_{t3}，R_{t4}，R_{t5}，R_{t6} 为各节点之间或边界与节点之间的导热热阻；t_0 为冷板温度；Q_1，Q_2，Q_3，Q_4 为四个器件热功耗。

联立求解上述四个方程，即可得 t_1，t_2，t_3 和 t_4 四个温度。也可以进一步利用傅里叶导热定律求出元件的表面温度，若该温度低于允许值，则设计是可靠的，否则需要重新设计。

2. 对流换热

对流换热是流体与另一物体表面相接触时，两者之间的换热过程，它是流体的对流与导热联合作用的结果。换热强度取决于流体流动的动力（自然对流或强迫对流）、流体流动状态（层流或紊流）、换热面的几何形状和位置、流体的物理性质等。对流换热的计算采用牛顿冷却公式：

$$Q=\alpha S(t_w-t_f) \tag{7-8}$$

式中：α 为对流换热系数，单位为 W/(m² · ℃)；S 为流体与壁面的接触面积，单位为 m²；t_w 为壁面温度，单位为℃；t_f 为冷却流体温度，单位为℃。

对流换热控制微分方程的分析解和比拟解，迄今只能解决少数工程实际问题，大部分问题仍要靠实验的方法来解决。通过量纲分析整理实验数据，可得出各种对流换热过程的准则方程，进而求出该过程的对流换热系数 α。对流换热各准则方程中的准则数及其物理意义列于表 7-1。表中 α 是对流换热系数，k 是流体导热系数（W/(m · ℃)），v 是流体速度

(m/s)，c_p 是比定压热容(J/(kg·K))，μ 是流体黏度(kg/(m·s))，$\upsilon=\dfrac{\mu}{\rho}$ 为流体的运动黏度(m²/s)，α_V 是体胀系数，ρ 是流体密度(kg/m³)，L 是换热特征尺寸(m)，g 为重力加速度(m/s²)。

表 7-1　各准则数的物理意义

名　称	符　号	数　组	物理意义
努塞尔数	Nu	$\dfrac{\alpha L}{k}$	温度梯度比
雷诺数	Re	$\dfrac{vL}{\nu}$	$\dfrac{\text{惯性力}}{\text{黏性力}}$
普朗特数	Pr	$\dfrac{\mu c_p}{k}\left(\text{或}\dfrac{vL}{\nu}\right)$	$\dfrac{\text{动量扩散}}{\text{热量扩散}}$
格拉晓夫数	Gr	$\dfrac{\alpha_V g L^3 \Delta t}{\nu^2}$	$\dfrac{\text{浮升力}\times\text{惯性力}}{(\text{黏性力})^2}$
瑞利数	Ra	$Gr\cdot Pr$	$\dfrac{\text{浮升力}\times\text{惯性力}}{\text{黏性力}\times\text{热扩散}}$

1) 自然对流换热

所谓自然对流，是指参与换热的流体的运动完全是由流体各部分温度不均匀所造成的浮升力而引起的流体流动现象。其换热准则方程为

$$Nu_m = CGr_m^n \cdot Pr_m^n = CRa_m^n \tag{7-9}$$

脚标 m 表示确定流体物理性质参数的定性温度为 $t_m = \dfrac{1}{2}(t_w + t_f)$，$t_w$ 为壁面温度，t_f 为流体温度，C 和 n 为常数。对于 $Pr>0.6$ 的流体，式中 C 和 n 的取值可参照表 7-2。

表 7-2　式(7-9)中的 C 和 n 值

换热表面形状与位置	Ra_m 范围	流态	C	n	特征尺寸
竖平板及竖圆柱体	$10^4\sim10^9$	层流	0.59	1/4	高　度
	$10^9\sim10^{13}$	紊流	0.10	1/3	
水平圆柱体	$10^4\sim10^9$	层流	0.53	1/4	外　径
	$10^9\sim10^{12}$	紊流	0.13	1/3	
水平板热面向上	$10^5\sim2\times10^7$	层流	0.54	1/4	正方形取边长，圆盘取 $0.9d$(d 为直径)，
	$2\times10^7\sim3\times10^{10}$	紊流	0.15	1/3	狭长条取短边，长方形取 $L=\dfrac{2ab}{a+b}$
水平板热面向下	$3\times10^5\sim3\times10^{10}$	层流	0.27	1/4	(a, b 为长方形边长)

2) 强迫对流换热

强迫对流换热准则方程随换热的场所及流动状态而异，如表 7-3 所示。其中纵向掠过平板的换热准则方程，也同样适用于纵向掠过圆柱表面的换热计算。表中脚标 f 表示确定流体物理性质参数的温度(定性温度)取流体的平均温度，脚标 w 表示取壁面温度；l 是管长，d 为管道直径或当量直径。

表 7 - 3 强迫对流换热准则方程

换热场所	Re 值	准 则 方 程	特 征 尺 寸
管、槽内流动	<2200	$Nu_f = 1.86 \left(Re_f \cdot Pr_f \cdot \dfrac{d}{l} \right)^{1/3} \left(\dfrac{\mu_f}{\mu_w} \right)^{0.14}$	内径或当量直径
	$>10^4$	$Nu_f = 0.023 Re_f^8 \cdot Pr^{0.4}$	
纵向掠过平板	$<10^5$	$Nu_f = 0.66 Re_f^{0.5}$	板长
	$>10^5$	$Nu_f = 0.032 Re_f^{0.8}$	

例 7 - 1 某调制管的结构尺寸如图 7 - 3 所示。其损耗功率为 22 W，玻壳允许温度为 100℃，环境温度为 60℃，假设由辐射散走的热量为 3.68 W，试计算强迫风冷的空气流速。

解 管子散热面积为

$$A = \pi d H + 2 \times \sqrt{\frac{\pi d^2}{4}}$$

$$= 3.14 \times 0.0514 \times 0.061 + 2 \times \left(3.14 \times \frac{0.0514^2}{4} \right)$$

$$= 0.0140 \ (\text{m}^2)$$

由于管子高度只有 0.061 m，故采用层流换热准则方程计算。定性温度取介质温度 $t_f = 60℃$，特征尺寸取管子高度 $H = 0.061$ m。由 $t_f = 60 ℃$，查物性参数：$k_f = 2.9 \times 10^{-2}$ W/(m·℃)；$\nu_f = 18.97 \times 10^{-6}$ m²/s，则

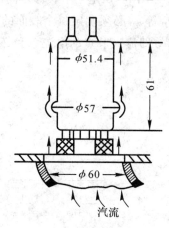

$$\alpha = \frac{Q}{A \Delta t} = \frac{22 - 3.68}{0.0140 \times (100 - 60)} = 32.7 \quad (\text{W}/(\text{m}^2 \cdot ℃))$$

$$Nu_f = \frac{\alpha H}{k_f} = \frac{32.7 \times 0.061}{2.9 \times 10^{-2}} = 68.8$$

$$Re_f = \left(\frac{Nu_f}{0.66} \right)^2 = \left(\frac{68.8}{0.66} \right)^2 = 10866$$

图 7 - 3 调制管结构尺寸

由 $Re = \dfrac{\rho v H}{\mu} = \dfrac{v H}{\nu_f}$ 计算速度 v，即

$$v = \frac{Re_f \nu_f}{H} = \frac{10866 \times 18.97 \times 10^{-6}}{0.061} = 3.38 \ (\text{m/s})$$

3. 辐射换热

物体以电磁波方式向外传递能量的过程称为辐射。如果落在物体上的所有辐射能量全部被吸收而没有反射和穿透，则这样的物体被称为黑体。热辐射的基本定律是普朗克定律，它描述了黑体在不同温度下辐射按波长分布的规律。将普朗克定律对所有波长范围进行积分，可得到工程计算中十分重要的四次方定律，即

$$E_b = C_0 \left(\frac{T}{100} \right)^4 \ (\text{W/m}^2) \tag{7 - 10}$$

式中：E_b 为黑体在单位时间内单位表面积向半球空间所有方向发射的全部波长的辐射能总量，称为黑体辐射能力；C_0 为黑体辐射系数，$C_0 = 5.67$ W·m²/K⁴；T 为黑体的热力学温度，单位为 K。

物体间的辐射换热量可用网络法进行计算，即把辐射换热系统模拟成相应的电路系

统，借助于电路理论的求解而得到辐射换热问题的解答。图 7-4 表示两个灰体表面间的辐射换热网络，它是在辐射势差 $E_{b1}-E_{b2}$ 之间用两个表面热阻 $(1-\varepsilon_1)/\varepsilon_1 A_1$、$(1-\varepsilon_2)/\varepsilon_2 A_2$ 和一个空间热阻 $1/A_1 F_{12}$ 串联起来的等效电路，其中 A 和 ε 分别是物体的表面积和表面黑度，F_{12} 是两个表面间的辐射角系数，可从有关图表中查到。显然，两个物体表面间的辐射换热量 Q_{12}，等于 T_1，T_2 温度下的两个黑体本身辐射之差 $E_{b1}-E_{b2}$ 除以系统的总热阻，即

$$Q_{12}=\frac{E_{b1}-E_{b2}}{\dfrac{1-\varepsilon_1}{\varepsilon_1 A_1}+\dfrac{1}{A_1 F_{12}}+\dfrac{1-\varepsilon_2}{\varepsilon_2 A_2}}=\frac{5.67\left[\left(\dfrac{T_1}{100}\right)^4-\left(\dfrac{T_2}{100}\right)^4\right]}{\dfrac{1-\varepsilon_1}{\varepsilon_1 A_1}+\dfrac{1}{A_1 F_{12}}+\dfrac{1-\varepsilon_2}{\varepsilon_2 A_2}}\quad(\text{W})\qquad(7-11)$$

图 7-5 是三个表面之间的辐射换热网络，为了计算各个表面间的辐射换热量（如 Q_{12}、Q_{13} 等），必须确定每个表面的有效辐射 E_r。在等效电路中可以基尔霍夫直流电路定律来求解，即流入节点的电流总和必等于从节点流出的电流总和。

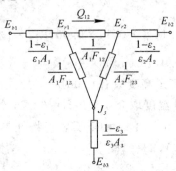

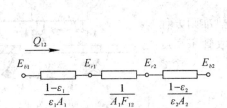

图 7-4 两表面间的辐射单元　　　　图 7-5 三个表面间的辐射网络

例 7-2　尺寸为 2 m×1 m 的两平行平板，相距 1 m，放在室温 $t_3=27$ ℃的大房间里，已知两个平板的温度和黑度分别为 87℃、57℃ 和 $\varepsilon_1=0.2$，$\varepsilon_2=0.5$。试计算每块板的净辐射散热量及房间墙壁所得到的辐射热量。

解　由于房间表面积 A_3 很大，故其表面热阻 $(1-\varepsilon_3)/\varepsilon_3 A_3\approx0$，因此，$E_{r3}=E_{b3}$，根据已知的几何尺寸，$L_1/h=1$，$L_2/h=2$，由相关图表查得：$F_{12}=F_{21}=0.285$，而 $F_{13}=F_{23}=1-F_{12}=0.715$。计算网络中各个热阻值：

$$\frac{1-\varepsilon_1}{\varepsilon_1 A_1}=\frac{1-0.2}{0.2\times2}=2.0$$

$$\frac{1-\varepsilon_2}{\varepsilon_2 A_2}=\frac{1-0.5}{0.5\times2}=0.5$$

$$\frac{1}{A_1 F_{12}}=\frac{1}{2\times0.285}=1.75$$

$$\frac{1}{A_1 F_{13}}=\frac{1}{2\times0.715}=0.699$$

$$\frac{1}{A_2 F_{23}}=\frac{1}{2\times0.715}=0.699$$

将上述各热阻图画成网络图，如图 7-6 所示。

按直流电路的规则计算有效辐射 E_{r1} 和 E_{r2}：

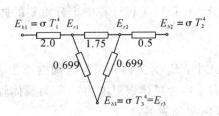

图 7-6 热阻网络图

结点 E_{r1}：
$$\frac{E_{b1}-E_{r1}}{2}+\frac{E_{r2}-E_{r1}}{1.75}+\frac{E_{b3}-E_{r1}}{0.699}=0 \qquad (7-12)$$

结点 E_{r2}：
$$\frac{E_{r1}-E_{r2}}{1.75}+\frac{E_{b3}-E_{r2}}{0.699}+\frac{E_{b2}-E_{r2}}{0.5}=0 \qquad (7-13)$$

其中：

$$E_{b1}=5.67\times\left(\frac{360}{100}\right)^4\times10^{-3}=0.952\ (\mathrm{kW/m^2})$$

$$E_{b2}=5.67\times\left(\frac{330}{100}\right)^4\times10^{-3}=0.672\ (\mathrm{kW/m^2})$$

$$E_{b3}=5.67\times\left(\frac{300}{100}\right)^4\times10^{-3}=0.459\ (\mathrm{kW/m^2})$$

将 E_{b1}、E_{b2}、E_{b3} 的值代入式(7-12)、式(7-13)得

$$E_{r1}=0.586(\mathrm{kW/m^2}),\ E_{r2}=0.583(\mathrm{kW/m^2})$$

于是板 1 的辐射热量 Q_1 为

$$Q_1=\frac{E_{b1}-E_{r1}}{\dfrac{1-\varepsilon_1}{\varepsilon_1 A_1}}=\frac{0.952-0.586}{2}=0.183(\mathrm{kW})$$

板 2 的辐射热量 Q_2 为

$$Q_2=\frac{E_{b2}-E_{r2}}{\dfrac{1-\varepsilon_2}{\varepsilon_2 A_2}}=\frac{0.672-0.583}{0.5}=0.178(\mathrm{kW})$$

墙壁所得到的辐射热量为

$$Q_3=Q_1+Q_2=0.183+0.178=0.361(\mathrm{kW})$$

4. 传热

前面简要介绍了热量传递的三种基本形式：导热、对流和辐射。实际上，电子设备中的传热过程中总是有几种传热形式同时存在。图 7-7(a) 是对流—导热—对流组成的串联传热过程；图 7-7(b) 是对流、辐射组成的并联传热过程；图 7-7(c) 是对流、辐射—导热—对流、辐射的复合传热过程。其中，R_d 为对流热阻、R_c 为导热热阻、R_r 为辐射热阻。因此，电子设备中的传热过程可用类似于电路中电阻网络的热阻网络法计算。

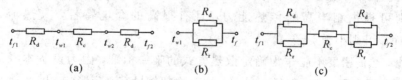

图 7-7　传热过程的热阻网络图

7.1.2　冷却方法的选择

1. 热设计基本原则

电子设备热设计的目的就是要根据电子设备（或元器件）的热特性（发热功率、散热面积、允许工作温度、环境温度等）及可靠性指标，确定其合理的冷却方法，用较少的成本获

得高可靠性的电子设备。热设计的基本原则为：保证冷却系统具有良好的冷却功能，使设备内的元件都能在规定的热环境中正常工作；尽量减小热回路中从发热元件表面到最终散热对象（如散热器等）之间的热阻；保证冷却系统工作的可靠性；冷却系统要具有良好的适应性；冷却系统要便于维护；冷却系统的设计要具有良好的经济性。

设计一个较好的冷却系统，必须综合各方面的因素，使其既能满足冷却要求，又能达到电气性能指标。最佳的热设计应是能满足技术要求的最简单的方案。

2. 冷却方法的选择

电子设备冷却方法选择的依据是热设计参数，包括设备（元件）的总发热量、设备（元件）的允许温升、设备的工作场所环境条件、结构尺寸、其他特殊要求（如密封、气压等）等。图 7-8 是根据设备的允许温升和热流密度，确定散热方法的选择图。

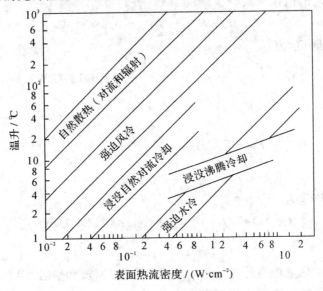

图 7-8 热流密度、温升与冷却方法

由图可知，当温升为 60 ℃时，自然散热（对流和辐射）的表面热流密度小于 0.05 W/cm²，因此这种散热方法不可能提供 1 W/cm² 的热流密度。如果用强迫通风冷却，则传热能力可提高一个数量级。若采用碳氟有机液沸腾冷却，可使大多数功率元件直接浸入工作液，则可提供相当高的传热能力，且有很高的介电特性，其热流密度将超过 10 W/cm²，而温升则小于 10 ℃。

应该指出，热流密度不能作为确定散热方式的唯一标准，因为设备本身的冷却能力、内部元件布置合理与否、有无热敏元件等，均对冷却效果有一定影响。因此，在确定冷却方法时，一定要仔细进行论证或进行一些必要的模拟热分析和试验，以便得出一个较经济可靠的冷却方案。

7.1.3 电子设备的自然冷却

在自然散热状态下，电子设备内部的热量首先通过对流、辐射、传导等传向机壳，然后再由机壳通过对流和辐射将热量传至周围介质（如空气）。因此，要改善电子设备的自然冷却效果，关键是要提高设备内部电子元器件向机壳的传热能力和机壳向外界的散热能力。

1. 自然冷却的结构因素

1）机壳的热设计

设备的机壳是接收设备内部热量，并将其散发到周围环境中去的一个重要组成部分，它的热设计在采用自然散热和一些密闭式的电子设备中显得格外重要。经过一系列实验验证，可得如下结论：

（1）机壳内外表面涂漆（即提高黑度）、机壳开通风孔，均能降低内部元器件的温度。由于颜色对黑度不是主要的影响因素，因此外表面颜色可以按机箱造型色彩学的要求选择。

（2）机壳内表面和外表面涂漆的冷却效果比机壳开通孔且表面光亮（黑度低）的冷却效果好。

（3）机壳内表面和外表面均涂漆的冷却效果比单面涂漆的效果好。

（4）在机壳内表面和外表面均涂漆的基础上，合理地改进通风孔结构，加强对流，可以得到很好的冷却效果。

2）通风孔面积计算

在机壳上开通风孔的目的是为了充分利用气流的对流换热作用。通风孔的形状、大小应该根据人机工程学及换热原理进行选择。通风孔的位置要对准发热元件，使冷却空气直接流过发热元件，进出孔要远离，切忌气流短路而影响冷却效果。通风孔的面积与通风孔散掉的热量之间的关系可通过下式进行计算：

$$S_0 = \frac{Q - Q_d - Q_f}{7.4 \times 10^{-5} H (\Delta t)^{1.5}} \tag{7-14}$$

式中：S_0 为进风口或出风口的面积（取较小者），单位为 cm^2；Q 为设备内部总功耗，单位为 W；Q_d 为机壳表面自然对流散热量，单位为 W；Q_f 为机壳表面辐射散热量，单位为 W；H 为机箱高度（或进出风孔中心距离），单位为 cm；Δt 为设备内部空气温度 t_2 与外部空气温度 t_1 之差，即 $\Delta t = t_2 - t_1$，单位为 ℃。

2. 印刷板组装件的自然冷却设计

1）电子元器件的热安装技术

印刷板上的元器件，主要依靠从元件至印制板、印制板经导轨到机壳侧壁的导热途径，最后由侧壁传至周围环境或机箱的冷板进行散热。目前常用的方法是在印制板上附一薄的金属叠层（导热条或导热板），如图 7-9(a)、(b)所示。引线较多的元器件，如双列直插式集成电路、混合电路及微处理器等，约有一半的热量是通过引线传给导热条（板）的，因此，可采用如图 7-9(c)所示的安装方法，在印制板上设置相应的金属化涂覆孔，用来焊接引线，并能降低引线至印制板的热阻。为了减少元件底部和导热条（板）间空气间隙所产生的热阻，可采用直接粘接法，把元件粘到印制板上（电气绝缘）。板上元件的安装方向要符合冷却气流的流动特性，元件的长边应沿流动的方向放置，以减小流动阻力。同一印制板上的元器件，应按其发热量的大小及耐热程度，分区放置，把不耐热的元件放在冷气的入口，耐热性好的元件放在出口。元件的排列应使整块印刷板的阻力和温升均匀化。当有几块印刷板平行排列时，印制板的间距不宜相差太悬殊。

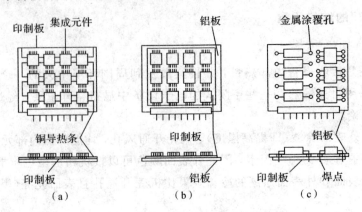

图 7-9 导热条与导热板结构

2）减小元器件热应变的安装技术

实用中的电子设备工作温度范围较宽（-50～+50 ℃），而元件引线的热膨胀系数、印制板的热膨胀系数以及焊点的热膨胀系数都不一样，这样在温度循环及高温的条件下，将会产生热应力，导致焊点的拉裂，印制板路的翘起、剥离，元件破裂、短路，以及系统中许多与热应变有关的其他问题。因此，元件的安装要考虑消除热应变的措施。图 7-10(a)和(b)是轴向引线的圆柱元件(电阻、电容、二极管等)的安装方法。在搭焊或插焊时，应提供最小的热应变量，约为 3 mm。图 7-10(c)是最大的矩形元件(变压器、扼流圈)的安装方法。为了避免热应变使焊点脱裂，应有较大的应变量，也可采用环形结构。

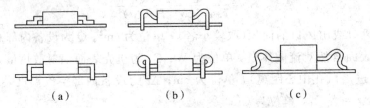

图 7-10 消除热应变的元件安装方法

双列直插式集成电路，由于引线很硬，几乎不可能留任何应变量，所以安装时要特别仔细。图 7-11 是双列直插式集成电路的几种安装方法。功率较大的集成电路，可在壳体下部用金属片作为导热元件，厚度应满足散热要求。为了减小传导热阻，接触界面可用黏接剂，如图 7-11(a)和(b)所示。功率较小(0.2 W 以下)的集成电路，可不用黏接剂，只要适当控制气隙即可，如图 7-11(c)、(d)和(e)所示。

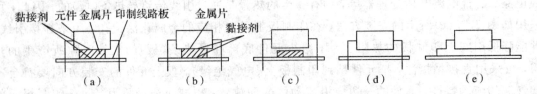

图 7-11 双列直插式集成电路安装方法

3) 导热条(板)的热计算

当导热条(板)上的电子元件功耗基本相同，并均匀分布时，可按均布热负荷计算每个元件的温升。如图 7 - 12 所示的印刷板组装件，以导热条的中点为坐标原点，其上任意一点的温升，可由下式计算：

$$\Delta t = \frac{q}{2kS}(l^2 - x^2) \tag{7-15}$$

式中：q 为导热条单位长度的热量，单位为 W/m；k 为导热条的导热系数，单位为 W/(m·℃)；S 为导热条热流方向的截面积，单位为 m^2；l 为实际导热条长度的一半，单位为 m。

又有

$$\Delta t = t - t_e$$

式中：t_e 为印刷板边缘温度，单位为 ℃；t 为计算点 x 处的温度，单位为 ℃。

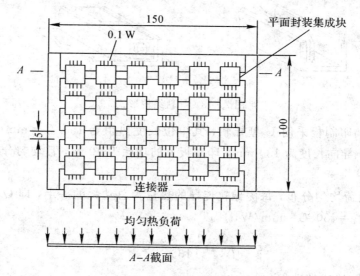

图 7 - 12　均匀分布热负荷散热印制板

例 7 - 3　一些平面封装集成块装在散热印制板上(见图 7 - 12)，每个集成块的功耗为 100 mW，热量由铜导热条传至印制板边缘，导热条厚度为 0.07 mm，宽为 5 mm，每个导热条上有六个集成块，试计算从印制板中心至边缘的温升。

解　按均匀分布热负荷处理。因结构对称，故只需计算系统的一半即可。根据题意，有

$$S = 5 \times 0.07 \times 10^{-6} \text{ m}^2 = 3.5 \times 10^{-7} \text{ m}^2$$

$$l = 75 \text{ mm} = 7.5 \times 10^{-2} \text{ m}, \ k = 330 \text{ W/(m·℃)}$$

$$Q = 3 \times 0.1 \text{ W} = 0.3 \text{ W}$$

利用式(7 - 15)，得

$$\Delta t = \frac{ql^2}{2Sk} = \frac{Ql}{2Sk} = \frac{0.3 \times 7.5 \times 10^{-2}}{2 \times 3.5 \times 10^{-7} \times 330} \text{ ℃} = 97.4 \text{℃}$$

显然，这么高的温升，对位于印制板中心的集成块来说太高了。为了降低温升，应重新设计导热条，如增加其厚度等。

4）印制板导轨的热计算

插入式印制板要有导向导轨，使其对准底座上的插座。导轨是印制板传热过程中的一个主要热阻。图 7-13 是一些典型的导轨结构，它们的单位长度热阻：图（a）为 300℃·mm/W，图（b）为 200℃·mm/W，图（c）为 150℃·mm/W，图（d）为 50℃·mm/W。其中图（d）是楔形导轨，它通过楔形块的夹紧力，增加与印制板之间的接触压力，从而减小接触热阻。

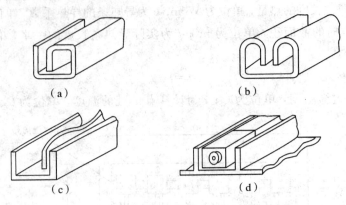

图 7-13　导轨结构形式

例 7-4　某印制板采用 U 型导轨，其单位长度热阻为 150℃·mm/W，见图 7-13（c），导轨的接触导向长度为 130 mm，印制板上的功耗为 10 W，且均匀分布，试计算通过导轨的温升。

解　因热负荷均匀分布，每侧导轨传导的热量为总功耗的一半，即 $Q=10/2=5(\text{W})$，而导轨热阻为 $R_d=150$ ℃·mm/W，所以

$$\Delta t=\frac{R_d Q}{L}=\frac{150\times5}{130}\text{℃}=5.8\text{ ℃}$$

3. 晶体管散热器的选择

1）晶体管散热器的热计算

晶体管结层上的热量可通过不同的途径传至周围介质。每一途径都存在着热阻，其过程可用电模拟的方式进行分析。

图 7-14 是带散热器的晶体管散热模型，其等效热路图如图 7-15(a)所示。在图 7-15 中，P_c 为晶体管的耗散功率；t_j、t_c、t_f、t_a 分别为结温、壳温、散热器温度和环境温度；R_{tj}、R_{tp}、R_{tb}、R_{tf} 分别为晶体管的内热阻、外壳热阻、界面热阻和散热器的放热热阻。从结面到环境总热阻可由下式计算：

$$R=R_{tj}+\frac{R_{tp}(R_{tb}+R_{tf})}{R_{tp}+R_{tb}+R_{tf}} \qquad (7-16)$$

若 $R_{tp}\gg R_{tb}+R_{tf}$，则

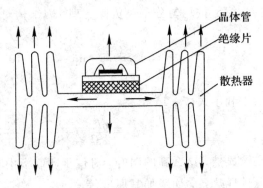

晶体管
绝缘片
散热器

图 7-14　晶体管散热模型

$$R = R_{tj} + R_{tb} + R_{tf} \tag{7-17}$$

因此，图 7-15(a)可简化成图 7-15(b)的形式，式(7-16)可改写成

$$R = \frac{t_j - t_a}{P_c} = R_{tj} + R_{tb} + R_{tf} \tag{7-18}$$

式中：t_j 和 R_{tj} 由晶体管手册给出最大允许值，可取 $R_{tj} = 0.2 \sim 2.5$ ℃/W。

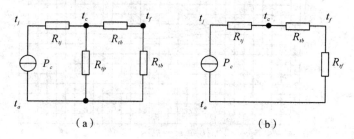

图 7-15　晶体管散热等效热路图

散热计算的基本依据是结温不得超过最高允许值，但为保证电路工作的可靠性和稳定性，计算时通常将 t_j 取为

$$t_j = (0.5 \sim 0.8) t_{max} \tag{7-19}$$

式中：t_{max} 取决于晶体管的材料和工艺等，一般锗管为 80~100 ℃，硅管为 125~200 ℃。

当 t_j、R_{tj} 确定后，即可根据图 7-15(b)确定晶体管的管壳温度 t_c：

$$t_c = t_j - R_{tj} P_c \tag{7-20}$$

界面热阻 R_{tb} 包括接触热阻 R_{tc} 和绝缘衬垫传导热阻 R_{ts}，即

$$R_{tb} = \sum_{i=1}^{n} R_{tc} + \sum_{j=1}^{m} R_{ts} \tag{7-21}$$

式中：n 为接触面数；m 为衬垫层数。

散热器放热热阻 R_{tf} 取决于散热器的结构形式、尺寸、所用的材料、周围的环境温度、散热器放置的位置等，比较精确的计算可以通过计算机用热阻网络法求解。估算可采用下式：

$$R_{tf} = \frac{1}{\alpha S \eta} \tag{7-22}$$

式中：α 为散热器的综合换热系数，单位为 W/(m²·℃)；S 为散热器总散热面积，单位为 m²；η 为散热器效率。

α 可由式(7-23)计算：

$$\alpha = \frac{\alpha_r S_r + \sum \alpha_d S_d}{S} \tag{7-23}$$

式中：α_r，α_d 为辐射和对流换热系数；S_r，S_d 为辐射和对流换热面积。

2) 晶体管散热器的选择

散热器的品种很多，有型材、叉指、环肋、辐射和散热帽等散热器，目前对型材和叉指型散热器已有国家标准（GB 7423.1—87～GB 7423.3—87）。可根据晶体管工作状态和工作环境，利用国家标准中的热阻曲线，对散热器进行正确选择。图 7-16 是叉指型散热器 SRZ104 的热阻曲线，曲线(1)和(2)分别为仰放和侧放；图中 Δt_{fa} 为散热器最高温度点的温度与周围环境温度之差。

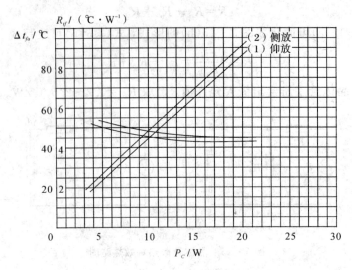

图 7-16 SRZ104 热阻曲线

例 7-5 某晶体管电路的功耗为 5 W，环境温度为 25 ℃，所用晶体管为 3DD56，试选用合适的散热器。

解 晶体管 3DD56 的参数为：最大散耗功率 $P_{cmax}=10$ W，$t_{jmax}=175$ ℃，$R_{tj}=10$ ℃/W，管型为 G-1 型。当管壳与散热器间不加垫片，不涂导热脂时，$R_{tc}=0.88\sim0.97$ ℃/W，现取 $R_{tc}=0.9$ ℃/W，利用图 7-16，得

$$R_{tf} \leqslant \frac{t_{jmax}-t_a}{P_c}-(R_{tj}+R_{tc})=\left[\frac{175-25}{5}-(10+0.9)\right] ℃/W=19.1 ℃/W$$

叉指型散热器手册中，热阻小于 19.1 ℃/W 的有 11 种，从体积和重量考虑，SRZ101 型或 SRZ301 型较好，无论竖放或侧放，均能满足要求。

7.1.4 电子设备的强迫风冷

强迫通风冷却系统设计的重点在于合理控制和分配气流，使其按照预定的路径通行。元件排列时，应将不发热或发热量小的元件排列在冷空气的入口，耐热性差的元件排列在离入口最近处，其余元件可按它们耐温的高低，以递增的顺序逐一排列；各元件在单元内排列时，应力求对气流的阻力最小；整机通风系统的进、出风口应尽量远离，以避免气流短路。

整机的通风形式可分为抽风、鼓风和抽风与鼓风串联等。整机通风的风量由热平衡方程计算：

$$Q_f=\frac{Q}{c_p\rho\Delta t} \tag{7-24}$$

式中：Q_f 为通风量；Q 为整机总损耗功率，单位为 W；c_p 为空气的比定压热容，单位为 J/(kg·K)；ρ 为空气密度，单位为 kg/m³；Δt 为空气出口与进口温差，单位为℃。

空气的出口温度应根据单元内各元件允许的表面温度来确定，而元件的表面温度与冷却效果有关，因此，Δt 的确定涉及一系列的迭代计算。含有印制板的风冷系统，Δt 可取10℃左右。

在一些军用加固型计算机中，为了防止潮湿空气影响印制板的电器性能，不允许冷却空气直接与电子元件接触，冷空气通过机箱的冷板结构以及由印制板背靠背形成的空芯风冷通道进行冷却，如图 7-17 所示。印制板采用导热条（板）式的散热印制板。这种空芯印制

板通道的换热系数可用下式计算：

$$\alpha = J c_p G \left(\frac{c_p \mu}{k} \right)^{-2/3} \tag{7-25}$$

式中：G 为通过冷却通道的质量流速，单位为 $kg/(m^2 \cdot s)$；J 为考尔本数，是取决于雷诺数及管道结构的一个无量纲数；其他符号同前所述。

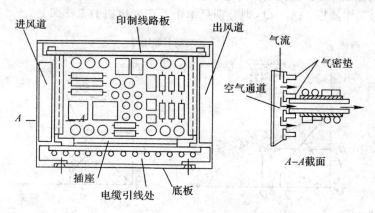

图 7-17 空芯印制板结构

当 $200 \leqslant Re \leqslant 1800$，且通道为长宽比等于或大于 8 的矩形时，有

$$J = \frac{6}{Re_f^{0.98}} \tag{7-26}$$

通道为正方形时，有

$$J = \frac{2.7}{Re_f^{0.95}} \tag{7-27}$$

当 $10^4 \leqslant Re \leqslant 1.2 \times 10^6$ 紊流时，有

$$J = \frac{0.023}{Re_f^{0.2}} \tag{7-28}$$

当 Re 数在 400 至 1500 之间的层流范围内，扁平肋片式冷板和热交换器的考尔本数可按下式计算：

$$J = \frac{0.72}{Re_f^{0.7}} \tag{7-29}$$

以上各式的定性温度（确定物体物性参数的温度）为流体平均温度 t_f。

对于有专门通风管道的强迫通风系统，正确地设计和安装通风管道对散热效果有较大影响。在进行通风管道设计时应注意下面几个问题：

（1）尽量缩短通风管道，以降低风道的阻力损失。

（2）尽可能采用直的锥形风道。直管不仅容易加工，而且局部阻力小。锥形管能保证气流在风道中不产生回流（负压），可达到等量送风的要求。

（3）风道的界面尺寸最好和风机的出口一致，以免因截面变换而引起压力损失。风道的截面尺寸应能保持所需的雷诺数。

（4）进风口的结构设计原则是：一方面尽量使其对气流的阻力最小，另一方面要达到滤尘的作用。

强迫冷却系统的通风机可根据需要选择轴流式风机和离心式风机。一般要求风量大、风压低的设备可采用轴流式风机,风量小、风压大的设备可采用离心式风机。若一个风机的风量不够,可采用两个风机并联,此时,其风压是每个风机的风压,而风量为各风机风量之和。如图 7-18(a)所示,图中 H_1 是单个风机的工作静压,H_2 是两个并联风机的工作静压,Q_{f1}、Q_{f2} 则分别为单个及并联风机的工作风量。若风压不够,则可串联使用,这时,风量基本上等于每台风机的风量,风压相当于各风机压力之和,如图 7-18(b)所示,图中 H_1、H_2 分别是单个风机及串联风机的工作静压,Q_{f1}、Q_{f2} 则分别是单个及串联风机的工作风量。

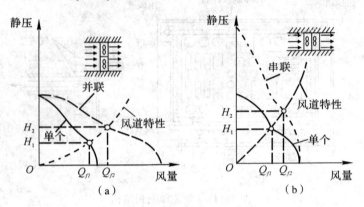

图 7-18 通风机的串、并联

设计通风冷却系统时应考虑的结构因素有:

(1)抽风的冷却效果比吹风形式好,因此在机箱风阻相同的情况下,尽可能采用抽风冷却形式。

(2)为了提高冷却效果,在冷却气流流速不大(Re 不大)的情况下,元件应按叉排方式排列,这样可以提高气流的紊流程度,增加散热能力。

(3)设备中发热区的中心线,应与入风口的中心线相一致或略低于入风口的中心线,以提高冷却效率。分层结构的大型电子设备中,可将耐热性好的热源插箱放在冷却气流的下游,耐热性差的放在上游。

(4)大型机柜在强迫通风时,机柜缝隙的漏风将直接影响效果。图 7-19(a)是密封不漏风的情况,风机位置对风冷效果没有影响,沿高度方向任意一个发热区断面,风量基本是相同的。若机柜四周存在缝隙,当风机安装在出口处抽风时,外界空气从缝隙进入机柜,风量从入口至出口逐渐增加,如图 7-19(b)所示。当风机装在入口处鼓风时,机柜内静压较高,气流将从缝隙漏出,风量沿机柜高度方向是逐渐减少的,如图 7-19(c)所示。若采用串联通风形式,机柜内部气压分成正压区和负压区两部分,既有气流从缝隙流入,也有气流从缝隙流出,沿机柜高度方向风量分布如图 7-19(d)所示。

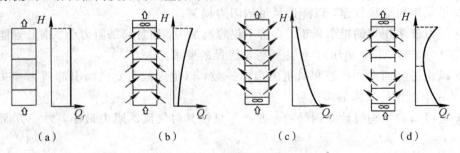

(a)   (b)   (c)   (d)

图 7-19 机柜漏风的影响

从试验效果看，有缝隙存在时，抽风形式的冷却效果比鼓风形式好。缝隙大小对冷却效果也有影响，缝隙小的效果比缝隙大的效果好。所以对风冷系统应注意气流的泄露问题。

7.1.5　其他冷却方法

电子设备的其他冷却方法有：液体冷却(直接或间接液体冷却)、半导体制冷、静电制冷、射流冷却和热管传热等。大型计算机中的高功率高密度集成电路采用导热模块冷却技术(TCM)有明显的冷却效果，且可靠性高。有关这些冷却技术可参考相关书籍和文献，在此不再赘述。

7.2　电磁防护设计

任何电子设备工作时，都将对其周围环境产生一定的电磁辐射，自然界本身也产生一定的电磁环境(如地磁、雷电、宇宙射线等)。因此电磁兼容性包括两个方面：一是指电子系统与周围其他电子系统之间相互兼容的能力；二是指电子系统在自然界的电磁环境中按照设计要求正常工作的能力。为了提高电子设备的电磁兼容性能，应该对其进行电磁防护设计。设计的主要任务是：要求设备既能抑制其他设备的干扰，又能抑制自然界电磁作用的干扰，同时还要求减少设备本身对其他设备的干扰。

构成电磁干扰必须具备三个基本条件：存在干扰源，有相应的传输介质(耦合途径)，有敏感的接收单元(被干扰源)。图 7-20 是干扰源、被干扰源及传输干扰耦合途径的一个例子。对电子设备进行电磁防护设计(兼容性设计)，需要明确干扰源的性质、干扰源与被干扰源之间的耦合形式和防护设计的具体指标等。

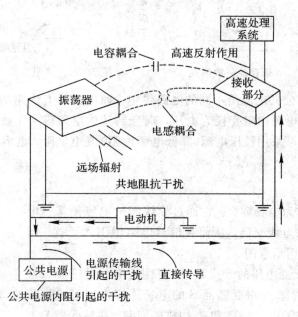

图 7-20　耦合途径

7.2.1 耦合方式

干扰源的信号必须耦合到敏感的接收设备才能形成干扰。耦合的概念一般指的是设备（电路）与设备（电路）之间电的联系，耦合起着把电磁能量从一个设备（电路）传送到另一设备（电路）中去的作用。干扰信号有两种基本的耦合方式：

（1）传导耦合，简称来自"路"的干扰，包括电路性传导耦合、电容性传导耦合及电感性传导耦合。

（2）辐射性耦合，简称来自"场"的干扰，包括近场感应耦合及远场辐射耦合。

1. 电路性传导耦合

电路性传导耦合也称为共阻抗耦合，当两个电路回路的电流流经一个公共阻抗时，一个电路回路的电流在该公共阻抗上形成的电压就会影响到另一个电路回路。

最简单的电路性传导耦合模型如图 7-21 所示。其中 Z_{12} 是回路 1 和回路 2 的公共阻抗，当回路 1 有电压 V_1 作用时，该电压经 Z_1 加到公共阻抗 Z_{12} 上，如果回路 2 开路，由回路 1 耦合到回路 2 的电压为

$$V_2 = \frac{Z_{12}}{Z_1 + Z_{12}} V_1 \tag{7-30}$$

图 7-22 是地线电流流经公共地阻抗 Z 的耦合。地电流 I_1 被 I_2 所调制，故一些干扰信号由电路 2 经 Z 耦合到电路 1。

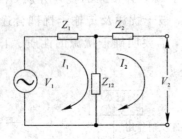

7-21 传导耦合的一般形式

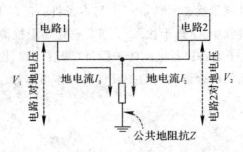

图 7-22 共阻抗耦合

电子设备中常用公共电源给不同的电路供电。而电源是有内阻的，高电平电路的输出电流，流经电源而由电源内阻变换为电压，耦合到其他电路成为干扰电压。对于这种由电源内阻形成的耦合，可采用稳压电源（降低电源内阻）或由电阻、电容组成的去耦电路来消除干扰。

2. 电容性耦合

电容性耦合亦称为电场耦合，它通过导线间的电容使某一电路对另一电路形成电力线交链，从而在信号电路中引入干扰。图 7-23 为电场耦合作用示意图。

图中 G 为具有交变电压的干扰源，在其附近有一受感器 S 通过阻抗 Z_s 接地，干扰源 G 对受感器 S 的电场感应作用等效为分布电容 C_J，从而形成了由 V_G、C_J 和 Z_s 构成的回路，在感受器 S 上产生的干扰电压 V_s 为

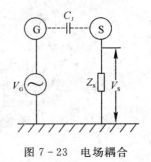

图 7-23 电场耦合

$$V_S = \frac{j\omega C_J Z_S}{1+j\omega C_J Z_S} V_G \tag{7-31}$$

式中：ω 为干扰源角频率。

一般有 $j\omega C_J Z_S \ll 1$，则

$$V_S = j\omega C_J Z_S V_G \tag{7-32}$$

这种干扰多存在于设备内部平行导线之间及高电平的电路附近。

3. 电感性耦合

干扰源的干扰波以电流的形式出现时，该电流产生的磁场对信号电路的作用可视为电感耦合。图 7-24 为磁场穿过一闭合回路的示意图，"×"表示磁场垂直于纸面指向纸内，Z_1 和 Z_2 分别为回路中的阻抗。交变磁场在回路中产生的感应电压为

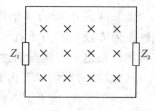

图 7-24　磁场耦合

$$V = j\omega B S \cos\theta \tag{7-33}$$

式中：ω 为磁通变化的角频率；B 为磁通密度；S 为回路面积；θ 为垂直于回路平面方向，与磁通密度方向的夹角。

4. 辐射性耦合

辐射性耦合指干扰源的电磁能量经由远场注入，并在另一电路产生感应电压或感应电流。辐射性耦合不同于共阻抗耦合，这种耦合方式不需要存在传导路径；也不同于电场耦合或磁场耦合，辐射性耦合的受扰电路并非处于干扰源的近场区域。事实上，实际存在的任何电路都可以视作辐射源，电路中的每根金属导体在某种程度上可以起到发射天线和接收天线的作用，并且可以视作多个基本辐射单元的叠加（见图7-25）。因此分析电偶极子和磁偶极子所产生的场特性，就可将屏蔽分为电屏蔽、磁屏蔽和电磁屏蔽。

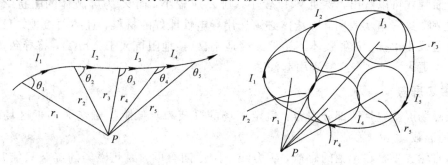

（a）非闭合载流导线辐射源在P点产生的电磁场　　（b）闭合载流导线辐射源在P点产生的电磁场

图 7-25　载流导线辐射元叠加示意图

7.2.2　屏蔽原理

屏蔽是指由导电或导磁材料制成的壳、板、筒等各种形状的屏蔽体，将电磁能限制在一定空间范围内从而抑制辐射干扰的一种有效措施。根据不同的场源特性，屏蔽可分为电场屏蔽、磁场屏蔽和电磁屏蔽。静电屏蔽和恒定磁场的屏蔽是电屏蔽和磁场屏蔽的

特例。

1. 电场屏蔽

电场屏蔽的实质是减小两个设备（或两个元件、电路、组件）间电场感应的影响，它包括静电屏蔽和对高阻抗电场源的近区场（低频时变电场）的屏蔽两部分。

对于静电屏蔽，只要将屏蔽体有效接地就可以收到良好的屏蔽效果。

低频时变电场的屏蔽原理，采用电路理论加以解释较为方便，因为干扰源与感受器之间的电场感应可用分布电容来进行描述，如图 7-26 所示。

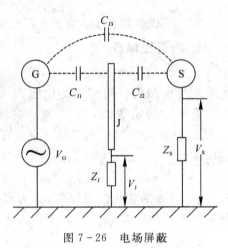

图 7-26　电场屏蔽

从式（7-32）可以看出分布电容 C_J 越大，则感受器受到的干扰 V_S 越大。因此屏蔽的目的就是为了消除寄生电容 C_J，若 $C_J=0$，则 $V_S=0$。为了减小 G 对 S 的干扰，可在两者之间加入一屏蔽体 J（金属板），如图 7-26 所示。原来的 C_J 被分成 C_{J1}、C_{J2} 和 C_{J3}，由于 C_{J3} 很小，可忽略不计。

假设屏蔽体 J 对地阻抗为 Z_J，则在 J 上产生的感应电压 V_J 为

$$V_J = \frac{j\omega C_{J1} Z_J}{1+j\omega C_{J1} Z_J} V_G \tag{7-34}$$

感受器 S 上被感应的电压为

$$V_S = \frac{j\omega C_{J2} Z_S}{1+j\omega C_{J2} Z_S} V_J \tag{7-35}$$

从上面两式可以看出，要使 V_S 比较小，则 Z_J 应较小，而 Z_J 为屏蔽体的阻抗 Z_m 和接地阻抗 Z_c 之和。这一事实表明，屏蔽体必须选用导电性能好的材料，且必须接地。只有这样，才能有效地减小干扰。若屏蔽体不接地或接地不良（接地阻抗大于 2 mΩ），将导致加屏蔽体后干扰变得更大。对这点应特别引起注意。

2. 磁场屏蔽

低频磁场屏蔽包括两部分内容：恒定磁场的屏蔽和对低阻抗磁场源的近区场（低频时变磁场）的屏蔽。

因为自然界不存在单独的磁荷，磁力线一定是闭合的，因此磁场的屏蔽只能利用屏蔽体对磁力线（磁场）进行分流，来减弱干扰源与感受器之间的磁力线交链。

磁屏蔽体的磁阻 R_m 可表示为（见图 7-27）

$$R_m = \frac{L}{\mu S} (1/H) \tag{7-36}$$

式中：μ 为材料的磁导率，单位为 H/m；L 为磁路长度，单位为 m；S 为磁路的横截面积，单位为 m²。

在磁压降一定的情况下，磁阻 R_m 越小，通过屏蔽体的磁通量就越大，可减弱干扰磁场。由于 R_m 与 μ 成反比，因而屏蔽体应选用钢、铁、坡莫合金等高磁导率的

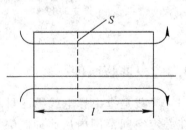

图 7-27　磁路中的磁阻

材料。上述结论无论对于恒定磁场还是低频交变磁场都是适用的。

3. 电磁屏蔽

电磁屏蔽是屏蔽辐射干扰源的远区场，即同时屏蔽电场和磁场的一种措施。

设一厚度为 L 的金属屏蔽板，将空间分为两部分，令场源在左部，如图 7 - 28 所示。当电磁波向屏蔽体入射时（入射场强度分别为 H_0 和 E_0），一部分被左表面反射（反射场强分别为 H_r 和 E_r），另一部分透射波（透射场强分别为 H_{s0} 和 E_{s0}）则进入屏蔽体且在内部继续传播。透射波的场强由于屏蔽体热损耗的影响以指数规律衰减，在到达右侧表面时产生反射（反射场强分别为 H_{sr} 和 E_{sr}），从而将传到屏蔽体另一侧空间的电磁能量大大减弱，起到了屏蔽作用。应根据场源的距离及场源特性，采取相应的电磁屏蔽措施。

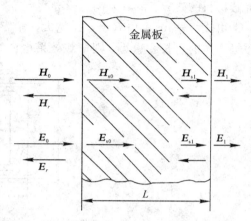

图 7 - 28　屏蔽体的反射和吸收

当屏蔽体与干扰场源间的距离 r 与波长 λ 的关系为 $r > \dfrac{\lambda}{2\pi}$ 时，称该干扰场为远场；当 $r \leqslant \dfrac{\lambda}{2\pi}$ 时，称为近场；当场源是高电位小电流时，称近电场；当场源为低电位大电流时，称近磁场。

从上面的分析可以看出，电磁屏蔽是利用优良导体制成的屏蔽体，通过对外来电磁波的反射、吸收来达到衰减电磁能量、减小辐射干扰的目的。

7.2.3　屏蔽效能计算

屏蔽的有效性采用屏蔽效能（简称屏效）SE 来进行度量，定义为屏蔽前（电场强度 E、磁场强度 H）后（电场强度 E'、磁场强度 H'）空间某点场强之比，可用下式表示：

电场：
$$\mathrm{SE}_E = \frac{|E|}{|E'|}$$

磁场：
$$\mathrm{SE}_H = \frac{|H|}{|H'|}$$

　(7 - 37)

对于电路来说，屏效可用屏蔽前后电路某点上的功率、电流和电压之比来定义，也可由外界耦合到某个关键器件上的干扰与器件所产生的噪声之比来定义：

$$\mathrm{SE} = \frac{P}{P'} = \frac{|I|}{|I'|} = \frac{|V|}{|V'|}$$

　(7 - 38)

由于屏效的量值范围很宽，为了便于表达，通常用分贝（dB）来计量，其关系式为

$$\mathrm{SE}_E = 20\lg \frac{|E|}{|E'|} \,(\mathrm{dB}) \qquad \text{或} \qquad \mathrm{SE}_H = 20\lg \frac{|H|}{|H'|} \,(\mathrm{dB})$$

　(7 - 39)

1. 低频磁屏蔽的屏效

低频磁屏效主要利用高磁导率的屏蔽体对干扰磁场的分路作用。由磁路分析法可得到屏蔽效能的近似计算公式。如图 7 - 29 所示的矩形截面屏蔽盒的屏效为

$$SE_H = \frac{H_0}{H_1} = \frac{2\mu_r L}{a} + 1 \qquad\qquad (7-40)$$

式中：H_0 为屏蔽盒外磁场强度；H_1 为屏蔽盒内磁场强度；μ_r 为相对磁导率，$\mu_r = \mu/\mu_0$；μ 为屏蔽材料的磁导率；μ_0 为铜的磁导率。

由式（7-40）可以看出，μ_r 越大，屏蔽盒厚度 L 愈大，则屏蔽效果愈好；屏蔽盒垂直于磁场方向的边长 a 愈小，则屏蔽效果也愈好。

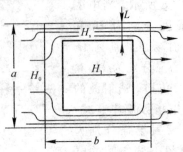

图 7-29　导磁材料做成的屏蔽盒的作用

2. 电磁屏蔽的屏效

由图 7-30 可以看出，高频电磁场（H_0 或 E_0）从空气进入金属板时要产生反射（包括外表面反射和内部的多次反射），总的反射磁场强度为 H_r。由于反射，抵消了一部分电磁能量，使干扰场受到衰减，称之为反射损耗。此外，高频电磁波在金属板内传播时，所引起的感应涡流将部分电磁能量以热损耗的形式散掉，这一效应称为吸收损耗。吸收损耗磁场强度为 H_s，H_1 为透射磁场强度。因此，金属板总的屏效为吸收损耗和反射损耗之和。经推导可以得到电磁屏蔽效能的计算公式为

$$平面波：SE_{dB} = 1.31L\sqrt{f\mu_r\sigma_r} + 168 + 10\lg\left(\frac{\sigma_r}{\mu_r f}\right) \qquad r \gg \lambda/2\pi \qquad (7-41)$$

$$电场：SE_{dB} = 1.31L\sqrt{f\mu_r\sigma_r} + 321.7 + 10\lg\left(\frac{\sigma_r}{\mu_r f^3 r^2}\right) \qquad r \ll \lambda/2\pi \qquad (7-42)$$

$$磁场：SE_{dB} = 1.31L\sqrt{f\mu_r\sigma_r} + 14.6 + 10\lg\left(\frac{f r^2 \sigma_r}{\mu_r}\right) \qquad r \ll \lambda/2\pi \qquad (7-43)$$

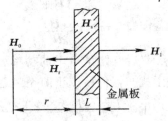

图 7-30　电磁屏蔽的屏蔽效能（磁场）

式中：f 为频率，单位为 Hz；μ_r 为屏蔽体材料相对于铜的磁导率（$\mu_0 = 4\pi \times 10^{-7}$ H/m）；σ_r 为屏蔽体材料相对于铜的电导率（$\sigma_0 = 5.82 \times 10^7\ \Omega^{-1} \cdot m^{-1}$）；$L$ 为屏蔽体壁厚，单位为 cm；r 为干扰源至屏蔽体的距离，单位为 m。

当场源特性不能明确时，可按式（7-43）进行计算。

图 7-31 为 0.1 mm 厚铜板，当干扰源至屏蔽体距离约为 0.5 m 时的电磁屏蔽效能的

计算实例。图中 A 为吸收损耗；R_E 为电场的反射损耗；R_H 为磁场的反射损耗；R_P 为平面波的反射损耗。由图可见，0.1 mm 厚的铜板，在频率为 10 MHz 时，其屏蔽效能可达100 dB。值得说明的是，本节公式严格讲只适合用于可假设为无限大导体板的屏蔽体，而实际的电子设备机箱往往存在通风、显示窗、盖板接缝等各种开孔，实际屏效远远低于该计算值，具体工程设计中还应根据实际机箱结构引入孔缝模型或利用电磁数值求解进一步分析。

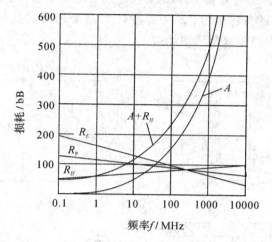

图 7 - 31 0.1 mm 厚铜板的电磁屏蔽效能

例 7 - 6 一长方形屏蔽盒的尺寸为 120 mm×25 mm×50 mm，材料为铜，铜盒厚度为 0.5 mm，求该铜屏蔽盒在频率为 1 MHz 时的电磁屏蔽效能。

解 先求屏蔽盒的等效半径 r：

$$r=\sqrt[3]{\frac{3abh}{4\pi}}=\sqrt[3]{\frac{3\times120\times25\times50\times10^{-9}}{4\pi}}=33\times10^{-3}(\text{m})$$

对于铜材，$\mu_r=1$，$\sigma_r=1$，由式（7-43）得

$$SE=1.31L\sqrt{f\mu_r\sigma_r}+14.6+10\lg\left(\frac{fr^2\sigma_r}{\mu_r}\right)$$

$$=\left\{1.31\times0.5\times10^{-1}\times\sqrt{10^6\times1\times1}+14.6+10\lg\left[\frac{10^6\times(33\times10^{-3})^2\times1}{1}\right]\right\}$$

$$=110.5(\text{dB})$$

7.2.4 电屏蔽结构

根据电屏蔽理论，影响电屏蔽的重要因素是屏蔽体及接地。因此，电屏蔽体必须为良导体制成，其形状可设计为盒形，同时还应该通过适当的结构设计，来保证良好的接地。

1. 改善电接触的结构

一般密闭屏蔽盒和机柜是组合体。要取得好的屏蔽效果，必须解决组合体之间的电接触问题，使接触电阻减至最小。其结构措施有：

（1）在屏蔽盒的侧壁铆装导电簧片，使其与盖紧密接触，减小接触电阻。

（2）将盒与盖直接焊接在一起。

（3）盒与盖之间用螺钉连接时，螺钉数量越多，接触改善的效果越好。

（4）机柜门的四周做有凹槽，并在其中填装导电弹性衬垫。

2. 双层门盖结构

为了进一步提高屏效，机箱可采用双层门，屏蔽盒可采用双层盖。与单层盖的耦合等效电路相比，双层盖多了一次衰减，因而可提高屏效。但每层盖依然要采取改善电接触的措施，两层盖之间应避免直接接触。图 7 – 32(a) 为双层盖耦合示意图，图 7 – 32(b) 为其耦合等效电路图，其中 C_1 是 A 与外盖 G_1 间的分布电容，C_2 为外盖 G_1 和内盖 G_2 之间的分布电容，C_3 为内盖 G_2 与 B 间的分布电容，Z_1 为外盖 G_1 与屏蔽盒 S 的接触阻抗，Z_2 为内盖 G_2 与 S 的接触阻抗。图 7 – 32(c) 是双层门盖结构。

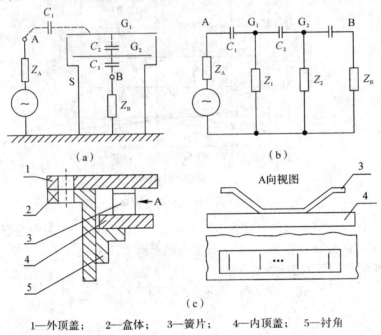

1—外顶盖；　2—盒体；　3—簧片；　4—内顶盖；　5—衬角

图 7 – 32　双层盖耦合及其等效电路

7.2.5　低频磁屏蔽结构

对低频磁场的屏蔽作用是通过屏蔽盒的高导磁性能，即低磁阻来实现的。在设计时应仔细考虑屏蔽盒上的接缝与孔洞的处理，以减小它们对屏蔽效能的影响。

1. 合理布置接缝与磁场的相对方位

当磁场方向垂直于接缝时，磁通流经接缝的磁阻较大；若磁场平行于接缝，则接缝的磁阻不影响磁场的分流，从而保证磁屏蔽效果。因此，设计磁屏蔽体时应使磁通不流经或尽量不流经接缝为宜。图 7 – 33 所示是为减小外界磁场对示波管产生干扰所加的屏蔽罩。若安放不正确，如图 7 – 33(a) 所示，接缝处的磁阻使左边的磁通流经屏蔽罩时受到阻碍，磁力线偏移。正确放置时，如图 7 – 33(b) 所示，外磁场的磁通基本上不流经接缝。

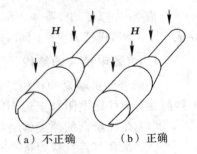

（a）不正确　　（b）正确

图 7 – 33　示波管屏蔽罩接缝布置

2. 减小接缝磁阻

低频磁屏蔽盒一般有钣金工艺制作，因此盒与盖之间的配合精度不高，允许盒与盖的接缝处有一定的间隙。为了减小接缝磁阻，常采用增加盒与盖的套入高度及用螺钉连接使盒与盖靠紧的结构。对盒本身的接缝，可用导磁材料密焊。

3. 正确布置通风孔

通风孔的布置原则是：除满足热设计的要求外，应尽可能少地减小导磁截面积和不增加导磁回路的长度，即尽量不增加屏蔽的磁阻。

图 7-34 所示为矩形通风孔。根据图示的磁场方向，因图 7-34(a)的孔位大大减小了导磁截面，所以不正确，应按图 7-34(b)的方式排列。

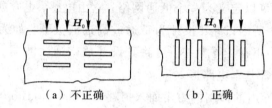

（a）不正确　　　　　　　（b）正确

图 7-34　矩形通风孔布置

图 7-35 是圆形通风孔。因孔位不正确，同样会增加导磁回路的长度，应按图 7-35(b)的方式排列。

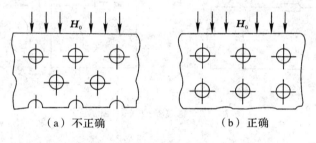

（a）不正确　　　　　　　（b）正确

图 7-35　圆形通风孔布置

4. 双层磁屏蔽

为了解决屏蔽效能与屏蔽体体积和重量的矛盾，在要求屏蔽效能更高时，就不能单纯采取加厚盒壁的方法，而应采取双层屏蔽结构，如图 7-36 所示，这样就能在屏蔽盒体积和重量增加不多的情况下，显著地提高屏蔽效果。采用这种结构时应注意：① 通过内外层屏蔽盒的引线，应在两层之间加滤波电路；② 内外层屏蔽盒间只能采用一点连接(可采用扁铜条或短铜杆)，使内外层上的电路相互隔开，不产生耦合。

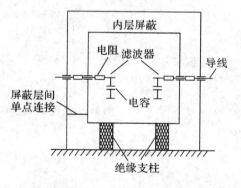

图 7-36　双层屏蔽

7.2.6 滤波设计

1. 电磁干扰滤波器

电磁干扰滤波器(electromagnetic interference filter，即 EMI 滤波器)是抑制传导干扰最为有效的手段。它包括信号线滤波器和电源线滤波器。信号线滤波器允许有用信号以较小的衰减通过，同时大大衰减杂波干扰信号。电源线滤波器又称为电网滤波器，它也是以较小的衰减把直流、50 Hz、400 Hz 的电源功率传输到设备上去，却大大衰减经电源线传入的 EMI 信号，保护设备免受其害。同时，它又能抑制设备本身产生的 EMI 信号，防止它进入电网，污染电磁环境，危害其他设备。

常见的 EMI 滤波器可以定义为一个低通网络，它由电感、电容或电阻等无源器件组合而成。也可根据实际使用所需，将其设计为带通或高通滤波器。如为了抑制超短波电台馈线的传导干扰，又不影响正常工作频率，可将其设计成带通滤波器。一般可根据其电路形式分为 L 型、T 型、π型等基本电路形式。

EMI 滤波器对干扰噪声的抑制能力用插入损耗 IL(insertion loss)来衡量。插入损耗定义：没有滤波器接入时，从噪声源传输到负载的功率 P_1 和接入滤波器后，从噪声源传输到负载的功率 P_2 之比，用 dB(分贝)表示。滤波器接入前、后的电路如图 7 - 37 所示。

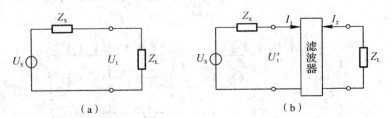

图 7 - 37　滤波器插入损耗的定义

由定义有

$$IL = 10 \lg \frac{P_1}{P_2} \qquad (7-44)$$

$$IL = 10 \lg \frac{U_1^2 / Z_L}{U_2^2 / Z_L} = 10 \lg \frac{U_1^2}{U_2^2} = 20 \lg \frac{U_1}{U_2} \qquad (7-45)$$

由图 7 - 37(a)可得

$$U_1 = \frac{U_s}{Z_s + Z_L} Z_L$$

由图 7 - 37(b)可得

$$U_1' = AU_2 - BI_2$$
$$-I_1 = CU_2 - DI_2$$
$$U_1' = U_s - I_1 Z_s$$
$$U_2 = -I_2 Z_L$$

由以上各式联立解得 U_2 为

$$U_2 = \frac{U_S}{A + B/Z_L + CZ_S + DZ_S/Z_L}$$

将 U_1、U_2 代入式(7-45)得

$$IL = 20\lg\left|\frac{AZ_L + B + CZ_S Z_L + DZ_S}{Z_S + Z_L}\right| \text{(dB)} \tag{7-46}$$

式中：A、B、C、D 为 A 参量矩阵的四个元素。

2. 瞬态脉冲限幅器

瞬态脉冲干扰的限幅滤波主要针对包括雷电、浪涌、高功率微波武器等这类瞬态电磁脉冲进行抑制，以实现强电磁脉冲干扰的电磁防护。

限幅滤波是指带外滤波、带内限幅的方法。对于电源线和信号线等耦合途径，传统的一些抑制雷电或者静电放电浪涌的常用瞬态抑制器件包括气体放电管（Gas Discharge Tube，GDT）、瞬态电压抑制器（Transient Voltage Suppressor，TVS）和压敏电阻（MOV）等。除了上述成熟的防护技术，还有一些新型的防护技术，主要包括波导等离子体限幅器，微带弯曲发夹等离子体滤波限幅器、等离子体滤波器等。另外，对于天线等空间耦合途径，最新技术研究可以采用频率选择表面（Frequency Selective Surface，FSS）和能量选择表面（Energy Selective Surface，ESS）进行抑制。

1) 常用瞬态抑制器件

瞬态抑制器件 GDT、MOV 和 TVS 都可以看做是具有开关特性的抑制器件，使用时，与被保护电路并联，如图 7-38 所示。三者的工作原理具有共同点：当正常电压工作时，器件呈高阻态，处于"关"状态，无电流通过或电流极小，不影响电路的正常工作；当有瞬态浪涌电压通过电路时，器件由高阻态转变为低阻态，处于"开"状态，电路短路，以旁路的方式将瞬间的大能量泄放至地，保护后续电路不受大电压侵害，防止电路的降级甚至烧毁。

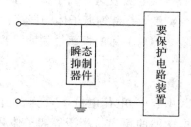

图 7-38　瞬态抑制器件的安装位置

气体放电管是由封装在小玻璃管或陶瓷管中的惰性气体以及相隔一定距离的两个电极组成的，见图 7-39；压敏电阻是被玻璃釉包裹的多个氧化锌颗粒，这些颗粒形成许多微型 PN 结，可以说，压敏电阻是由多种 PN 结串并联的集合体，见图 7-40。而 TVS 管是一种特殊的二极管，是由半导体硅材料制成的，见图 7-41。

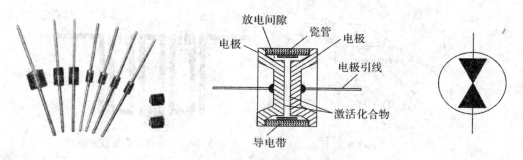

图 7-39　气体放电管的实物图、典型结构图和电路符号图

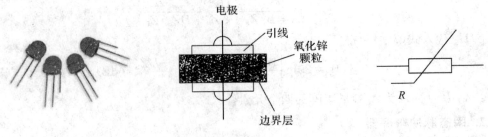

图 7-40　压敏电阻的实物图、典型结构图和电路符号图

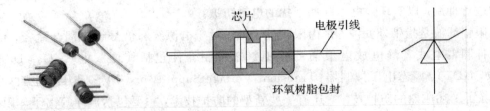

图 7-41　TVS 瞬态电压抑制器的实物图、典型结构图和电路符号图

2) 等离子体滤波限幅器

等离子体是一种以自由电子和带正电离子为主要成分的集合体，其中正电荷和负电荷电量相等，宏观上呈电中性，故称为等离子体，常被视为物质的第四态——等离子态。

从电磁波与等离子体相互作用和防护强电磁脉冲的角度来看，需要考虑等离子体的两个特性，一是等离子体的振荡性，另一个是等离子体对电磁波的衰减特性。

等离子体的振荡性说明等离子体存在一个等离子体频率 ω_p，其表达式为

$$\omega_p = \sqrt{\frac{e^2 N_e}{\varepsilon_0 m}} \tag{7-47}$$

式中：e 为电荷电量，N_e 为自由电子密度，ε_0 为真空中的介电常数，m 为电子质量。当入射电磁波的频率 ω 小于等离子体频率 ω_p，即 $\omega < \omega_p$ 时，电磁波被等离子体反射，无法在等离子体中传播；当入射电磁波的频率 ω 大于等离子体频率 ω_p，即 $\omega > \omega_p$ 时，电磁波可以在等离子体中传播，但是会被吸收而衰减。

利用上述性质，将等离子体密封在矩形波导或者微带弯曲发夹滤波器的最大场强处，即成为波导等离子体限幅器和微带弯曲发夹滤波限幅器，一般用于高功率微波的防护。等离子体限幅器如图 7-42 所示。

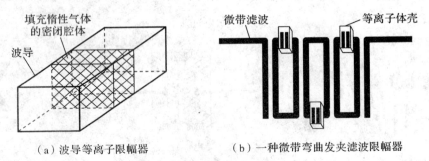

（a）波导等离子限幅器　　　　（b）一种微带弯曲发夹滤波限幅器

图 7-42　波导等离子体限幅器

图 7-42(a)中长方体为波导，中间阴影部分为填充惰性气体形成等离子体的密闭腔体，图 7-42(b)中透明小方块同为填充惰性气体的密闭腔体，称为等离子体壳，两者一般用于高功率微波的防护。等离子体是通过外加电源和入射电磁波的共同作用，将填充在密闭腔体内具有一定压强的惰性气体，如氙气等电离产生的。当入射电磁波的能量足够大时，能够快速反应产生相应浓度的等离子体，从而对入射的电磁波进行限幅滤波，从而实现防护的目的。波导或者滤波器中的等离子体结构相当于一个开关装置，当正常信号入射时，处于关状态，不影响正常信号的传输，当强电磁脉冲入射进入系统时，等离子体形成并处于开状态，反射或者吸收入射能量。

7.2.7　接地设计

所谓"地"，一般是指电路或系统的零电位参考点或直流电压的零电位点。电子设备中任何电路的电流都需经过地线形成回路，而地线或接地平面总有一定的阻抗，该公共阻抗使两接地点间形成了一定的电压，而引起接地干扰；同时，恰当的接地给高频干扰信号形成了低阻通路，抑制了高频信号对其他电子设备的干扰。

为了抑制地线产生的共阻抗耦合干扰，目前常用的有"三套法"和"四套法"接地技术。

"四套法"是指设备内按信号大小及噪声源情况分别设置四套接地通道：

① 敏感信号地与小信号地（如低电平电路、前级放大器、混频器等）；

② 不敏感信号地及大信号地（如高电平电路、末级放大器、大功率电路等）；

③ 干扰源地（如电机、继电器、接触器等）；

④ 金属构件地（包括机壳、底板及门等）。

这种接地方法是一种比较完善的接地技术。

图 7-43 是"四套法"接地系统。将"四套法"中的某两类地合并，便形成"三套法"接地系统。通常采用的是信号地、噪声地和金属地这三套地系统。若设备使用交流电源，则电源地线应与金属地相连。

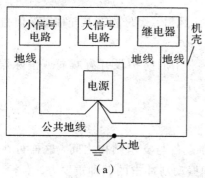
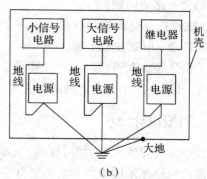

图 7-43　"四套法"接地系统

信号地线是指信号电路的地线或有信号电流流通的地线。交流电源的地线不能作为信号地线。信号地线的接地形式如图 7-44 所示。图 7-44(a)为共用地线串联一点接地，大多使用在各电路的电平相差不大的场合。若各电路的电平相差很大，则不能使用，因高电平电路将产生很大的地电流，形成大的地电位差并干扰到低电平电路中去。图 7-44(b)为独立地线并联一点接地。其优点是完全消除了公用地电流的耦合，有效地消除了电路间的噪声串扰。其缺点是地线较多致使结构笨重、复杂，且随着频率增加，地线阻抗、地线间的电感及电容都会增大，因此这种接地方式不适用于高频。图 7-44(c)是多点接地。该方式降低了地线阻抗，可用于高频段。

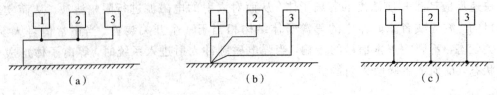

图 7-44　信号地线接地形式

7.3　机械防振设计

设备在运输和工作过程中，不可避免地会受到振动、冲击、离心力、摩擦力等各种机械力的作用，而对电子设备危害最大的是振动和冲击。如果在设计整机或部件时，没有考虑到机械防振，就很有可能造成设备的损害或失效。

7.3.1　振动与冲击对电子设备产生的危害

振动与冲击对电子设备产生的危害有：

(1) 设备在某一激振频率作用下产生共振，最后因振动加速度超过设备的极限加速度而破坏设备，或者由于冲击所产生的冲击力超过设备的强度极限而使设备损坏。

(2) 长期振动或多次冲击会使设备疲劳损坏。

(3) 振动引起弹性零件变形，使具有触点的元件(电位器、波段开关等)可能产生接触不良或完全开路的问题。

(4) 机械振动会使防潮和密封措施受到破坏，使螺钉、螺母松开甚至脱落，使指示仪表指针不断抖动，引起读数不准。

为了保证设备在机械环境中长期可靠的工作，常用的防护设计有减弱或消除振源，去谐、去耦，刚性化、小型化，隔离振源等。

7.3.2　隔振设计

隔振是指将弹性元件(如减振器)正确地安装在设备与支承结构之间，这样可在一定的频率范围内减小振动的影响，是防护电子设备受到振动与冲击的一种重要方法。

根据隔振要求的不同，可以分为积极隔振(或主动隔振)和消极隔振(或被动隔振)两大类。

当研究对象本身是有振源的机器时，为了减小它对周围仪器及建筑物的影响，将其与基础或支承结构隔离开，称为积极隔振。例如将电动机、鼓风机进行隔离，以减小传到基础或支承结构上的激振力。对于积极隔振，如图 7-45(a)所示，假定设备上受到角频率为 ω、幅度为 H 的激振力，传递给支承结构的力的角频率也为 ω，而幅值为 P。定义积极隔振系数 η 为传递幅值 P 与激振力幅值 H 之比，即

$$\eta = \frac{P}{H} \tag{7-48}$$

当基础或支承结构本身是振源时，要将设备与振动的基础相隔离，这种隔振称为消极隔振。例如装在飞机上的电气仪表、操纵系统等受到的激振就是由于机体支承结构的振动引起的。对于消极隔振，如图 7-45(b) 所示，支承结构以角频率 ω、幅值 H 正弦振动，而设备则以角频率 ω、幅值 B 振动，定义消极隔振系数 η 为设备振动幅值 B 与支承结构振幅 H 之比，即

$$\eta = \frac{B}{H} \tag{7-49}$$

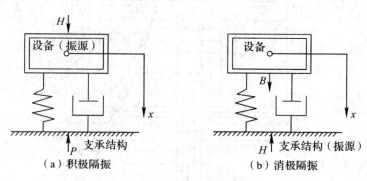

（a）积极隔振　　　　　　（b）消极隔振

图 7-45　隔振原理

经推导，积极隔振和消极隔振的隔振系数的表达式均为

$$\eta = \sqrt{\frac{1+4D^2\gamma^2}{(1-\gamma^2)^2+4D^2\gamma^2}} \tag{7-50}$$

式中：D 为系统的阻尼比，$D = \dfrac{\text{实际阻尼系数}}{\text{临界阻尼系数}}$；$\gamma$ 为频率比，$\gamma = \dfrac{\text{激振频率}}{\text{固有频率}} = \dfrac{\omega}{\omega_0}$。

积极隔振的隔振系数表示系统激振力对外界的隔离，消极隔振的隔振系数表示系统对外界振动位移的隔离。

图 7-46 为式 (7-50) 所确定的曲线，称为隔振系数曲线。它表示阻尼比 D 和频率比 γ 变化时对应的 η 的变化规律。图中，E 表示隔振效率，$E = 1 - \eta$。

从图中可得到以下结论：

(1) 当 $\gamma < 1$，即 $\omega < \omega_0$ 时，$\eta > 1$，隔振效率 E 是负值，表明隔振系统不起隔振作用，反而放大了干扰。在这种情况下使用减震器没有好处。

(2) 当 $\gamma \approx 1$，即 $\omega \approx \omega_0$ 时，η 值增大，特别是阻尼很小时，设备的振幅很大，这种现象称为共振。D 越大，共振峰越小。

(3) $\gamma = \sqrt{2}$ 时，不论阻尼比 D 为何值，η 都等于 1，故 $\gamma = \sqrt{2}$ 是减振与不减振的临界点。$\gamma > \sqrt{2}$ 的区间称为隔振区。

(4) 在 $\gamma > \sqrt{2}$ 的隔振区内，$\eta < 1$，才有隔振意义，且阻尼大时 η 也大，因此阻尼对隔振效率有不利的影响，但只有当振源是简谐函数时，这一结论才成立。有时振源是复杂的，因此对阻尼的要求必须从多方面考虑，尤其当隔振对象在启动和停车时经过共振区，阻尼的作用更加重要。因此在设计减振器时，必须加入阻尼。

（5）γ 越大，η 越小，隔振效率 E 越高。但 $\gamma > 5$ 以后 E 提高甚微，故在实用上一般将频率比取在 $\gamma = 2.5 \sim 5$ 的范围内。

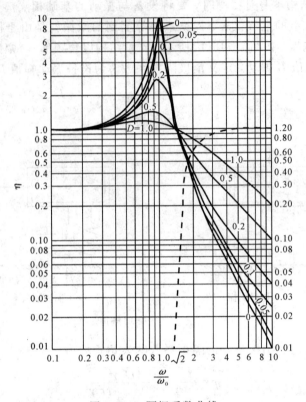

图 7-46　隔振系数曲线

从上面的讨论可以看出，隔振设计的主要任务是选择和设计适当的减振器，进行合理的布置，使系统的固有频率尽可能低于激振频率，即满足 $\gamma > \sqrt{2}$ 的条件。若把电子设备看成刚体，则在一般情况下带有减振器的设备是具有六个自由度的振动系统（三个沿坐标轴的平移振动和三个绕坐标轴的旋转振动），因此就有六个固有频率。这些自由度之间可能是耦合的，也可能是非耦合的。振动的耦合情况主要取决于设备重心的位置、减振器的安装方式、每一减振器的刚度等。减振器的安装应使系统能稳定地工作，力求六个自由度之间的振动不要耦合，并尽量使六个固有频率能相互接近。为达到这些要求，减振器的配置应满足两个条件：

（1）当设备从其平衡位置沿坐标轴平行移动一距离时，各减振器对设备的作用力的合力通过设备的重心。

（2）当设备绕某坐标轴转一微小角度时，各减振器作用力合成一力偶，力偶作用平面与该轴垂直。

图 7-47 是电子设备中几种常用的减振器安装形式，其中图 7-47(a) 是重心安装系统，图 7-47(b) 是底部安装系统。这两种形式最为常见。其他四种方案也都能使相互耦合减少。

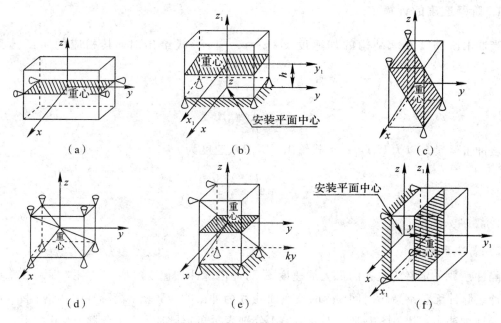

图 7-47 减振器安装形式

采用双层隔振时，设外部激励频率 ω、设备质量 m_2、中间质量 m_1 均已知，根据隔振要求，隔振系数 η_1、η_2 也是已知的。当这些参数确定后，可由下式确定每层减振器的总刚度，即

$$k_1 = \frac{m_1 \omega^2 (\eta_1 + \mu \eta_2)}{\eta_1 - 1} \qquad (7-51)$$

$$k_2 = \frac{m_2 \eta_2 \omega^2}{\eta_2 - \eta_1} \qquad (7-52)$$

式中：k_1 为第一层减振器的总刚度，k_2 为第二层减振器的总刚度。质量比为 $\mu = m_2 / m_1$。只要 $\mu < |\eta_1| / \eta_2$，上式总是有解的。由于隔振时，基础与质点 m_1 的运动方向相反，故应用式 (7-51) 和式 (7-52) 时，η_1 用负值代入。

7.3.3 冲击隔离设计

冲击是一种急剧的瞬态运动。冲击隔离与振动隔离所涉及的原理非常相似，只是前者主要处理过渡现象（位移和加速度都比较大），后者主要处理稳态现象（振幅、频率和相位不变）。冲击隔离设计，实际上是用减振器最大限度地储存（以位移能的形式）冲击作用时的能量，冲击结束后又将此能量以系统的固有频率释放出来。通过这一装置，使较尖锐的冲击波（急剧的能量输入）以较缓和的形式作用在设备上，从而起到了保护设备的作用。

阶跃速度法是冲击隔离设计的一种主要方法。它把冲击的作用看做是对弹性支承结构施加了一个速度阶跃，而与冲击加速度的波形无关。采用这种设计方法的前提是：冲击的持续时间与冲击隔离系统的固有周期的比值小于或等于 0.27。

1. 阶跃速度的计算

当冲击激励以支承结构的加速度 z_s''（$z_s'' \equiv \dfrac{\partial^2 z_s}{\partial t^2}$）形式给出时，其相应的阶跃速度 z_s'（$z_s' \equiv \dfrac{\partial z_s}{\partial t}$）为

$$z_s' = \int_0^\tau z_s'' \mathrm{d}t \tag{7-53}$$

若冲击激励是以力 $U_z(t)$ 的形式给出，则阶跃速度为

$$z_s' = \frac{\int_0^\tau U_z(t)\,\mathrm{d}t}{m} \tag{7-54}$$

式中：m 为设备的质量。

2. 隔冲系数

隔冲系数 η_a 定义为设备的最大加速度 z_m'' 与冲击脉冲加速度峰值 z_p'' 之比，即 $\eta_a = z_m'' / z_p''$。它与冲击脉冲无量纲持续时间 $\omega\tau_r$ 的关系曲线称为冲击响应频谱，简称冲击频谱。图 7-48 所示为四种冲击频谱。图中曲线 1、2、3、4 分别表示矩形脉冲、半正弦脉冲、正矢脉冲、三角形脉冲。其中 τ_r 为有效冲击持续时间，矩形脉冲的 $\tau_r = \tau$，半正弦脉冲的 $\tau_r = 2\tau/\pi$，正矢脉冲和三角形脉冲的 $\tau_r = \tau/2$。

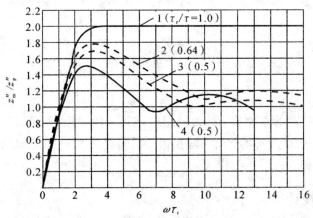

1—矩形脉冲；2—半正弦脉冲；3—正矢脉冲；4—三角形脉冲

图 7-48　四种冲击脉冲频谱

根据数学推导，设备的最大加速度 z_m'' 和减振器的最大相对变形 ψ_m 成正比，即

$$z_m'' = \omega^2 \psi_m \tag{7-55}$$

3. 冲击减振器的设计

利用图 7-48 可确定减振器的弹簧特性。当加速度脉冲波形不是图中的理想波形时，可根据实际脉冲波形的面积 A（即积分值）、加速度脉冲最大值 z_p'' 和作用时间 τ，用一理想冲击加速度脉冲来代替，然后用 $z_m''/z_p'' \leqslant [z_m'']/z_p''$，即响应加速度最大值小于最大允许加速度 $[z_m'']$（机械设计中用 $[\ ]$ 表示许用值）为判断，从图 7-48 中查得 $\omega\tau_r$ 的范围，以此确定

固有频率的上限 ω_U。

在使用线性弹簧时，用设备的允许最大加速度 $[z''_m]$ 和弹簧最大允许变形 $[\psi_m]$ 决定固有频率的下限为

$$\omega_L = \sqrt{\frac{[z''_m]}{[\psi_m]}} \tag{7-56}$$

固有频率的变化范围确定后，弹簧的刚度范围也就确定了。

例 7-7　设备的重量为 200 N，在其安装支承位置受到的脉冲强度为 $z''_p = 270$ m/s²，$\tau = 0.012$ s，$A = 2$ m/s。设备的最大允许加速度 $[z''_m] = 22g$，弹簧的最大允许变形 $[\psi_m] = 0.02$ m，求线性冲击减振器的弹性特征。

解　(1) 用理想冲击脉冲代替实际冲击脉冲。

$$\tau_r = \frac{A}{z''_p} = \frac{2}{270} \text{ s} = 0.0074 \text{ s},$$

$$\frac{\tau_r}{\tau} = \frac{0.0074}{0.012} = 0.617$$

已知半正弦脉冲的 $\dfrac{\tau_r}{\tau} = \dfrac{2}{\pi} = 0.637$，因此将实际脉冲用理想半正弦脉冲来代替更为安全。

(2) 频率上限。

根据

$$\frac{[z''_m]}{z''_p} = 22 \times \frac{9.8}{270} = 0.799$$

由图 7-48 查得 $\omega\tau_r \leqslant 0.823$，故

$$\omega \leqslant \omega_U = \frac{\omega\tau_r}{\tau_r} = \frac{0.823}{0.0074} \text{ rad/s} = 111 \text{ rad/s}$$

(3) 频率下限。

$$\omega_L = \sqrt{\frac{[z''_m]}{[\psi_m]}} = \sqrt{\frac{22 \times 9.8}{0.02}} \text{ rad/s} = 104 \text{ rad/s}$$

(4) 弹簧刚度、设备最大加速度和减振器最大变形。

根据式 $\omega_L \leqslant \omega \leqslant \omega_U$，选取 $\omega = 108$ rad/s，故

$$k = m\omega^2 = \frac{200}{9.8} \times 108^2 \text{ N/m} = 2.38 \times 10^5 \text{ N/m}$$

此时 $\omega\tau_r = 108 \times 0.0074 = 0.799$，由图 7-48 得到 $\dfrac{z''_m}{z''_p} = 0.78$，故

$$z''_m = 0.78 \times 270 \text{ m/s}^2 = 210.6 \text{ m/s}^2 = 21.5g < 22g$$

$$\psi_m = \frac{z''_m}{\omega^2} = \frac{210.6}{108^2} \text{ m} = 0.018 \text{ m} < 0.02 \text{ m}$$

7.3.4　阻尼减振技术

阻尼减振是将阻尼材料涂覆或粘贴在振动部件上，或用黏弹性材料作为芯层镶嵌在振

动部件(基层)与覆盖层(约束层)之间，在部件振动时，它们能消耗大量的振动能，从而达到降低振幅或加速度的目的。

由材料自身内摩擦和结合面之间的摩擦引起的阻尼，称为结构阻尼。结构阻尼包括系统阻尼和内摩擦阻尼两种。系统阻尼是结合面之间的摩擦阻尼；内摩擦阻尼则是由材料的内耗引起的。这两种阻尼形式的损耗因子均比较小，难以达到明显的减振要求，因此不得不采用外加阻尼，形成了复合阻尼结构。

复合阻尼结构有自由阻尼结构和约束阻尼结构两种形式。

1) 自由阻尼结构

把黏弹性材料粘贴或喷涂在需减振的结构件上，如图 7-49(a)所示。它通过黏弹性材料的延伸及剪切吸收振动能量。各层间黏接剂的厚度应控制在 0.02～0.05 mm。自由阻尼结构计算简便，工艺简单，但受温度变化的影响较大，低频时效果差。

2) 约束阻尼结构

约束阻尼是在振动部件(基层)上贴上阻尼材料(称为阻尼层)，然后在它上面再覆盖一层金属材料(称为约束层)。基层和约束层统称为结构层。结构层提供强度，而由阻尼层吸收振动能量。典型的三层结构见图 7-49(b)。

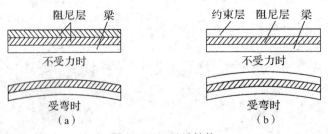

图 7-49　阻尼结构

习　题

7-1　厚度为 1.2 m 的平壁，两表面的温度分别为 $t_1 = 217℃$，$t_2 = 67℃$，导热系数 $k = 1.3(1 + 0.00406t)$。现要把一排水管嵌入壁内温度为 127℃ 的地方，试问排管应装在离表面多远的地方。

7-2　某电子设备的机壳尺寸：长 86 cm，宽 71 cm，高 100 cm。假定侧壁温度为 45 ℃，周围大气的环境温度为 31℃。在最不利的情况下，只有两个侧壁和前面板可供自然对流散热(后壁靠墙，顶面装有外接引线等)。试求对流换热系数及通过对流散去的热量。

7-3　水以 1 kg/s 的流量强迫通过内径为 2.5 cm 的管子，水的入口温度为 15℃，出口温度 50℃，沿管全长的管壁温度均高于水温 14℃。试问管子长为多少。

7-4　两块 1.2 m×1.2 m 的理想黑体平行平板，其间距为 1.2 m，放在一个壁温为 20℃ 的大房间里(见图 7-50)，两平板的温度分别为 550℃ 和 250℃。试求两板间的净换热量。

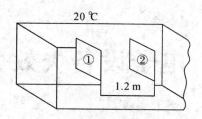

图 7-50　两平行平板示意图

7-5　一个空间尺寸为 4.5 m×3 m×3 m 的机箱，用 0.1 mm 厚的铜板制成，求其对频率为 1 MHz 的电磁波的屏蔽效能。

7-6　一铜质屏蔽层，其厚度为 0.1 mm，离干扰源的距离为 1 m，试求其对频率 100 kHz 和 10 kHz 的电磁波的屏蔽效能。

7-7　飞机上某仪表重为 240 N，四角由四个减振器支承，假如每个减振器的刚度为 1000 N/m，飞机发动机的激振频率为 2200 r/min，求隔振系数（不计阻尼）。

7-8　某电子设备质量为 18 kg，能承受的最大加速度为 $15g$，要在阶跃速度 $z'_s = 160$ cm/s 的冲击激振下进行保护，减振器的最大允许变形 $[\psi_m] = 2$ cm。求线性冲击减振器的弹簧特性。

第8章 电子设备失效分析技术

对电子设备进行整机的总体设计(包括方案设计)时,在确定各种参数和技术指标的同时,也要确定合理的可靠性指标,以作为可靠性设计、制造、使用、鉴定和检验的依据,这是评定电子设备的一项重要指标。在进行总体方案论证和比较时,也要进行可靠性设计的定性分析和定量分析工作,包括故障模式影响及危害度分析、故障树分析、潜在通路分析、可靠性分配及可靠性预测等,本章讨论前三项。

8.1 故障模式、影响及危害度分析(FMEA、FMECA)

8.1.1 概述

所谓故障模式影响分析(Failure Mode Effect Analysis,FMEA)就是在产品设计过程中,通过对产品各组成单元内潜在的各种故障模式及其产品功能影响进行分析,并把每一个潜在故障模式按它的严酷程度予以分类,提出可以采取的预防改进措施,以提高产品可靠性的一种设计分析方法。而故障模式影响及危害度分析(Failure Mode Effect and Criticality Analysis,FMECA)是在 FMEA 的基础上再增加一层任务,即判断这种故障模式影响的致命程度有多大,使分析量化,因此,FMECA 可以看做是 FMEA 的一种扩展与深化。

以往,人们根据自己的经验和知识来判断元器件故障对系统所产生的影响,一般只有等到产品使用后,收集到故障信息,才进行设计的改善。这种方法依赖于人的知识水平和工作经验且反馈周期较长,不仅在经济上造成损失,而且还可能造成更为严重的人身伤亡。为了摆脱对人为因素的过分依赖,需要找到一种系统的、全面的、标准化的分析方法来作出正确判断,将导致严重后果的单点故障模式消除在设计阶段。因此,人们在设计阶段进行可能的故障模式及其影响的分析,一旦发现某种设计方案有可能造成不能允许的后果,便立即进行研究,作出相应设计上的更改,这就是逐渐形成的 FMEA 技术。在工业发达国家,FMEA 方法已被广泛地应用于宇航、核工业、电子设备、机械设备以及民用产品生产等领域内,并在工程实际中总结了一套科学而完善的分析方法。FMEA 在许多重要领域被明确规定为设计人员必须掌握的技术,FMEA 有关资料被规定为不可缺少的设计文件。例如,美国军用标准(如 MIL-STD-1543,MIL-STD-785)中规定:"合同承包商应提供详细的失效模式及影响分析,这个分析应与设计工作一起安排与完成,以使设计能够反映分析的结果和建议",并要求"把失效模式及影响分析作为一项指导设计和为每个设计审查提供资料的连续工作来安排"。美国宇航局对于 FMEA 也极为重视,特别是对长寿命通信卫星,几乎无一例外地采用了这一手段,他们卫星成功的关键之一就是采用了 FMEA 技术。在我国,随着可靠性技术研究的深入发展,对产品采用 FMEA 技术也逐渐被重视起来。我国于 1987 年颁发了 GB 7826—1987《失效模式和效应分析(FMEA)程序》,在 1992 年颁发了 GJB 1391—1992《故障模式影响及致命性分析程序》。FMEA 是 GJB 450A—2004《装备研制与生产的通用大纲》、QJ 1408A—1998《航天产品可靠性保证要求》所规定的主要工作项目。

上述情况表明，FMEA 技术是可靠性研究中的一个重要内容，也是提高产品可靠性的重要方法和措施之一。

8.1.2　FMECA 方法中的一些基本概念

(1) 故障模式：指故障表现形式，例如电容器开路与短路、晶体管各极间开路与短路、机械零件断裂等。故障模式只讨论零件是怎样失效的，并不讨论零件是为什么失效的。

(2) 失效机理：指导致零件失效的物理、机械或热(化学)等内在原因，讨论零件为什么会失效。如蠕变、腐蚀、磨损、冲击断裂、疲劳和热等。

(3) 危害度：对失效的模式及其出现频率的严重性的相对量度。

(4) 故障模式分析(FMA)：指分析系统的各单元可能发生的失效或故障，将其分门别类，分析每一模式发生的概率大小，但不一定要分析发生的原因。要求尽可能列举所有的故障模式，以便分析其影响和危害度。

(5) 故障影响分析(FEA)：指分析系统的元器件、零件的故障模式对于组件、部件、设备、分系统和系统的影响，要特别注意分析那些后果严重的致命性影响的故障模式。

(6) 危害度分析(CA)：指将失效所产生的影响按照其后果的危害程度加以分类，并计算造成每类危害的概率(即危害度)，针对这些危害性的大小，采用各种相应的措施改进设计。

8.1.3　FMECA 的列表分析法

FMECA 的列表分析法是根据可靠性框图将有关的故障模式、相应的故障率(失效率)、故障影响(失效效应)等列一明细表，以便分析计算。具体实施步骤如下：

(1) 定义系统。对系统的完整定义，应包括系统的主要和次要功能、用途、预期性能、应用范围以及系统的故障判据。由于系统可能有不同的工作方式和用途，因此还应明确指出系统所处的外界环境条件和内部环境条件(如电子设备机壳内的振动程度、温度、电磁干扰等)。

(2) 作可靠性框图。理清设备的硬件、软件、操作人员与产品的关系，以及设备的部件、元器件、分系统、系统之间的关系，根据设备的基本功能单元，作可靠性框图。

(3) 编号列表。将构成各功能单元的元件、部件编号列表，如表 8-1 所示。

表 8-1　FMECA 报告(一)

系统：　　　分系统：								电路：　负责人：　年　月　日			
编号	型号	功能	数量	故障模式	故障原因	故 障 影 响		判别方法与判据	可能的改善措施	故障率	危害度	备注
						局部	最终					

FMECA 报告(二)

(1)	(2)	(3)	(4)	(5)	(6)	(7)	(8)	(9)
单元	代号	功能	故障模式	故障影响	故障模式频数比 α	损伤概率 β	故障率 λ	危害度 CR

（4）列举故障模式。研究分析所有可能出现的故障模式及出现这种故障模式的条件和应力，将元件、部件可能出现的故障模式填入表中，若有条件，可将相应的失效率一并填入。可能发生的故障模式可参看表8-2。

表8-2　可能发生的故障模式

序号	故障模式	序号	故障模式
1	结构失效（破损）	18	错误动作
2	物理性质的结卡	19	不能关机
3	颤振	20	不能开机
4	不能保持正常位置	21	不能切换
5	不能开	22	提前运行
6	不能关	23	滞后运行
7	错误开机	24	输入过大
8	错误关机	25	输入过小
9	内漏	26	输出过大
10	外漏	27	输出过小
11	超出允许上限	28	无输入
12	超出允许下限	29	无输出
13	意外运行	30	电短路
14	间断性工作不稳定	31	电开路
15	漂移工作不稳定	32	电漏泄
16	错误指示	33	其他
17	流动不畅		

（5）分析故障模式发生的原因。一般在每种故障模式旁边要列举使其增加的原因，但有时不易列举。因此，可以将故障原因归纳为几种类型。例如，在分析系统的故障原因时，把放大器输出下降的各种电子电路的故障原因全部列举出来很困难，这时可概括为"电路故障"，在以后分析放大器故障与其内部电路时，再一条一条列举出来。

（6）分析故障模式的影响。分析时由完成基板功能的最低一级的故障模式开始逐级往上进行，直到系统级为止，看有什么影响。例如，由元件的故障模式对部件的影响开始，逐级往上，再分析部件的故障模式对分系统的影响，最后分析分系统的故障模式对系统的影响。通常，将元器件故障模式对部件、分系统的影响叫做局部影响，而对系统的影响叫做最终影响。在分析中，最好把局部影响、最终影响分别列入表中，而不是笼统地列出故障影响。

（7）分析故障模式的危害等级。把各个故障模式的后果进行定性分类，按照表8-3的内容，判定各故障模式的危害度等级。例如某机柜的高压门开关接点短路，即表8-2中的故障模式30，这一类失效的影响是当操作人员检查设备时，可能造成人员伤亡事故，而对设备性能无影响，只增加计划外的维修，其危害度为Ⅰ类。

在审查FMECA表时，应优先对Ⅰ、Ⅱ、a、b类失效采取对策。

表 8 - 3　失效危害度分析

对人	Ⅰ	造成工作人员或公众的伤残或死亡
	Ⅱ	有轻度伤害，无致残或死亡威胁
	Ⅲ	无伤害
对设备	a	工作性能丧失，设备无法修复
	b	工作性能丧失，设备不难修复
	c	性能降级，可完成任务，但很快性能恶化致系统失效
	d	性能降级，可完成任务，长期使用影响不大
	e	对性能无影响，只增加计划外维修

（8）计算故障模式的频数 α_{ij}。若单元 i 在规定时间内执行任务时各种故障模式发生的总次数为 n_i，第 j 种故障模式发生的次数为 n_{ij}，则

$$\alpha_{ij} = \frac{n_{ij}}{n_i} \tag{8-1}$$

某些产品的故障模式及其频数比，如表 8 - 4 和表 8 - 5 所示。

表 8 - 4　机械零部件故障模式及其频数比

故障模式＼零部件频数比	轴承	离合器	连接器	耦合器	齿轮	电动机	电位器	继电器	转换器
腐　蚀	18.7%	—	6.3%	—		6.3%	27.5%	12.3%	33.1%
蠕　变									
形　变	2.5%	6.6%	23.7%	10.0%	20.0%	2.1%		0.4%	0.7%
侵　蚀	3.1%								
疲　劳	4.4%		1.7%					2.3%	3.1%
摩　擦	10.6%					1.5%		2.6%	
氧　化									5.5%
绝缘击穿			1.6%			12.3%	10.0%	12.3%	3.4%
裂　痕	0.5%								
磨　损	60.2%	83.4%	8.1%	45.0%	60.0%	25.1%	25.0%	5.4%	12.1%
断　裂	—	10.0%	47.1%	20.0%	20.0%	4.6%	15.0%	17.5%	24.8%
其　他			11.5%	25.0%		16.1%	22.5%	11.9%	17.2%

注："—"表示该机械零部件无此故障模式

表 8 - 5　某战斗机主液压油泵故障模式及其频数比

故障模式	分油盘磨损	密封装置老化	柱塞磨损	调压活门弹簧疲劳、失灵	斜盘、轴承销磨损	拉杆孔磨损	其　他
占泵故障总数的百分比	29.7%	20.3%	17.6%	12.2%	8.0%	5.4%	6.8%

（9）确定故障模式的故障率或故障概率及概率等级。确定每种故障模式的故障率或故障概率及概率等级时，可以查阅可靠性数据手册，当数据不足时，可请有经验的分析者打分评级。

在可靠性标准中，将故障模式发生概率分为 4 级，如表 8 - 6 所示。

表 8-6 故障模式发生概率的等级

等　　级	发　生　概　率
1 级（很低）	$q_i \leqslant 0.01q_s$
2 级（低）	$0.01q_s < q_i \leqslant 0.1q_s$
3 级（中等）	$0.1q_s < q_i \leqslant 0.2q_s$
4 级（高）	$0.2q_s < q_i$

注：q_i——第 i 个故障模式发生的概率；q_s——系统的故障概率

（10）计算故障模式对系统的危害度通常有两种方法，可根据所获得的资料选用其一。

① 直接计算法。

$$CR_s = \sum_{i=1}^{n} (\alpha_i \cdot \beta_i \cdot K_A \cdot K_E \cdot \lambda_b \cdot t \cdot 10^6) \tag{8-2}$$

式中：CR_s 为每当系统完成 10^6 次使用时，由零部件失效导致系统失效的危害度；n 为导致系统发生故障的零部件的故障模式总数；i 为故障模式序号，$i=1,2,\cdots,n$；λ_b 为零部件的基本失效率；t 为系统在规定的时间内（如一次使命时）工作时，其零部件的工作时间或周期数（各元器件的工作时间不一定相等）；K_A 为基本失效率 λ_b 的工作应力修正系数，该系数表示现场使用条件下的工作应力与试验应力之差别程度；K_E 为基本失效率 λ_b 的环境应力修正系数，该系数表示现场使用条件下的环境应力与试验时模拟的环境应力的差别程度；α_i 为故障模式频数比，导致系统发生故障的那些零部件第 i 个故障模式数 n_i 与该系统的全部零部件的故障模式总数 n 的比值，$\alpha_i = n_i/n$；β_i 为零部件第 i 个故障模式发生时，引起系统发生故障的概率。

例 8-1 已知系统的零部件的基本失效率为 $\lambda_b = 0.05 \times 10^{-6}\,h^{-1}$，修正系数 $K_A = 10$，$K_E = 50$，零件的第一个失效模式引起系统失效的 $\alpha_1 = 0.3$，$\beta_1 = 0.5$，$t_1 = 10\,h$，第二个失效模式引起系统失效的 $\alpha_2 = 0.2$，$\beta_2 = 0.5$，$t_2 = 10\,h$，求系统的危害度 CR_s。

解 由式（8-2）得

$$CR_{s1} = \alpha_1 \cdot \beta_1 \cdot K_A \cdot K_E \cdot \lambda_b \cdot t_1 \cdot 10^6$$
$$= 0.3 \times 0.5 \times 10 \times 50 \times 0.05 \times 10^{-6} \times 10 \times 10^6$$
$$= 37.5$$
$$CR_{s2} = \alpha_2 \cdot \beta_2 \cdot K_A \cdot K_E \cdot \lambda_b \cdot t_2 \cdot 10^6$$
$$= 0.2 \times 0.5 \times 10 \times 50 \times 0.05 \times 10^{-6} \times 10 \times 10^6$$
$$= 25$$

则系统的危害度为

$$CR_s = CR_{s1} + CR_{s2} = 37.5 + 25 = 62.5$$

② 逐级计算法。

逐级计算法是指首先计算出第 i 个元件的第 j 种故障模式导致其部件发生故障的概率 C_{ij}；然后计算出第 i 个元件的所有故障模式导致其部件发生故障的概率 CR_i；再计算部件故障导致设备发生故障的概率。依次类推，逐级往上计算，直到最后计算出导致系统发生故障的概率 CR_s 为止。具体计算的公式为

$$CR_s = \sum_{i=1}^{m} \sum_{j=1}^{n} \alpha_{ij} \beta_{ij} \lambda_i \tag{8-3}$$

式中：α_{ij} 为元件 i 发生第 j 种故障模式而引起该元件失效的故障模式的频数比，即所考虑的这种失效的次数与该元件全部失效次数之比；β_{ij} 为损伤概率，表示元件 i 以第 j 种故障模式发生时，导致其部件发生故障的概率，国家标准草案中将此称为丧失功能的条件概率。当无法确定这些概率时，可以把它们划分为 4 级，如表 8 - 7 所示。λ_i 为零部件 i 的基本失效率（查有关手册或试验得到）。

表 8 - 7 故障概率等级

β_{ij}	说　明
1.00	肯定能导致部件发生故障
0.50	可能导致部件发生故障
0.10	导致部件发生故障的可能性较小
0.00	不可能导致部件发生故障

两种方法比较，直接计算法简单，但不如逐级计算法能深刻地表示各单元故障模式对系统的危害情况。

（11）提出预防和消除故障模式的措施。

（12）提出储存、运输、维护、使用的注意事项。

（13）将故障模式按危害度等级、故障概率等级、危害度分别排队。

（14）提交 FMEACA 报告，供工程技术管理者决策参考。

下面是引用雷达系统中接收机的前置放大器 FMECA 实例的部分内容。

（1）绘制雷达系统功能等级框图（见图 8 - 1），因图中分析对象是接收机的前置放大器，故将其他分系统的分机和接收机的其他功能单元及其元器件略去。

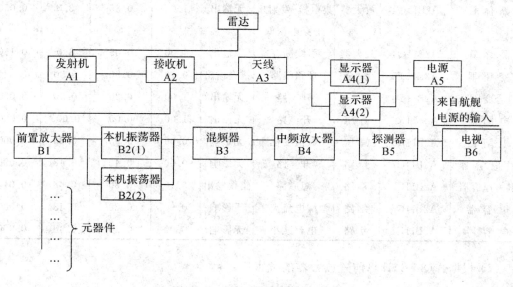

图 8 - 1 雷达系统功能等级框图

（2）确定前置放大器内每个元器件的所有故障模式及其频数比 α_{ij}。

（3）定性估计每个元器件的每种故障模式引起前置放大器的故障概率 β_{ij}，例中取 3 个等级 1.0、0.1 和 0。

(4) 根据元器件在前置放大器中承受的电应力和热应力，确定各种元器件的失效率。

(5) 计算每个元器件的每种故障模式的危害度 C_{ij}。

(6) 填写前置放大器所有元器件的 FMECA 一缆表(见表 8 - 8)。

表 8 - 8　前置放大器故障模式、影响及危害度分析一览表

(1) 产　品	(2) 代　号	(3) 功　能	(4) 故障模式	(5) 影　响	(6) 损伤概率	(7)故障模式频数比 (α)	(8)使用故障率/ $10^{-6}h^{-1}$	(9)危害度 $CR_{ij}/10^{-6}$
薄膜电阻器	A2B11R1	分压器	开　路	无输出	1.00	0.80	1.5	1.200
薄膜电阻器	A2B11R1	分压器	数值变化	错误输出	0.10	0.20	1.5	0.030
薄膜电阻器	A2B11R2	分压器	开　路	无输出	1.00	0.80	1.5	1.200
薄膜电阻器	A2B11R2	分压器	数值变化	错误输出	0.10	0.20	1.5	0.030
管状钽电容器	A2B11C3	去　耦	开　路	无影响	0.00	0.35	0.22	0.000
管状钽电容器	A2B11C3	去　耦	短　路	无输出	1.00	0.35	0.22	0.077
管状钽电容器	A2B11C3	去　耦	漏电流大	无影响	0.00	0.20	0.22	0.000
管状钽电容器	A2B11C3	去　耦	电容减小	无影响	0.00	0.10	0.22	0.000
二 极 管	A2B11C3CR3	分压器	短　路	无输出	1.00	0.75	1.0	0.750
二 极 管	A2B11CCR3	分压器	电路时断时续	无输出	1.00	0.20	1.0	0.200
二 极 管	A2B11CCR3	分压器	开　路	无输出	1.00	0.05	1.0	0.055
晶 体 管	A2B11Q4	放大器	集电极-基极漏电偏大	无输出	1.00	0.60	3.0	1.800
晶 体 管	A2B11Q4	放大器	集电极-发射极击穿电压低	无输出	1.00	0.35	3.0	0.050
晶 体 管	A2B11Q4	放大器	引线断开	无输出	1.00	0.05	3.0	0.150
变 压 器	A2B11T5	耦　合	短路线路	错误输出	0.10	0.80	0.30	0.024
组合变压器	A2B11T5	耦　合	开　路	无输出	1.00	0.20	0.30	0.060
电 阻 器	A2B11R6	偏压	开　路	无输出	1.00	0.05	0.005	0.000
电 阻 器	A2B11R5	偏压	数值变化	无影响	0.00	0.95	0.05	0.000
铝 电 容 器	A2B11C7	旁　路	开　路	无影响	0.00	0.40	0.48	0.000
电解电容器	A2B11C7	旁　路	短　路	错误输出	0.10	0.30	0.48	0.014
电 容 器	A2B11C7	旁　路	漏电流大	无影响	0.00	0.20	0.48	0.000
电 容 器	A2B11C7	旁　路	电容减小	无影响	0.00	0.10	0.48	0.000

(7) 根据式(8 - 3)计算前置放大器的危害度：

$$CR_s = \sum_i \sum_j CR_{ij} = 6.635 \times 10^{-5}$$

应当指出，危害度的数值，只具有相对比较的意义，并不表示单元故障概率的绝对水平。

显然，在前置放大器中，依危害度排列元器件的次序是：晶体管 A2B11Q4、薄膜电阻器 A2B11R1 和 A2B11R2，等等，在设计中要设法提高这几种元器件的可靠性。

8.1.4　FMEA 的矩阵分析法

用 FMEA 的列表分析法来分析大型系统时，工作量会很大。1977 年，美国 Ford 宇航公司的巴博(Barbour)在长寿命通信卫星的可靠性分析中提出了矩阵分析法，他利用计算机进行分析计算，成功地对通信卫星及空间站进行了可靠性设计。该分析系统包含 5.9 万个焊点，联结 2.1 万个部件块，含有 80 多个子系统的交联回路，对于这样一个十分复杂的系统，应用矩阵分析法是非常有利的。

矩阵分析法是将产品分成若干级，然后从最低级一直分析到系统级，即由下到上逐级进行失效与后果分析。此方法不用列表，但要列矩阵，也就是用一些规定的符号，在横竖栅网间加以标注。

1. 矩阵格式及其符号

图 8 - 2(a)列出了矩阵的格式，图 8 - 2(b)则给出了矩阵各种符号的含义。矩阵的垂直线分别代表功能级的输入、输出以及组成部分，矩阵的水平线表示功能级各种失效模式所引起的失效效应。垂直线和水平线交点处的符号代表各种不同的失效模式。必须注意的是，前一级的失效效应就是下一级矩阵表组成栏中的各个项目。

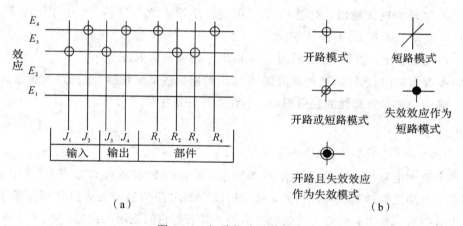

图 8 - 2　矩阵格式及其符号

2. 矩阵分析法的主要步骤及实例

在列出矩阵之前，要定义系统的功能并作出可靠性框图，确定各功能级的故障模式以及这些故障模式的影响，然后再列 FMEA 矩阵。

第一步，将整个民用产品分为五级(军事装备等级见国家军用标准)。

第一级：回路级，由若干零部件组成。

第二级：单元级，由若干回路及包含于回路中的零部件组成。

第三级：组件级，由若干单元及不包含于单元中的回路和零部件组成。

第四级：子系统级，由若干组件及不包含于组件中的单元、回路和零部件组成。

第五级：系统级，由若干子系统及不包含于子系统中的组件、单元、回路和零部件组成。

第二步，自下而上逐级构造矩阵。

1) 构成第一级(回路级)矩阵

现以晶体管电路(见图8-3)为例,该放大电路由三个输入(即+5 V直流电源及其地线和驱动信号)、两个输出、六个部件(包括一个晶体管、一个反相放大器、四个电阻)组成,这个电路的FMEA矩阵如图8-4所示。

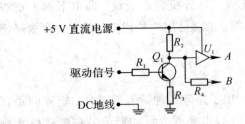

图8-3 晶体管放大电路

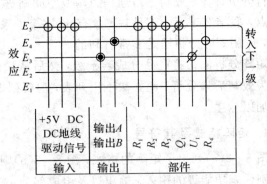

图8-4 第一级FMEA矩阵

以下为该矩阵的说明:

E_5:A和B同时无输出。引起E_5的原因是三个输入之一开路,或电阻R_1、R_2、R_3之一开路,再或是晶体管Q_1开路或短路。

E_4:B没有输出。引起E_4的原因是B输出开路或电阻R_4开路。

E_3:A没有输出。引起E_3的原因是A输出开路,或是反相器U_1开路或短路。

E_2:属于一种非灾难性的轻微影响,不在矩阵分析中仔细分析。

E_1:没有影响。

2) 构成第二级(单元级)的矩阵

由多个放大电路组成的单元如图8-5所示。单元的FMEA矩阵如图8-6所示,它的垂直线项除本功能级的输入和输出外,就是构成它的电路的失效效应以及不包括于电路的部件的失效模式。本功能级的失效效应有七种,以下为它们表示的内容:

E_7:没有任何输出。

E_6:无信号输出,同时TLM中有一个输出(TLM表示遥测信息)。

E_5:TLM-2无输出。

E_4:TLM-1无输出。

E_3:无信号输出。

E_2:轻微影响。

E_1:没有影响。

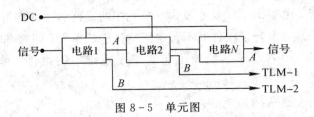

图8-5 单元图

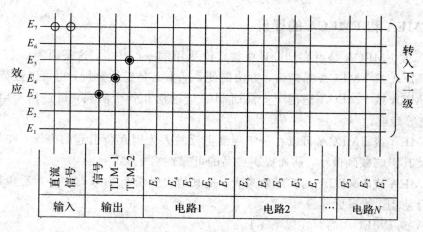

图 8 - 6　第二级矩阵

依次类推，本功能级的效应转到第三级去作为第三级垂直线项，如此逐级往上，即可构成五个功能级的矩阵，如图 8 - 7 所示。有了各功能级的 FMEA 矩阵后，可从最低一级矩阵到最高一级矩阵，确定任意一个部件的任意一种失效模式对系统引起的最终效应或对某一功能级引起的局部效应，也可以从最高级矩阵出发推到最低级的矩阵，辨别出导致系统失效的单元失效模式。

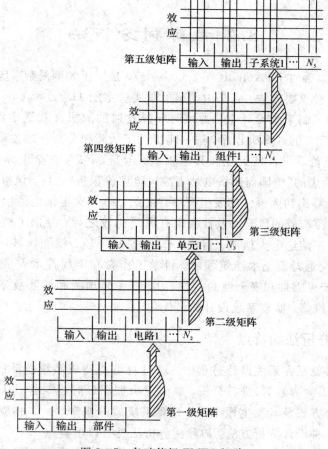

图 8 - 7　各功能级 FMEA 矩阵

8.1.5　FMEA 和 FMECA 的评价

FMEA 或 FMECA 是可靠性设计中被广泛采用的一门技术，这是因为：

（1）FMEA 或 FMECA 易理解，方法简便，基本上是定性分析，也可以进行定量分析。

（2）FMEA 或 FMECA 适用于产品研制的全过程和各个阶段，也适用于电气、机械、民用、宇航等专业。

（3）FMEA 或 FMECA 可以在一定程度上反映人为因素所引起的失误，并帮助研究人员将失效及其影响减到最小，从而提高产品的可靠性水平。

（4）FMEA 或 FMECA 的实际效果大，是其他失效分析的基础之一，若和其他失效分析方法综合使用，效果更佳。

FMEA 或 FMECA 尚存在以下不足：

（1）国家标准指出"此方法用于分析导致整个系统失效非常有效"，但对于具有多功能和大量元件的复杂系统，FMEA 或 FMECA 实施起来就较为困难与繁琐，需借助矩阵分析法弥补这方面的不足。

（2）FMEA 或 FMECA 是一种单因素分析法，对于多因素同时起作用或相互作用而导致一种结果的情况就难以分析。

（3）在进行失效分析时，环境效应事关重大的情况下，使用 FMEA 有局限性。

8.2　故障树分析法

故障树分析法，简称 FTA(fault tree analysis)，是用于大型复杂系统可靠性、安全性分析和风险评价的一种重要方法。它是由美国贝尔实验室的 H. A. Watson 首先提出的，1962年用于民兵导弹的控制系统设计上，为预测导弹发射的随机失效概率做出了贡献。其后，波音公司研制出 FTA 的计算机程序，进一步推动了故障树分析法的发展。20 世纪 60 年代初期，FTA 从宇航范围进入核工业和其他领域。但是，FTA 在全世界受到普遍重视是在1974 年 8 月美国发表的"美国商用核电站事故风险评价报告"之后，该报告成功应用事故树和故障树分析法计算出初因事件的发生概率，由此，第一次定量地给出核电站可能造成的风险，在和其他能源造成的风险以及社会现有风险比较之后，导出了核能是一种非常安全的能源的结论，这一结论令人信服。目前，FTA 已从宇航、核能领域，进入一般电子、电力、化工、机械、交通乃至土木建筑领域。科学工作者和工程技术人员愈来愈倾向于采用FTA 作为评价系统可靠性和安全性的手段，用 FTA 来预测和诊断故障，分析系统的薄弱环节，指导运行和维修，实现系统设计的最优化。

8.2.1　故障树分析法的特点

故障树分析法就是在系统设计过程中，通过对可能造成系统故障的各种因素（包括硬件、软件、环境、人为因素等）进行分析，画出逻辑框图（即故障树），从而确定系统故障原因的各种可能组合方式及其发生概率，并计算系统故障概率，采取相应的纠正措施，以提高系统可靠性的一种设计分析方法。故障树分析法具有以下特点：

（1）故障树分析法具有很大的灵活性，它不是局限于对系统可靠性做一般的分析，而是可以分析系统的各种故障状态。不仅可以分析某些零部件故障对系统的影响，还可以对导致这些零部件故障的特殊原因(例如环境的，甚至人为的原因)进行分析，以供参考。

(2) FTA 法是一种图形演绎法，是故障事件在一定条件下的逻辑推理方法。它可以围绕某些特定的故障状态进行层层深入的分析，在清晰的故障树图形下，表达系统内在联系，并指出零部件故障与系统故障之间的逻辑关系，找出系统的薄弱环节。

(3) 进行 FTA 的过程，也是一个对系统更深入认识的过程，它要求分析人员把握系统的内在联系，弄清各种潜在因素对故障发生影响的途径和程度，因而许多问题在分析的过程就被发现和解决了，从而提高了系统的可靠度。

(4) 通过故障树可以定量地计算复杂系统的故障概率及其他可靠性参数，为改善和评价系统可靠性提供定量数据。

(5) 故障树建成后，对不曾参与系统设计的管理和维修人员来说，相当于一个形象的管理和维修指南，因此对培训使用系统的人员更有意义。

本书 8.1 节中的 FMEA 及 FMECA 分析法本质上说是一种单因素分析法，它针对单个故障进行分析，而且在反映环境条件对系统可靠性的影响方面具有局限性。FTA 却能克服这些不足，它与 FMECA 相结合，能够全面地进行系统的故障分析。FMECA 是 FTA 必不可少的基础工作，只有认真完成了 FMEA，将所有基本的故障模式都分析清楚之后，进行 FTA 时，才不会出现重大遗漏。

8.2.2　故障树的应用

FTA 法在系统寿命周期任何阶段都可以使用。然而在下面两个阶段使用时最为有效：

(1) 早期设计阶段。这时用 FTA 法的目的是判明故障模式，并在设计中进行改进。

(2) 详细设计和样机生产后、批量生产前的阶段。这时用 FTA 法的目的是要证明所制造的系统是否满足可靠性和安全性的要求。

FTA 法用途很广，一般可以用在以下几个方面：

(1) 系统的可靠性分析，可以作定性分析及定量分析。

(2) 系统的事故分析及安全性分析。

(3) 可以在产品的设计时，利用故障树帮助判明系统潜在故障。

(4) 在系统使用阶段可以用来做故障诊断，预测系统故障时，最可能造成故障发生的原因，用来制订检修计划等。

8.2.3　故障树中使用的符号

故障树中使用的符号有三类：事件及其符号；逻辑门及其符号；转移符号。现分别进行介绍。

1. 事件及其符号

1) 底事件

底事件是故障树分析中仅导致其他事件发生的原因事件，它位于故障树的底端，是逻辑门的输入事件而不是输出事件。底事件分为基本事件和未探明事件。

基本事件是在特定的故障树分析中无须探明其发生原因的底事件。一般说它的故障分布是已知的。其图形符号如图 8-8(a)所示。

未探明事件是原则上应进一步探明其原因，但暂时不必或暂时不能探明其原因的底事件，其图形符号如图 8-8(b)所示。

2）结果事件

结果事件是故障树分析中由其他事件或事件组合所导致的事件，它总位于逻辑门的输出端，其图形符号如图 8-8(c)所示。结果事件分顶事件和中间事件。

顶事件是故障树分析中所关心的事件，它总位于故障树的顶端。因此顶事件总是逻辑门的输出事件而不是输入事件。

中间事件是位于底事件和顶事件之间的结果事件，它既是某个逻辑门的输入事件，又是另一个逻辑门的输出事件。

3）特殊事件

特殊事件指在故障树分析中需用特殊符号表明其特殊性或引起注意的事件，它又分为开关事件和条件事件。

开关事件是在正常条件下必然发生或必然不发生的特殊事件，其图形符号如图 8-8(d)所示的房形符号。

条件事件是描述逻辑门起作用的具体限制的特殊事件，其图形符号如图 8-8(e)所示。

人为事件是由于人为差错或疏忽而造成的原因事件，常用虚线画出相应的图形符号，如图 8-8(f)所示。

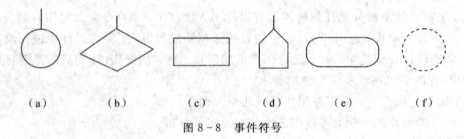

| （a） | （b） | （c） | （d） | （e） | （f） |

图 8-8　事件符号

2. 逻辑门及其符号

在故障树中逻辑门只描述事件间的逻辑因果关系，分为或门、与门、非门和特殊门。

1）或门、与门、非门

（1）或门表示至少一个输入事件发生时，输出事件才发生，其图形符号如图 8-9(a)所示。与门表示的输出事件 A 与输入的 n 个事件 $B_i(i=1, 2, \cdots, n)$ 的逻辑关系为和事件的关系，即

$$A=B_1 \bigcup B_2 \bigcup \cdots \bigcup B_n$$

（2）与门表示仅当所有输入事件发生时，输出事件才发生，其图形符号如图 8-9(b)所示。与门表示的输出事件 A 与输入的 n 个事件 $B_i(i=1, 2, \cdots, n)$ 的逻辑关系为积事件的关系，即

$$A=B_1 \bigcap B_2 \bigcap \cdots \bigcap B_n$$

（3）非门表示输出事件是输入事件的对立事件。其图形符号如图 8-9(c)所示，若输出事件 A，输入事件 B，则 $A=\overline{B}$。

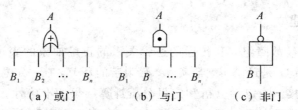

图 8 - 9　或门、与门和非门示意图

2) 特殊门

特殊门表示输出事件发生是具有一定条件的。特殊门包括异或门、顺序门、表决门、禁门。

异或门表示仅当单个输入事件发生时，输出事件才发生，其图形符号如图 8 - 10(a) 所示。

顺序门表示仅当输入事件按规定的顺序发生时，输出事件才发生，其图形符号如图 8 - 10(b) 所示。

表决门表示仅当 n 个输入事件至少有 r 个事件发生时，输出事件才发生，其图形符号如图 8 - 10(c) 所示。

禁门表示仅当条件事件发生时，输入事件的发生导致输出事件发生。其图形符号如图 8 - 10(d) 所示。

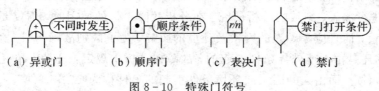

图 8 - 10　特殊门符号

3. 转移符号

转移符号是为了避免画图时重复、转页和使图形简明而设置的符号，它分为相同转移符号和相似转移符号。

(1) 相同转移符号。图 8 - 11 所示是一对相同转移符号，用以指明子树的位置，图 8 - 11(a) 为相同转向符号，表示"下面转到符号内的字母或数字所指的子树去"。图 8 - 11(b) 为相同转此符号，表示"由具有相同字母或数字的转向符号处转到这里来"。

(2) 相似转移符号。图 8 - 12 所示是一对相似转移符号，用以指明相似子树的位置，图 8 - 12(a) 为相似转向符号，表示"下面转到以字母或数字为代号所指的结构相似而事件标号不同的子树去"。不同事件表号在三角形旁边注明。图 8 - 12(b) 为相似转此符号，表示"相似转向符号所指子树与此处子树相似，但事件标号不同"。

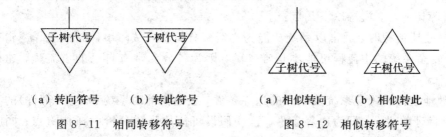

(a) 转向符号　　(b) 转此符号　　　　(a) 相似转向　　(b) 相似转此

图 8 - 11　相同转移符号　　　　　图 8 - 12　相似转移符号

8.2.4 故障树的建立

故障树是实际系统故障组合和传递的逻辑关系的正确抽象的表达,在 FTA 分析过程中,建树是第一个关键,是最基本、最实际、最艰苦的环节,在一定意义上也是最有用的环节。建树是否完善直接影响定性分析和定量分析计算结果的准确性。因此,建树时首先应对系统及其组成部件产生故障的原因、后果以及各种影响因素和它们之间的因果关系有透彻的了解。一个复杂系统的建树过程往往需要多次反复,进行逐步深入和完善。在这一过程中应对发现的薄弱环节采取改进措施,以提高系统的可靠性,这比简单算出可靠性的意义更大。

建树的方法一般分为两类,第一类是人工建树,基本上是用演绎法,即选定系统失效的一个判据作为分析的目标(顶事件)。第一步先找出直接导致顶事件发生的各种可能因素或因素组合,这些因素包括功能故障、部件不良、程序错误、人为错误及环境影响等。第二步再找出第一步中各因素的直接原因。循此格式逐级向下演绎。一般来说,直至找出各个基本事件为止,由于基本事件是故障分布已知的随机故障事件单元,不需要再进一步查找其发生原因的事件。这样就得到一棵故障树。第二类是计算机辅助建树,主要有合成法和判定表法等。

为了建树,应该首先对系统进行全面而深入的了解。需要广泛地收集有关系统的设计、制造工艺、安装调整、使用运行、维修保养以及其他有关方面的数据、资料、技术文件及技术规范等。并进行深入、细致的分析研究。在分析故障事件的原因时,不仅要考虑电子设备系统本身的因素,而且应考虑人的因素及环境的影响,为了区别故障事件是由单元(零、部件)本身引起的还是由人或外界条件引起的,故障树分析中规定:凡是由单元本身引起的事件称为"一次事件",而由人的因素或环境条件引起的事件称为"二次事件"。

在故障树分析中,首先要确定顶事件,然后才能进行故障树的建立。

(1) 顶事件的确定。

任何需要分析的系统故障,只要它是可以分解且有明确定义的,则在该系统的故障树分析中都可作为顶事件。因此,对一个系统来说,顶事件不是唯一的。但通常把该系统最不希望发生的故障作为系统故障分析的顶事件。

(2) 故障树的建立过程。

在顶事件确立以后,则将它作为故障树分析的起始端,找出导致顶事件所有可能的直接原因,作为第一级中间事件。将这些事件用相应的事件符号表示,并用适合于它们之间逻辑关系的逻辑门符号与上一级事件(最上一级为顶事件)相连接。依次类推,逐级向下发展,直至找出引起系统故障的全部毋须再追究下去的原因,作为底事件。这样就完成了故障树的建立。

建立故障树时,应注意以下几点:

① 选择建树流程时,通常以系统功能为主线来分析所有故障事件并按演绎逻辑贯穿始终。但一个复杂系统的主流程可能不是唯一的,因为各分支常有自己的主流程,建树时要灵活掌握。

② 合理地选择和确定系统及单元的边界条件,在建树前对系统和单元(部件)的某些变动参数作出合理的假设,即为边界条件。这些假设可使故障树分析中抓住重点;同时也明

确了建树范围，即故障树建到何处为止。

③ 故障事件定义要明确，描述要具体，尽量做到唯一的解释。

④ 系统中各事件间的逻辑关系和条件必须十分清晰，不允许逻辑混乱和条件矛盾。

⑤ 故障树应尽量地简化，去掉逻辑多余事件，以方便定性及定量分析。

下面以硬盘驱动器为例，分析其机械结构部分的故障树的建立。

硬盘驱动器工作原理是利用特定磁粒子的极性来记录数据。磁头在读取数据时，将磁粒子的不同极性转换成不同的电脉冲信号，再利用数据转换器将这些原始信号变成电脑可以使用的数据，写的操作正好与此相反。另外，硬盘中还有一个存储缓冲区，这是为了协调硬盘与主机在数据处理速度上的差异而设的。

硬盘驱动器加电正常工作后，利用控制电路中的单片机初始化模块进行初始化工作，此时磁头置于盘片中心位置，初始化完成后主轴电机将启动并以高速旋转，装载磁头的小车机构移动，将浮动磁头置于盘片表面的 00 道，处于等待指令的启动状态。当接口电路接收到微机系统传来的指令信号，通过前置放大控制电路，驱动音圈电机发出磁信号，根据感应阻值变化的磁头对盘片数据信息进行正确定位，并将接收后的数据信息解码，通过放大控制电路传输到接口电路，反馈给主机系统完成指令操作。结束硬盘操作的断电状态，在反力矩弹簧的作用下浮动磁头驻留到盘面中心。硬盘驱动器的结构示意图见图 8-13。

图 8-13　硬磁盘驱动器结构示意图

研究硬盘驱动器的可靠性问题，选择"硬磁盘驱动器"作为顶事件，它是由下列两个事件之一引起的："读写错误"、"主轴电机失效"。对于每一个次级中间事件还可以再进行分解，如"读写错误"是由下面三个事件之一引起的："写入电路失效"、"定位不准"、"读出电路失效"。这里"定位不准"是一个中间事件，可以进行分解，逐级类推，则进一步把各次级中间事件逐一分析下去，最终得到故障树如图 8-14 所示。图中"控制电路失效"、"定位控制电路失效"是在分析机械部分失效时暂不考虑的电路部分失效事件，所以用未探明事件表示。若用转移符号表示"盘片定位不准"和"磁头定位机构的执行机构失效"，则可以简化故障树的表示形式。

由本例可以进一步体会到：故障树建立后，它提供了失效事件间关系的形象描述。人们可以看出不同失效模式(事件)在造成顶事件发生时所起的作用。因此，故障树无论对系统设计的工程师，或者对系统的使用、管理及维修人员都是很有价值的。

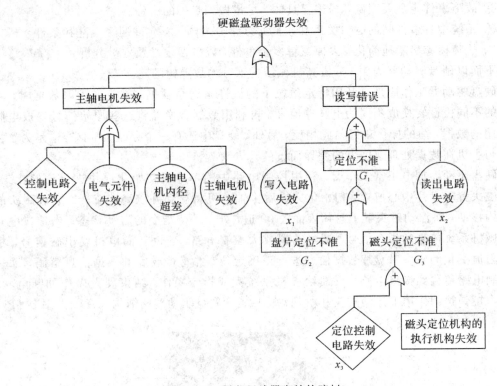

图 8-14　硬盘驱动器失效故障树

8.2.5　故障树的定性分析

进行故障树定性分析的目的在于寻找导致顶事件发生的原因和原因组合，识别导致顶事件发生的所有故障模式，它可以帮助判明潜在的故障，以便改进设计，也可以用于指导故障诊断，改进运行和维修方案。而故障树的定性分析过程就是找出故障树的全部最小割集或全部最小路集。

1. 割集与路集

割集：设故障树中有 n 个底事件 x_1、x_2、$\cdots$、x_n，$C=\{x_i,\cdots,x_l\}$ 为某些事件的集合，当 C 中全部底事件都发生时，顶事件必然发生，则称 C 为故障树的一个割集。而任意去掉割集中一个底事件后就不是割集了，这样的割集称为最小割集。

系统故障树的一个割集，代表了该系统发生故障的一种可能性，即一种失效形式。由于最小割集发生时，顶事件必然发生，因此一棵故障树的全部最小割集的完整集合代表了顶事件发生的所有可能性，即系统的全部故障。最小割集指出了处于故障状态的系统所必须修理的基本故障，指出了系统的最薄弱环节。

路集：从顶事件不发生角度出发，可引入路集的概念。设 $D=\{x_i,\cdots,x_{ml}\}$ 为某些事件的集合，当 D 中全部底事件都不发生时，顶事件才不发生，则称 D 为故障树的一个路集。若 D 为一个路集，而任意去掉其中一个底事件后就不再是路集了，这样的路集称为最小路集。它代表系统的一种正常模式。

　　割集与路集的意义可由图 8 - 15 说明，图 8 - 15(a)给出了一个由 3 个单元组成的串、并联系统的逻辑框图，图 8 - 15(b)是该系统的故障树。由图(a)可见，该系统故障树 3 个底事件分别为 x_1、x_2、x_3，它有 3 个割集：$\{x_1\}$、$\{x_2, x_3\}$、$\{x_1, x_2, x_3\}$。因为当各个割集中的底事件同时发生时，顶事件必然发生，且从割集中任意去掉一个底事件，它就不再是割集。所以该系统故障树的最小割集有 2 个，它们分别为 $\{x_1\}$、$\{x_2, x_3\}$。

　　图 8 - 15(b)中的三个路集分别是 $\{x_1, x_2\}$、$\{x_1, x_3\}$、$\{x_1, x_2, x_3\}$，因为当各个路集中的全部底事件同时不发生时，顶事件也必然不发生，且从路集中任意去掉一个底事件，它就不再是路集。所以系统故障树的最小路集有 2 个，分别为 $\{x_1, x_2\}$、$\{x_1, x_3\}$。

　　由上例可见，一棵故障树中最小割集与最小路集均不只有一个，找出最小割集(或最小路集)很重要，因为这样就可以有针对性地改进设计，合理地提高系统的可靠性。

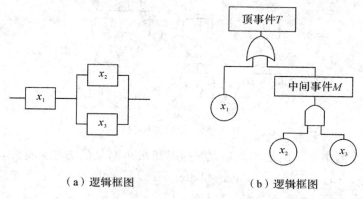

（a）逻辑框图　　　　　　　　　　（b）逻辑框图

图 8 - 15　割集与路集

2. 求最小割集的方法

1) Fussell - Vesely 算法

　　Fussell - Vesely 算法的特点是从顶事件开始往下逐级进行，故又称为"下行法"。它根据逻辑与门仅增加割集的容量，逻辑或门增加割集的个数这一性质，由上而下，遇到与门就把与门下面所有输入事件均排列于同一行；遇到或门就把或门下面的所有输入事件均排列于一列。依此类推，向下一直到不能分解为止。这样得到的基本事件集合是割集，但不一定是最小割集。要进一步找出最小割集可以让每一个底事件依次对应一个素数(例如让底事件 x_i 对应第 i 个正素数 n_i)，让每个割集也对应一个数(此数是割集中底事件对应的素数的乘积)。这些乘积数经排列后可得到一串数列 N_1、N_2、$\cdots$、N_k，其中 k 为割集总数。把这些数依次相除，例如若 N_2 能被 N_1 整除，则去掉 N_2 后，剩余数对应的割集即为所求的最小割集。这种方法也易于在计算机上实现。

　　例 8 - 2　求如图 8 - 16 所示故障树的全部最小割集。

　　解　如图 8 - 16 所示，顶事件下为或门，因此应将输入 x_1、G_1 和 x_2 排成一列，作为第 1 步。因为这些输入事件的任何一个发生时顶事件必然发生，所以它们每一个都是独立割集元素。第 2 步，由于 G_1 下为或门，因此应将其输入 G_2、G_3 排成一列，并代替 G_1。第 3 步，由于 G_2 下为与门，因此应将其输入 G_4、G_5 排成一行并代替 G_2，因为仅当与门的全部输入发生时，才会导致在该与门上的相应中间事件的发生。照此形式继续下去，最终（第 7

步)将得到如表 8-9 所示的结果，从而可以得到 9 个割集：$\{x_1\}$、$\{x_2\}$、$\{x_4, x_6\}$、$\{x_4, x_7\}$、$\{x_5, x_6\}$、$\{x_5, x_7\}$、$\{x_3\}$、$\{x_6\}$、$\{x_8\}$。

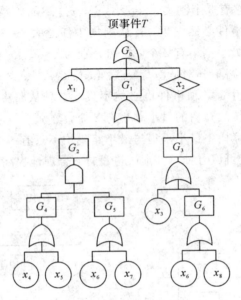

图 8-16　系统故障树

然后要在 9 个割集中找出最小割集。根据寻找最小割集的方法，首先，令底事件的素数为 $x_1=2$，$x_2=3$，$x_3=5$，$x_4=7$，$x_5=11$，$x_6=13$，$x_7=17$，$x_8=19$，相应的 9 个割集所对应的数为：$N_1=2$，$N_2=3$，$N_3=7\times13$，$N_4=7\times17$，$N_5=11\times13$，$N_6=11\times17$，$N_7=5$，$N_8=13$，$N_9=19$。显然，$N_3=7\times13$ 及 $N_5=11\times13$ 能被 $N_8=13$ 整除，所以应去掉 N_3 及 N_5，剩下 7 个相互不能整除的数为 N_1，N_2，N_4，N_6，N_7，N_8，N_9，则可得到相应的 7 个最小割集：$\{x_1\}$、$\{x_2\}$、$\{x_4, x_7\}$、$\{x_5, x_7\}$、$\{x_3\}$、$\{x_6\}$、$\{x_8\}$。

表 8-9　例 8-2 计算列表

步骤	1	2	3		4		5		6		7		割集
	x_1	x_1	x_1		x_1		x_1		x_1		x_1		$\{x_1\}$
	x_2	x_2	x_2		x_2		x_2		x_2		x_2		$\{x_2\}$
	G_1	G_2	G_4	G_5	G_4	x_6	x_4	x_6	x_4	x_6	x_4	x_6	$\{x_4, x_6\}$
		G_3	G_3		G_4	x_7	x_4	x_7	x_4	x_7	x_4	x_7	$\{x_4, x_7\}$
					G_3		x_5	x_6	x_5	x_6	x_5	x_6	$\{x_5, x_6\}$
							x_5	x_7	x_5	x_7	x_5	x_7	$\{x_5, x_7\}$
							G_3		x_3		x_3		$\{x_3\}$
									G_6		x_6		$\{x_6\}$
											x_8		$\{x_8\}$

2）Semanderes 算法

Semanderes 算法是由下而上进行的，故称为"上行法"。每进行一步，根据故障树的逻辑关系，用布尔代数运算规则进行运算并简化，算到最后即得到最小割集。仍以例 8-2 的故障树来进行说明，为简化书写，用"+"代替"∪"，且省去"∩"符号。

如图 8-16 所示，其故障树的最低级为

$$G_4 = x_4 + x_5 ; \quad G_5 = x_6 + x_7 ; \quad G_6 = x_6 + x_8$$

往上一级为

$$G_2 = G_4 G_5 = (x_4 + x_5)(x_6 + x_7) = x_4 x_6 + x_4 x_7 + x_5 x_6 + x_5 x_7$$

$$G_3 = x_3 + G_6 = x_3 + G_6 = x_3 + x_6 + x_8$$

再往上一级为

$$G_1 = G_2 + G_3 = x_4 x_6 + x_4 x_7 + x_5 x_6 + x_5 x_7 + x_3 + x_6 + x_8$$

利用集合运算规则，简化得

$$G_1 = x_4 x_7 + x_5 x_7 + x_3 + x_6 + x_8$$

最上一级为

$$G_0 = x_1 + x_2 + G_1 = x_1 + x_2 + x_4 x_7 + x_5 x_7 + x_3 + x_6 + x_8$$

故得到最小割集为 $\{x_1\}$、$\{x_2\}$、$\{x_4, x_7\}$、$\{x_5, x_7\}$、$\{x_3\}$、$\{x_6\}$、$\{x_8\}$。所得结果与 Fussell -Vesely 算法完全相同。

利用"上行法"求最小路集，要给出成功树，计算时把上面算法中的"$\bigcup$"与"$\bigcap$"调换，可得

$$G_4 = x_4 x_5, \quad G_5 = x_6 x_7, \quad G_6 = x_6 x_8$$

$$G_2 = G_4 + G_5 = x_4 x_5 + x_6 x_7$$

$$G_3 = x_3 G_6 = x_3 x_6 x_8$$

$$G_1 = G_2 G_3 = (x_4 x_5 + x_6 x_7) x_3 x_6 x_8 = x_3 x_4 x_5 x_6 x_8 + x_3 x_6 x_7 x_8$$

$$G_0 = x_1 x_2 G_1 = x_1 x_2 x_3 x_4 x_5 x_6 x_8 + x_1 x_2 x_3 x_6 x_7 x_8$$

共得两个最小路集。

在"上行法"中要注意对每一步计算结果按布尔代数运算规则进行简化，使得留下的是不相互包容的事件的集合。

8.2.6　故障树的定量分析

故障树定量计算的任务就是要计算或估计顶事件发生的概率等，复杂系统的故障树定量计算一般是很繁杂的。特别是当故障不服从指数分布时，难以用解析法求得精确结果。这时可用蒙特卡洛仿真的方法进行估计。

在 FTA 的定量计算中，可以通过最小割集求顶事件发生的概率，按最小割集之间不相交与相交两种情况处理。

（1）最小割集之间不相交的情况。

假定已求出了故障树的全部最小割集 C_1，C_2，…，C_m，并且各最小割集中没有重复出现的底事件，也就是最小割集之间不相交，可得

$$P(T) = F_s = P(\bigcup_{i=1}^{m} C_i) = P(C_1) + P(C_2) + \cdots + P(C_m) \tag{8-4}$$

式中：m 为最小割集数；$P(T)$ 为顶端事件发生的概率。

（2）最小割集之间相交的情况。

用式（8-4）精确计算故障树顶端事件发生的概率时，要求假设在各最小割集中没有重复出现的底事件，也就是最小割集之间是完全不相交的。但在大多数情况下，底事件可以

在几个最小割集中重复出现，也就是说最小割集之间是相交的。这样精确计算顶事件发生的概率就必须用相容事件的概率公式：

$$P(T)=P(C_1 \bigcup C_2 \bigcup \cdots \bigcup C_m)$$

$$=\sum_{i=1}^{m} P(C_i) - \sum_{i<j=2}^{m} P(C_i C_j) + \sum_{i<j<k=3}^{m} P(C_i C_j C_k)$$

$$+\cdots+(-1)^{m-1} P(C_1 C_2 \cdots C_m) \tag{8-5}$$

由式(8-5)可看出它共有(2^m-1)项，当最小割集数m足够大时，就会产生"组合爆炸"问题。例如某故障树有40个最小割集，则计算$P(T)$的式(8-5)共有$2^{40}-1 \approx 1.1 \times 10^{12}$项，每一项又是许多数的连乘积，即使大型计算机也难以胜任。

解决的办法就是化相交和为不交和，再求顶端事件发生的概率的精确解。这就是近似计算顶事件发生概率的方法，可以取式(8-5)的代数和中起主要作用的项，即首项或首项与第二项，后面项的数值极小可不取，如果取首项，则近似计算式为

$$P(T) \approx \sum_{i=1}^{m} P(C_i) = P(C_1) + P(C_2) + \cdots + P(C_m) \tag{8-6}$$

式(8-6)与式(8-4)相同，所以在估算顶事件发生概率时，不管最小割集是否相交，都可以用式(8-4)来计算。当顶事件发生概率求得后，也就是知道系统的不可靠度，则系统的可靠度为

$$R_s = 1 - F_s = 1 - P(T) \tag{8-7}$$

例8-3 试估算图8-16顶端事件发生的概率，已知：$P(x_1)=0.0016$，$P(x_2)=0.03$，$P(x_3)=0.01$，$P(x_4)=P(x_5)=0.001$，$P(x_6)=0.02$，$P(x_7)=0.03$，$P(x_8)=0.04$。

解　$P(T)=F_s=\sum_{i=1}^{7} P(C_i)$

$$=P\{x_1\}+P\{x_2\}+P\{x_4 x_7\}+P\{x_5 x_7\}+P\{x_3\}+P\{x_6\}+P\{x_8\}$$

$$=0.0016+0.03+0.001 \times 0.03+0.001 \times 0.03+0.01+0.02+0.04$$

$$=0.1017$$

系统的可靠度为

$$R_s = 1 - F_s = 1 - 0.1017 = 0.8983$$

8.3　潜在通路分析

8.3.1　概述

系统发生故障，有时并非是由元器件和部件损坏、参数漂移、电磁干扰等原因造成，而是由于系统的"潜在通路"作用造成的。所谓"潜在通路"指的是在某种条件下，电路中产生的不希望有的通路，它的存在会引起功能异常或抑制正常功能。例如图8-17是一个导弹发动机点火和关机电路上存在的潜在电路(潜在通路的一种表现形式)实例，初看起来这是一个简单而明确的电路，但是当尾部脱落插头比起飞脱落插头先脱落时，就出现了如箭头所示的潜在通路，使关机线圈流过反向电流，结果导致导弹刚从发射台启动就因发动机关

机而失败。当然，电路异常状态不一定都是由潜在通路造成的，也可能是由电路不正确定时或控制标志显示不正确等原因所引起的。

　　潜在通路分析的目的是在假定所有组件均正常工作的情况下，分析那些能引起功能异常或抑制正常功能的潜在通路，为改进设计提供依据。本节所述潜在通路分析方法主要适用于常规电路。

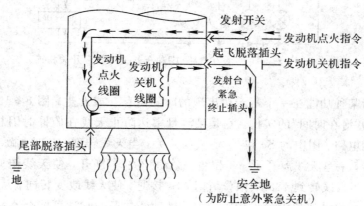

图 8 - 17　固有的潜通电路实例

8.3.2　潜在通路的特点及产生原因

1. 潜在通路的特点

　　(1) 多数潜在通路并非在系统每次运行时都会起作用，而必须在某种特定条件下才能起作用。因此，在多数情况下，难以通过试验来发现是否存在潜在通路。

　　(2) 存在潜在通路并非一定是个不良状况。比如，当其他通路出现故障时，某些潜在通路却代替故障电路完成了任务。因此，在采取任何措施之前，必须对潜在通路内含本质加以仔细研究，并确定它对电路功能的影响。

2. 产生潜在通路的原因

　　(1) 各分系统设计人员对如何适当地连接各分系统缺乏全面的考虑。

　　(2) 没有对设计评审完成后所做的更改会给系统带来的影响进行充分的审查。

　　(3) 操作人员差错。

8.3.3　潜在通路的主要表现形式

　　一般可以归纳出潜在通路的四种表现形式：潜在电路、潜在时间、潜在标志和潜在指示。这些都可能使系统发生故障。

　　1) 潜在电路

　　潜在电路是指在某种条件下，电路中产生不希望有的通路，它会引起功能异常或抑制正常的功能。图 8 - 17 就是其中一例；图 8 - 18 是汽车上的潜在电路。在点火开关断开、收音机工作的情况下，按照设计目的，当蹬脚刹车时，告警开关闭合尾灯才不断闪烁，但由于有图中箭头所示的潜在电路，此时收音机会发出不应有的杂音。

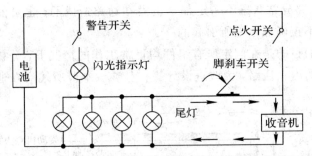

图 8-18 汽车上的潜在电路（脚刹车开关与警告开关相连）

2）潜在时间

潜在时间指某种功能在一个不希望出现的时间内存在或发生。图 8-19 是一个保护控制电路中发生的"潜在时间"的实例。它是某测量雷达防止天线在俯仰时因超过角度界限而损坏的保护控制电路。图中的 S_1 和 S_2 是微动开关。当天线转到 $-3°$ 时，微动开关 S_1 接通，使天线反向旋转，一旦天线离开了 $-3°$ 位置，微动开关 S_1 断开，使天线俯仰方向不受保护控制电路影响。当天线转到 $183°$ 极限位置时，S_2 接通，使天线改变转向，从而保护了天线。但当天线俯仰齿轮箱的速比设计发生差错时，微动开关 S_1 和 S_2 可能会在一个特定位置上同时接通，结果使负载短路而烧毁整个控制电路的直流电源。

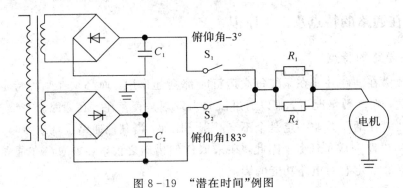

图 8-19 "潜在时间"例图

3）潜在标志

潜在标志是指开关或控制系统上的标志不得当，会引起操作失灵。图 8-20 就是"潜在标志"的一个实例。它取自一机载雷达，由于接通雷达与液体冷却泵的电源开关仅标志为液体冷却泵开关，因而当操作人员断开液体冷却泵时，无意中把雷达电源也切断了。

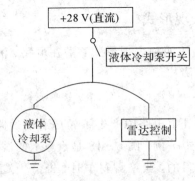

图 8-20 "潜在标志"例图

4）潜在指示

潜在指示是会引起混淆或不正确的指示，它会造成错误的操作。如图 8-21 所示的是声纳供电系统中的一个指示灯。图中开关 S_3 的位置说明电机处于工作状态，但马达是否运转还取决于开关 S_1、S_2 及继电器 K_1、K_2 的状态，因此该指示灯并不反映电机的实际工作情况。

以上是一般电路中存在的潜在通路情况。进行有关数字逻辑和软件系统的潜在通路分析时，也可从中得到启发。

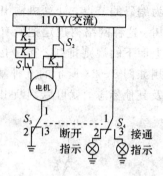

图 8-21　"潜在指示"例图

8.3.4　潜在通路分析方法

图 8-22 为潜在通路分析工作流程图。为了查出潜在通路，显然先要列出电路所存在的一切通路。通路是由元器件（包括电线、电缆）组成的。为了简化通路，可略去不必要的部分。例如，对元器件来说，必须保留开关、负载、继电器和晶体管等，而应略去只起电路连接作用的终端板和连接点等。对通路来说，必须保持连通电源和接地总线通路，略去无关路径。

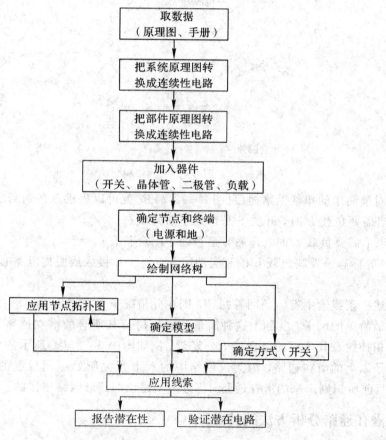

图 8-22　潜在通路分析工程流程图

列出全部通路的工作量较大，一般要用计算机处理。计算机分析程序把有用的元器件作为编码的节点，计算机输出的节点组合就代表电路的所有通路。并在这个基础上产生网络树。这种网络树规定把所有电源置于每一网络树的顶端，而底部是地，并使电路按电流自上而下的规则排列。实际上网络树代表化简后的电路拓扑形式。任何电路的网络树，均可用如图 8-23 所示的五种基本拓扑图形的某种组合表示。根据网络树中开关 S 位置的组合及其他标志，就可以判断出在的潜在通路。

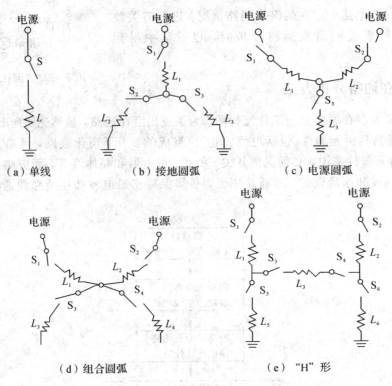

（a）单线　　　　　　（b）接地圆弧　　　　　（c）电源圆弧

（d）组合圆弧　　　　　　　（e）"H"形

图 8-23　网络树

例如对最简单的单线网络树（见图 8-23（a）），就可以提供三条判断潜在通路的线索：

（1）当需要负载 L 时，开关 S 是否处于断开状态；

（2）当不需要负载 L 时，开关 S 是否处于闭合状态；

（3）S 的标志是反映负载 L 的真实功能，即负载 L 接入或脱离电路时，S 是否指示断开或闭合。

若上述三条线索中有一条回答"是"，则在此情况下系统会因存在潜在通路而故障。

这是最简单的例子，实际上这种简单的拓扑树及其所含的潜在通路是不常见的。图中其他四种拓扑树及其不同的组合就十分复杂。例如图中 8-23（e）所示的"H"形拓扑树可能存在一百条以上的潜在通路，因为仅网络中的六个开关所处不同位置的组合状态就有 64 种之多。目前所识别出来的潜在通路，将近一半是由"H"形网络得出的。

8.3.5　潜在通路分析方法的特点

与前面介绍的其他可靠性分析方法相比，潜在通路分析有其独特的特点。表现如下：

（1）在进行潜在通路分析时，一般不考虑环境变化的影响，也不去识别由于某些硬件故障、制造或对环境敏感所引起的潜在电路。

（2）潜在通路分析与可靠性大纲中通常进行的其他分析相比，侧重面有所不同。潜在通路分析只注重系统各元、部件之间的相互连接、相互关系及相互影响，而不注重元、部件本身的可靠性。它更注重系统将发生什么故障，而不注重系统如何正常工作。例如 FMECA 是分析所有元、部件的故障模式及其对系统的影响。而潜在通路分析，则是在假定所有元、部件正常工作的情况下，系统会发生什么故障，而且考虑了人为差错。因此潜在通路分析和其他可靠性分析是相辅相成、互为补充的。

（3）在确定潜在状态时，必须满足的首要条件是保证用于分析的电路能代表实际的系统电路。在识别系统潜在通路时，使用详细的生产图及安装图要比使用系统级或功能级图纸更有效。因为较高一级图纸通常代表设计目的和总体方案，在把该方案转化为原理图、布线图和安装图的过程中，往往会引入潜在状态。也就是说，潜在通路分析往往是在设计图纸文件完全确定、要投产前进行的。而在这种时候进行分析，如果发现了问题，要作改进比较困难的，往往会"牵一发而动全身"。

（4）对于较复杂的系统，进行潜在通路分析的工作量极大，因此，一般宜用计算机处理。

8.4 设备的故障诊断技术

故障诊断技术是近十年来国际上随着计算机技术、现代测量技术和信号处理技术的迅速发展而发展起来的一种新技术。应用故障诊断技术对机器设备进行监测和诊断，可以及时发现机器的故障和预防设备恶性事故的发生，从而避免人员的伤亡、环境的污染和巨大的经济损失；应用故障诊断技术可以找出生产系统中的事故隐患，从而对设备和工艺进行改造以消除事故的隐患。故障诊断技术最重要的意义在于改革设备维修制度，现在多数工厂的维修制度是定期检修，不论设备是否有故障都按人为计划的时间定期检修，造成很大的浪费。由于诊断技术能诊断和预报设备的故障，因此在设备正常运转没有故障时可以不停机，在发现故障前兆时能及时停机，按诊断出故障的性质和部位，有目的地进行检修，这就是预知维修技术，把定期维修改变为预知维修，不但节约了大量的维修费用，而且由于减少了许多不必要的维修时间，从而大大增加了机器设备正常运转的时间，大幅度地提高生产率，产生巨大的经济效益。

8.4.1 故障诊断技术的内容

1. 诊断对象

1）机械零部件的技术诊断

机械零部件的技术诊断包括对工程结构的损伤诊断，例如齿轮、轴、轴承、梁、柱、板、壳等的损伤诊断。

2）机器的技术诊断

机器的技术诊断包括对它的性能和强度的诊断和评价。在性能评价方有功能的正常和异常、故障和劣化，要分析其产生的原因；在强度的评价方面要分析其主要零部件的可靠性，预测其寿命；在机械设备的性能和强度的检测评价的基础上确定出修复和改善的方法。

3）系统的技术诊断

工厂或企业对于其机组和生产系统的正常运行是最重视的，系统的技术诊断也就显示出其特殊的重要性，系统的故障与部件互相有关但也有差别，而部件故障与系统故障的关系，对于不同的系统也不相同，所以进行系统的技术诊断必须要具体分析各部件故障和系统故障的关系，从而确定系统故障的原因。

2. 诊断过程

故障诊断的内容包括状态监测、识别诊断和预测三个方面，在预测系统的可靠性和性能时，如果识别出异常状态，就要对其原因、部位和危险程度进行诊断和评价，研究决定其修正和预防的方法，整个诊断过程表示在图 8-24 的框图中。一个系统或一台机器在运行过程中必然有能量、介质、力、热及摩擦等各种物理和化学参数的传递和变化，必然会由此而产生各种各样的信息，这些信息的变化直接和间接地反映出系统的运行状态，也就是说正常运行和异常运行时的信息变化规律是不一样的，故障诊断就是根据机器运行时产生的不同的信息变化规律，即信息特征，来识别机器是处在正常运行状态还是异常运行状态的。

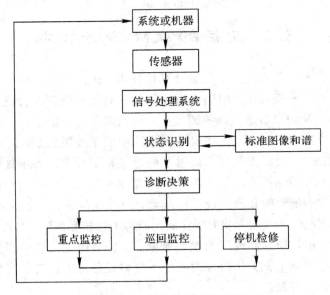

图 8-24　故障诊断过程框图

3. 诊断的分类

工程中系统(机器)运行的状态多种多样，其环境条件各不相同，由此就产生了不同类型的故障诊断的方法，现分类如下：

1）功能诊断和运行诊断

对于新安装或刚维修好的机器(或系统)需要诊断它的功能是否正常，并根据检查和诊断的结果对它进行调整，这就是功能诊断；而对正常服役的机器(或系统)则进行运行状态的诊断，监视其故障的发生和发展。

2）定期诊断和在线监控

定期诊断是隔一定时间对服役的机器进行一次检查和诊断，也叫做巡回检查和诊断，简称巡检；在线监控是采用现代化仪表和计算机信号处理系统对机器（或系统）的运行状态进行连续监视和控制。对于哪些设备采用哪种诊断形式，需要根据设备的关键程度，设备故障影响的严重程度，运行中机器性能下降的速度和设备故障发生和发展的可预测性，按照设备综合工程学的原则来确定。

3）直接诊断和间接诊断

直接诊断是指直接根据关键零部件的信息确定这些零部件的状态，例如对轴承间隙、齿面磨损、轴或叶片的裂纹以及在腐蚀条件下的管道的壁厚等进行直接观察和诊断；由于受到机器结构和运行条件的限制无法进行直接诊断时，只好采用间接诊断，间接诊断是通过二次诊断信息来间接地判别关键零部件的状态变化，由于多数二次信息转化成的输出信号中携带的是综合信息，因此会发生误诊断，也就是出现伪警和漏检的可能性会增大。

4）常规诊断和特殊诊断

在常规工况（即机器正常运行）下进行的诊断叫常规诊断，大多数诊断都属于常规诊断；但在个别情况下需要创造特殊的条件来采集信息，例如动力机组的启动和停车过程要通过转子的几个临界转速，就需要采集启动和停车过程中的振动信号，而这些信号在常规诊断中是得不到的。

5）简易诊断和精密诊断

简易诊断相当于人的初级健康诊断，一般由现场作业人员实施，能对机械设备的状态迅速有效地做出概括性的评价。精密诊断的目的是对由简易诊断判定的"大概有点异常"的机械设备进行专门的精确诊断，由精密诊断的专家来进行，其功能应包括应力定量技术、故障检测分析技术和强度性能定量技术。

8.4.2　诊断信息的采集和处理技术

1. 诊断信息的采集

对一台机器或一个系统进行诊断时，第一步工作就是要探测出它的故障信息，也可叫做故障探测，就是要收集到反映机器或系统故障的信息。设备在运行过程中，获取诊断信息的方法有：直接观察法、振动噪声检测法、磨损残留物检测法和运转性能检测法等。

大多数情况无法直接测量设备元部件的各种参量，一般多采用以上的间接信息做诊断，宜用几种方法综合分析作出判断，避免误诊。

1）直接观察法

由操作人员或设备检查人员，随时听声、目估或用简单仪器观察设备的运行情况，这种方法是定性的、粗略的。

2）振动和噪声检测法

设备在运行中不断发生振动和噪声，这是诊断的重要信息，它反映了设备的状态。振动和噪声的测量和分析可以分为三个步骤：

① 测总的振动和噪声的强度，可以初步判断设备运行是否正常；

② 进行频谱分析，确定什么环节上出问题；

③ 采用其他测定手段，以便于更进一步的分析。

3）磨损残余物检测法

机电产品的机械零件，在运行过程中，它们的磨损残余物混入润滑油中，定期对它们进行测定，可以间接地推测哪些机件在磨损，它的磨损情况如何。测定的方法有三种一是直接检查残余物，二是磁性探头收集残余物，三是油样分析。

4）整机性能测定

机电产品的总的功能指标，是监测的重要项目，可以用它来判断运行是否正常，例如：测量精密机床的加工精度，测量光划机的套刻精度等。

2. 诊断故障信号的处理

机器或工程系统运行中产生的各种信息或被诊断的结构系统在激励作用下产生的各种信息，由传感器变换为信号输出，多数情况下，这些信号以电压（或电流）的时间历程形式输出，这些信号包括有丰富的可用来作为故障诊断依据的各种特性参数。而这些特性参数一般都复合混杂在传感器输出的信号中，这些输出的信号中还带有各种各样的噪声，并多半以随机的形式出现。因此为了对系统进行技术诊断，就需要从这些信号中取出诊断所需的特性参数，确定它的特性曲线，信号处理或称数据处理技术就是用来从传感器输出的信号中分离出所需要的特性参数曲线。信号处理技术的另一个重要作用就是寻找诊断用的特性指标，要求这个指标对系统故障要具有敏感性。由此可见，信号处理技术是技术诊断的一个重要环节。

由于机器或系统在运行过程中产生的各种信息的特性不同，形成了各种不同的诊断技术，每种诊断技术所需要的是与它本身的自然规律相符合的特性参数，所以不同的诊断分析技术的特点各不相同，下面主要介绍一下机电产品的图像分析技术和频谱分析技术。

机电产品的图像分析，是指用机电产品在运行中所发生的振动、噪声、温升、压力等各种动态信息，以它们的幅值 $x(t)$ 为纵坐标，以时间 t 为横坐标的图像，或者以它们的分布密度 $p(x)$ 及自相关函数 $Z(\tau)$，用来诊断故障（时域分析法），诊断时用分布密度函数比较方便，如图 8-25 所示，所谓分布密度函数 $p(x)$ 是幅值 $x(t)$ 落在 $x+\Delta x$ 之间单位幅值的概率，即

$$p(x) = \lim_{\Delta x \to 0} \frac{P\{x < x(t) \leqslant x + \Delta x\}}{\Delta x} \tag{8-8}$$

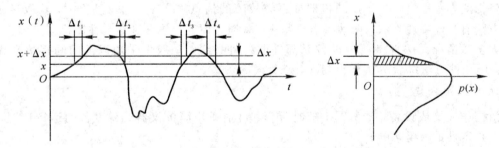

图 8-25　噪声图像和分布密度函数

图 8-26 是某机电设备中变速箱的噪声分布规律，新旧两只变速箱的分布密度有明显的差异。设备正常运转时，其振动和噪声是随机性的；设备不正常时，将出现有规则的周期性的振动，这是由于轴承磨损而间隙增大、滚动轴承的滚道出现剥蚀、齿轮的齿面磨损等因素引起的。

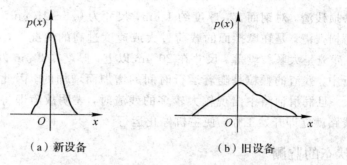

（a）新设备　　　　　　　　（b）旧设备

图 8-26　机电设备中变速箱噪声分布密度

要在随机噪声中查出隐藏的周期性噪声，特别是故障发生初期，周期信号不明显，直接分析噪声图像和分布密度函数会很难发现隐藏的周期性噪声，但是采用自相关分析法，就能很敏锐地发现这些微弱的周期信号，即依靠 $Z(\tau)$ 幅值和波动的频率查出设备的故障。

所谓自相关函数 $Z(\tau)$，是原有函数 $x(t)$ 与平移过一段间距 τ 的新函数 $x(t\pm\tau)$ 的乘积，求和后得到 $Z(\tau)$ 值，即

$$Z(\tau) = \lim_{\tau \to 0} \frac{1}{T} \int_0^T x(t) \cdot x(t \pm \tau) \mathrm{d}t \tag{8-9}$$

可以证明简谐振动或其他定值信号（非随机信号）的自相关系数，不论参变量 τ 如何变化，都不会衰减；而随机信号的自相关函数，当参变量 τ 增大时，将趋向于零。

图 8-27 表示两台某精密电子设备的变速箱噪声的自相关函数，图（a）是正常状态，图（b）是异常状态，即变速箱存在某种缺陷。将变速箱各根轴的转速与 $Z(\tau)$ 的波动频率进行比较，就可以确定缺陷在哪一个零件上。

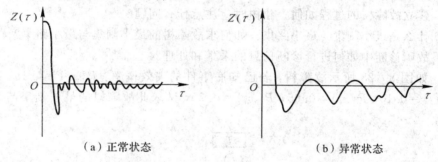

（a）正常状态　　　　　　　　（b）异常状态

图 8-27　精密电子设备的变速箱噪声的自相关函数

为适应计算机或自动控制的需要，将振动和噪声的模拟信号，通过频谱分析（频域分析法），转换为数字化的谐波分量，以便分析运行情况。信号的功率谱与噪声的图像相对应，而信号的功率谱密度、自谱密度与噪声的分布密度、自相关函数相对应。自相关函数与自谱密度是一个傅里叶变换对，它们对电子设备发生故障时的诊断，有着十分重要的意义。

8.4.3　润滑油样分析

采集能反映当前设备的运行状态的、有代表性的润滑油样，测定其磨损残渣的数量和粒度分布，判断设备是处于正常磨损状态还是异常磨损状态，并诊断其磨损类型，确定磨损零件或部位，还要预测剩余寿命。

目前采用三种分析方法：油样光谱分析法、油样铁谱分析法和磁塞检查法。

正常滑动磨损残渣，对钢而言，厚度约 $1~\mu m$，尺寸为 $0.5\sim15~\mu m$。

严重滑动磨损残渣，是在摩擦面的载荷过大或速度过高的情况下，由于剪切混合层不稳定而形成的。残渣呈大颗粒剥落，尺寸在 $20~\mu m$ 以上，厚度在 $2~\mu m$ 以上。

设备在运行中，残渣的颗粒是随着运行时间的增加而增加的。因此在监控系统中，装上残渣敏感器，一旦润滑油路中出现较大较多的残渣时，表明故障即将发生，与敏感器连接的电气控制线路就立即开始工作，使主机停止运行。

8.4.4 运行状态的监测

重要的电子设备可以在关键零部件装上传感器，以间接探测故障的发生和发展，到故障即将发生时，自动控制电路或计算机使设备自动停止运行，可以保证安全和运行中的高度可靠性。

监测系统可以借鉴飞机、船舶、发电设备、汽车等的现有监测方法和仪器构造，再根据特殊需要，增加一些特种传感器，以监测相应的项目。

习　　题

8-1　进行 FMEA 及 FMECA 有何异同？如何进行分析？

8-2　简述 FMEA 及 FMECA 的优缺点。

8-3　什么是故障树分析法？其特点是什么？

8-4　故障树分析法有何用途？

8-5　建立故障树的过程如何？建树时应注意什么问题？

8-6　什么是最小割集与最小路集？如何求故障树的最小割集与最小路集？

8-7　故障诊断中如何进行诊断信息的采集和处理？

8-8　如图 8-28 所示故障树，若已知底事件的失效概率：$P\{x_1\}=0.15$，$P\{x_2\}=0.12$，$P\{x_3\}=0.10$，$P\{x_4\}=0.05$，$P\{x_5\}=0.20$，试求此故障树的最小割集与系统的可靠度。

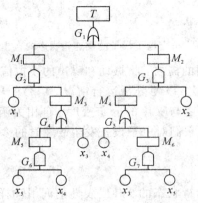

图 8-28　习题 8-8 图

第 9 章　机械零部件的可靠性设计

可靠性分析已广泛应用于机电产品，从人造卫星、飞机、核电站等大型设备的研制，到压力容器、电机、汽轮机转子、舰船、汽车、齿轮和轴承等产品的制造也都应用了可靠性分析方法。根据机电产品的特点，目前可靠性理论在机械工程中的应用已深入到机械的结构设计、强度分析和机械零部件的疲劳强度的研究等领域。本章主要介绍机械零部件的可靠性设计部分的内容。

9.1　机械可靠性设计的基本特点

为了解机械可靠性设计的特点，下面把机械可靠性设计与传统的机械设计作一比较。

1. 传统的机械设计与机械可靠性设计的相同点

传统的机械设计是采用确定的许用应力法和安全系数法研究、设计机械零件和简单的机械系统。这是广大工程技术人员都熟悉的设计方法。而机械可靠性设计（又称机械概率设计）是以非确定性的随机方法研究、设计机械零件和机械系统。它们共同的核心内容是针对所研究对象的失效与防失效问题，建立起一整套的设计计算理论和方法。在机械设计中，不论是传统设计还是概率设计，判断一个零件是否安全都是将引起失效的一方（如零件中的载荷、应力或变形等）与抵抗失效能力的一方（如零件的许用载荷、许用应力或许用变形等）加以对比来判断的。

如果引起零件失效的一方（简称为"应力"）用 s 表示，可用一个多元函数来描述，即

$$s = f(s_1, s_2, \cdots, s_n) \tag{9-1}$$

式中：$s_1, s_2, \cdots, s_n$ 为影响失效的各项因素，如力的大小、力的作用位置、应力集中、环境因素等。

若抵抗失效能力的一方（简称为"强度"）用 r 表示，也可以用一个多元函数来描述，即

$$r = g(r_1, r_2, \cdots, r_n) \tag{9-2}$$

式中：$r_1, r_2, \cdots, r_n$ 为影响零件强度的各项因素，如材料性能、表面质量、零件尺寸等。

这里所指的"应力" s 和"强度" r 显然都是广义的，当 $r-s>0$ 时，零件处于安全状态；当 $r-s<0$ 时，零件处于失效状态；当 $r-s=0$ 时，零件处于极限状态。因此，传统的机械设计和机械可靠性设计的共同设计原理可表示为

$$s = f(s_1, s_2, \cdots, s_n) \leqslant r = g(r_1, r_2, \cdots, r_n) \tag{9-3}$$

式（9-3）表明了零件完成预期功能所处的状态，因此称为状态方程，或称为工作能力方程。不论是传统的机械设计还是机械可靠性设计，都是以式（9-3）所表示的零件（或系统）各种功能要求的极限状态和安全状态作为设计依据，以保证零件（或系统）在预期的寿命内正常运行。

2. 传统的机械设计与机械可靠性设计的不同点

1）设计变量处理方法的不同

传统的机械设计，把影响零件工作状态的设计变量，如应力、强度、安全系数、载荷、零件尺寸、环境因素等，都处理成确定性的单值变量，而描述状态的数学模型，即变量与变量之间的关系，可通过确定性的函数进行单值变换，这种把设计变量处理成单一确定值的方法，称为确定性设计法。图9-1表示了这种确定性设计法的模型。

机械可靠性设计，把设计中所涉及的变量，都处理成多值的随机变量，它们都服从一定的概率分布，这些变量间的关系，可通过概率函数进行多值变换，得到"应力"s和"强度"r的概率分布，这种运用随机方法对设计变量进行描述和运算的方法，称为非确定性概率设计方法。图9-2表示了这种非确定性概率设计法的模型。

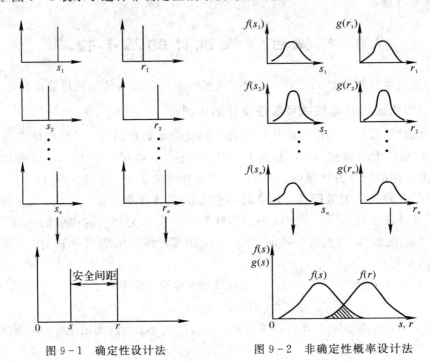

图9-1　确定性设计法　　　　　　图9-2　非确定性概率设计法

2）设计变量运算方法的不同

在传统的机械设计中，有一受拉力作用的杆件，则横断面上的正应力为

$$s = \frac{F}{A} \tag{9-4}$$

式（9-4）表示了拉力F、横断面积A和应力s之间确定性的函数关系，变量之间通过实数代数运算，可得到确定性的单值变换。

在机械可靠性设计中，由于设计变量是非确定性的随机变量，因此，它们均服从一定的分布规律，用概率函数及分布参数（如随机变量的均值和标准差）来表征。于是式（9-4）可写成

$$s(\mu_s, \sigma_s) = \frac{F(\mu_F, \sigma_F)}{A(\mu_A, \sigma_A)} \tag{9-5}$$

式中：μ_s，σ_s 为应力 s 的均值和标准差；μ_F，σ_F 为力 F 的均值和标准差；μ_A，σ_A 为面积 A 的均值和标准差。

式(9-5)表示非确定性随机变量的数字特征之间的函数关系，可运用随机变量的组合运算规则，得到变量与函数间的多值变换。

3) 设计准则含义的不同

在传统的机械设计中，判断一个零件是否失效，是以危险断面的计算应力 σ_{ca} 是否小于许用应力 $[\sigma]$，计算安全系数 n 是否大于许用安全系数 $[n]$ 来决定，相应的设计准则为

$$\begin{cases} \sigma_{ca} \leqslant [\sigma] \\ n \geqslant [n] \end{cases} \tag{9-6}$$

式(9-6)表示零件的强度储备和安全程度，是一个确定不变的量，未能定量反映影响零件强度的许多非确定因素，因而不能回答零件在运行中有多大可靠程度。

在可靠性设计中，由于应力 s 和强度 r 都是随机变量，因此，判断一个零件是否安全可靠，是以强度 r 大于应力 s 所发生的概率来表示，其设计准则为

$$R(t) = P(r \geqslant s) \geqslant [R] \tag{9-7}$$

其中，$R(t)$ 表示在运行中的安全概率，即可靠度。它是指零件在工作时间 t 内的一种能力，这种能力是以"强度"r 超过"应力"s 的概率来度量，显然它是零件工作时间 t 的函数。式(9-7)中 $[R]$ 称为零件的许用可靠度，它表示零件在规定的时间内，规定的条件下实现设计要求的一种能力，即许用安全概率。式(9-7)不仅能定量地回答零件在运行中的安全、可靠程度，而且可以预测零件的寿命。

从以上的分析可知，机械可靠性设计是以应力和强度为随机变量作为出发点，应用概率和统计方法进行分析、求解，它可以有多种可靠性指标供选择，其中包括失效率、可靠度、平均无故障工作时间、维修度、有效度等。机械可靠性设计还可以考虑环境的影响，强调设计对产品可靠性的主导作用，并同时考虑产品的可维修性和承认产品在设计期间以及其后都需要进行可靠性增长试验，所有这些特点都标志着机械可靠性设计已进入实用阶段。但由于传统的机械设计方法积累了大量的经验数据，其设计准则和表现形式简单、直观、明确，应用方便，因此为广大工程技术人员所熟练采用，而在我国机械可靠性设计的数据还比较缺乏，这方面的数据收集又是一项长期且耗费资金的工作，因此，应该将传统的机械设计和机械可靠性设计有机地结合起来，以丰富发展机械设计理论，提高机械产品的设计水平。

9.2 静态应力-强度干涉模型

本章讨论的问题只限于静态，静态是指机械零部件所受的应力不随时间而变化的应力或近似静应力；机械零部件的强度也不随时间而改变。

机械零件的强度和工作应力均为随机变量，呈分布状态。这是由于影响零件强度的参数如材料的性能、尺寸、表面质量等均为随机变量，影响应力的参数如载荷工况、应力集中、工作温度、润滑状态也都是随机变量的缘故。因此机械零件的强度 r 和应力 s 分布可用其概率密度 $g(r)$、$f(s)$ 来描述，它们之间的关系如图 9-3 所示。

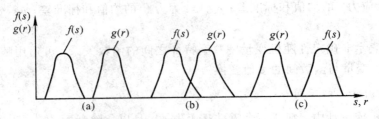

图 9-3 应力与强度分布情况

如图 9-3(a)所示情况可靠度为 1，这种情况下，零件是绝对安全的，此时强度总大于应力。图 9-3(c)的情况恰相反，可靠度为零，这时强度总小于应力的。当然，设计者一定要避免出现这种情况，但能否要求所有设计都处于 9-3(a)的情况呢？显然不是，这样设计的零件必然尺寸过大，价格过高，不能算是一个成功的设计。

本书着力研究的是 9-3(b)的情况，这就是应力-强度干涉模型，该模型可清楚地揭示机械零件产生故障而有一定故障率的原因和机械强度可靠性设计的本质，是进行零件可靠性设计最基本且最主要的工具，它精确描述了产品强度和工作应力这一对功能参数在实际工作中的随机性，并给出了安全与否的定量指标——可靠度 R。

从图 9-3(b)可以看出，当零件的强度和工作应力的离散程度大时，干涉部分就会加大，零件的不可靠度也就增大；当材料性能好，工作应力稳定而使应力与强度分布的离散度小时，干涉部分会相应地减小，零件的可靠度就会增大。另外，由该图也可以看出，即使在安全系数大于 1 的情况下，仍然会存在一定的不可靠度，所以，以往传统的机械设计方法只进行安全系数的计算是不够的，还需要进行可靠度计算。

应力与强度分布的干涉曲线如图 9-4 所示，其干涉面积为图中阴影部分。在干涉面积中将出现应力 s 的取值大于强度 r 取值的情况，其可靠度定义为

$$R = P\{r > s\} = P\{r - s > 0\} \tag{9-8}$$

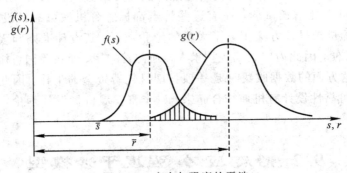

图 9-4 应力与强度的干涉

把图 9-4 中阴影部分放大，如图 9-5 所示，应力取值落在小区间 ds 的概率等于 ds 小微元的面积，即

$$P\left(s_0 - \frac{ds}{2} \leqslant s \leqslant s_0 + \frac{ds}{2}\right) = f(s_0)ds$$

式中：s 为横坐标在干涉部分的任一取值；s_0 为小区间 ds 对应的应力中点取值。

零件强度 $r > s_0$ 的概率为

$$P(r > s_0) = \int_{s_0}^{\infty} g(r)\,dr \qquad (9-9)$$

若应力与强度的随机变量 s、r 相互独立，应力值处于小区间 ds，且强度 r 大于应力的概率为

$$f(s_0)\,ds \cdot \int_{s_0}^{\infty} g(r)\,dr$$

强度的所有取值比应力的所有取值都大的概率，即为可靠度：

$$R = \int_{-\infty}^{+\infty} f(s) \cdot \left[\int_{s}^{\infty} g(r)\,dr \right] ds \qquad (9-10)$$

同理可得，可靠度等于所有应力取值小于强度取值的概率，即

$$R = \int_{-\infty}^{+\infty} g(r) \cdot \left[\int_{-\infty}^{r} f(s)\,ds \right] dr \qquad (9-11)$$

式(9-10)、式(9-11)就是应力、强度分布发生干涉时可靠度的一般表达式。

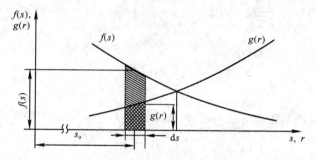

图 9-5 图 9-4 阴影部分的放大

可靠度也可以用下面的实际运算式表示。设零件的失效概率或不可靠度为 F，则

$$F = 1 - R = P(r \leqslant s)$$
$$= 1 - \int_{-\infty}^{+\infty} f(s) \cdot \left[\int_{s}^{\infty} g(r)\,dr \right] ds$$
$$= 1 - \int_{-\infty}^{+\infty} f(s) \cdot \left[1 - F_r(s) \right] ds$$

式中：$F_r(s) = \int_{-\infty}^{s} g(r)\,dr$ 为强度的分布函数。

又因为 $\int_{-\infty}^{+\infty} f(s)\,ds = 1$，所以上式改写为

$$F = \int_{-\infty}^{+\infty} F_r(s) \cdot f(s)\,ds \qquad (9-12)$$

或

$$F = \int_{-\infty}^{+\infty} \left[1 - F_s(r) \right] \cdot g(r)\,dr \qquad (9-13)$$

由上述应力-强度分布干涉模型及应力-强度分布发生干涉时的可靠度、失效概率计算公式可知，计算机械零件的可靠度，必须在已知应力和强度分布类型的前提下才能完成。

9.3 几种常用分布的可靠度计算

前面已讨论了应力、强度分布发生干涉时可靠度的一般表达式，这里再研究一下几种

常用的应力、强度分布的可靠度计算。

9.3.1 应力和强度均为正态分布时的可靠度计算

设零件强度随机变量 r 与工作应力随机变量 s 都是正态分布，其概率密度函数分别为

$$f(s) = \frac{1}{\sigma_s \sqrt{2\pi}} \exp\left[-\frac{1}{2}\left(\frac{s-\mu_s}{\sigma_s}\right)^2\right] \quad (-\infty < s < +\infty) \quad (9-14)$$

$$g(r) = \frac{1}{\sigma_r \sqrt{2\pi}} \exp\left[-\frac{1}{2}\left(\frac{r-\mu_r}{\sigma_r}\right)^2\right] \quad (-\infty < r < +\infty) \quad (9-15)$$

式中：μ_r、μ_s、σ_r、σ_s 为强度、应力的均值和标准偏差。

由概率论知识可知，应力 s、强度 r 均为正态分布时，干涉随机变量 $Y = r - s$ 也服从正态分布，其概率密度函数为

$$f(Y) = \frac{1}{\sigma_Y \sqrt{2\pi}} \exp\left[-\frac{1}{2}\left(\frac{Y-\mu_Y}{\sigma_Y}\right)^2\right] \quad (-\infty < Y < +\infty) \quad (9-16)$$

而

$$\mu_Y = \mu_r - \mu_s \quad (9-17)$$

$$\sigma_Y = \sqrt{\sigma_r^2 + \sigma_s^2} \quad (9-18)$$

当 $r > s$ 或 $r - s > 0$ 时产品可靠，故可靠度 R 可表达为

$$R = P(Y > 0) = \int_0^\infty f(Y)\mathrm{d}Y$$

$$= \int_0^\infty \frac{1}{\sigma_Y \sqrt{2\pi}} \exp\left[-\frac{1}{2}\left(\frac{Y-\mu_Y}{\sigma_Y}\right)^2\right]\mathrm{d}Y \quad (9-19)$$

将式(9-19)化为标准正态分布，令

$$z = \frac{Y-\mu_Y}{\sigma_Y}$$

则

$$\mathrm{d}z = \frac{\mathrm{d}Y}{\sigma_Y}$$

当

$$Y = 0, \ z = z_R = -\frac{\mu_Y}{\sigma_Y}$$

$$Y \to \infty, \ z \to \infty$$

因此，可靠度可写成

$$R(t) = P(Y > 0) = \int_{-\frac{\mu_Y}{\sigma_Y}}^\infty \frac{1}{\sqrt{2\pi}} \mathrm{e}^{-\frac{z^2}{2}}\mathrm{d}z \quad (9-20)$$

由于正态分布的对称性，式(9-20)可靠度的积分值可写成

$$R(t) = \int_{-\infty}^{z_R} \frac{1}{\sqrt{2\pi}} \mathrm{e}^{-\frac{z^2}{2}}\mathrm{d}z \quad (9-21)$$

式(9-21)的积分上限为

$$z_R = \frac{\mu_Y}{\sigma_Y} = \frac{\mu_r - \mu_s}{\sqrt{\sigma_r^2 + \sigma_s^2}} \tag{9-22}$$

式(9-22)把应力分布参数、强度分布参数和可靠度三者联系起来，称为"联结方程"或"耦合方程"，是可靠性设计中一个重要的表达式，z_R 称为可靠性参数(也称"联结参数")，从式(9-21)和式(9-22)可见，即使强度和应力平均值 μ_r、μ_s 保持不变，但由于离散程度不同，即 σ_r 和 σ_s 的取值不同，所计算的可靠度也不同。

在进行可靠性设计时，当已知正态分布的应力和强度的分布参数后，利用"联结方程"求得可靠性系数 z_R，按标准正态分布表查出相应的可靠度 $R(t)$，使之大于或等于规定的目标可靠度 $[R]$(又称为许用可靠度)。但工程中往往先规定目标可靠度 $[R]$，这样，可按标准正态分布表查出可靠性系数 z_R，再由式(9-22)求得所需要的设计参数，如零件的断面尺寸、材料强度参数等。实现了将可靠度直接引入到机械零件的设计中，定量地回答了零件在运行中的安全与可靠的程度。

例 9-1　已知某机器零件的应力 s 和强度 r 均为正态分布，其分布参数分别为

$$\mu_s = 362 \text{ MPa}, \sigma_s = 39.5 \text{ MPa}$$

$$\mu_r = 500 \text{ MPa}, \sigma_r = 25 \text{ MPa}$$

试计算零件的可靠度。

解　由式(9-22)得

$$z_R = \frac{\mu_r - \mu_s}{\sqrt{\sigma_r^2 + \sigma_s^2}} = \frac{500 - 362}{\sqrt{25^2 + 39.5^2}} = 2.952$$

因为

$$R(t) = \int_{-\infty}^{z_R} \frac{1}{\sqrt{2\pi}} e^{-\frac{z^2}{2}} dz$$

由标准正态分布表(附表 1)查得 $R(t) = 0.9984$。

9.3.2　应力和强度均为对数正态分布的可靠度计算

当 X 是一个随机变量，且 $\ln X$ 服从正态分布，即 $\ln X \sim N(\mu_{\ln X}, \sigma_{\ln X}^2)$ 时，则称 X 是一个对数正态分布，服从对数正态分布，其概率密度函数 $f(x)$ 如式(2-37)所示。

当应力 s 和强度 r 服从对数正态分布，即 $\ln r$ 和 $\ln s$ 为正态分布，这意味着随机变量 $\ln Y = \ln r - \ln s$ 也服从正态分布，其分布参数为

$$\mu_{\ln Y} = \mu_{\ln r} - \mu_{\ln s} \tag{9-23}$$

$$\sigma_{\ln Y} = \sqrt{\sigma_{\ln r}^2 + \sigma_{\ln s}^2} \tag{9-24}$$

式中：$\mu_{\ln r}$ 和 $\mu_{\ln s}$ 分别为 $\ln r$ 和 $\ln s$ 的均值；$\sigma_{\ln r}$ 和 $\sigma_{\ln s}$ 分别为 $\ln r$ 和 $\ln s$ 的标准差，称为"对数均值"和"对数标准差"。

由可靠度的定义得

$$R(t) = P(r > s) = P\left(\frac{r}{s} > 1\right)$$

令

$$Y = \frac{r}{s}$$

则上式可表示为

$$P(Y > 1) = \int_1^\infty f(Y) \mathrm{d}Y \tag{9-25}$$

这里的变量 Y 服从对数正态分布，其概率密度函数为 $f(Y)$，而 $\ln Y$ 则服从正态分布，因此有关正态分布的一切性质和计算方法都可在此应用，可靠度为

$$R(t) = P(\ln Y > 0) = \int_0^\infty \frac{1}{\sigma_{\ln Y} \sqrt{2\pi}} \mathrm{e}^{-\frac{1}{2}(\frac{\ln Y - \mu_{\ln Y}}{\sigma_{\ln Y}})^2} \mathrm{d}(\ln Y) \tag{9-26}$$

将上式化为标准正态分布

$$R(t) = \int_{-\infty}^{\frac{\mu_{\ln Y}}{\sigma_{\ln Y}}} \frac{1}{\sqrt{2\pi}} \mathrm{e}^{-\frac{z^2}{2}} \mathrm{d}z = \Phi\left(\frac{\mu_{\ln Y}}{\sigma_{\ln Y}}\right) = \Phi(z_R) \tag{9-27}$$

这里的积分上限为

$$z_R = \frac{\mu_{\ln Y}}{\sigma_{\ln Y}} = \frac{\mu_{\ln r} - \mu_{\ln s}}{\sqrt{\sigma_{\ln r}^2 + \sigma_{\ln s}^2}} \tag{9-28}$$

由式(2-41)知对数正态随机变量 r 的均值 $E[r]$ 为

$$E[r] = \mu_r = \exp\left(\mu_{\ln r} + \frac{\sigma_{\ln r}^2}{2}\right)$$

两边取对数后上式可改写为

$$\mu_{\ln r} = \ln\mu_r - \frac{\sigma_{\ln r}^2}{2} \tag{9-29}$$

由式(2-42)知对数正态随机变量 r 的方差 $D[r]$ 为

$$\begin{aligned}
D[r] = [\sigma_r]^2 &= \exp(2\mu_{\ln r} + 2\sigma_{\ln r}^2) - \exp(2\mu_{\ln r} + \sigma_{\ln r}^2) \\
&= \exp(2\mu_{\ln r} + \sigma_{\ln r}^2)(\exp\sigma_{\ln r}^2 - 1) \\
&= \exp\left[2\left(\mu_{\ln r} + \frac{\sigma_{\ln r}^2}{2}\right)\right](\exp\sigma_{\ln r}^2 - 1) \\
&= \mu_r^2(\exp\sigma_{\ln r}^2 - 1)
\end{aligned}$$

整理后可得

$$\sigma_{\ln r}^2 = \ln\left[\left(\frac{\sigma_r}{\mu_r}\right)^2 + 1\right] \tag{9-30}$$

同样可得到

$$\left.\begin{aligned}
\mu_{\ln s} &= \ln\mu_s - \frac{1}{2}\sigma_{\ln s}^2 \\
\sigma_{\ln s}^2 &= \ln\left[\left(\frac{\sigma_s}{\mu_s}\right)^2 + 1\right]
\end{aligned}\right\} \tag{9-31}$$

这样如果已知对数正态随机变量 r 及 s 的均值 μ_r、μ_s 及标准差 σ_r 和 σ_s，则可求出其对数均值和对数标准差，代入式(9-28)可求出可靠度。

　　例 9-2　已知某机械零件的应力 s 和强度 r 均为对数正态分布，其均值和标准差分

别为

$$\mu_s = 60\ \mathrm{MPa},\ \sigma_s = 10\ \mathrm{MPa};\ \mu_r = 100\ \mathrm{MPa},\ \sigma_r = 10\ \mathrm{MPa}$$

试计算该零件的可靠度。

解　按式(9-29)～式(9-31)求出

$$\sigma_{\ln s}^2 = \ln\left[\left(\frac{\sigma_s}{\mu_s}\right)^2 + 1\right] = \ln\left[\left(\frac{10}{60}\right)^2 + 1\right] = 0.0274$$

$$\mu_{\ln s} = \ln\mu_s - \frac{1}{2}\sigma_{\ln s}^2 = \ln60 - \frac{1}{2}\times 0.0274 = 4.0806$$

$$\sigma_{\ln r}^2 = \ln\left[\left(\frac{\sigma_r}{\mu_r}\right)^2 + 1\right] = \ln\left[\left(\frac{10}{100}\right)^2 + 1\right] = 0.009\ 95$$

$$\mu_{\ln r} = \ln\mu_r - \frac{\sigma_{\ln r}^2}{2} = \ln100 - \frac{1}{2}\times 0.009\ 95 = 4.6002$$

将它们代入式(9-28)得

$$z_R = \frac{\mu_{\ln r} - \mu_{\ln s}}{\sqrt{\sigma_{\ln r}^2 + \sigma_{\ln s}^2}} = \frac{4.6002 - 4.0806}{\sqrt{0.009\ 95 + 0.0274}} = 2.6886$$

而

$$R = \Phi(z_R) = \Phi(2.6886)$$

由标准正态分布表(附表1)查得 $R(t) = 0.9964$。

9.3.3　应力和强度均为指数分布的可靠度计算

当应力 s 与强度 r 均为指数分布时,其概率密度函数为

$$f(s) = \lambda_s \mathrm{e}^{-\lambda_s s} \qquad 0 \leqslant s < \infty$$

$$g(r) = \lambda_r \mathrm{e}^{-\lambda_r r} \qquad 0 \leqslant r < \infty$$

由式(9-10)有

$$R = P(r > s) = \int_0^\infty f(s)\left[\int_s^\infty g(r)\mathrm{d}r\right]\mathrm{d}s = \int_0^\infty \lambda_s \mathrm{e}^{-\lambda_s s}\cdot \mathrm{e}^{-\lambda_r s}\mathrm{d}s$$

$$= \int_0^\infty \lambda_s \mathrm{e}^{-(\lambda_r + \lambda_s)s}\mathrm{d}s = \frac{\lambda_s}{\lambda_r + \lambda_s} \tag{9-32}$$

由于

$$E[s] = \mu_s = \frac{1}{\lambda_s},\ E[r] = \mu_r = \frac{1}{\lambda_r}$$

则可靠度为

$$R = \frac{\mu_r}{\mu_r + \mu_s} \tag{9-33}$$

式中: μ_s 为应力均值; μ_r 为强度均值。

9.3.4　应力为指数(或正态)而强度为正态(或指数)分布时的可靠度计算

应力 s 呈指数分布,其概率密度函数为

$$f(s) = \lambda_s e^{-\lambda_s s} \qquad s \geqslant 0$$

强度 r 呈正态分布，其概率密度函数为

$$g(r) = \frac{1}{\sigma_r \sqrt{2\pi}} \exp\left[-\frac{1}{2}\left(\frac{r-\mu_r}{\sigma_r}\right)^2\right] \qquad -\infty < r < +\infty$$

由式（9—11）并考虑到指数分布只有正值且 $s < r$，故有

$$R = \int_0^\infty g(r)\left[\int_0^r f(s)\mathrm{d}s\right]\mathrm{d}r$$

而上式中

$$\int_0^r f(s)\mathrm{d}s = \int_0^r \lambda_s e^{-\lambda_s s}\mathrm{d}s = -e^{-\lambda_s s}\,\big|_0^r = 1 - e^{-\lambda_s r}$$

从而有

$$R = \int_0^\infty \frac{1}{\sigma_r \sqrt{2\pi}} \exp\left[-\frac{1}{2}\left(\frac{r-\mu_r}{\sigma_r}\right)^2\right](1 - e^{-\lambda_s r})\mathrm{d}r$$

$$= \frac{1}{\sigma_r \sqrt{2\pi}} \int_0^\infty \exp\left[-\frac{1}{2}\left(\frac{r-\mu_r}{\sigma_r}\right)^2\right]\mathrm{d}r - \frac{1}{\sigma_r \sqrt{2\pi}} \int_0^\infty \exp\left[-\frac{1}{2}\left(\frac{r-\mu_r}{\sigma_r}\right)^2\right]e^{-\lambda_s r}\mathrm{d}r$$

$$\tag{9—34}$$

令

$$A = \frac{1}{\sigma_r \sqrt{2\pi}} \int_0^\infty \exp\left[-\frac{1}{2}\left(\frac{r-\mu_r}{\sigma_r}\right)^2\right]\mathrm{d}r \, ,$$

又令 $z = \dfrac{r-\mu_r}{\sigma_r}$，则

$$\sigma_r \mathrm{d}z = \mathrm{d}r$$

当 $r = 0$ 时，z 的下限为

$$z = \frac{0-\mu_r}{\sigma_r} = -\frac{\mu_r}{\sigma_r}$$

代入上式并考虑到 z 是标准正态分布变量，故上式可改写为

$$A = \frac{1}{\sqrt{2\pi}} \int_{-\frac{\mu_r}{\sigma_r}}^0 \exp\left(-\frac{z^2}{2}\right)\mathrm{d}r = 1 - \Phi(z) = 1 - \Phi\left(-\frac{\mu_r}{\sigma_r}\right) \tag{9—35}$$

再令

$$B = \frac{1}{\sigma_r \sqrt{2\pi}} \int_0^\infty \exp\left[-\frac{1}{2}\left(\frac{r-\mu_r}{\sigma_r}\right)^2\right]e^{-\lambda_s r}\mathrm{d}r$$

$$= \frac{1}{\sigma_r \sqrt{2\pi}} \int_0^\infty \exp\left[-\frac{1}{2}\left(\frac{r-\mu_r}{\sigma_r}\right)^2 - \lambda_s r\right]\mathrm{d}r$$

$$= \frac{1}{\sigma_r \sqrt{2\pi}} \int_0^\infty \exp\left\{-\frac{1}{2\sigma_r^2}\left[(r-\mu_r+\lambda_s \sigma_r^2)^2 + 2\mu_r\lambda_s \sigma_r^2 - \lambda_s^2 \sigma_r^4\right]\right\}\mathrm{d}r$$

又令

$$t = \frac{r-\mu_r+\lambda_s \sigma_r^2}{\sigma_r}$$

则

$$\sigma_r \mathrm{d}t = \mathrm{d}r$$

当 $r=0$ 时，t 的下限为 $t=-\dfrac{\mu_r-\lambda_s\sigma_r^2}{\sigma_r}$，代入 B 的表达式得

$$B = \frac{1}{\sqrt{2\pi}}\int_{-\frac{\mu_r-\lambda_s\sigma_r^2}{\sigma_r}}^{\infty}\exp\left(-\frac{t^2}{2}\right)\cdot\exp\left[-\frac{1}{2}(2\mu_r\lambda_s-\lambda_s^2\sigma_r^2)\right]\mathrm{d}t$$

$$= \left[1-\Phi\left(-\frac{\mu_r-\lambda_s\sigma_r^2}{\sigma_r}\right)\right]\cdot\exp\left[-\frac{1}{2}(2\mu_r\lambda_s-\lambda_s^2\sigma_r^2)\right] \tag{9-36}$$

将式(9-35)、式(9-36)代入式(9-34)，得可靠度的表达式为

$$R=1-\Phi\left(-\frac{\mu_r}{\sigma_r}\right)-\left[1-\Phi\left(-\frac{\mu_r-\lambda_s\sigma_r^2}{\sigma_r}\right)\right]\cdot\exp\left[-\frac{1}{2}(2\mu_r\lambda_s-\lambda_r^2\sigma_r^2)\right] \tag{9-37}$$

同理，当强度 r 呈指数分布而应力呈正态分布时，由式(9-10)可得到可靠度的表达式为

$$R = \int_0^\infty f(s)\left[\int_s^\infty g(r)\mathrm{d}r\right]\mathrm{d}s = \frac{1}{\sigma_s\sqrt{2\pi}}\int_0^\infty\exp\left[-\frac{1}{2}\left(\frac{s-\mu_s}{\sigma_s}\right)^2\right]\mathrm{e}^{-\lambda_r s}\mathrm{d}s$$

$$= \left[1-\Phi\left(-\frac{\mu_s-\lambda_r\sigma_s^2}{\sigma_s}\right)\right]\cdot\exp\left[-\frac{1}{2}(2\mu_s\lambda_r-\lambda_r^2\sigma_s^2)\right] \tag{9-38}$$

例 9-3　已知某机械零件强度 r 为正态分布，$\mu_r=100$ MPa，$\sigma_r=10$ MPa，作用在零件上的应力服从指数分布其均值为 50 MPa，试计算该零件的可靠度。

解　把上述数据代入式(9-37)得

$$R=1-\Phi\left(-\frac{100}{10}\right)-\left[1-\Phi\left(-\frac{100-10^2/50}{10}\right)\right]\cdot\exp\left\{-\frac{1}{2}\left[\frac{2\times100}{50}-\left(\frac{10}{50}\right)^2\right]\right\}$$

$$=1-0.0-(1-0.0)\cdot\exp(-1.98)$$

$$=1-0.1381$$

$$=0.8619$$

9.3.5　应力为正态分布，强度为韦布尔分布时的可靠度计算

强度 r 为韦布尔分布时的概率密度函数为

$$g(r)=\frac{m}{\theta-r_0}\left(\frac{r-r_0}{\theta-r_0}\right)^{m-1}\exp\left[-\left(\frac{r-r_0}{\theta-r_0}\right)^m\right]\qquad r\geqslant r_0>0$$

式中：m 为形状参数；$\theta-r_0$ 为尺度参数；r_0 为位置参数。

累积分布函数为

$$F(r)=1-\exp\left[-\left(\frac{r-r_0}{\theta-r_0}\right)^m\right]$$

$$\mu_r = r_0+(\theta-r_0)\Gamma\left(1+\frac{1}{m}\right)$$

均值和方差为

$$\sigma_r = (\theta-r_0)^2\left\{\Gamma\left(1+\frac{2}{m}\right)-\left[\Gamma\left(\frac{1}{m}+1\right)\right]^2\right\}$$

韦布尔分布是三参数分布，很灵活，其形状可以是多种多样的，$m=1$ 即为指数分布。

应力 s 为正态分布时概率密度的函数为

$$f(s)=\frac{1}{\sigma_s\sqrt{2\pi}}\exp\left[-\frac{1}{2}\left(\frac{s-\mu_s}{\sigma_s}\right)^2\right]\qquad -\infty<s<+\infty$$

把上述各式代入式(9-12)得

$$F = P(r \leqslant s) = \int_{-\infty}^{\infty} f(s) \cdot F_r(s) \mathrm{d}s$$

$$= \int_{r_0}^{\infty} \frac{1}{\sqrt{2\pi}\sigma_s} \exp\left[-\frac{(s-\mu_s)^2}{2\sigma_s^2}\right] \cdot \left\{1 - \exp\left[-\left(\frac{s-r_0}{\theta-r_0}\right)^m\right]\right\} \mathrm{d}s$$

$$= \int_{r_0}^{\infty} \frac{1}{\sqrt{2\pi}\sigma_s} \exp\left[-\frac{(s-\mu_s)^2}{2\sigma_s^2}\right] \mathrm{d}s$$

$$- \frac{1}{\sqrt{2\pi}\sigma_s} \int_{r_0}^{\infty} \exp\left\{-\left[\frac{(s-\mu_s)^2}{2\sigma_s^2} - \left(\frac{s-r_0}{\theta-r_0}\right)^m\right]\right\} \mathrm{d}s \qquad (9-39)$$

令 $z = \dfrac{s-\mu_s}{\sigma_s}$，则式(9-39)第一项积分是标准正态密度曲线下从 $z = \dfrac{r_0-\mu_s}{\sigma_s}$ 到 $z \to \infty$ 的面积，

可以用 $\left[1 - \Phi\left(\dfrac{r_0-\mu_s}{\sigma_s}\right)\right]$ 表示，而对于上式第二项积分，令 $y = \dfrac{s-r_0}{\theta-r_0}$，则有

$$\mathrm{d}y = \frac{\mathrm{d}s}{\theta-r_0}, \quad s = y(\theta-r_0) + r_0$$

又因为

$$\frac{s-\mu_s}{\sigma_s} = \frac{y(\theta-r_0) + r_0 - \mu_s}{\sigma_s} = \left(\frac{\theta-r_0}{\sigma_s}\right)y + \frac{r_0-\mu_s}{\sigma_s}$$

于是，式(9-39)可改写为

$$F = P(r \leqslant s)$$

$$= 1 - \Phi\left(\frac{r_0-\mu_s}{\sigma_s}\right)$$

$$- \frac{1}{\sqrt{2\pi}}\left(\frac{\theta-r_0}{\sigma_s}\right) \int_0^{\infty} \exp\left\{-\frac{1}{2}\left[\left(\frac{\theta-r_0}{\sigma_s}\right)y + \frac{r_0-\mu_s}{\sigma_s}\right]^2 - y^m\right\} \mathrm{d}y \qquad (9-40)$$

在式(9-40)中根据 m、$\dfrac{\theta-r_0}{\sigma_s}$ 和 $\dfrac{r_0-\mu_s}{\sigma_s}$ 三个参数采用积分法进行计算，可得出失效概率。

9.3.6 强度和应力为任意分布时的可靠度图解计算法

对于应力和强度，不论它们各是哪一种分布，也不论它们是哪两种不同分布的组合，甚至是只知应力 s 和强度 r 的实测统计数据而不知它们的理论分布时，都可用图解法来近似地计算零件的可靠度。

由于零件的可靠度 R 为

$$R = P(r > s) = \int_0^{\infty} f(s) \cdot \left[\int_s^{\infty} g(r) \mathrm{d}r\right] \mathrm{d}s$$

令 $G = \displaystyle\int_s^{\infty} g(r) \mathrm{d}r = 1 - F_r(s)$，$H = \displaystyle\int_0^s f(s) \mathrm{d}s = F(s)$，则 $\mathrm{d}H = f(s)\mathrm{d}s$。由累积分布函数的性质可知，$G$ 与 H 的极限范围是 $0 \sim 1$，由此得到

$$R = \int_0^1 G \mathrm{d}H \qquad (9-41)$$

把式(9-41)理解为横坐标为 H，纵坐标为 G 的曲线下的面积，该面积表示可靠度。根

据强度和应力的数值，可求出在各应力 s 取值下的 $F_r(s)$ 和 $F(s)$ 值，将得到的 G、H 值画在图纸上，量出曲线下的面积即为所求，如图 9-6 所示。

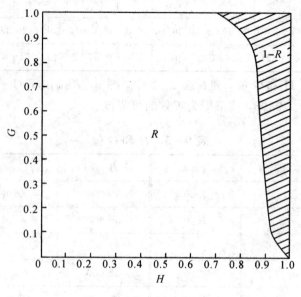

图 9-6　图解法求可靠度

例 9-4　对某零件的工作状态进行模拟试验，在模拟运转条件下对应力作了 10 次观测，得到应力值及其相应的累积频率 $\hat{F}(s)$，记录如表 9-1 所示，将 $\hat{F}(s)$ 对于 s 的曲线画在图 9-7(a) 上，此曲线是近似的应力概率分布函数曲线。同样，由零件的强度分析给出了 14 个强度值，数据列在表 9-2 中，$\hat{F}(r)$ 与 r 间的关系曲线如图 9-7(b) 所示。

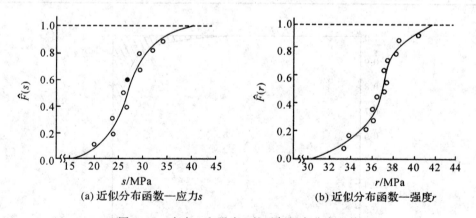

(a) 近似分布函数—应力 s　　　　　(b) 近似分布函数—强度 r

图 9-7　应力 r 和强度 s 的近似概率分布函数

表 9-1　应 力 数 据

序　号	1	2	3	4	5	6	7	8	9	10
应力 s/MPa	20.75	23.60	24.50	26.25	26.50	27.50	29.25	30.00	33.75	37.50
$\hat{F}(s)$	0.10	0.20	0.30	0.40	0.50	0.60	0.70	0.80	0.90	1.00

表 9 - 2 强 度 数 据

序 号	1	2	3	4	5	6	7	8	9	10	11	12	13	14
强度 r/MPa	33.80	34.30	35.40	35.90	36.00	36.80	36.80	37.00	37.10	37.20	38.20	38.50	40.00	42.00
$\hat{F}(r)$	0.07	0.14	0.21	0.28	0.35	0.43	0.50	0.57	0.64	0.71	0.78	0.85	0.93	1.00

查出应力值时的 H 和 G 值,列在表 9-3 中,图 9-8 画出了 $G-H$ 函数的关系曲线,量得曲线下的面积为 0.9898,该值即为零件的可靠度。

表 9 - 3 H 和 G 值

应力 s/kPa	$H=\hat{F}(s)$	$G=1-\hat{F}(r)$	应力 s/kPa	$H=\hat{F}(s)$	$G=1-\hat{F}(r)$
0	0	1.00	35 000	0.96	0.81
10 000	0	1.00	36 000	0.98	0.67
15 000	0	1.00	37 000	0.99	0.42
20 000	0.07	1.00	38 000	0.995	0.22
25 000	0.31	1.00	39 000	1.00	0.12
30 000	0.77	1.00	40 000	1.00	0.05
32 000	0.87	0.98	41 000	1.00	0.02
33 000	0.90	0.95	42 000	1.00	0.01
34 000	0.94	0.90			

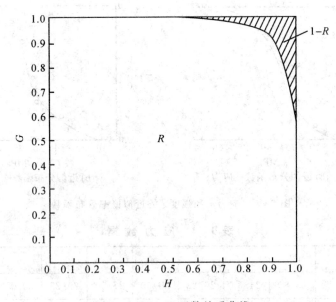

图 9 - 8 $G-H$ 函数关系曲线

9.3.7　用蒙特卡罗模拟法求可靠度

蒙特卡罗（Monte Carlo）模拟法又称为统计模拟试验法、随机模拟法。它是以统计抽样理论为基础，以计算机为计算手段，通过对有关随机变量的统计抽样检验或随机模拟，从而估计和描述函数的统计量，求解工程技术问题近似解的一种数值计算方法。由于其方法简便，便于编制程序，能保证概率收敛，适用于各种分布且迅速、经济，因此在工程中得到广泛应用。

蒙特卡罗模拟法在应力-强度分布干涉理论中的应用，实际做法就是从应力分布中随机地抽取一个应力值（样本），再从强度分布中随机地抽出一个强度值（样本），然后将这两个样本相比较，如果应力大于强度，则零件失效，反之，零件安全可靠。每一次随机模拟相当于对一个随机抽取的零件进行一次试验，通过大量重复的随机抽样及比较，就可得到零件的失效概率或可靠度的近似值。抽样次数愈多，则模拟精度愈高。要获得可靠的模拟计算结果，往往要进行至少千次以上甚至上万次的模拟。因此，随机模拟需由计算机完成，应力-强度模型模拟程序的流程图如图 9-9 所示。

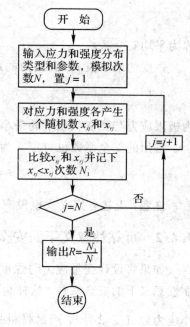

图 9-9　应力-强度模型模拟流程图

例 9-5　已知应力对数正态分布 $s \sim \ln(6.204\ 63,\ 0.099\ 75^2)$，强度为正态分布 $r \sim N(600, 60^2)$，用蒙特卡罗模拟法求可靠度。

解　按图 9-9 编制计算机程序，输入是 $s \sim \ln(6.204\ 63,\ 0.099\ 75^2)$；$r \sim N(600, 60^2)$，模拟次数 $N = 1000$，上机计算运行结果为 $R = 0.894$。

9.4　安全系数与可靠度

9.4.1　经典意义下的安全系数

在机械零件的常规设计中，以强度与应力之比称为零件的安全系数，它是一个常数。安全系数来源于人们的直观认识和具体经验总结，具有直观、易懂、使用方便并有一定的实践依据，所以至今仍被机械设计的常规方法广泛采用。但随着科学技术的发展及人们对客观世界认识的不断深化，发现安全系数有很大的盲目性和保守性，尤其对于那些对安全性要求很高的零部件，采用定义的安全系数方法进行设计，显然有很多不合理之处，因为它不能反映事物的客观规律。其实，只有当材料的强度值和零件的工作应力值离散性非常小时，上述定义的安全系数才有意义。

考虑到应力与强度的离散性，进而又有了平均安全系数与极限应力状态下的安全系数等。

以强度均值 $\bar{r}$ 与应力均值 $\bar{s}$ 之比的安全系数：

$$n = \frac{\bar{r}}{\bar{s}} \tag{9-42}$$

称为平均安全系数。

强度的最小值 $r_{\min}$ 和应力的最大值 $s_{\max}$ 之比：

$$n = \frac{r_{\min}}{s_{\max}} \tag{9-43}$$

为极限应力与强度状态下的最小安全系数。

常用的安全系数也可定义为

$$n = \frac{\bar{r}}{s_{\max}} \tag{9-44}$$

注意：上述各定义式也没有离开经典意义下的安全系数的范畴。

9.4.2 可靠性意义下的安全系数

如果将设计变量应力与强度的随机性概念引入经典意义下的安全系数中，便可得出可靠性意义下的安全系数，这样也就把安全系数与可靠度联系起来了。例如，假设产品的工作应力随机变量为 s，产品材料强度的随机变量为 r，则产品的安全系数 $n = \frac{r}{s}$ 也是随机变量，当已知强度 r 和应力 s 的概率密度函数 $f(s)$ 和 $g(r)$，由二维随机变量的概率知识，可算出 n 的概率密度函数。因此，可通过下式算出零件的可靠度，即

$$R(t) = P\left(n = \frac{r}{s} > 1\right) = \int_{1}^{\infty} f(n)\,\mathrm{d}n \tag{9-45}$$

式（9-45）表明，当安全系数是某一分布状态，可靠度 $R(t)$ 为安全系数 n 的概率密度函数 $f(n)$ 在区间 $(1, \infty)$ 内的积分，见图 9-10，这种定义于可靠度之下的安全系数称为可靠性安全系数。

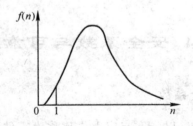

图 9-10 安全系数 n 的概率密度函数

当应力 s、强度 r 也服从正态分布的相互独立的随机变量，则随机变量 $n = \frac{r}{s}$ 也服从正态分布。引入标准正态变量：

$$z = \frac{n - \bar{n}}{\sigma_n} \tag{9-46}$$

其中，$\bar{n}$ 为安全系数 n 的均值，当 $n=1$ 时，$z = \frac{1 - \bar{n}}{\sigma_n}$；$n \to \infty$，$z \to \infty$，因此

$$R(t) = \int_z^{\infty} \Phi(z) \mathrm{d}z \tag{9-47}$$

式中：$z = \dfrac{1 - \bar{n}}{\sigma_n}$。

由正态分布随机变量基本运算公式，可得安全系数的均值和标准差分别为

$$\begin{cases} \bar{n} = \dfrac{\mu_r}{\mu_s} \\[3mm] \sigma_n = \dfrac{1}{\mu_s} \left(\dfrac{\mu_r^2 \sigma_s^2 + \mu_s^2 \sigma_r^2}{\mu_s^2 + \sigma_s^2} \right)^{\frac{1}{2}} \end{cases} \tag{9-48}$$

当已知应力和强度的分布参数(μ_s, σ_s)和(μ_r, σ_r)，便可由上面的公式求出 $\bar{n}$，σ_n，并由式(9-47)确定 $R(t)$。

在机械可靠性设计中，有以下几种可靠性安全系数表达式。

1. 可靠性意义下的平均安全系数 n_m

可靠性意义下的平均安全系数定义为零件强度的均值 μ_r 和零件危险断面上应力均值 μ_s 之比，即

$$n_m = \frac{\mu_r}{\mu_s} \tag{9-49}$$

为把平均安全系数与零件的可靠度联系起来，将联结方程(9-22)与式(9-49)联立求解，可得平均安全系数为

$$n_m = \frac{1}{1 - z_R \sqrt{\dfrac{\sigma_r^2 + \sigma_s^2}{\mu_r^2}}} \tag{9-50}$$

工程中时常给出强度的变异系数 $C_r = \dfrac{\sigma_r}{\mu_r}$ 和应力的变异系数 $C_s = \dfrac{\sigma_s}{\mu_s}$，如果 n_m 以 C_r、C_s 来表示，上述经推导可得

$$n_m = \frac{1 + z_R \sqrt{C_r^2 + C_s^2 - z_R^2 C_r^2 C_s^2}}{1 - z_R^2 C_r^2} \tag{9-51}$$

式(9-50)和式(9-51)适用于应力和强度均为正态分布的情况，工程中有些零件，如零件的静强度、轮齿的弯曲疲劳强度等都可用正态分布来描述。这两个公式直观、明确地表示了安全系数与可靠度、强度参数、应力参数之间的关系，能说明应力和强度在相互干涉的情况下，零件的安全程度和可靠程度，从而赋予了平均安全系数新的含义。

2. 概率安全系数

概率安全系数定义为某一概率值(a)下零件的最小强度 $r_{a,\min}$ 与在另一概率值(b)下出现的最大应力值 $s_{b,\max}$ 之比，即

$$n_R = \frac{r_{a,\min}}{s_{b,\max}} \tag{9-52}$$

假设应力和强度均服从正态分布，由正态分布的特性得

$$\Phi\left(-\frac{r_a - \mu_r}{\sigma_r} \right) = a, \quad \Phi\left(\frac{s_b - \mu_s}{\sigma_s} \right) = b$$

所以

$$n_R = \frac{r_{a,\,min}}{s_{b,\,max}} = \frac{\mu_r - \sigma_r \Phi^{-1}(a)}{\mu_s + \sigma_s \Phi^{-1}(b)} = \frac{\mu_r [1 - C_r \Phi^{-1}(a)]}{\mu_s [1 + C_s \Phi^{-1}(b)]}$$

$$= \frac{1 - C_r \Phi^{-1}(a)}{1 + C_s \Phi^{-1}(b)} \cdot n_m$$

$$= \frac{1 - C_r \Phi^{-1}(a)}{1 + C_s \Phi^{-1}(b)} \cdot \frac{1 + z_R \sqrt{C_r^2 + C_s^2 - z_R^2 C_r^2 C_s^2}}{1 - z_R^2 C_r^2} \qquad (9-53)$$

怎样确定 $r_{a,\,min}$ 和 $s_{b,\,max}$ 呢? 显然, 不同的取值概率 a 与 b, 有不同的 $r_{a,\,min}$ 和 $s_{b,\,max}$, 这应根据设计要求、零件的运行状况、材质的优劣和经济性等因素来决定。如果材料选得好一些, 或零件的尺寸控制放宽一些, 则强度取值概率可以取小一些, 安全系数 n_R 就大些, 通常工程设计中取累积概率 $a=95\%$ 时强度的下限值, 而取累积概率 $b=99\%$ 时的应力上限值 (见图 9-11), 由标准正态分布表可查得 $\Phi^{-1}(a) = \Phi^{-1}(0.95) = 1.65$, $\Phi^{-1}(b) = \Phi^{-1}(0.99) = 2.33$, 因此式 (9-53) 可写成

$$n_R = \frac{1 - 1.65 C_r}{1 + 2.33 C_s} \cdot \frac{1 + z_R \sqrt{C_r^2 + C_s^2 - z_R^2 C_r^2 C_s^2}}{1 - z_R^2 C_r^2} \qquad (9-54)$$

式 (9-53)、式 (9-54) 所表示的概率安全系数, 使安全系数的含义深化了一步, 赋予了安全系数评价的新概念。它不仅把安全系数与可靠度及应力、强度的分布参数联系起来, 而且考虑到应力、强度在多大概率下取值, 同材料的强度试验及实测载荷的要求结合起来。由式 (9-54) 中的 $\dfrac{1 - 1.65 C_r}{1 + 2.33 C_s} < 1$, 所以 $n_R < n_m$, 这说明平均安全系数 n_m 偏于保守, 而概率安全系数更接近实际情况。

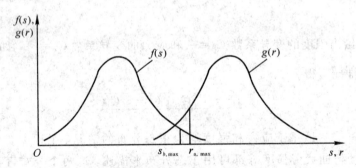

图 9-11 某一概率值下的最小强度与最大应力

工程实际中还有另外一些安全系数的定义:

$$\begin{cases} n_R = \dfrac{r_{min}(0.50)}{s_{max}(0.99)} \\[2mm] n_{0.95} = \dfrac{r_{min}(0.95)}{s_{max}(0.95)} \\[2mm] n_{0.99} = \dfrac{r_{min}(0.99)}{s_{max}(0.99)} \end{cases} \qquad (9-55)$$

例 9-6 某零件的工作应力 s 和材料强度 r 均呈正态分布, 已知变差系数 C_r、C_s, 求在 $R = 0.9999$ 时的 n_R、n_m、n_R'、$n_{0.95}$。

解 由 $R=0.9999$ 查附表得

$$\Phi(z)=1-R=0.0001, z=-3.72$$

因此，$z_R=-z=3.72$，代入式（9-51）～（9-55），计算出 n_R、n_m、n'_R、$n_{0.95}$，并列入表 9-4 中。

表 9-4 例题 9-6 计算结果

序 号	C_s	C_r	n_R	n_m	n'_R	$n_{0.95}$
1	0.02	0.05	1.0895	1.2428	1.1875	1.1038
2	0.02	0.10	1.2763	1.5997	1.5285	1.2968
3	0.03	0.10	1.2556	1.6088	1.5039	1.2800
4	0.03	0.15	1.5580	1.7538	1.6390	1.2525
5	0.03	0.08	1.1730	1.4459	1.3514	1.1943

9.5 机械零件的可靠性设计

在机械零件设计中，需处理和确定很多与几何尺寸、材料、功能、工艺、使用、环境及费用等多个有关的参数和变量，这些变量都是随机的，任何随机变量都具有一定的离散性。以可靠性作为判据，用概率论的方法进行分析，才有可能保证设计零件的可靠度。例如齿轮传动的圆周力 $P=2T/d$，其中 T 表示齿轮传动的转矩，d 为分度圆直径，T 与 d 都是随机变量，所以 P 也是随机变量。

这一节先介绍函数的期望值与方差的计算，之后通过一些典型且数学模型较简单的零件进行概率工程设计讨论。

9.5.1 函数的数学期望与方差计算

1. 正态随机变量的计算

1）正态随机变量的代数和

设有两个随机变量 $x\sim N(\mu_x,\sigma_x^2)$，$y\sim N(\mu_y,\sigma_y^2)$，令 $z=x\pm y$，则 z 也是正态分布，即 $z\sim N(\mu_z,\sigma_z^2)$，当 x,y 相互独立时，有

$$\left.\begin{array}{l}\mu_z=\mu_x\pm\mu_y\\\sigma_z=\sqrt{\sigma_x^2+\sigma_y^2}\end{array}\right\} \tag{9-56}$$

若 x,y 相关，则

$$\sigma_z^2=\sigma_x^2+\sigma_y^2\pm2\rho\sigma_x\sigma_y$$

式中：ρ 为相关系数。若 x,y 完全线性相关，$\rho=1$，则 $\sigma_z=\sqrt{\sigma_x^2+\sigma_y^2\pm2\sigma_x\sigma_y}$；若 x,y 线性无关，$\rho=0$，则 x,y 相互独立。

2）正态随机变量的乘积

已知 x,y 均为正态随机变量，其乘积 $z=x\cdot y$，由概率论知

$$\left.\begin{array}{l}\mu_z=\mu_x\cdot\mu_y\\\sigma_z=\sqrt{\mu_x^2\sigma_y^2+\mu_y^2\sigma_x^2+\sigma_x^2\sigma_y^2}\end{array}\right\} \tag{9-57}$$

若 x, y 相关，则

$$\sigma_z = \sqrt{\mu_x^2 \mu_y^2 \left(\frac{\sigma_x^2}{\mu_x^2} + 2\rho \frac{\sigma_x \sigma_y}{\mu_x \mu_y} + \frac{\sigma_y^2}{\mu_y^2} \right)}$$

3）正态随机变量的商

设 $x \sim N(\mu_x, \sigma_x^2)$，$y \sim (\mu_y, \sigma_y^2)$，其商 $z = x/y$，则

$$\left. \begin{aligned} \mu_z &= \frac{\mu_x}{\mu_y} \\ \sigma_z &= \frac{1}{\mu_y} \sqrt{\frac{\mu_y^2 \sigma_x^2 + \mu_x^2 \sigma_y^2}{\mu_y^2 + \sigma_y^2}} \end{aligned} \right\}$$

(9 - 58)

若 x, y 相关，则

$$\sigma_z = \frac{\mu_x}{\mu_y} \sqrt{\frac{\sigma_x^2}{\mu_x^2} + \frac{\sigma_y^2}{\mu_y^2} - 2\rho \frac{\sigma_x \sigma_y}{\mu_x \mu_y}}$$

例 9 - 7 一力矩 M 作用在一臂长为 L 的杆件上，L 与 M 均为独立的随机变量，并服从正态分布，已知参数为

$$\mu_M = 11\,000 \text{ N} \cdot \text{m}, \quad \sigma_M = 880 \text{ N} \cdot \text{m}$$

$$\mu_L = 90 \text{ m}, \quad \sigma_L = 1.35 \text{ m}$$

求在 L 一端与该力矩相平衡的作用力 $F(\mu_F, \sigma_F)$。

解 由于力矩 $M = FL$，故 $F = \dfrac{M}{L}$，因此根据式 (9 - 58) 可得作用力的均值和标准差为

$$\mu_F = \frac{\mu_M}{\mu_L} = \frac{11\,000}{90} = 122 (\text{N})$$

$$\sigma_F = \frac{1}{\mu_L} \sqrt{\frac{\mu_L^2 \sigma_M^2 + \mu_M^2 \sigma_L^2}{\mu_L^2 + \sigma_L^2}} = \frac{1}{90} \sqrt{\frac{90^2 \times 880^2 + 11000^2 \times 1.35^2}{90^2 + 1.35^2}} = 9.947 (\text{N})$$

4）其他形式的正态变量函数式

其他形式的正态变量函数式如表 9 - 5 所示。

表 9 - 5 正态变量函数式表

函 数 式	均 值 μ_x	标准偏差 σ_x
$z = x^2$	$\mu_x^2 + \sigma_x^2$	$(4\mu_x^2 \sigma_x^2 + 2\sigma_x^4)^{\frac{1}{2}}$，简化为 $2\mu_x \sigma_x$
$z = x^3$	$\mu_x^3 + 3\mu_x \sigma_x^2$	$3\mu_x^2 \sigma_x$
$z = x^n$	μ_x^n	$n\mu_x^{n-1} \sigma_x$
$z = \sqrt{x}$	$\left(\mu_x^2 - \dfrac{1}{2}\sigma_x^2 \right)^{\frac{1}{4}}$	$\left[\mu_x - \left(\mu_x^2 - \dfrac{1}{2}\sigma_x^2 \right)^{\frac{1}{2}} \right]^{\frac{1}{2}}$
$z = ax^2 + bx + c$	$a(\mu_x^2 + \sigma_x^2) + b\mu_x + c$	$\sigma_x (6a^2 \mu_x^2 + 4ab\mu_x + b^2)^{\frac{1}{2}}$

例 9 - 8 函数 $S = \dfrac{4M}{\pi r_1^3}$，其中 M，r_1 均为正态分布，又已知 $\mu_M = 225$ kN $\cdot$ mm，$\sigma_M = 1.8$ kN $\cdot$ mm，$\mu_{r1} = 20$ mm，$\sigma_{r1} = 0.1$ mm，求 μ_S、σ_S 值。

解

$$\mu_S = \frac{4}{\pi} \cdot \frac{\mu_M}{\mu_{r1}^3} = \frac{4}{\pi} \cdot \frac{\mu_M}{\mu_{r1}^3 + 3\mu_{r1}\sigma_{r1}^2}$$

$$= \frac{4 \times 225\,000}{\pi(20^3 + 3 \times 20 \times 0.1^2)} = 35.83 \ (\text{MPa})$$

令 $y = r_1^3$，则 $S = \frac{4}{\pi} \cdot \frac{M}{y}$

所以

$$\sigma_S = \frac{4}{\pi\mu_y} \sqrt{\frac{\mu_M^2\sigma_y^2 + \mu_y^2\sigma_M^2}{\mu_y^2 + \sigma_y^2}}$$

又知

$$\mu_y = \mu_{r1}^3 + 3\mu_{r1}\sigma_{r1}^2 = 20^3 + 3 \times 20 \times 0.1^2 \approx 8000$$

$$\sigma_y^2 = (3\mu_{r1}^2\sigma_{r1})^2 = (3 \times 20^2 \times 0.1)^2 = 14\,400$$

所以

$$\sigma_S = \frac{4}{\pi \times 8000} \cdot \sqrt{\frac{225\,000^2 \times 144\,00 + 8000^2 \times 1800^2}{8000^2 + 14\,400}} \approx 0.6087 (\text{MPa})$$

2. 随机变量函数的数学期望与方差的近似计算

首先考虑 x 是一维变量的情况。对于 $x = \mu$ 点用泰勒级数展开 $y = f(x)$ 至前三项：

$$y = f(x) = f(\mu) + (x - \mu)f'(\mu) + \frac{1}{2!}(x - \mu)^2 f''(\mu) + B$$

式中：B 为余项。

上式数学期望为

$$E[y] = E[f(\mu)] + E\{xf'(\mu) - \mu f'(\mu)\} + E\left\{\frac{1}{2!}(x - \mu)^2 f''(\mu)\right\} + E(B)$$

$$= f(\mu) + \{\mu f'(\mu) - \mu f'(\mu)\} + \frac{1}{2!}f''(\mu) \cdot D[x] + B$$

$$\approx f(\mu) + \frac{1}{2}f''(\mu)D[x] \tag{9-59}$$

式(9-59)是数学期望的近似值，若方差 $D[x]$ 很小，可以进一步忽略第二项，得到

$$E[y] = E[f(x)] \approx f(\mu) \tag{9-60}$$

为得到 $D[y]$ 的近似值，再一次考虑泰勒级数展开到前两项，即

$$y = f(\mu) + (x - \mu)f'(\mu) + B$$

对上式取方差，有

$$D[y] \approx D[f(\mu)] + D[(x - \mu)f'(\mu)] \approx [f'(\mu)]^2 D[x] \tag{9-61}$$

例 9-9　杆的半径均值 $\mu_r = 2.0$ mm，标准差 $\sigma_r = 0.1$ mm，求截面积 A 的均值和标准偏差。

解　　　　　　　　　　　　$A = f(r) = \pi r^2$

因此

$$f'(r) = 2\pi r, \qquad f''(r) = 2\pi$$

应用式(9-59)和式(9-61)得

$$E[A] \approx f(\mu_r) + \frac{1}{2}(2\pi) \cdot \sigma_r^2 = \pi(2)^2 + \frac{1}{2}(2\pi)(0.1)^2 = 12.59(\text{mm}^2)$$

$$D[A] \approx (2\pi\mu_r)^2 \cdot \sigma_r^2 = (2\pi \cdot 2)^2 (0.1)^2 = 1.578 (\text{mm}^4)$$

面积的标准偏差

$$\sigma_A = \sqrt{D(A)} = 1.256 (\text{mm}^2)$$

对于 n 维随机变量函数 f 的近似值，即

$$y = f(x_1, x_2, \cdots, x_n)$$

设 $\mu = (\mu_1, \mu_2, \cdots, \mu_n)$ 和 $\sigma = (\sigma_1, \sigma_2, \cdots, \sigma_n)$ 分别表示 $x_1, x_2, \cdots, x_n$ 的期望值和标准偏差的向量，用泰勒级数展开式可得

$$y = f(x_1, x_2, \cdots, x_n)$$

$$= f(\mu_1, \mu_2, \cdots, \mu_n) + \sum_{i=1}^{n} \frac{\partial f(x)}{\partial x_i}\bigg|_{x_i=\mu_i} (x_i - \mu_i)$$

$$+ \frac{1}{2!} \sum_{j=1}^{n} \sum_{i=1}^{n} \frac{\partial^2 f(x)}{\partial x_i \partial x_j}\bigg|_{x_i=\mu_i, \, x_j=\mu_j} (x_i - \mu_i)(x_j - \mu_j) + B$$

取数学期望，得

$$E[y] = f(\mu_1, \mu_2, \cdots, \mu_n) + \sum_{i=1}^{n} \frac{\partial f(x)}{\partial x_i}\bigg|_{x_i=\mu_i} E(x_i - \mu_i)$$

$$+ \frac{1}{2!} \sum_{j=1}^{n} \sum_{i=1}^{n} \frac{\partial^2 f(x)}{\partial x_i \partial x_j}\bigg|_{x_i=\mu_i, \, x_j=\mu_j} E[(x_i - \mu_i)(x_j - \mu_j)] + E[B]$$

如果 $x_1, x_2, \cdots, x_n$ 两两独立，则有

$$E[(x_i - \mu_i)(x_j - \mu_j)] = 0 \qquad i, j = 1, 2, \cdots, n$$

于是可得

$$E[y] \approx f(\mu_1, \mu_2, \cdots, \mu_n) + \frac{1}{2} \sum_{i=1}^{n} \frac{\partial^2 f}{\partial x_i^2}\bigg|_{x_i=\mu_i} D[x_i]$$

如果进一步忽略上式的第二项，则

$$E[y] \approx f(\mu_1, \mu_2, \cdots, \mu_n) \qquad\qquad (9-62)$$

如果考虑泰勒级数展开式前两项并取其方差，即

$$D[y] \approx D[f(\mu_1, \mu_2, \cdots, \mu_n)] + D\left[\sum_{i=1}^{n} \frac{\partial f(x)}{\partial x_i}\bigg|_{x_i=\mu_i} (x_i - \mu_i)\right]$$

$$= \sum_{i=1}^{n} \left[\frac{\partial f}{\partial x_i}\bigg|_{x_i=\mu_i}\right]^2 D[x_i]$$

其标准差为

$$\sigma_y = \left[\sum_{i=1}^{n} \left(\frac{\partial f}{\partial x_i}\bigg|_{x_i=\mu_i}\right)^2 \sigma_{x_i}^2\right]^{\frac{1}{2}} \qquad\qquad (9-63)$$

例 9-10 有一断面为圆形的拉杆，已知材料的屈服极限 $s(\mu_s, \sigma_s) = s(290, 25)$ MPa，拉杆直径 $d(\mu_d, \sigma_d) = d(30, 0.3)$ mm，求拉杆所能承受的拉力 $F(\mu_F, \sigma_F)$。

解 拉杆允许承受的拉力为

$$y = f(d, s) = \frac{\pi}{4} d^2 s$$

由式 (9-62) 可得拉力的均值为

$$\mu_F = f(\mu_d, \mu_s) = \frac{\pi}{4} \mu_d^2 \cdot \mu_s = \frac{\pi}{4} \times 30^2 \times 290 = 204\,990 (\text{N})$$

对变量 d、s 求偏导数

$$\frac{\partial y}{\partial d}=\frac{\pi}{2}ds \qquad \frac{\partial y}{\partial s}=\frac{\pi}{4}d^2$$

由式(9-63)可得拉力的标准差为

$$\begin{aligned}
\sigma_F &=\left[\left(\frac{\partial y}{\partial d}\Big|_{\mu_d,\mu_s}\right)^2\sigma_d^2+\left(\frac{\partial y}{\partial s}\Big|_{\mu_d,\mu_s}\right)^2\sigma_s^2\right]^{\frac{1}{2}}\\
&=\left[\left(\frac{\pi}{2}\cdot\mu_d,\mu_s\right)^2\cdot\sigma_d^2+\left(\frac{\pi}{4}\mu_d^2\right)^2\sigma_s^2\right]^{\frac{1}{2}}\\
&=\left[\left(\frac{\pi}{2}\times30\times290\times0.3\right)^2+\left(\frac{\pi}{4}\times30^2\times25\right)^2\right]^{\frac{1}{2}}\\
&=18\ 140(\text{N})
\end{aligned}$$

9.5.2　机械零件的概率工程设计

下面只对几种典型的、数学模型较简单的零件进行讨论,以达到举一反三的目的。从数学模型及概率设计方面看,复杂零件只是设计变量的多少而已,无本质上的差别。

1. 承受纯拉伸载荷的机械零件设计

设拉杆承受载荷随机变量 Q,服从 $Q\sim N(\mu_Q,\sigma_Q^2)$,其最小截面积 $A\sim N(\mu_A,\sigma_A^2)$,拉杆承受的拉应力 $s\sim N(\mu_s,\sigma_s^2)$,且 Q、A 相互独立,故 $s=\dfrac{Q}{A}$,由式(9-58)可得

$$\mu_s=\frac{\mu_Q}{\mu_A},\qquad \sigma_s=\frac{1}{\mu_A}\left(\frac{\mu_Q^2\sigma_A^2+\mu_A^2\sigma_Q^2}{\mu_A^2+\sigma_A^2}\right)^{\frac{1}{2}}$$

当截面积是半径为 r 的圆截面时,$A=\pi r^2$,且有 $r\sim N(\mu_r,\sigma_r^2)$,则

$$\mu_A=\pi(\mu_r^2+\sigma_r^2)\approx\pi(\mu_r)^2$$

$$\sigma_A=\pi\sqrt{4(\mu_r)^2\cdot(\sigma_r)^2+2(\sigma_r)^4}\approx2\pi\cdot\mu_r\cdot\sigma_r$$

当截面是以 a 为边的正方形,$A=a^2$,且有 $a\sim N(\mu_a,\sigma_a^2)$,则

$$\mu_A=\mu_a^2+\sigma_a^2\approx(\mu_a)^2$$

$$\sigma_A=\sqrt{4(\mu_a)^2\cdot(\sigma_a)^2+2(\sigma_a)^4}\approx2\mu_a\cdot\sigma_a$$

如果截面是 $b\times h$(宽度×高度)的矩形,$A=bh$,且 $b\sim N(\mu_b,\sigma_b^2)$,$h\sim N(\mu_h,\sigma_h^2)$,则有

$$\mu_A=\mu_b\cdot\mu_h$$

$$\begin{aligned}
\sigma_A&\approx\left[(\mu_b)^2(\sigma_h)^2+(\mu_h)^2(\sigma_b)^2+(\sigma_b)^2(\sigma_h)^2\right]^{\frac{1}{2}}\\
&=\sqrt{(\mu_b)^2(\sigma_h)^2+(\mu_h)^2(\sigma_b)^2}
\end{aligned}$$

然后可根据强度与应力的联结方程求杆的可靠度。

例 9-11　有一圆断面拉杆,已知分布参数为

所受载荷 $Q\sim N(\sigma_Q,\mu_Q^2)$

$$\mu_Q=200\ \text{kN},\qquad \sigma_Q=3\ \text{kN}$$

拉杆材料的拉伸强度值 $\delta\sim N(\mu_\delta,\sigma_\delta^2)$

$$\mu_\delta=1076\ \text{MPa},\qquad \sigma_\delta=30\ \text{MPa}$$

试计算：

(1) 在可靠度 $R = 0.999$ 下，最小拉杆半径。

(2) 在此半径基础上，以 ± 0.2 mm 为间距，计算不同半径下的可靠度，供结构优化时选取。

解 (1) 先计算工作应力。

由于

$$s = \frac{Q}{A} = \frac{Q}{\pi r^2}$$

而

$$\mu_A = \pi \mu_r^2 \qquad \sigma_A = 2\pi \mu_r \sigma_r$$

一般零件的公差尺寸均为其名义尺寸（或均值）的 0.015 倍，即

$$\Delta r = 0.015 \mu_r$$

若此公差尺寸取 3σ 水平，则有

$$\sigma_r = \frac{\Delta r}{3} = \frac{0.015 \mu_r}{3} = 0.005 \mu_r$$

$$\sigma_A = 2\pi \mu_r \sigma_r = 0.01 \pi \mu_r^2 = 0.01 \mu_A$$

$$\mu_s = \frac{\mu_Q}{\mu_A} = \frac{\mu_Q}{\pi \mu_r^2} = \frac{200\,000}{\pi \mu_r^2} = \frac{63\,662}{\mu_r^2} \ (\text{MPa})$$

$$\sigma_s = \frac{1}{\mu_A} \left(\frac{\mu_Q^2 \mu_A^2 + \mu_A^2 \mu_Q^2}{\mu_A^2 + \sigma_A^2} \right)^{\frac{1}{2}}$$

$$= \frac{1}{\pi \mu_r^2} \sqrt{\frac{200000^2 \cdot (0.01)^2 + 3000^2}{1 + 0.01^2}}$$

$$= \frac{1147.63}{\mu_r^2} \ (\text{MPa})$$

再由联结方程求拉杆半径。

当 $R = 0.999$ 时，$z_R = 3.09$，代入联结方程得

$$3.09 = \frac{\mu_\delta - \mu_s}{\sqrt{\sigma_\delta^2 + \sigma_s^2}} = \frac{1076 - \dfrac{63\,662}{\mu_r^2}}{\sqrt{30^2 + (1147.65/\mu_r^2)^2}}$$

整理后得到

$$\mu_r^2 = 65.7147 \ \text{mm}^2, \ 53.5007 \ \text{mm}^2$$

$$\mu_r = 8.106 \ \text{mm}, \ 7.314 \ \text{mm}$$

代入联结方程验算，取 $\mu_r = 8.106$ mm，而舍去 $\mu_r = 7.314$ mm。

$$\sigma_r = 0.005 \mu_r = 0.005 \times 8.106 = 0.041 (\text{mm})$$

$$r = \mu_r \pm \Delta r = 8.106 \ \text{mm} \pm 3\sigma_r = 8.106 \ \text{mm} \pm 0.123 \ \text{mm}$$

因此，为保证拉杆的可靠度为 0.999，其半径应为 8.106 mm $\pm$ 0.123 mm。

(2) 计算不同半径下的可靠度。

从 $\mu_r = 7$ mm 开始，每隔 0.2 mm 取一 μ_r 值，即 7.2 mm、7.4 mm、7.6 mm…代入联结方程中，计算结果列于表 9-6 中。

表 9 - 6　计算结果列表

半径 $\mu_r/$mm	$\pi\mu_r^2/$mm^2	$s/$MPa	$\sigma_s/$MPa	z_R	R
7.0	153.938	1299.22	23.4210	−5.865	≈0
7.2	162.860	1228.05	23.1379	−4.078	0.000 023
7.4	172.034	1162.56	20.9579	−2.365	0.009 016
7.6	181.458	1102.18	19.8631	−0.728	0.233 32
7.8	191.134	1046.38	18.8631	0.836	0.795 58
8.0	201.062	994.719	17.9317	2.326	0.989 99
8.2	211.241	946.788	17.0677	3.744	0.999 909
8.4	221.671	902.239	16.2646	5.092	0.999 999

由表 9 - 6 可见，$\mu_r=8$ mm，零件的可靠度为 0.98 999，而当 $\mu_r=7.4$ mm 时，可靠度只有 0.009，这说明杆半径在 8.0～7.4 之间变化时，可靠度变化的灵敏度较高。安装于某系统中的拉杆，应视其在系统中的重要程度来选取半径值。重要程度大，选取高可靠度的半径，反之选取可靠度低的半径，以免增加重量和成本。

例 9 - 12　设计一拉杆，已知作用于杆上的拉力载荷 $(\mu_Q,\sigma_Q)=(30\,000,450)$ N，拉杆的强度极限 $(\mu_\delta,\sigma_\delta)=(1076,42.2)$ MPa，Q 与 δ 服从正态分布，且相互独立。试设计杆的半径。并与常规设计加以比较。给定可靠度为 0.999，确定直径公差。

解　(1) 按可靠性设计轴的尺寸。

$$工作应力 \ s=\frac{Q}{A}=\frac{Q}{\pi r^2}$$

设拉杆半径 $r\sim N(\mu_r,\sigma_r^2)$，$\sigma_r=0.005\mu_r$，$\sigma_A=0.01\pi\mu_r^2$

$$\mu_S=\frac{30\,000}{\pi\mu_r^2}=\frac{9549.3}{\mu_r^2}$$

$$\sigma_S=\frac{1}{\pi\mu_r^2}(30\,000^2\times0.01^2+450^2\times1)^{\frac{1}{2}}=\frac{172.15}{\mu_r^2}$$

将已知数据代入联结方程：

$$3.09=\frac{1076-\dfrac{9549.3}{\mu_r^2}}{\sqrt{42.2^2+(172.15/\mu_r^2)^2}}$$

解得 $\mu_r^2=10.163$ mm，$\mu_r=3.188$ mm。

拉杆半径的标准偏差为 $\sigma_r=0.005$，$\mu_r=0.016$ mm。

确定直径公差：拉杆直径 $\mu_d=2\times3.188=6.376$（mm），拉杆直径的标准偏差 $\sigma_d=2\sigma_r=0.032$（mm），拉杆直径的公差 $\Delta d=3\sigma_d=0.096$ mm，所以设计拉杆的直径 $d=(6.376\pm0.096)$ mm，或取 $(\mu_d,\sigma_d)=(6.4,0.032)$ mm。

(2) 按常规方法设计轴的尺寸。

用常规的设计方法：以强度极限为基准，通常取安全系数 $n=2\sim3.5$，现选用 $n=3$，应力

$$s=\frac{Q}{\pi r^2}\leqslant[s]$$

式中：$[s]$ 为许用应力。取 $[s]=\dfrac{s}{3}=\dfrac{1076}{3}=358.67$ MPa，所以

$$\frac{30\ 000}{\pi r^2} = \frac{1076}{3}$$

得 $r=5.16$ mm，此值远大于 3.188 mm。反过来，若取 $r=3.188$ mm 计算安全系数 n，则

$$\frac{30\ 000}{\pi \times 3.188^2} = \frac{1076}{n}$$

$$n=1.145$$

显然常规设计是不敢采用此值的，而用可靠性设计，取 $\mu=3.188$ mm，可靠度高达 0.999，其失效概率只有 0.1%，从联结方程可以看出，要保持这一高的可靠度必须使 μ_δ、σ_δ、μ_s、σ_s 值保持稳定不变，即可靠性设计的先进性是要以材料制造工艺的稳定性及对载荷测定的准确性为前提条件。

（3）用可靠性安全系数设计轴的尺寸。

可靠性设计的计算法比较麻烦，尤其当应力表达式变量较多或公式稍繁，如非圆断面、复合应力等情况，计算就很麻烦了。如果用可靠性意义下的平均安全系数来代替常规的安全系数，则将使设计大为简化。

利用式（9-51），已知

$$z_R=3.09,\quad C_r=\frac{\sigma_\delta}{\mu_\delta}=\frac{42.2}{1076}=0.0392,\qquad C_s=\frac{\sigma_s}{\mu_s}=\frac{172.15}{9549.3}=0.018$$

代入式（9-51）得

$$n_m=\frac{1+3.09\sqrt{0.0392^2+0.018^2-3.09^2\times0.0392^2\times0.018^2}}{1-3.09^2\times0.0392^2}=1.15$$

而

$$\frac{30\ 000}{\pi r^2}=\frac{1076}{1.15}$$

解得 $r\approx3.195$ mm。结果与可靠性设计的轴的尺寸基本一致，而计算结果则简单得多。

2. 轴类零件的设计

轴是典型的机械零件之一，因其用途不同，所受载荷也不一样，传动轴只承受扭转力矩作用，心轴则承受弯矩，而转轴既要承受转矩又要承受弯矩。

1）承受扭矩的轴的设计

研究一端固定而另一端承受扭矩的实心轴的可靠性设计，例如汽车的扭杆弹簧。假定其应力、强度均呈正态分布，则其静强度可靠性设计步骤与前述步骤完全相同，仅应力表达式有差别。

设轴的直径为 d(mm)，单位长度的扭转角 $\theta°$，轴的材料的剪切弹性模量为 E(MPa)，轴横截面的极惯性矩为 I_P，则在转矩为 $T=E\theta I_P$ 的作用下，产生的剪应力为

$$\tau=\frac{1}{2}E\theta d=\frac{Td}{2I_P}$$

对于实心轴，$I_P=\frac{\pi d^4}{32}$，因此有

$$\tau=\frac{16T}{\pi d^3}=\frac{2T}{\pi r^3}$$

而应力的均值和标准偏差为（以下用字母上面一横代表均值）

$$\begin{cases} \bar{\tau} = \dfrac{2\overline{T}}{\pi \times \bar{r}^3} \\[3mm] \sigma_\tau = \dfrac{4\sigma_T^2}{\pi^2 \bar{r}^6} + \dfrac{36\overline{T}^2 \sigma_r^2}{\pi^2 \bar{r}^8} \end{cases} \tag{9-64}$$

例 9-13　要求设计一个一端固定另一端受扭的轴，设计随机变量的分布参数为

作用转矩：

$$T \sim N(\overline{T},\ \sigma_T^2),\ \overline{T} = 11\ 303\ 000\ \text{N} \cdot \text{mm},\ \sigma_T = 1\ 130\ 300\ \text{N} \cdot \text{mm}$$

极限强度：

$$\delta \sim N(\bar{\delta},\ \sigma_\delta^2),\ \bar{\delta} = 344.47\ \text{MPa},\ \sigma_\delta = 34.447\ \text{MPa}$$

轴的半径变化：$\sigma_r = \dfrac{\alpha}{3}\bar{r}$，$\alpha$ 为偏差系数

给定可靠度：$R = 0.999$。

解　(1) 计算工作应力。

由式(9-64)得

$$\bar{\tau} = \frac{2\overline{T}}{\pi \times \bar{r}^3} = \frac{2 \times 11\ 303\ 000}{\pi \bar{r}^3} = \frac{7\ 195\ 719.365}{\bar{r}^3}\ (\text{MPa})$$

$$\sigma_\tau = \frac{4\sigma_T^2}{\pi^2 \bar{r}^6} + \frac{36\overline{T}^2 \sigma_r^2}{\pi^2 \bar{r}^8}$$

$$= \frac{4 \times 110\ 300^2}{\pi^2 \bar{r}^6} + \frac{36 \times 11\ 303\ 000^2 \times \dfrac{\alpha^2}{9}\bar{r}^2}{\pi^2 \bar{r}^6}$$

$$= \frac{4 \times 1\ 130\ 300^2 \times \left[1 + (10\alpha)^2\right]}{\pi^2 \bar{r}^6}$$

$$\sigma_\tau = \frac{2 \times 1\ 130\ 300}{\pi \bar{r}^3}\sqrt{1 + (10\alpha)^2} = \frac{7\ 195\ 71.9365}{\bar{r}^3}\sqrt{1 + (10\alpha)^2}\ (\text{MPa})$$

(2) 将应力、强度的分布参数代入联结方程，求未知量半径 r。

给定可靠度

$$R = 0.999,\ z_R = 3.09$$

$$3.09 = \frac{\bar{\delta} - \bar{\tau}}{\sqrt{\sigma_\delta^2 + \sigma_\tau^2}} = \frac{344.47 - \dfrac{7\ 195\ 719.365}{\bar{r}^3}}{\sqrt{(34.447)^2 + \left(\dfrac{719571.9365}{\bar{r}^3}\right)^2 (1 + 100\alpha^2)}}$$

设 $\alpha = 0.03$，代入上式，可解得 $\bar{r} = 32.13\ \text{mm}$，并可满足 $R = 0.999$。

(3) 敏感度分析。

将 $\bar{r} = 32.13\ \text{mm}$ 代入上式并改变 α 值，计算相应的 z_R 值以及可靠度，分析半径的偏差对可靠度的影响，结果如表 9-7 所示。

表 9-7　半径偏差对可靠度的影响

$\bar{r}$ 的偏差 α	z_R	可靠度 R	$\bar{r}$ 的偏差 α	z_R	可靠度 R
0.010	3.136	0.99916	0.040	3.072	0.99890
0.020	3.123	0.99910	0.050	3.035	0.99880
0.030	3.099	0.99903	0.100	2.772	0.99740

如果取 $\bar{r}=32.13$ mm 和 $\alpha=0.03$，而改变上述联结方程中的 σ_δ 值，计算相应的 z_R 值以及可靠度 R，则 σ_δ 值对可靠度 R 的影响如表 9-8 所示。

表 9-8 σ_δ 值对可靠度 R 的影响

剪切强度标准差 σ_δ/MPa	z_R	可靠度 R	剪切强度标准差 σ_δ/MPa	z_R	可靠度 R
13.799	4.852	0.99 999	41.336	6.712	0.99 664
27.558	3.585	0.99 983	55.115	2.145	0.98 422
34.447	3.090	0.99 903	68.894	1.763	0.96 080

当 α 和 σ_δ 具有前述给定值时，利用联结方程可计算 $\bar{r}$ 对可靠度的影响，结果如表 9-9 所示。

表 9-9 轴半径 $\bar{r}$ 对可靠度的影响

轴的半径 $\bar{r}$/mm	z_R	可靠度 R	轴的半径 $\bar{r}$/mm	z_R	可靠度 R
25.40	-1.642	0.05050	40.64	6.555	0.99999
30.48	2.086	0.98169	45.72	7.621	0.99999
35.56	4.824	0.99999	50.80	8.736	1.00000

对于传递转矩并由钢管制成的汽车传动轴或其他传递转矩的转轴来说，上述可靠性设计方法也是适用的。

2）只受弯矩作用的轴

受弯矩作用的轴可以分为两种情况，一种是把载荷化为一集中载荷，作用在轮毂与轴的配合处的中点；一种是把载荷看做是一个均布载荷，平均分布在轮毂与轴配合的整段长度上。

（1）集中载荷作用。

如图 9-12 所示的滑轮轴，已知外载荷 $(\bar{p}, \sigma_p)$ 支点距 AB 的长度为 $(\bar{l}, \sigma_l)$，力的作用点是 C 与支点 A 的距离为 $(\bar{a}, \sigma_a)$，轴径为 $(\bar{d}, \sigma_d)$，而作用在轴的最大弯矩发生在载荷力 p 的作用点处，其值为

$$M=\frac{pab}{l}, \quad b=l-a$$

而弯矩的均值和标准偏差为

$$\bar{M}=\frac{\bar{p}\,\bar{a}\,\bar{b}}{\bar{l}} \tag{9-65}$$

$$\sigma_M=\left[\left(\frac{\partial M}{\partial p}\right)^2\sigma_p^2+\left(\frac{\partial M}{\partial a}\right)^2\sigma_a^2+\left(\frac{\partial M}{\partial b}\right)^2\sigma_b^2+\left(\frac{\partial M}{\partial l}\right)^2\sigma_l^2\right]^{\frac{1}{2}}$$

$$=\left[\left(\frac{\bar{a}\cdot\bar{b}}{\bar{l}}\sigma_p\right)^2+\left(\frac{\bar{p}\cdot\bar{b}}{\bar{l}}\sigma_a\right)^2+\left(\frac{\bar{p}\cdot\bar{a}}{\bar{l}}\sigma_b\right)^2+\left(\frac{\bar{p}\,\bar{a}\,\bar{b}}{\bar{l}^2}\sigma_l\right)^2\right]^{\frac{1}{2}} \tag{9-66}$$

对于实心轴，其最大弯曲应力的均值和标准偏差为

$$\bar{s}=\frac{32\bar{M}}{\pi(\bar{d})^3} \tag{9-67}$$

$$\sigma_S=\frac{32}{\pi(\bar{d})^3}\left[\frac{(\bar{d})^6(\sigma_M)^2+(\bar{M})^2(\sigma_{d^3})^2}{(\bar{d})^6+(\sigma_{d^3})^2}\right]^{\frac{1}{2}} \tag{9-68}$$

其中，$\sigma_{d^3}=3(\bar{d})^2\cdot\sigma_d$。

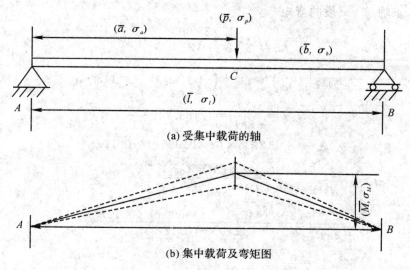

(a) 受集中载荷的轴

(b) 集中载荷及弯矩图

图 9-12　集中载荷及弯矩图

（2）均布载荷情况。

如图 9-13 所示，外载荷 q 均匀分布在轴段 b 上，轴长 $l=a+b+c$，且假定它们都是相互独立的随机变量，则距支点 A 为 x 处的弯矩为

$$M=q\left[\frac{bx}{l}\left(c+\frac{b}{2}\right)-\frac{(x-a)^2}{2}\right]$$

通常，计算弯矩处的尺寸 x 视为常量，$\sigma_x=0$，由于假定相互独立，则

$$\bar{a}=\bar{l}-\bar{b}-\bar{c}$$

$$\sigma_a=\sqrt{\sigma_l^2+\sigma_b^2+\sigma_c^2}$$

M 的均值和方差可按式（9-62）、式（9-63）计算，计算弯曲应力和求轴径尺寸等与第一种情况相同。

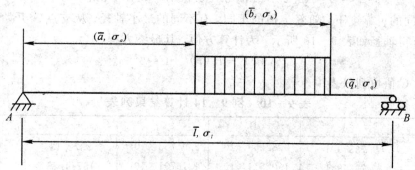

图 9-13　均布载荷

例 9-14　有一承受弯矩作用的实心轴，如图 9-12 所示，支点距 $l=1800$ mm $\pm$ 3.174 mm，外载荷 $(\bar{p},\sigma_p)=(27\,000,890)$ N，作用在轴的中点，轴的材料为钢，其极限强度 $(\bar{\delta},\sigma_\delta)=(280,23)$ MPa，求在可靠度 $R=0.999$ 下轴的最小尺寸。

解　设 $\Delta l=3\sigma_l$，$\sigma_l=\dfrac{\Delta l}{3}=\dfrac{3.174}{3}=1.058$（mm）又设实心轴半径 r 的标准偏差

$\sigma_r = 0.005\bar{r}$，求轴 A—x 段的弯矩

$$\bar{M} = \frac{1}{2}(\bar{p} \cdot \bar{x}) = \frac{27\,000}{2}\bar{x} = 13500\bar{x}$$

$$\sigma_M = \left[\left(\frac{\partial f}{\partial p}\right)^2 (\sigma_p)^2 + \left(\frac{\partial f}{\partial x}\right)^2 (\sigma_x)^2\right]^{\frac{1}{2}} = 445 \cdot \bar{x}$$

$$\bar{s} = \frac{4\bar{M}}{\pi (\bar{r})^3} = 17188.74\,\frac{\bar{x}}{(\bar{r})^3}$$

$$\sigma_{d^3} = 3 \times (2\bar{r})^2 \times (2 \times 0.005\bar{r}) = 0.12\bar{r}^3$$

$$\sigma_s = \frac{32}{\pi (\bar{d})^3}\left[\frac{(\bar{d})^6 (\sigma_M)^2 + (\bar{M})^2 (\sigma_{d^3})^2}{(\bar{d})^6 + (\sigma_{d^3})^2}\right]^{\frac{1}{2}}$$

$$= \frac{32}{\pi (2\bar{r})^3}\left[\frac{(2\bar{r})^6 (445\bar{x})^2 + (13500\bar{x})^2 (0.12\bar{r}^3)^2}{(2\bar{r})^6 + (0.12\bar{r}^3)^2}\right]^{\frac{1}{2}}$$

$$= 622.49\,\frac{\bar{x}}{(\bar{r})^3}$$

取可靠度 $R = 0.999$，$z_R = 3.09$，所以得

$$3.09 = \frac{280 - 17188.74(\bar{x}/\bar{r}^3)}{\sqrt{23^2 + (622.49\bar{x}/\bar{r}^3)^2}}$$

取 $x = \dfrac{l}{2} = 900$ mm，则有

$$3.09 = \frac{280 - 15\,469\,866/\bar{r}^3}{\sqrt{23^2 + (560241/\bar{r}^3)^2}}$$

整理上式得

$$73349.1\bar{r}^6 - 8.66312 \times 10^9 \times \bar{r}^3 + 2.3632 \times 10^{14} = 0$$

解方程，舍去伪根，得

$$\bar{r} = 42.237\text{ mm}, \quad \sigma_r = 0.005\bar{r} = 0.211\text{ mm}$$

显然，在相同的可靠度下，随着 x 值的不同，有不同的最小轴径。从支点 A 开始，取间距为 100 mm，所得轴径如表 9-10 所示。为计算方便，其最终方程式为

$$A(\bar{r})^6 - B(\bar{r})^3 + C = 0$$

式中 A、B、C 值也列入表中。

表 9-10　例 9-14 计算结果列表

x/mm	A	B	C	$\bar{r}^3$	$\bar{r}$/mm
100	73349.1	9.62569×10^8	2.91753×10^{12}	8372.13	20.305
200	73349.1	1.92514×10^9	1.16701×10^{13}	16744.26	25.583
300	73349.1	2.88771×10^9	2.62578×10^{13}	25116.39	29.285
400	73349.1	3.85028×10^9	4.66805×10^{13}	33488.52	32.233
500	73349.1	4.81285×10^9	7.29383×10^{13}	41860.65	34.722
600	73349.1	5.77542×10^9	1.05031×10^{14}	50232.79	36.897
700	73349.1	6.73799×10^9	1.42959×10^{14}	58604.92	38.843
800	73349.1	7.70006×10^9	1.86722×10^{14}	66977.05	40.611
900	73349.1	8.66312×10^9	2.36320×10^{14}	75349.18	42.237

根据计算结果，合理的轴的结构设计尺寸应如图 9 - 14 所示。

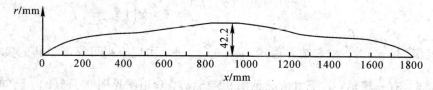

图 9 - 14　轴的概率优化设计示意图

3）受转矩和弯矩联合作用的轴

减速器中的轴属于这一类。已知传递的转矩为 $(\bar{T}, \sigma_T)$，某一断面上的弯矩为 $(\bar{M}, \sigma_M)$，则轴上所受的扭矩和弯曲应力为

$$\bar{\tau} = \frac{16\bar{T}}{\pi (\bar{d})^3}$$

$$\sigma_\tau = \frac{16}{\pi (\bar{d})^3} \left[\frac{(\bar{d})^6 (\sigma_T)^2 + (\bar{T})^2 (\sigma_{d^3})^2}{(\bar{d})^6 + (\sigma_{d^3})^2} \right]^{\frac{1}{2}}$$

其中，$\sigma_{d^3} = 3 (\bar{d})^2 \cdot \sigma_d$。

$$\bar{s}_b = \frac{32\overline{M}}{\pi (\bar{d})^3}$$

$$\sigma_b = \frac{32}{\pi (\bar{d})^3} \left[\frac{(\bar{d})^6 (\sigma_M)^2 + (\overline{M})^2 (\sigma_{d^3})^2}{(\bar{d})^6 + (\sigma_{d^3})^2} \right]^{\frac{1}{2}}$$

应用第四强度理论合成，得合成应力为

$$s = (s_b^2 + 3\tau^2)^{\frac{1}{2}}$$

设 $\gamma = s_b / \tau$，若 γ 为常量，则有

$$\bar{s} = \bar{s}_b \left(1 + \frac{3}{\gamma^2} \right)^{\frac{1}{2}}$$

$$\sigma_s \approx \sigma_{s_b} \left(1 + \frac{3}{\gamma^2} \right)^{\frac{1}{2}}$$

若应力比 γ 为随机变量，则

$$\gamma = \frac{\bar{s}_b}{\bar{\tau}}$$

$$\sigma_\gamma = \frac{1}{\bar{\tau}} \left[\frac{(\bar{\tau}\sigma_{s_b})^2 + (\bar{s}_b\sigma_\tau)^2}{(\bar{\tau})^2 + (\sigma_\tau)^2} \right]^{\frac{1}{2}}$$

这时设 $x = 1 + \frac{3}{\gamma^2}$，有

$$\bar{s} = \bar{s}_b \left[(\bar{x})^2 - \frac{1}{2}\sigma_x^2 \right]^{\frac{1}{4}} = \bar{s}_b \left[\left(1 + \frac{3}{(\bar{\gamma})^2} \right)^2 - \frac{18\sigma_\gamma^2}{(\bar{\gamma})^6} \right]^{\frac{1}{4}}$$

$$\sigma_s = \left[(\bar{s}_b)^2 \sigma_{\sqrt{x}}^2 + \left(1 + \frac{3}{(\bar{\gamma})^2} \right) \sigma_{s_b}^2 + \sigma_{s_b}^2 \sigma_{\sqrt{x}}^2 \right]^{\frac{1}{2}}$$

其中，

$$\sigma_{\sqrt{x}} = \frac{1}{2}\left(1+\frac{3}{\bar{\gamma}^2}\right)^{-\frac{1}{2}}\left(-\frac{6\sigma_\gamma}{(\bar{\gamma})^3}\right) = -\frac{3\sigma_\gamma}{(\bar{\gamma})^3\left(1+\frac{3}{(\bar{\gamma})^2}\right)^{\frac{1}{2}}}$$

若已知强度值 $(\bar{\delta},\sigma_\delta)$ 时，由联结方程式 $z_R = \dfrac{\bar{\delta}-\bar{s}}{\sqrt{\sigma_\delta^2+\sigma_s^2}}$，可以求得可靠度和其他参数。

例 9 - 15 有一转轴，其受力情况见图 9 - 15(a)，弯矩图见图 9 - 15(b)。已知转轴承受一平稳转矩 $M_n = (113\,500 \pm 27\,600)$ N·mm，危险截面 $A\text{-}A$ 处的弯矩为 $M = (14\,300 \pm 3\,900)$ N·mm，$A\text{-}A$ 处轴径 $d = (12 \pm 0.18)$ mm，考虑应力集中系数 $K_t = 1.42$ 后，取材料的强度值 $\delta = (820 \pm 96)$ MPa，求可靠度。

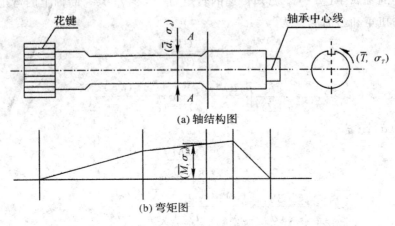

(a) 轴结构图

(b) 弯矩图

图 9 - 15　转轴

解　(1) 按所给数据，并取偏差值为 3σ 水平，得

$$(\bar{T},\sigma_T) = (113\,500, 9200) \text{ N·mm}; \quad (\bar{M},\sigma_M) = (14\,300, 1300) \text{ N·mm}$$

$$(\bar{d},\sigma_d) = (12, 0.06) \text{ mm}; \quad (\bar{\delta},\sigma_\delta) = (820, 32) \text{ MPa}$$

(2) 计算 τ 和 s_b。

$$\bar{\tau} = \frac{16 \times 113\,500}{\pi \times 12^3} = 334.52 (\text{MPa})$$

$$\sigma_\tau = \frac{16}{\pi \times 12^3}\left[\frac{(12^3 \times 9200)^2 + (3 \times 12^2 \times 0.06 \times 113\,500)^2}{12^6 + (3 \times 12^2 \times 0.06)^2}\right]^{\frac{1}{2}}$$

$$= 27.576 \text{ MPa}$$

$$\bar{s}_b = \frac{32 \times 14\,300}{\pi \times 12^3} = 84.293 (\text{MPa})$$

$$\sigma_{s_b} = \frac{32}{\pi \times 12^3}\left[\frac{(12^3 \times 1300)^2 + (3 \times 12^2 \times 0.06 \times 14\,300)^2}{12^6 + (3 \times 12^2 \times 0.06)^2}\right]^{\frac{1}{2}}$$

$$= 7.7666 (\text{MPa})$$

(3) 计算合成应力。

由于

$$\bar{\gamma} = \frac{84.293}{334.52} = 0.251\,98$$

$$\sigma_Y = \frac{1}{334.52} = \left[\frac{(334.52 \times 7.7666)^2 + (84.293 \times 27.576)^2}{334.52^2 + 27.576^2}\right]^{\frac{1}{2}} = 0.031\,048$$

$$\sigma_{\sqrt{x}} = \frac{3 \times 0.031\,048}{(0.251\,98)^3\left(1 + \frac{3}{0.251\,98^2}\right)^{\frac{1}{2}}} = 0.838\,14$$

得

$$\bar{s} = 84.293\left[\left(1 + \frac{3}{0.251\,98^2}\right)^2 - \frac{18 \times 0.031\,048^2}{0.251\,98^6}\right]^{\frac{1}{4}} = 581.20\,(\text{MPa})$$

$$\sigma_s = \left[(84.293)^2 \times (0.838\,14)^2 + (48.249)^2 \times (7.7666)^2\right.$$
$$\left. + (7.7666)^2 \times (0.838\,14)^2\right]^{\frac{1}{2}}$$
$$= 89.130\,(\text{MPa})$$

（4）计算可靠度。

$$z_R = \frac{820 - 581.20}{\sqrt{32^2 + 89.13^2}} = 2.5216$$

得　$R = 0.99399$

习　题

9-1　概率法设计与常规设计相比有哪些特点和优点？

9-2　什么是应力-强度模型？广义的应力和强度是怎样定义的？

9-3　概率法设计时安全系数的简化算法和常规设计的计算有哪些不同？有哪些相同？

9-4　某部件的强度服从正态分布，分布参数为 $(\bar{\delta}, \sigma_\delta) = (50, 4)$ MPa，承受的应力也服从正态分布，分布参数为 $(\bar{s}, \sigma_s) = (35, 4)$ MPa，求该部件的可靠度。

9-5　已知某零件材料和应力均服从对数正态分布，其特征值为
$$\mu_r = 100\ \text{MPa},\ \sigma_r = 10\ \text{MPa}$$
$$\mu_s = 60\ \text{MPa},\ \sigma_s = 10\ \text{MPa}$$
求该零件的可靠度。

9-6　设计某一弹簧，要求其失效概率为 1.0×10^{-4}，弹簧材料强度具有下列韦布尔参数：
$$r_0 = 100\ \text{MPa},\ m = 3,\ \theta = 130\ \text{MPa}$$
作用在弹簧上的载荷为正态分布，具有变异系数 $C_s = \dfrac{\sigma_s}{\mu_s} = 0.02$，求满足规定可靠度的正态应力参数 μ_s 及 σ_s 值。

9-7　某零件的强度为正态分布，$\mu_r = 100$ MPa，$\sigma_r = 10$ MPa，作用在零件上的应力为指数分布，其均值 $\mu_s = \dfrac{1}{\lambda} = 50$ MPa，试求该零件的可靠度。

9-8　已知某零件材料的强度变异系数为 $C_r = 0.08$，应力变异系数为 $C_s = 0.10$，如果该零件要求的可靠度为 95%，试估算该零件的平均安全系数 n_m 和概率安全系数 n_R。

9-9　有一直齿圆柱齿轮，在传递动力的过程中，已知每转一转齿根部产生拉应力

$X(\mu_X, \sigma_X)=X(35\,000, 2450)$ N，经某种方式热处理在齿根部产生残余压应力$Y(\mu_Y, \sigma_Y)=Y(10000, 1000)$ N，试估算齿根部有效作用应力 s 的均值和标准偏差。

9-10　已知某一杆件的断面面积 $A(\mu_A, \sigma_A)=A(5, 0.4)$ cm^2，材料强度为 $\delta(\mu_\delta, \sigma_\delta)=\delta(10000, 1000)$ N/cm^2，求杆件所能承受的拉力 $F(\mu_F, \sigma_F)$。

9-11　今有一受拉伸载荷的杆件，已知载荷 $F(\mu_F, \sigma_F)=F(80\,000, 1200)$ N，拉杆直径 $d(\mu_d, \sigma_d)=d(40, 0.8)$ mm，拉杆长 $l(\mu_l, \sigma_l)=(6000, 60)$ mm，材料的弹性模量为 $E(\mu_E, \sigma_E)=E(21\times10^4, 3\,150)$ N/cm^2，求在弹性变形范围内的拉杆的伸长 δ。

9-12　已知圆截面轴的惯性矩 $I=\dfrac{\pi}{64}d^4$，若轴径 $d=50$ mm，标准差 $\sigma_d=0.02$ mm，试确定惯性矩 I 的均值和方差。

9-13　圆截面拉杆，受轴向力 $Q(\mu_Q, \sigma_Q)=Q(400000, 15000)$ N，所用材料的抗拉强度 $\delta(\mu_\delta, \sigma_\delta)=\delta(1000, 50)$ MPa，要求不产生拉断失效的可靠度 $R=0.999$，求所需截面的直径 d。

9-14　设计一齿轮轴，条件是：

传递转矩：$\overline{T}=12\,000$ N·mm，$\sigma_T=9000$ N·mm

危险截面弯矩：$\overline{M}=14\,000$ N·mm，$\sigma_M=1200$ N·mm

材料强度：$\overline{\delta}=800$ MPa，$\sigma_\delta=80$ MPa

要求可靠度：$R=0.999$

试求危险截面的尺寸。

注意：上述分布均为正态分布。

第 10 章　可靠性试验及数据处理

可靠性试验是对产品的可靠性进行调查、分析和评价的一种手段，它不仅仅是为了用试验数据来说明产品可以接受或拒收，合格与不合格等，更主要的目的是对产品在试验中发生的每一个故障或缺陷的原因和后果进行细致的分析，并且研究采取有效的纠正措施，以提高产品的可靠性。

本章主要介绍可靠性抽样试验、加速寿命试验、筛选试验、环境试验和可靠性增长试验等方法。

10.1 概　述

电子设备产品在方案设计完成后，各项性能指标和可靠性指标都已确定，根据方案论证结果，选择了最佳方案，在对此方案进行模型试验的同时，还要进行可靠性验证试验；在研制出样机后也要作可靠性鉴定（验证）试验；产品在投入生产前，要在规定环境下作可靠性鉴定试验，将这些试验的结果进行数据处理，求出它的可靠性特征量，如可靠寿命、平均寿命、可靠度以及失效率等，确定产品是否符合规定的可靠性指标，以便作为是否接收的依据。对有些产品的可靠性试验方法，已制定了国家标准和行业标准，如可靠性试验（第 1 部分）：试验条件和统计检验原理（GB/T 5080.1—2012）、《军用装备实验室环境试验方法》（GJB 150—2009）等。

可靠性试验应尽可能在使用现场进行，条件不允许时，也可以在实验室进行模拟试验，此时试验的环境应尽量接近实际使用状况。为达到试验要求，需要定出合理的抽样检验方案（以下简称抽检方案），计算出适宜的抽样数。因而在进行可靠性试验之前，应制订出完整的试验计划，内容包括：目的、要求、规模、项目、试验方法、抽检方案、数据处理方法等；试验完成后，进行数据处理，并做出判断。

可靠性试验可分为寿命试验、筛选试验和环境试验三种。寿命试验包括：工作寿命试验、加速寿命试验、边际寿命试验与储存寿命试验。寿命试验按其停止试验的方式可分为无替换定数截尾试验、有替换定数截尾试验、无替换定时截尾试验、无替换定时截尾试验。"达到规定失效数就截止的试验"是定数截尾试验，该失效数称为截尾数；"达到了规定的试验时间就截止的试验"是定时截尾试验。

另一类可靠性试验称为可靠性增长试验，它是经过"试验—故障分析—纠正—再试验"的提高和改进过程，使样机可靠性不断增长的一种试验。在刚研制出来的样机或最初生产出来的产品中，由于其大多还不能达到设计的固有可靠度，必须进行多次可靠性增长试验，找出故障源，修正设计，改进制造方法，才能使产品逐步达到预定的可靠性指标。

10.2 可靠性抽样试验

可靠性抽样试验又称为抽样检验或抽样验证试验，它是从产品的总体中，抽出一部分样品，通过这一部分样品的可靠性试验，来估计产品总体的可靠性。为了实施抽样试验，在一定条件下汇集起来的一定数量的产品称为产品批，或简称批。批中的基本单位称为单位产品。抽样试验可分为计数抽样试验和计量抽样试验两大类，计数抽样试验是按试验结果，用不合格品数、外观缺陷数来判断整批产品是合格品还是不合格品。计量抽样试验是以产品的某个定量指标，如平均寿命等为标准来判断产品是合格品还是不合格品。

为了由抽样试验结果来判断产品批是否合格，首先要确定抽验量 n 及合格判定数 c，设 d 表示 n 个样品中不合格品数（计数抽样试验情况）或失效个数（计量抽样试验情况），当 $d \leqslant c$ 时，认为产品合格，接受；反之，认为产品不合格，拒收。

10.2.1 两类错误及其风险

当产品的批量是 N 确定后，根据什么原则来确定抽样试验方案中的 n 和 c 呢？由于抽样的随机性，所以从一部分样品质量的试验结果推断整批产品的质量的好坏。一点都不犯错误是不可能的，只能要求把错误的概率尽量小些。在抽样试验中，可能会犯两类错误：

(1) 由于抽样的原因，把本来应该是合格的一批产品误判为不合格产品批而加以拒收，称这类错误为第一类错误。犯这类错误导致了生产方受到损失，所以把这类错误的概率又称为生产方风险，一般用 α 表示，通常取值为 0.01，0.05，0.10 等。

(2) 由于抽样的原因，把本来不合格的一批产品误判为合格产品批而加以接收，称这类错误为第二类错误。犯这类错误导致了用户受到损失，所以把这类错误的概率又称为使用方风险，一般用 β 表示，通常取值为 0.05，0.10，0.20 等。

10.2.2 接收概率与抽样特性曲线

在对产品进行可靠性试验时，假定一个可以接受的 MTBF 值 θ_0，作为验收产品的临界值，用 L 表示接收的概率。理想的情况应该是：当产品真正的 MTBF 值低于 θ_0 时，肯定拒收这批产品（即 $L=0$）；当产品的 MTBF 值高于 θ_0 时，肯定接收（即 $L=1$）。上述关系用图 10-1 表示出来，称为理想抽检方案的抽样（Operating Characteristic，OC）特性曲线。理想抽检方案的 OC 特性曲线是阶跃变化的，这种形状的曲线只

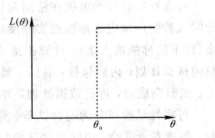

图 10-1 理想抽检方案的 OC 特性曲线

有在对产品实际全数试验，而且没有任何错误的情况下，才有可能实现。显而易见，这种理想的抽检方案在实际上是不存在的。

因此，要使设计出来的抽检方案尽量接近于理想曲线。一个好的抽检方案应具有如下特点：当产品可靠性达到预定指标时，以高概率接收这批产品，即由于拒收了"好"的产品，使生产者蒙受的生产方风险 α 要小；当产品可靠性降低时，接收的概率迅速减少，而当产品可靠性下降到某个规定限度时，以高概率拒收，即使用方风险 β 要小。在可靠性寿命抽检中，

规定了两个 MTBF 的 θ_0、θ_1，其中 θ_0 是 MTBF 假设值的上限值，应该以高的概率$(1-\alpha)$接收这些产品，θ_1 是 MTBF 假设值的下限值，应当以高的概率值$(1-\beta)$拒收这些产品，即

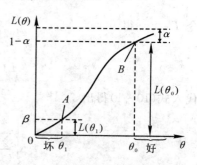

$$\begin{cases} L(\theta_0) = 1 - \alpha \\ L(\theta_1) = \beta \end{cases} \qquad (10-1)$$

这种寿命抽检方案的 OC 曲线如图 10-2 所示。

综上所述，要得到一个抽检方案，首先由生产和使用方协商确定四个数 α、β、θ_0、θ_1，然后构成一个抽验方案，使其 OC 曲线通过 A、B 两点。因此，制订一个抽检方案，可以在确定 α、β、θ_0、θ_1 的基础上，求满足方程组$(10-1)$的抽验量变 n 和合格判定数 c 的问题。下面分别讨论各种不同的抽检方案。

图 10-2　寿命抽检方案 OC 特性曲线

10.2.3　定时截尾寿命试验抽检方案

定时截尾寿命试验抽检方案是在实际工作中获得广泛应用的一种抽检方案。即在一批产品中，任意抽取 n 个样品，事先规定一个试验截止时间 T，进行寿命试验，规定一个失效数 c，逐个记录下失效发生的时间。并用 X_r 表示第 r 个失效发生的时间$(r=1, 2, \cdots, c)$，如果 $X_c \geqslant T$，即达到规定试验截止时间还没有出现第 c 个产品失效，则认为产品合格。如果 $X_c < T$，即在试验终止前已有 c 个产品失效，则停止试验，认为产品不合格。这个方案的关键是对给定的 θ_0、θ_1、α、β、T，确定抽取样品数 n 及预定的失效数 c，其框图如图 10-3 所示。

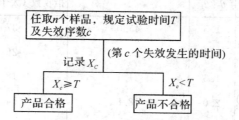

图 10-3　定时截尾抽检方案设计框图

设产品的失效概率为 p，则从一批总数 N 很大的产品中，任取 n 个样品，得到 r 个失效产品的概率服从二项分布，因为当失效样品数 $r \leqslant c$ 时，产品都可以被接收，则产品的接收概率为

$$L(p) = \sum_{r=0}^{c} c_n^r p^r (1-p)^{n-r} \qquad (10-2)$$

如果元件服从指数分布，θ 为其平均寿命，通常 $1/\theta$ 很小，因此 t/θ 也较小，此时

$$p = F(t) = 1 - e^{-\frac{t}{\theta}} \approx \frac{t}{\theta} \qquad (10-3)$$

将式$(10-3)$代入式$(10-2)$得

$$L(\theta) = \sum_{r=0}^{c} c_n^r \left(\frac{t}{\theta} \right)^r \left(1 - \frac{t}{\theta} \right)^{n-r} \qquad (10-4)$$

在满足 $np = n\left(\dfrac{t}{\theta} \right) \leqslant 5$，$p = \dfrac{t}{\theta} \leqslant 0.1$ 的条件下，上述二项分布可用泊松分布代替。

$$L(\theta) = \sum_{r=0}^{c} e^{-\frac{nt}{\theta}} \cdot \frac{\left(\frac{nt}{\theta}\right)^r}{r!}$$

令 $T = nt$，得

$$L(\theta) = \sum_{r=0}^{c} \exp\left(-\frac{T}{\theta}\right) \cdot \frac{\left(\frac{T}{\theta}\right)^r}{r!} \tag{10-5}$$

代入式(10-1)得出

$$\begin{cases} \sum_{r=0}^{c} \exp\left[-\frac{T}{\theta_0}\right] \cdot \frac{\left(\frac{T}{\theta_0}\right)^r}{r!} = 1 - \alpha \\ \sum_{r=0}^{c} \exp\left[-\frac{T}{\theta_1}\right] \cdot \frac{\left(\frac{T}{\theta_1}\right)^r}{r!} = \beta \end{cases} \tag{10-6}$$

从式(10-6)即可求出 n 和 c 之值，由于分布是离散的，所以对给定的 α、β 一般不可以找出准确的整数解，只能用最好的近似解代替。

在假设的近似条件不能满足时，准确的方法是应用 β 分布和 χ^2 分布对式(10-1)求解。

对于常用的两类风险 α、β 及鉴别比(θ_0/θ_1)，现有现成的抽样方案表如表10-1所示。

表 10-1 定时截尾试验方案简表

试验方案	判决风险率的真值		鉴别比	试验时间(θ_1 的数倍)	判决标准（失效次数）	
	α	β	θ_0/θ_1		拒收数（大于或等于）	接收数（小于或等于）
Ⅰ XC	12.0%	9.9%	1.5	45.0	37	36
XC	10.9%	21.4%	1.5	29.9	26	25
XIC	17.8%	22.1%	1.5	21.1	18	17
XⅡC	9.6%	10.6%	2.0	18.8	14	13
XⅢC	9.8%	20.9%	2.0	12.4	10	9
XIVC	19.9%	21.0%	2.0	7.8	6	5
XVC	9.4%	9.9%	3.0	9.3	6	5
XVIC	10.9%	21.3%	3.0	5.4	4	3
XⅦC	17.5%	19.7%	3.0	4.3	3	2

例 10-1 制订某类设备的平均寿命的验证试验方案，若使用方和生产方共同商定 $\alpha = \beta = 10\%$，$\theta_1 = 8000$ h，$\theta_0 = 16\ 000$ h。

解 已知 $\dfrac{\theta_0}{\theta_1} = 2$，查表10-1，试验方案为 XⅡC，总试验时间为

$$t_\Sigma = 18.8 \cdot \theta_1 = 18.8 \times 8000 = 150\ 400 \text{ （h）}$$

接收数(合格判定数)$c = 13$。当 $r \leqslant 13$ 时，接收该批设备；当 $r > 13$ 时，拒收该批设备。

如取 $n = 30$ 台设备做寿命试验，可修复相当于有替换，故试验的截止时间为

$$t = \frac{t_\Sigma}{n} = \frac{150\ 400}{30} = 5013 \text{ （h）}$$

即取 30 台设备做寿命试验到 5013 小时截止，如失效次数不超过 13，则通过验证试验，接收这批产品，否则拒收这批产品。

10.2.4　序贯寿命抽检方案

定时截尾寿命试验抽检方案的优点是比较简单，它用试验截止时出现的失效数作为接收或拒收的判据。序贯寿命抽检方案则是利用每个失效数所提供的信息进行接收或拒收的判断，因此是一种比较经济的抽检方案，较适合整机的可靠性验收。其检验规则是：从一批产品中任取 n 个样品进行寿命试验，观察第 r 个失效发生的时间，$r=1,2,3,\cdots,n$，并计算第 r 个失效发生时，n 个产品的总试验时间 t_Σ，规定合格下限时间为 t_B，合格上限时间为 t_A，则判断规则为

$$\begin{cases} t_\Sigma \geqslant t_A & \text{认为产品符合要求，接收} \\ t_\Sigma \leqslant t_B & \text{认为产品不符合要求，拒收} \\ t_B < t_\Sigma < t_A & \text{不能决定，继续试验} \end{cases}$$

在不能作决定的情况下，继续做试验到第 $r+1$ 个失效发生，然后同样计算此时 n 个产品的总试验时间 t'_Σ，将 t'_Σ 与 t_A、t_B 作比较，决定是接收还是拒收，或不能决定，继续试验。重复上述过程，直到做出接收或拒收的决定为止。

设计一个序贯寿命试验抽检方案就是要在给定的 θ_0、θ_1、α、β 的条件下定出两个界限 t_A、t_B，其中 θ_0 是设备可以接收的 MTBF，θ_1 是设备不可接收的 MTBF，α 为生产方风险，β 为使用方风险。

对一台设备进行有替换寿命试验，有替换即可修复，设备寿命服从指数分布，则在确定的时间 t_Σ 内恰有 r 次故障发生的事件服从泊松分布，其概率为

$$p_r = P\{x=r\} = \left(\frac{t_\Sigma}{\theta}\right)^r \cdot \frac{\mathrm{e}^{-\left(\frac{t_\Sigma}{\theta}\right)}}{r!} \qquad r=1,2,\cdots \tag{10-7}$$

当 $\theta=\theta_0$ 时，上述概率为

$$p_r^{(1)} = \left(\frac{t_\Sigma}{\theta_0}\right)^r \cdot \frac{\mathrm{e}^{-\left(\frac{t_\Sigma}{\theta_0}\right)}}{r!}$$

当 $\theta=\theta_1$ 时，上述概率为

$$p_r^{(2)} = \left(\frac{t_\Sigma}{\theta_1}\right)^r \cdot \frac{\mathrm{e}^{-\left(\frac{t_\Sigma}{\theta_1}\right)}}{r!}$$

得到概率比为

$$\frac{p_r^{(2)}}{p_r^{(1)}} = \left(\frac{\theta_0}{\theta_1}\right)^r \cdot \mathrm{e}^{-\left(\frac{1}{\theta_1}-\frac{1}{\theta_0}\right)t_\Sigma} \tag{10-8}$$

用概率比和两个常数 A、B 作比较，$A=\beta/(1-\alpha)$，$B=(1-\beta)/\alpha$，检验规则为

$$\begin{cases} \dfrac{p_r^{(2)}}{p_r^{(1)}} \leqslant A \text{ 时} & \text{认为产品符合要求，接收} \\[3mm] \dfrac{p_r^{(2)}}{p_r^{(1)}} \geqslant B \text{ 时} & \text{认为产品不符合要求，拒收} \\[3mm] A < \dfrac{p_r^{(2)}}{p_r^{(1)}} < B \text{ 时} & \text{不能决定，继续试验} \end{cases}$$

由此检验规则知，继续试验的条件是

$$A < \left(\frac{\theta_0}{\theta_1}\right)^r \cdot e^{-(\frac{1}{\theta_1} - \frac{1}{\theta_0})t_\Sigma} < B$$

将上式取对数整理后得

$$\frac{-\ln B + r\ln\frac{\theta_0}{\theta_1}}{\frac{1}{\theta_1} - \frac{1}{\theta_0}} < t_\Sigma < \frac{-\ln A + r\ln\frac{\theta_0}{\theta_1}}{\frac{1}{\theta_1} - \frac{1}{\theta_0}}$$

令

$$h_0 = \frac{-\ln A}{\frac{1}{\theta_1} - \frac{1}{\theta_0}}, \quad h_1 = \frac{\ln B}{\frac{1}{\theta_1} - \frac{1}{\theta_0}}, \quad s = \frac{\ln\frac{\theta_0}{\theta_1}}{\frac{1}{\theta_1} - \frac{1}{\theta_0}}$$

则不等式变为

$$-h_1 + sr < t_\Sigma < h_0 + sr$$

由此可见

$$\begin{cases} t_A = h_0 + sr \\ t_B = -h_1 + sr \end{cases} \tag{10-9}$$

即为所求界限。

若将累积失效数 r 作为纵坐标，总试验时间作为横坐标，则式（10-9）给出的是两条斜率均为 s 的直线，t_A 线以下为接收区，t_B 线以上为拒收区，t_A 和 t_B 线之间为继续试验区，其图形如图 10-4 所示。

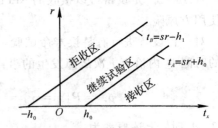

图 10-4　序贯寿命试验图

从设备进行寿命试验开始，如发生第一次故障，试验时间为 t_Σ（设为 t_1），将点（t_Σ，1）点在上述坐标平面上，若落入接收或拒收区，试验停止并做出判定。若落入继续试验区，则修复后继续试验，到第二次故障发生，计算两次故障累计试验时间 t_Σ（$=t_1+t_2$），将（t_Σ，2）点在平面上，重复判断过程，如此继续下去，直到做出接收或拒收判断为止。

如果用 n 台设备同时试验，则总试验时间为 $t_\Sigma = nt$，抽验过程类似，当其中有一个发生故障时，则 $t_\Sigma = nt_1$，将点（t_Σ，1）点在坐标平面上，根据它落入哪个区域做出判定。由此可以看出，n 台设备同时试验的时间是一台设备的试验时间的 $1/n$。

对于给定的 θ_0、θ_1、α、β，可以对应一个序贯寿命试验抽检方案。对于质量很好或不好的产品，采用序贯寿命抽检方案可以节省时间或减少抽验量。但是，对于中等质量的产品来说，要做出判决的试验时间会很长，因此可以采用另一种试验方法——截尾序贯寿命试验。

取适当的截止时间 t_0 和截尾数 r_0，在 $t_\Sigma - r$ 坐标平面上作直线 $r = r_0$ 和 $t_\Sigma = t_0$，再加上直线：$t_A = sr + h_0$，$t_B = sr - h_1$，由四条线圈成一个封闭的继续试验区，从而防止了有时试验很长的现象。

原则上，取截止时间 t_0 和截尾数 r_0 比定时截尾寿命试验中试验时间和截止失效数（即合格判定数）略大一些。由于增加了直线 $r = r_0$ 和 $t_\Sigma = t_0$，所以截尾序贯寿命试验的接收区和拒收区与未截尾的情况不同，见图 10-5，为了使两类风险保持不变，则相应的拒收区和接收区将发生变化（斜率不变），一般情况下，截尾后接收区缩小，而拒收区加大，使判决加严。

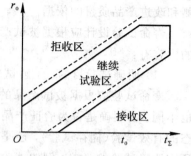

图 10-5 截尾序贯试验图

美国军用标准 MIL-STD-781C 给出了八个截尾序贯寿命试验抽检方案，如表 10-2 所示。

表 10-2 截尾序贯试验抽样方案简表

方案编号	规定的风险		鉴别比 θ_0/θ_1	s (θ_1 的倍数)	h_0 (θ_1 的倍数)	h_1 (θ_1 的倍数)	截止时间 t_0 (θ_1 的倍数)	截尾数 r_0	实际的风险	
	α	β							α	β
s-1	10%	10%	1.5	1.22	6.60	6.64	49.50	41	11.5%	12.5%
s-2	20%	20%	1.5	1.21	4.19	3.39	21.90	19	22.7%	23.2%
s-3	10%	10%	2.0	1.39	4.40	3.47	20.60	16	12.8%	12.8%
s-4	20%	20%	2.0	1.38	2.80	2.06	9.74	8	22.3%	22.5%
s-5	10%	10%	3.0	1.65	3.75	2.73	10.35	7	11.1%	10.9%
s-6	20%	20%	3.0	1.65	2.67	2.94	4.50	3	18.2%	19.2%
s-7	30%	30%	1.3	1.22	3.15	2.44	6.80	6	3.19%	32.3%
s-8	30%	30%	2.0	1.38	1.72	—①	4.50	3	29.3%	29.9%

注：① $t_B \geqslant 0$ 时无拒绝。

例 10-2 对产品进行可靠性验收试验，设计要求：规定平均无故障工作时间 $\theta_0 = 400$ h，极限平均无故障工作时间 $\theta_1 = 200$ h，要求使用方和生产方的风险均为 10%，试制订一个截尾序贯寿命试验抽检方案。

解 因为 $\alpha = \beta = 10\%$，鉴别比 $\dfrac{\theta_0}{\theta_1} = 2.0$，所以查表 10-2 知所求方案编号为 s-3，由表中数据可绘制截尾序贯寿命试验抽检方案的判决图，如图 10-6 所示。

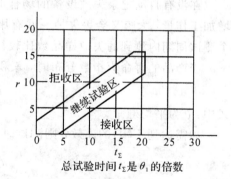

图 10-6 截尾序贯寿命试验抽检方案判决图

如果试验到 $3.5\theta_1 = 700$ h，发生 5 次或 5 次以上故障，则验收试验没有通过，认为产品不合格；如果试验进行到 $5\theta_1 = 1000$ h，发生 5 次故障，则不能做出结论，继续试验。

10.3 寿命试验设计

寿命试验是可靠性试验的一项主要内容，用以考核、评价和分析产品的寿命特征及失效规律等，以便得出产品的平均寿命和失效率等可靠性数据，作为可靠性设计、可靠性预测和改进产品质量的依据。

寿命试验设计应根据被试产品的特性以及试验目的来设计其寿命试验方案,一般包括的内容有:

(1) 明确试验目的,了解试验要求。

寿命试验应根据被试产品的性质和试验目的来拟定试验方案,目的不同,则试验方案也不同。要明确是否为验证产品可靠性的验证试验,要区别是在规定环境条件下非工作状态的有效试验(储存试验),还是在规定条件下进行加负荷的工作试验(工作寿命试验)等。还需明确试验的要求,例如试验后要得出哪几项可靠性指标?失效标准是什么,等等。

(2) 调查试验对象,确定试验方法。

经过仔细的调查研究,了解试验对象的生产批量、成本及其寿命等,才能确定适宜的试验方法,例如对于价廉物美且数量大的产品,可取较大的样本量来大大缩短试验时间,可采用完全子样寿命试验;对于价值高且数量少而又复杂的产品,则样本量只允许小,试验时间必然增加,欲缩短时间,则需采用加速试验。为节省费用和时间,还可采用截尾试样,并做出有或无替换的决策。

(3) 选定抽检方案,计算样本容量。

根据产品的要求和特点,选定抽检方案。一般来说,θ_1 与 θ_0 越接近,α 和 β 越小,样本容量 n 就越大。当验证试验大纲受时间和进度限制,且试验以计量为基础,故障前工作时间分布是已知的时候,可以选用定时截尾抽检方案。按选定 θ_0、θ_1、α、β 值,并根据上节的式(10-6),计算出 n 和失效序数 c,或直接查手册的方案简表,得出结果。

如果选用序贯寿命抽检方案,样本容量的上限是已知的,按选定的 α、β 和规定的可接受可靠度 R_0,不可以接受可靠度 R_1(或 θ_1、θ_0),即可得出接收或拒收判据。

(4) 选定测试周期。

在没有自动记录失效设备的场合下,测试周期的选择是个重要问题。因为周期太密会增加工作量,太疏又会丢失掉一些有用的信息量,因此。必须合理选择。一般的原则是使每个测试周期内测到的失效样品数比较接近,并且测试的次数要足够。

当产品的寿命为指数分布时,累积失效分布函数 $F(t)$ 为

$$F(t) = 1 - e^{-(\frac{t}{\theta})} \tag{10-10}$$

式中:θ 为平均寿命。

如需达到 $F(t_i)$ 的失效,则测试时间 $t_i(i=1, 2, \cdots, n)$ 可按下式估计:

$$t_i = \theta \ln \frac{1}{1 - F(t_i)} \tag{10-11}$$

式(10-11)的 θ 是被测试产品粗略估计的平均寿命,$F(t_i)$ 一般按等间隔取值,如 10%、20%…或 5%、10%、15%…或更高一些。若是预计累积失效数较少就需停止的试验,$F(t_i)$ 的间隔可取密些,以便正确地测到样品的失效时间;对于累积失效数较多才停止的试验,$F(t_i)$ 的间隔可适当稀一些。实际安排测试时间时,对平均寿命 θ 及其分布往往不太了解,这时可将 θ 估计得略小一些,以便使开始的测试点前移,然后可根据实际情况适当调整。

(5) 决定试验截止时间。

试验截止时间与投试样本数量及希望达到的失效数有关,当试验中累积失效概率 $F(t) \approx r/n$ 达到某规定值就截止试验时,若产品的寿命为指数分布,$F(t) \approx r/n$ 代入式

（10－11），则可求得试验截止时间即试验时间约为

$$t_0 = \theta \ln \frac{n}{n-r} \qquad (10-12)$$

粗略估计一下产品在该试验条件下的平均寿命 θ 后，就可按式（10－12）求出试验截止时间。

10.4 电子设备产品寿命试验的数据处理

寿命试验得到数据后，可以用概率纸法或数值法进行数据处理，得出结论，具体步骤为：

（1）根据数据求出产品的累积失效概率 $F(t)$ 或失效率 $\lambda(t)$；

（2）用不同的概率纸或其他方法判断产品的寿命分布（能在某分布的概率纸上回归成直线的，则属于某分布），必要时可进行符合度检验；

（3）对该分布的特征值进行点估计和区间估计；

（4）必要时对有关参数作相关性与回归分析。

下面介绍一下指数分布或韦布尔分布的试验数据的统计分析。

10.4.1　指数分布寿命试验的数据处理

1. 指数分布参数的点估计

以受试样品的寿命平均值作为全部产品寿命的估计值，这种方法所得结果称为产品的平均寿命的点估计。

指数分布的分布函数为

$$F(t) = 1 - \mathrm{e}^{-\lambda t}$$

当寿命为指数分布时，参数 λ 即为失效率。按极大似然法，λ 的点估计为

$$\bar{\lambda} = \frac{1}{\bar{t}} \qquad (10-13)$$

式中：$\bar{t}$ 为样本平均值，对寿命试验，$\bar{t}$ 即为 MTTF 或 MTBF。

全数寿命试验，若样本大小为 n，则

$$\bar{t} = \frac{1}{n} \sum_{i=1}^{n} t_i \qquad (10-14)$$

截尾寿命试验，则

$$\bar{t} = \frac{t_\Sigma}{r} \qquad (10-15)$$

式中：r 为观察失效数；t_Σ 为所有样品总试验时间。

对于不同类型的截尾寿命试验，t_Σ 的计算如下：

（1）无替换定时截尾寿命试验，若样本大小为 n，截尾时间为 t_0，当 r 个失效时间 t_1，t_2，…，t_r 满足 $t_1 \leqslant t_2 \leqslant \cdots \leqslant t_r \leqslant t_0$ 时，则

$$t_\Sigma = t_1 + t_2 + \cdots + t_r + (n-r)t_0 \qquad (10-16)$$

（2）无替换定数截尾寿命试验，若样本大小为 n，截尾时间为 t_r，当 r 个失效时间 t_1，t_2，…，t_r 满足 $t_1 \leqslant t_2 \leqslant \cdots \leqslant t_r \leqslant t_r$ 时，则

$$t_\Sigma = t_1 + t_2 + \cdots + t_r + (n-r)t_r \tag{10-17}$$

（3）有替换定时截尾寿命试验，若 n 个样品同时试验，截尾时间为 t_0，则

$$t_\Sigma = nt_0 \tag{10-18}$$

（4）有替换定数截尾寿命试验，若 n 个样品同时试验，截尾时间为 t_r，则

$$t_\Sigma = nt_r \tag{10-19}$$

2. 指数分布参数的区间估计

寿命区间估计是根据样品试验结果，对产品的真正平均寿命 θ，给出一个估计区间 (θ_L, θ_U)，称为置信区间。把置信区间不包含真值的概率记为 α（显著性水平），则 $1-\alpha$ 就是置信区间 (θ_L, θ_U) 包含真值 θ 的概率，即置信度。用公式表示为

$$P\{\theta_L \leqslant \theta \leqslant \theta_U\} = 1-\alpha \tag{10-20}$$

由第 2 章的原理，可以推导出以下的寿命区间估计。

（1）定数截尾寿命试验的区间估计（有或无替换，双侧）为

$$\begin{cases} \theta_L = \dfrac{2t_\Sigma}{\chi^2_{\frac{\alpha}{2}}(2r)} \\[4mm] \theta_U = \dfrac{2t_\Sigma}{\chi^2_{1-\frac{\alpha}{2}}(2r)} \end{cases} \tag{10-21}$$

式中：t_Σ 为总试验时间；R 为失效数。

（2）定时截尾寿命试验的区间估计（有或无替换，双侧）为

$$\begin{cases} \theta_L = \dfrac{2t_\Sigma}{\chi^2_{\frac{\alpha}{2}}(2r+2)} \\[4mm] \theta_U = \dfrac{2t_\Sigma}{\chi^2_{1-\frac{\alpha}{2}}(2r+2)} \end{cases} \tag{10-22}$$

（3）单侧区间估计只要用 α 代替式（10-21）或式（10-22）中的 $\alpha/2$ 即可。

例 10-3 设某产品寿命服从指数分布，随机抽取 18 个同时进行寿命试验，若失效 10 个即停止试验，测得其寿命分布（单位：h）为 329，482，905，1910，1261，2498，2705，3614，4103，5311。试进行平均寿命和失效率的点估计。若要求置信水平 $\gamma = 1-\alpha = 90\%$，试估计平均寿命和失效率的双侧置信限以及平均寿命的单侧置信下限和失效率的单侧置信上限。

解 这是无替换定数截尾试验情况，由题知 $n=18$，$r=10$，由式（10-17）得总试验时间为

$$\begin{aligned} t_\Sigma &= t_1 + t_2 + \cdots + t_r + (n-r)t_r \\ &= 329 + 482 + \cdots + 5311 + (18-10) \times 5311 \\ &= 65\ 606\ (\text{h}) \end{aligned}$$

（1）平均寿命和失效率的点估计。

由式（10-15）得平均寿命的点估计为

$$\bar{t} = \frac{t_\Sigma}{r} = \frac{65\ 606}{10} = 6560.6(\text{h})$$

而失效率的点估计为

$$\hat{\lambda} = \frac{1}{\bar{t}} = \frac{1}{6560.6} = 0.1524 \times 10^{-3} (\text{h}^{-1})$$

（2）平均寿命和失效率的区间估计。

进行区间估计时，用式（10-21）进行计算。

① 双侧置信限。

因为置信水平 $\gamma=0.90$，故 $\alpha=0.10$，由附表 2 可查得

$$\chi^2_{\frac{\alpha}{2}}(2r)=\chi^2_{0.05}(2\times10)=31.4 \qquad \chi^2_{1-\frac{\alpha}{2}}(2r)=\chi^2_{0.95}(2\times10)=10.85$$

故得

$$\bar{t}_L=\frac{2t_\Sigma}{\chi^2_{\frac{\alpha}{2}}(2r)}=\frac{2\times65\,606}{31.4}=4178.7\,(\text{h})$$

$$\bar{t}_U=\frac{2t_\Sigma}{\chi^2_{1-\frac{\alpha}{2}}(2r)}=\frac{2\times65\,606}{10.85}=12093.3\,(\text{h})$$

而失效率双侧置信限为

$$\lambda_L=\frac{1}{\bar{t}_U}=\frac{1}{12\,093.3}=0.08\,269\times10^{-3}\,(\text{h}^{-1})$$

$$\lambda_U=\frac{1}{\bar{t}_L}=\frac{1}{4178.7}=0.2393\times10^{-3}\,(\text{h}^{-1})$$

② 单侧置信限。

因要求置信水平 $\gamma=0.90$，故 $\alpha=0.10$，由附表 2 可查得

$$\chi^2_\alpha(2r)=\chi^2_{0.10}(2\times10)=28.4$$

故得平均寿命单侧置信下限为

$$\bar{t}_L=\frac{2t_\Sigma}{\chi^2_\alpha(2r)}=\frac{2\times65\,606}{28.4}=4620\,(\text{h})$$

而

$$\lambda_U=\frac{1}{\bar{t}_L}=\frac{1}{4620}=0.2165\times10^{-3}\,(\text{h}^{-1})$$

10.4.2　韦布尔分布寿命试验的数据处理

在寿命试验中，除指数分布外，韦布尔分布的应用也极为广泛。在各种寿命形式中，通用性和符合性较好的分布是韦布尔分布。

1. 截尾寿命试验的概率纸法数据分析

在很多情况下，不一定能获得全部的试验数据。例如因人为因素而节省费用和时间的截尾试验，因几台试验设备出了故障而中断观测的试验等，这样就存在一部分没有发生故障的试样数据，称为不完全子样。此时中位秩的计算式（见第 2 章）修正为

$$F(t_i)=\frac{j_i-0.3}{n+0.4}\times100\% \qquad j_i=j_{i-1}+\frac{(n+1)-j_{i-1}}{1+(n-n_0)} \tag{10-23}$$

式中：j_i 为 t_i 时的平均次序数；j_{i-1} 为 t_i 前一个平均次序数；n 为试样总数；n_0 为 t_i 之前的试样失效数。

将失效时间和相应的中位秩描到韦布尔概率纸上，在画出一条回归直线后，即可与完全子样一样进行有关参数的估计。

区间估计仍用第 2 章的方法，只是这时由于次序数不是整数，所以需要由 $F(t_i)$ 的 95%

和 5% 秩表中的整数用内插法求得。

2. 韦布尔分布截尾寿命试验极大似然法

1) 点估计

由 $\dfrac{\partial \ln L(\eta,\ m)}{\partial \eta}=0$，得特征寿命 η 的点估计值为

$$\hat{\eta}=\left[\frac{\displaystyle\sum_{i=1}^{r} t_i^m+(n-r)t_r^m}{r}\right]^{\frac{1}{m}} \tag{10-24}$$

由 $\dfrac{\partial \ln L(\eta,\ m)}{\partial m}=0$，得形状参数 m 的点估计值为

$$\hat{m}=\frac{r\cdot\eta^m}{\displaystyle\sum_{i=1}^{r} t_i\ln t_i+(n-r)t_r^m\ln t_r-\eta^m\sum_{i=1}^{r}\ln t_i} \tag{10-25}$$

式中：n 为投入试验的样品数；r 为样品失效数；t_i 为失效时间。

可以利用牛顿迭代法在计算机上求解，得出 $\hat{\eta}$ 和 $\hat{m}$ 的值。

2) 区间估计

因 $2r\left(\dfrac{\hat{\eta}}{\eta_L}\right)$ 服从自由度为 $2r$ 的 χ^2 分布，故当置信度为 $(1-\alpha)\%$ 时，特征寿命的置信区间上、下限为

$$\hat{\eta}\cdot\left[\frac{\chi^2_{\frac{\alpha}{2}}\cdot(2r)}{2r}\right]^{\frac{1}{m}}\leqslant\eta\leqslant\hat{\eta}\cdot\left[\frac{\chi^2_{1-\frac{\alpha}{2}}(2r)}{2r}\right]^{\frac{1}{m}} \tag{10-26}$$

其中，$\chi^2_{\frac{\alpha}{2}}(2r)$，$\chi^2_{1-\frac{\alpha}{2}}(2r)$ 分别是概率为 $\alpha/2$，$(1-\alpha/2)$，自由度为 $2r$ 的 χ^2 分布的上侧分位数。

10.5　加速寿命试验

在正常工作条件下进行的寿命试验（包括完全寿命试验和截尾寿命试验）均为基本的可靠性试验方法。但电子设备一般可靠性水平较高，采用常规的正常应力下的寿命试验，实在太耗费人力、物力和时间，有时甚至是不可能的，为了缩短试验周期，快速地对产品可靠性做出评价，可采用加速寿命试验方法。

10.5.1　加速寿命试验的原理与类型

加速寿命试验方法的基本原理是：在不改变产品的失效机理、不增加新的失效因素的前提下，提高试验应力（诸如机械应力、热应力、电应力等），加速产品的失效过程，促使产品在短期内失效，再根据试验数据，运用加速寿命曲线或加速寿命方程推算出正常应力下的产品寿命。

根据试验中应力施加的方式，加速寿命试验可分为三种。

1) 恒定应力加速寿命试验

将 n 个试件分成 h 组，第 1 组固定在应力水平 s_1 上，第 2 组固定在应力水平 s_2 上，…，

第 h 组固定在应力水平为 s_h 上做寿命试验。设 s_0 为正常工作应力，则应取 $s_0 < s_1 < \cdots < s_h$，并使最高应力水平不致改变试件的失效机理。试验应做到各组均有一定数量的试件失效为止。如图 10-7 所示。

2）步进应力加速寿命试验

试验开始时将全部试样在应力水平 s_1（$s_1 > s_0$，s_0 为正常工作条件下的应力水平）下进行试验，试验到 t_1 时刻把应力水平提高到 s_2，试验到 t_2 时刻再将应力水平提高到 s_3，并依次步进加大应力水平的方式，继续试验那些未失效的试件，一直试验到一定数量的样品发生失效为止，如图 10-8 所示。这种试验方法的优点是试件少，试验周期短，但外推的精度较差。

3）序进应力加速寿命试验

序进应力加速寿命试验是试验应力随时间按线性或其他规律连续增长的寿命试验，如图 10-9 所示。这种方法的试件可更少，试验周期更短，但需专门的程序控制加载设备。

上述三种加速寿命试验方法，以恒定应力加速寿命试验较为成熟，数据易处理，外推的精确度较高，虽然试验时间仍较长，但目前是最常用的加速寿命试验方法。

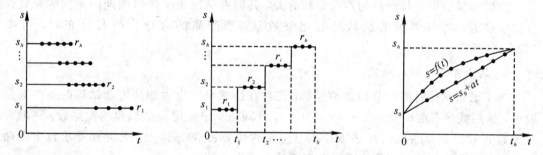

图 10-7　恒定应力加速寿命试验　图 10-8　步进应力加速寿命试验　图 10-9　序进应力加速寿命试验

10.5.2　恒定应力加速寿命试验设计

在组织恒定应力加速寿命试验时，应设计与安排的问题。

1）加速应力 s 的选择

因为产品的失效是由其失效机理决定的，因此就要研究什么应力会产生什么样的失效机理，什么样的应力加大时能加快产品的失效，根据这些研究来选择加速应力。通常在加速寿命试验中所指的应力是机械应力（如压力、振动、冲击等）、热应力（温度）、电应力（如电压、电流等）。在遇到多种失效机理的情况下，就应当选择那种对产品失效机理起促进作用最大的应力作为加速应力。

2）加速应力水平的确定

加速应力水平 s_1，s_2，$\cdots$，s_h 的确定原则是：加速应力的水平数取值为 $h \geqslant 4$，通常取 $h = 4 \sim 5$，在不改变产品失效机理的条件下，最高应力水平尽量选取高一些，以期达到最大的加速效果，但不得高于产品材料所能承受的应力极限或产品失效机理将发生变化的应力极限；在保证加速效果的前提下，最低应力水平的选取则应尽量接近实际应力水平，以期提高外推的准确性。在确定了 s_1 和 s_h 后，当中的应力水平 s_2，$\cdots$，s_{h-1} 应适当分散，使得相邻应力水平的间隔比较合理，一般可取等间隔。

3）试验样品的选取与分组

整个恒定应力加速寿命试验由 $h(h=4\sim5)$ 个加速应力水平下的寿命试验组成。设在 s_i 应力水平下投入的试验样数为 n_i 件，则整个恒定应力加速寿命试验所投试样的总数为

$$N = \sum_{i=1}^{h} n_i = n_1 + n_2 + \cdots + n_h \qquad (10-27)$$

式中：h 为加速应力水平数；n_i 为第 $i(i=1, 2, 3, \cdots, h)$ 个组件试样。

各组试样数可以相等也可以不等，但一般均不少于 5 个。整个试样应在同一批合格产品中随机抽取，不得有人为因素掺杂，否则这 n 个样品不能反映整批产品的质量。

4）测试周期的确定

在恒定应力加速寿命试验中，为了记录产品的失效时间，必须对受试产品进行测试。如有自动监测设备，那就可以得到精确的失效时间，但这在技术上往往是有困难的，故通常采用测试周期。所谓测试周期就是预先确定若干个测试时间：

$$0 < t_1 < t_2 < \cdots < t_k$$

测试时间的确定与产品的寿命分布有关，其原则是使每个测试周期内测到的失效样品数比较接近，并且测试的次数要有足够数量。当产品的寿命为指数分布时，可按式 (10-11) 确定。

5）试验停止时间的确定

为了确保试验时间和节约试验经费，往往在组成恒定应力加速寿命试验的每组寿命试验中，采用截尾寿命试验。设 $r_1, r_2, \cdots, r_h$ 分别是 h 个截尾寿命试验的截尾数，一般要求截尾数 r_i 在投试样品数 n_i 中占 50% 以上，至少也要占 30% 以上。另外还要求每个寿命试样中失效样品不得少于 5 个，否则会使统计分析失去精度。

10.5.3 加速寿命曲线与加速寿命方程

产品的寿命随着应力的加大而缩短，寿命与应力之间存在着一定关系。这种反映应力与寿命关系的曲线，在加速寿命试验中称为加速寿命曲线，其数学方程称为加速寿命方程，用以推算正常应力条件下的寿命特征。

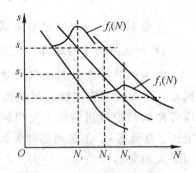

以恒定应力加速寿命试验为例，在不同应力水平 s_1、s_2、$\cdots$、s_i 下，得出与试验循环次数（或试验时间）N_1、N_2、$\cdots$、N_i 相关的 i 组失效数据，经数据处理，可得出加速寿命曲线，如图 10-10 所示。图中 $f_1(N)$、$f_2(N)$、$\cdots$、$f_i(N)$ 分别表示在不同应力水平下的试验循环次数 N 的分布曲线（即寿命分布曲线）。

图 10-10　加速寿命曲线

对机械产品而言，就是 $s-N$ 曲线，并得出加速寿命方程式为

$$N_0 = N_i \left(\frac{s_i}{s_0}\right)^m \qquad (10-28)$$

式中：N_i 为试验循环或试验时间；s_i 为应力水平；m 为材料性能的待定系数，对钢而言，$m \approx 6.5$。

对电子元器件而言，则常以温度或电压为加速应力。

当以温度为加速应力作恒定应力加速寿命试验时，经常用阿伦尼乌斯（Arrhenius）方程作为寿命与温度关系的模型，阿伦尼乌斯方程是表示化学反应与温度关系的一个经验公式：

$$\frac{\mathrm{d}M}{\mathrm{d}t} = A\mathrm{e}^{-\frac{E}{kT}} \tag{10-29}$$

式中：M 为某物质浓度；$\frac{\mathrm{d}M}{\mathrm{d}t}$ 为化学反应率；A 为比例常数；k 为玻耳兹曼常数；E 为激活能；T 为绝对温度；t 为时间。

上述公式经过运算后，可写成

$$\ln t = a + b\left(\frac{1}{T}\right) \tag{10-30}$$

其中

$$a = \ln\frac{M - M_0}{A} \qquad M_0 \text{ 为 } t = 0 \text{ 时物质的浓度，} b = \frac{E}{k}$$

由此可以得出，寿命 t 的对数与绝对温度的倒数之间满足直线方程，因此通过施加几组温度应力得到元件在这几个温度点上的寿命后，就可以确定 a 和 b 的值，从而可以利用上述方程外推出正常温度下的元件寿命。

当以电压为加速应力进行恒定应力加速寿命试验时，经常采用逆幂律作为寿命与电压关系的模型，即

$$t = \frac{1}{kV^c} \tag{10-31}$$

式中：k、c 为常数；V 为施加的电压。

式（10-31）可化为

$$\ln t = a + b\ln V$$

其中

$$a = \ln k^{-1}, \quad b = -c$$

由此可以得知，寿命 t 的对数与所施加电压的对数之间满足直线方程。这样，通过施加几组不同电压应力得到元件的不同寿命后，就可以确定 a、b 值，从而可以利用上述方程外推出额定电压下的元件寿命。

10.5.4　加速系数

在加速寿命试验中，加速系数是一个很有用的参数，它是正常应力水平下的某种寿命与加速应力水平下的相应寿命的比值。它的确切定义：设某产品在正常应力水平 s_0 下的失效分布函数为 $F_0(t)$，$t_{p,0}$ 为产品达到失效概率为 p 的时间，即 $F_0(t_{p,0}) = p$，又设某产品在加速应力水平 s_i 下的失效分布函数为 $F_i(t)$，$t_{p,i}$ 为产品达到失效概率为 p 的时间，即 $F_i(t_{p,i}) = p$，则时间比

$$\tau = \frac{t_{p,0}}{t_{p,i}} \tag{10-32}$$

称为加速应力水平 s_i 对正常应力水平 s_0 的寿命加速系数，简称加速系数。

从上述定义可见，加速系数是对两个应力水平而言的，当正常应力水平 s_0 固定时，改

变加速应力 s_i 则加速系数也要变化；加速应力水平愈高，加速系数也愈大。可见加速系数是反映加速寿命试验中某一应力水平加速效果的一个量。

例如，某产品在正常应力条件下进行寿命试验，工作到 1000 h 累积失效概率达到 50%，而在加速应力条件下试验工作到 100 h 累积失效概率就达到 50%，则加速系数为

$$\tau = \frac{1000}{100} = 10$$

又如某产品进行疲劳寿命试验，已知应力与寿命的关系为

$$N_2 = N_1 \left(\frac{s_1}{s_2} \right)^m$$

若已知 $m = 6.5$，则当应力强度增大 30%，即当 $s_1 = 1.3 s_2$ 时

$$\tau = \frac{N_2}{N_1} = (1.3)^{6.5} \approx 5.5$$

即加速系数为 5.5，它意味着试验载荷增加到正常载荷的 1.3 倍，其试验至失效的时间将减少 4.5 倍。

10.5.5　加速寿命试验结果的数据处理

（1）将所得数据，在某分布的概率纸上绘制几条不同的加速应力水平下的基本是互相平行的寿命分布直线。

（2）作参数估计。将绘出寿命分布直线的概率纸，按第 2 章的方法作参数估计，如果是韦布尔分布，则需估计形状参数 m_i 和中位寿命 $t_i(0.5)$ 等。

（3）在对数坐标纸上绘制加速寿命直线，即按 $[s_i, t_i(0.5)]$ 或 $\left[\frac{1}{T_i}, t_i(0.5) \right]$（$T_i$ 为热力学温度）描点，回归成一直线，再利用外推法将直线延长，估计正常应力水平下 s_0 的 $t_0(0.5)$ 值。

（4）绘制正常应力水平下的寿命分布曲线，如果是韦布尔分布，则以 m_i 的平均值 m_0 为形状参数，即

$$m_0 = \frac{1}{n_1 + n_2 + \cdots + n_h} (n_1 m_1 + n_2 m_2 + \cdots + n_h m_h)$$

并按 $[t_0(0.5), F(t_0)]$ 描点，画出直线，此即为正常应力水平下的寿命分布曲线。

（5）估计寿命数量特征和加速系数，按第 2 章的方法，估计平均寿命、可靠度等，并按式（10-32）计算加速系数。

10.6　可靠性环境试验

10.6.1　环境试验的目的及分类

环境试验是评价产品在实际使用、运输和储存环境条件下的性能，并且分析研究环境因素影响程度及其作用机理的试验。电子设备产品在储存、运输和使用过程中，经常受到周围环境有害因素的影响，这些环境条件有：气候（如风、雪等）、机械（如振动、冲击等）、生物（如霉菌等）、辐射、电磁、人为因素（如使用、组装）等。因此通过环境试验可以在产品

研制早期，评价产品的使用参数对各种环境强度的敏感性，并探测可发生的故障形式；在研制后期，探索并验证设备或系统受环境强度影响下可靠性指标的变化规律。

为了适应现代化生产中产品生产周期短、更新换代快，以及产品使用领域十分宽广等特点，需要在较短时间内了解产品的环境适应性，人们在科研和生产实践中广泛采用人工模拟环境试验。即在试验室里利用试验设备创造一个单因素或多因素综合作用于产品的局部环境条件，以考核在使用、运输、储存中主要环境因素作用下，受试产品的适应性能。人工模拟环境试验的试验条件既可以模拟实际环境中的主要因素，又可以适当加大试验强度，在时间上起一定的加速作用，以缩短试验时间，较快地取得所需数据。与人工模拟环境试验相对应的有自然环境暴露试验和现场运行试验。这两种试验方法真实性强，但所需费用大、耗时长，多在基础研究中用于积累数据，以及验证人工加速试验方法的正确性。

10.6.2　环境试验方法及检测

在具体实施模拟环境试验的各个项目时，可以参考有关国家标准、国家军用标准和美国军用标准的相关内容进行。对要求严格的军用设备必须按照 GJB 150—2009《军用装备实验室环境试验方法》中相应的规定内容进行试验和检测，本节着重介绍 GJB 150—2009 的有关试验。

1）振动试验

振动试验用于评定产品在其预期的运输和使用环境中的抗振能力，一般应根据振动环境来选择试验程序和条件。试验中，将产品固定在振动台上，模拟各种振动环境进行试验。通常要经过固定频率(50 Hz、10～20g 的振动加速度)、变频(5 Hz⇔2000 Hz)两种试验。

2）冲击试验

产品在使用、装卸、运输、维修等过程中可以遇到各种冲击作用，所以应进行冲击试验。试验中，将产品固定在冲击台上进行模拟试验，通常冲击频率为 20～100 次/分，冲击加速度为 100g±10g，在两三个方向各冲击 1000 次；对于高可靠度要求的器件，冲击加速度可为 1500g 或 3000g，每个方向冲击 3～5 次。

3）离心加速度试验

将产品固定在转动台上进行试验，一般恒离心加速度为 20 000g，持续时间 2 min。这些试验不但可以模拟实际使用环境，而且可以检验并筛选电子设备的各元器件的黏结性、引线的牢固性等。

4）低温试验

我国极端的最低气温为 −55 ℃，因而标准规定低温等级为 −10 ℃、−25 ℃、−40 ℃、−55 ℃、−65 ℃，允许误差±3 ℃，试验时间等级为(单位:h)0.5，1，2，4，5，8，16，24，48，72。将样品放入低温箱进行试验，有常温冲击和不带温度冲击两种，带温度冲击的为产品直接放入规定的低温，不带温度冲击的为产品放入后才开始降温。

5）高温试验

对于可以遇到高温环境的产品应进行高温试验，以确定设备在高温条件下储存和工作的适应性。

我国极端最高气温为 47.6 ℃，最高地温为 75 ℃，因而标准规定高温等级为（单位：℃）40，55，70，85，100（允许误差为±2 ℃）；125，155，200，250（允许误差为±3 ℃）。试验时间等级与低温相同，具体试验规范按各产品要求进行。

6）温度交变试验

温度交变试验有温度循环、温度冲击、热冲击三次试验，它们无本质上差别，只有严酷程度上的差异。在实际使用中都能遇到，如严冬季节电子设备从室内拿到室外、飞机升空等情况，都将发生上述三种温度变化。

温度循环试验：按高温和低温的标准，高低温各保持 30 min，转换时间为 15 min，循环次数 3～5 次。

温度冲击试验：与上述试验相同，只是转换时间缩短为 3 min 内。

热冲击试验：通常在 0 ℃的冷水和 100 ℃的沸水两种液体中进行，浸泡时间为 5～10 min，转换时间小于 30 s，一般进行 3～5 次。

7）湿热试验

高温和高湿度的同时作用，会加速金属配件的腐蚀和绝缘材料的老化。

在我国热带、亚热带地区，每年都有较长时间的湿热天气，又如在坑道、地道中，温度为 24℃～28℃，相对湿度高达 97％～98％；潜水艇中的电子设备，常年都在温度为 20℃～30℃，相对湿度为 80％～100％的条件下工作。

我国规定了恒定湿热和交变湿热两种试验。

（1）恒定湿热试验：温度为 40 ℃±2 ℃，相对湿度为 93％±3％，试验时间等级为（单位：h）48，96，144，240，1344。

（2）交变湿热试验：

① 升温升湿：从 25 ℃±3 ℃上升到 40 ℃±2 ℃或 55 ℃±2 ℃，相对湿度≥80％，时间≤1.5 h。

② 高温高湿：温度为 40 ℃±2 ℃或 55 ℃±2 ℃，相对湿度 93％±3％，与升温升湿阶段一起共 12 h。

③ 降温：在 3～6 h 内，温度从 40 ℃或 55 ℃降到 25 ℃，相对湿度≥90％。

④ 低温高湿：温度为 25 ℃±3 ℃，相对湿度为 93％±3％，此阶段与降温阶段一起共保持 12 h。

8）盐雾试验

对于暴露在盐雾大气条件下的产品应进行盐雾试验。以确定设备抗盐雾大气影响的能力，特别是对确定工作在大气中的表面涂覆层和表面处理层的耐用性具有重要意义。一般试验温度为 35℃±2℃，湿度为 95％±3％；喷盐雾方式为：每小时喷 15 min，每天有 16 个小时各喷雾一次；另外 8 小时不喷雾；试验时间总共 72 h。

9）气压试验和超高真空试验

气压试验分为高气压试验和低气压试验。如在使用时，地缆增音机要充两个大气压的惰性气体，航空电子设备的元器件是在低气压条件下工作的，人造卫星用的电子元器件就遇到超真空的环境。

低气压和超真空环境，对于电子设备的半导体器件及其他零件的性能和可靠性有很大影响，当气压降低时，空气对流和热传导减弱，器件散热困难，温度就上升，导致电参数不稳定，寿命缩短，甚至烧毁失效；有些器件电极间容易引起击穿；某些金属和高分子会发生蒸发、升华和分解现象，影响器件的可靠性。

低气压试验样品置于玻璃罩内，气压降到 133 Pa。

超高真空试验必须建立一套能模拟宇宙空间条件的综合试验设备，气压可低到 133×10^{-5} Pa。

10）辐射试验

当电子设备在"核辐射应力"条件下工作时，有可能出现异常情况。这种试验目的在于考核或研究电子设备的各种元器件对辐射的适应能力。一般可分为核辐射试验和电磁辐射试验。

11）电磁兼容性试验

根据具体电子设备的技术规定，按照 GJB 151B—2013《军用设备和分系统 电磁发射和敏感度要求与测量》中规定的方法进行，试验共分为：传导发射测量、传导敏感度测量、辐射发射的测量、辐射敏感度测量四大类。

10.6.3　环境试验的顺序、操作程序和结果处理

试验样机在受试期间所发生的变化，不仅取决于所适应的试验项目及其严酷等级，而且也与试验顺序有关，所以要注意合理安排试验顺序。确定试验顺序一般有以下几种方法：

（1）从最严酷的试验项目开始安排试验顺序，以便从试验顺序的早期阶段得到试验样机的失效趋势（一般用于研制性试验，作为对样机性能研究的一部分）。

（2）从最不严酷的试验项目开始安排试验顺序，以便在试验样机损坏前尽可能得到更多的信息（一般用于研制性试验，作为对样机性能研究的一部分，特别是当试验样机数目少时）。

（3）从前一个试验所产生的结果由后一个试验来暴露或加强的观点出发，安排对试验样机有最显著影响的试验顺序（一般用于设备的标准化鉴定试验）。

（4）从产品实际可能遇到的并起主要影响的环境因素出现的次序来考虑安排试验顺序（一般用于使用条件已知的设备或成套系统的鉴定试验）。

进行一次完整的环境试验，通常包括下列操作程序：① 选择试样（随机抽取）；② 预处理；③ 初检查；④ 在试验条件下进行中间测量；⑤ 样品离开试验条件后，在正常条件下进行测量。

试验过程中，详细记录并进行预计分析，写出试验报告。设计部门根据这些反馈的信息，可以改进设计；制造部门根据试验报告，可以采取有效的工艺和其他可靠性制造保证措施，以保证产品高的环境适应性。

10.7 可靠性筛选试验

筛选(screening)是一种通过检验剔除不合格或有可能早期失效产品的方法。检验包括在规定环境条件下的目视检查、实体尺寸测量和功能测量等。某些功能测量是在强应力下进行的。应力筛选(stress screening)是一种特定的筛选，它是将机械应力、电应力和(或)热应力施加到产品上，以便元器件和工艺方面的潜在缺陷以早期故障的形式析出的过程。环境应力筛选(Enviroment Stress Screening，ESS)是一种应力筛选，是为发现和排除不良零件、元器件、工艺缺陷和防止早期失效的出现在环境应力下所进行的一系列试验。典型应力为随机振动、温度循环及电应力。

环境应力筛选效果主要取决于施加的环境应力、电应力水平和检测仪表的能力，施加应力的大小决定了能否将潜在缺陷变为故障，检测能力的大小决定了能否将已被应力加速变成故障的潜在缺陷找出来并准确加以排除。因此，环境应力筛选可看做是质量控制检查和测试过程的延伸，是一个问题析出、识别、分析和纠正的闭环系统。

10.7.1 筛选方法

1) 常规筛选

以能筛选出早期故障为目标。如果筛选条件不当，筛选后的产品不一定达到故障率基本恒定阶段，如图 10-11 所示。常规筛选的结果，产品的故障率可能达到理想的 F 点，也可能只达到还属于早期故障期的其他点，例如图 10-11 上的 A、B、C、D、E 等诸点。

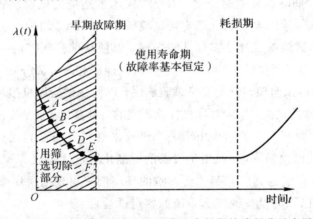

图 10-11　筛选剔除寿命期浴盆曲线中早期故障部分示意图

2) 定量筛选

定量筛选是指要求筛选效果、成本与产品的可靠性指标、现场故障维修费用之间建立定量关系的筛选。定量筛选有三大目标，第一个目标是使筛选后产品残留的缺陷密度与产品的可靠性要求值达到相一致的水平，即真正达到图 10-11 中的 F 点；第二个目标是要保证筛选后所交付产品的无可筛缺陷概率达到规定的水平(满足成品率要求)；第三个目标是筛选中排除每个故障的费用低于现场排除每个故障的平均费用，即低于成本阈值。

10.7.2　筛选用典型环境应力及筛选度

环境应力筛选使用的应力主要用于激发故障，而不是模拟使用环境。根据以往的实践经验，不是所有应力在激发产品内部缺陷方面都特别有效。因此，通常仅用几种典型应力筛选，常用的应力及强度和费用效果如表 10-3 所示，从表 10-3 可以看出，应力强度最高的是随机振动、快速温变率的温度循环及其两者的组合或综合，但它们的费用较高。

表 10-3　典型筛选应力

应力类型		应 力 强 度	费 用
温 度	恒 定 高 温	低	低
温度循环	慢速温变	较 高	较 高
	快速温变	高	高
振 动	温 度 冲 击	较 高	适 中
	扫 频 正 弦	较 低	适 中
	随 机 振 动	高	高
组(综)合	温度循环与随机振动	高	很 高

产品中存在对某一特定筛选敏感的潜在缺陷时，该筛选将缺陷以故障形式析出的概率叫筛选度(screening strength)，它是筛选效果的一种量化表达法，对于不同的筛选应力，筛选度的计算公式如下：

1) 恒定高温：

$$SS = 1 - \exp[-0.0017(R + 0.6)^{0.6} \cdot t] \tag{10-33}$$

式中：SS 为筛选度；R 为高温温度与室温之差(室温一般取 25℃)；t 为恒定高温持续时间，单位为 h。

2) 温度循环：

$$SS = 1 - \exp\{-0.0017(R + 0.6)^{0.6}[\ln(e + V)]^3 N\} \tag{10-34}$$

式中：R 为温度变化范围($T_U - T_L$)，单位为℃(T_U 为上限值；T_L 为下限值)；e 为自然对数的底；V 为温度变化速率，单位为℃/min；N 为循环次数。

3) 扫频正弦冲击：

$$SS = 1 - \exp\left[-0.000\,727\left(\frac{G}{10}\right)^{0.863} \cdot t\right] \tag{10-35}$$

式中：G 为加速度量值，单位为 ms^{-2}；t 为振动时间，单位为 min。

4) 随机振动：

$$SS = 1 - \exp\left[-0.004\left(\frac{G_{rms}}{10}\right)^{1.71} \cdot t\right] \tag{10-36}$$

式中：G_{rms} 为振动加速度均方根值，单位为 ms^{-2}；t 为振动时间，单位为 min。

10.7.3　筛选试验方案的拟定

情况千变万化，很难制定一个统一的筛选方案，需要根据产品的特点，拟定出适宜的筛选试验方案，归结起来，大致考虑下列几个方面：

（1）确定筛选试验的项目。

筛选试验的项目很多，对于不同的元器件和不同的使用情况，采取不同的项目。一般有：检查性筛选，如显微镜检查、扫描检查等；密封性筛选，如粗检漏、细检漏等；寿命筛选，如高温存储、功率老化等；环境应力筛选，如恒定加速、机械振动和冲击、热冲击等。为使筛选效果良好，试验项目需要有明确的针对性，把那些在激发并剔除被筛选对象的早期缺陷最有效的项目选到试验方案中去，而摒弃那些与早期缺陷无关的项目。不同元器件的失效机理和模式不一样，因而项目也各异。例如，电容器的主要失效模式为：在过电压应力和环境应力（主要是高温）作用下，容量偏差允许的范围；耗损角正切超出允许值；漏电流过大或介质被击穿。因此，筛选方法有：在高温下对电容器施加电压进行功率老练，并根据容量偏差、漏电流及耗损角正切进行筛选。近几年来，国内的生产实践说明：采用高温储存、温度循环、检漏（密封产品）、高温电老化、参数复测等筛选试验项目，对大部分电子元器件都有较好效果。

（2）确定筛选试验的应力。

施加适宜的筛选试验应力，能使早期失效产品尽量多被剔除，而又不损坏好的产品。应力过小，早期失效产品易"漏网"；应力过大，好的产品损坏率增大。因而需要通过可靠性摸底试验，来确定最佳应力。例如，半导体集成电路（某电子设备产品上的）的筛选试验应力如下：

① 初始测试：按出厂条件，结合实际实用要求，室温测试。

② 高温储存：$(150 \sim 175\ ℃) \pm 5\ ℃$，恒温 96 h。

③ 低温储存：$(-55\ ℃ \pm 5\ ℃)$，恒温 96 h。

④ 温度循环：$(-55\ ℃ \pm 5\ ℃) \Leftrightarrow (125\ ℃ \pm 5\ ℃)$，5 次；先低温后高温，恒温 30 min，转换 1 min。

⑤ 跌落（离心加速度）：试品在 80 cm 高度跌落在玻璃板上，跌落 5～15 次。离心加速度为 20 000g，x、y、z 三个方向，各为 1 min。

⑥ 高低温测试：高温为 $85\ ℃ \pm 5\ ℃$；低温为 $-55\ ℃ \pm 3\ ℃$。

⑦ 高温功率老练：温度为 $125\ ℃ \pm 3\ ℃$；电压为额定，负载为额定；时间为 96 h。

⑧ 检漏：充氮加压高沸点氟油检漏，低沸点氟油清洗。

⑨ 外观检查：用 5 倍放大镜检查电路外观质量，剔除管壳、管脚锈蚀、有机械伤痕及标记不明的器件。

⑩ 终结测试：在室温下存放 21 天，同初始测试条件相同，进行测试，并记录。

（3）选定筛选时间。

在筛选项目和应力确定以后，通过摸底试验来确定筛选时间，最佳时间是使得早期失效产品基本上筛选掉，而好产品被剔除掉的概率极小。在一定的应力作用下，一批筛选前的产品由两个组成部分，一部分是具有早期失效特征的产品，其失效概率密度函数为

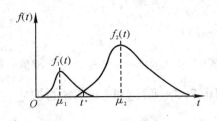

图 10-12 可靠性筛选试验

$f_1(t)$，另一部分是好的产品，其失效概率密度函数为 $f_2(t)$，如图 10-12 所示。如果选择筛选时间为 t^*，则其未筛选掉的概率 p_1 为

$$p_1 = \int_{t^*}^{\infty} f_1(t)\,\mathrm{d}t \tag{10-37}$$

而好的产品被剔除的概率 p_2 为

$$p_2 = \int_0^{t^*} f_2(t)\,\mathrm{d}t \tag{10-38}$$

一般要求 p_1、p_2 要很小。当产品的失效为不同的分布时，可以通过摸底试验得到失效率的数据，从而确定合适的筛选时间 t^*。

10.8　可靠性增长试验

所谓可靠性增长试验，是使产品可靠性不断增长的一种试验，其目的是为改进产品的可靠性。可靠性增长试验应能暴露产品的薄弱环节，并证明改进措施能防止薄弱环节的再现。这种试验是有计划地激发故障、分析故障、改进设计，并证明改进是有效的过程。也就是需通过"试验—分析—改进"的循环，在产品研制阶段发现和消除薄弱环节，提高可靠性。正式的可靠性增长试验应在环境鉴定试验之后、在可靠性验证试验之前进行，即将要完成全面研制任务的时候进行。

10.8.1　可靠性增长过程及其模型

实现可靠性增长，一般有三个基本要素：① 检测故障源（依靠分析和试验）；② 发现问题并进行反馈；③ 根据反馈的信息进行有效的重新设计工作。所以，可靠性增长过程是反复设计的结果，通过确定故障源，并加上各种措施，不断改进设计，使产品不断成熟。

对于复杂的电子设备来说，可靠性增长过程，特别是在可靠性增长试验中，最常用的模型是杜安模型。这种模型以图示的方法给出被度量的可靠性参数的变化及可靠性参数的数字估计。杜安通过数据分析发现，设备的累积故障率 $C(t) = \dfrac{N(t)}{t}$ 与累积运行时间 t 在双对数坐标纸上能拟合成一条直线，其中 $N(t)$ 表示设备在 $(0,t)$ 运行期间内的累积失效（故障）次数，其数学关系为

$$\ln\left[\frac{N(t)}{t}\right] = \ln a - m\ln t \tag{10-39}$$

式中：a,m 为对数坐标纸上该直线的截距和斜率。

若设

$$X = \ln t;\ A = \ln a;\ Y = \ln\left[\frac{N(t)}{t}\right]$$

则上式可改写成

$$Y = A - mX \tag{10-40}$$

在增长试验中称 m 为增长率，称 a 为尺度参数。

当设备的可靠性是以寿命特征量 MTBF 表示时，由杜安模型可知 $N(t) = at^{1-m}$，对它

求导就可以得到瞬时(t 时刻)的故障率

$$\lambda(t) = \frac{\mathrm{d}N(t)}{\mathrm{d}t} = a(1-m)t^{-m} \tag{10-41}$$

在故障间隔时间序列服从指数分布的假设下，瞬时的 $\mathrm{MTBF}(t)$ 为

$$\mathrm{MTBF}(t) = \frac{t^m}{a(1-m)} \tag{10-42}$$

对于累积故障率 $C(t) = N(t)/t$，这里 t 代表总的试验小时，则对杜安模型有

$$C(t) = at^{-m} \tag{10-43}$$

这样，对应的累积的 $\mathrm{MTBF}_\Sigma(t)$ 表达式为

$$\mathrm{MTBF}_\Sigma = \frac{t^m}{a} \tag{10-44}$$

因此有

$$\mathrm{MTBF}(t) = \frac{\mathrm{MTBF}_\Sigma(t)}{1-m} \tag{10-45}$$

两边取对数有

$$\ln\mathrm{MTBF}(t) = \ln\mathrm{MTBF}_\Sigma(t) + \ln\frac{1}{1-m} \tag{10-46}$$

式(10-45)表明在可靠性增长试验过程中任一时刻产品的瞬时 MTBF 是累积 MTBF 的 $1/(1-m)$ 倍；式(10-46)表明，在双边对数坐标纸上，在任一时刻，瞬时 MTBF 总是高于累积 MTBF，高出量为常值：$-\ln(1-m)$。利用这一特点，首先在对数坐标纸上，将累积的 MTBF_Σ 与累积试验时间描点，画拟合直线，并测量其斜率 m，然后，平行于累积 MTBF_Σ 向上移 $1/(1-m)$，画出瞬时 $\mathrm{MTBF}(t)$。该线达到规定的 MTBF 所对应的试验时间就是预计的增长试验持续时间，如图 10-13 所示。有关其他模型可参阅有关资料和手册。

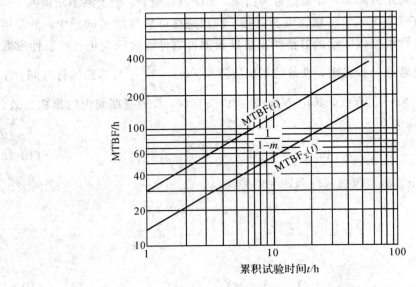

图 10-13　杜安增长模型与瞬时 $\mathrm{MTBF}(t)$ 图

10.8.2　可靠性增长试验方案(计划)的拟定

1. 规定或预计设备的(固有)可靠度

运用所学方法得出合理的预计可靠度值，或根据使用要求落实设计任务书上的可靠度，作为可靠性增长试验的可靠性指标，可靠度的高低对试验时间有很大的影响。

2. 确定起始点

起始点代表新制造的设备的可靠性初始值，通常为预计可靠度的 $10\%\sim30\%$。起始点的估计值，可以从以往的经验推断出来或估算，较高的起始点可以减少总试验时间。

3. 估计增长率

增长率 m 是双对数坐标中试验曲线(直线)的斜率，一般采用 $m=0.1\sim0.6$；它与控制量、严格性以及发现故障、分析故障、通过设计和质量措施改正故障的效率有关，由产品在研制过程中，可靠性监控、质量管理的计划完善性及采取措施的有效性所决定。提高增长率，缩短总试验时间。

当 $m<0.1$ 时，表明在研制过程中，产品被动地排除故障，没有分析失效机理，没有采取有效措施。

当 $m=0.1$ 时，表明在研制过程中，产品没有进行可靠性监控。

当 $m=0.2$ 时，表明在研制过程中，产品有可靠性增长计划，进行可靠性监控，但不够严密有力，采取的措施没有集中在对产品执行任务有致命影响和发生最频繁的失效形式上。

当 $m=0.3\sim0.6$ 时，表明在研制过程中，产品有详尽的可靠性增长计划，并进行严格的可靠性监控和质量控制，还能有效地、迅速地消除主要失效原因。

4. 选定试验时间

以上每一个因素都影响试验时间的长短，它还与研制对象的复杂性及成熟性有关。美国军用标准 MIL‑STD‑2068(AS)《可靠性增长大纲》给出了一些参考数据：① 当设备的 MTBF 为 $50\sim2000$ h 时，它的可靠性增长试验的总试验时间，为设备 MTBF 的 $10\sim25$ 倍；② 当设备的 MTBF 在 2000 h 时以上，它的试验时间至少为其一倍；③ 一般的设备，它们的试验时间，在 $2000\sim10\,000$ h 时之间。

10.8.3　可靠性增长的监测

在整个试验过程中，应对其进行监测。将累积的试验时间除以到这个时间的所发生的总失效数，得出观测的点估计值，即为到该时刻的实际 MTBF 值。根据这些点估计值在双对数坐标上描点，和前几个点一起回归成一条直线(3 至 6 个点)，即为实际可靠性增长曲线。再与计划的增长曲线作比较，对二者的差别加以判断，并做出相应决策。

习　　题

10-1　什么是可靠性试验？进行可靠性试验的目的是什么？

10-2　什么是截尾试验？截尾试验应如何分类？

10-3　可靠性试验计划应包括哪些内容?

10-4　已知某组样品的平均寿命约为 1000 h，希望在 1000 h 左右的试验中，能观测到 $r=10$ 个失效，试问应投试多少样品。

10-5　对已知寿命分布为指数分布的某产品做无替换定数截尾寿命试验，规定 $N=20$，$r=5$，测得 5 个失效时间(单位：h)为 $t_1=26$，$t_2=64$，$t_3=119$，$t_4=145$，$t_5=182$，求平均寿命 θ，失效率 λ，在 $t=50$ h 时的可靠度 $R(50)$ 和可靠度为 0.9 的可靠寿命 $t(0.9)$ 的估计值。

10-6　某批元件寿命服从指数分布，并作定数截尾试验，给定 $\theta_0=6\times10^4$ h，$\theta_1=3\times10^4$ h，$\alpha=0.10$，$\beta=0.10$，试确定抽样方案。

10-7　某批元件服从指数分布，规定 $\theta_0=1500$ h，$\theta_1=304$ h，$\alpha=0.10$，$\beta=0.10$，设计一个截尾寿命序贯抽样方案，确定 $T_0(r)$，$T_1(r)$，r。

附　录

附表 1　标准正态分布表

$$\Phi(z) = \int_{-\infty}^{z} \frac{1}{\sqrt{2\pi}} e^{-z^2/2} dz = P\{Z \leqslant z\}$$

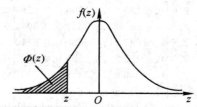

z	0.00	0.01	0.02	0.03	0.04	0.05	0.06	0.07	0.08	0.09
−0.0	0.5000	0.4960	0.4920	0.4880	0.4840	0.4801	0.4761	0.4721	0.4681	0.4641
−0.1	0.4602	0.4562	0.4522	0.4483	0.4443	0.4404	0.4364	0.4325	0.4286	0.4247
−0.2	0.4207	0.4168	0.4129	0.4090	0.4052	0.4013	0.3974	0.3936	0.3897	0.3859
−0.3	0.3821	0.3783	0.3745	0.3707	0.3669	0.3632	0.3594	0.3557	0.3520	0.3483
−0.4	0.3446	0.3409	0.3372	0.3336	0.3300	0.3264	0.3228	0.3192	0.3156	0.3121
−0.5	0.3085	0.3050	0.3015	0.2981	0.2946	0.2912	0.2877	0.2843	0.2810	0.2776
−0.6	0.2743	0.2709	0.2676	0.2643	0.2611	0.2578	0.2546	0.2514	0.2483	0.2451
−0.7	0.2420	0.2389	0.2358	0.2327	0.2297	0.2266	0.2236	0.2206	0.2177	0.2148
−0.8	0.2119	0.2090	0.2061	0.2033	0.2005	0.1977	0.1949	0.1922	0.1894	0.1867
−0.9	0.1841	0.1814	0.1788	0.1762	0.1736	0.1711	0.1685	0.1660	0.1635	0.1611
−1.0	0.1587	0.1562	0.1539	0.1515	0.1492	0.1469	0.1446	0.1423	0.1401	0.1379
−1.1	0.1357	0.1335	0.1314	0.1292	0.1271	0.1251	0.1230	0.1210	0.1190	0.1170
−1.2	0.1151	0.1131	0.1112	0.1093	0.1075	0.1056	0.1038	0.1020	0.1003	0.09853
−1.3	0.09680	0.09510	0.09342	0.09176	0.09012	0.08851	0.08691	0.08534	0.08379	0.08226
−1.4	0.08076	0.07927	0.07780	0.07636	0.07493	0.07353	0.07215	0.07078	0.06944	0.06811
−1.5	0.06681	0.06552	0.06426	0.06301	0.06178	0.06057	0.05938	0.05821	0.05705	0.05592
−1.6	0.05480	0.05370	0.05262	0.05155	0.05050	0.04947	0.04846	0.04746	0.04648	0.04551
−1.7	0.04457	0.04363	0.04272	0.04182	0.04093	0.04006	0.03920	0.03836	0.03754	0.03673
−1.8	0.03593	0.03515	0.03438	0.03362	0.03288	0.03216	0.03144	0.03074	0.03005	0.02938
−1.9	0.02872	0.02807	0.02743	0.02680	0.02619	0.02559	0.02500	0.02442	0.02385	0.02330
−2.0	0.02275	0.02222	0.02169	0.02118	0.02068	0.02018	0.01970	0.01923	0.01876	0.01831
−2.1	0.01786	0.01743	0.01700	0.01659	0.01618	0.01578	0.01539	0.01500	0.01463	0.01426
−2.2	0.01390	0.01355	0.01321	0.01287	0.01255	0.01222	0.01191	0.01160	0.01130	0.01101
−2.3	0.01072	0.01044	0.01017	$0.0^2 9903$	$0.0^2 9642$	$0.0^2 9387$	$0.0^2 9137$	$0.0^2 8894$	$0.0^2 8656$	$0.0^2 8424$
−2.4	$0.0^2 8198$	$0.0^2 7976$	$0.0^2 7760$	$0.0^2 7549$	$0.0^2 7344$	$0.0^2 7143$	$0.0^2 6947$	$0.0^2 6756$	$0.0^2 6569$	$0.0^2 6387$

z	0.00	0.01	0.02	0.03	0.04	0.05	0.06	0.07	0.08	0.09
-2.5	$0.0^2 6210$	$0.0^2 6037$	$0.0^2 5868$	$0.0^2 5703$	$0.0^2 5543$	$0.0^2 5386$	$0.0^2 5234$	$0.0^2 5085$	$0.0^2 4940$	$0.0^2 4799$
-2.6	$0.0^2 4661$	$0.0^2 4527$	$0.0^2 4396$	$0.0^2 4269$	$0.0^2 4145$	$0.0^2 4025$	$0.0^2 3907$	$0.0^2 3793$	$0.0^2 3681$	$0.0^2 3573$
-2.7	$0.0^2 3467$	$0.0^2 3364$	$0.0^2 3264$	$0.0^2 3167$	$0.0^2 3072$	$0.0^2 2930$	$0.0^2 2890$	$0.0^2 2803$	$0.0^2 2718$	$0.0^2 2635$
-2.8	$0.0^2 2555$	$0.0^2 2477$	$0.0^2 2401$	$0.0^2 2327$	$0.0^2 2256$	$0.0^2 2186$	$0.0^2 2118$	$0.0^2 2052$	$0.0^2 1938$	$0.0^2 1926$
-2.9	$0.0^2 1866$	$0.0^2 1807$	$0.0^2 1750$	$0.0^2 1695$	$0.0^2 1641$	$0.0^2 1589$	$0.0^2 1538$	$0.0^2 1489$	$0.0^2 1441$	$0.0^2 1395$
-3.0	$0.0^2 1350$	$0.0^2 1306$	$0.0^2 1264$	$0.0^2 1223$	$0.0^2 1183$	$0.0^2 1144$	$0.0^2 1107$	$0.0^2 1070$	$0.0^2 1035$	$0.0^2 1001$
-3.1	$0.0^3 9676$	$0.0^3 9354$	$0.0^3 9043$	$0.0^3 8740$	$0.0^3 8447$	$0.0^3 8164$	$0.0^3 7888$	$0.0^3 7622$	$0.0^3 7364$	$0.0^3 7114$
-3.2	$0.0^3 6871$	$0.0^3 6637$	$0.0^3 6410$	$0.0^3 6150$	$0.0^3 5976$	$0.0^3 5770$	$0.0^3 5571$	$0.0^3 5377$	$0.0^3 5190$	$0.0^3 5009$
-3.3	$0.0^3 4834$	$0.0^3 4665$	$0.0^3 4501$	$0.0^3 4342$	$0.0^3 4189$	$0.0^3 4041$	$0.0^3 3897$	$0.0^3 3758$	$0.0^3 3624$	$0.0^3 3495$
-3.4	$0.0^3 3369$	$0.0^3 3248$	$0.0^3 3131$	$0.0^3 3018$	$0.0^3 2909$	$0.0^3 2803$	$0.0^3 2701$	$0.0^3 2602$	$0.0^3 2507$	$0.0^3 2415$
-3.5	$0.0^3 2326$	$0.0^3 2241$	$0.0^3 2158$	$0.0^3 2078$	$0.0^3 2001$	$0.0^3 1925$	$0.0^3 1854$	$0.0^3 1785$	$0.0^3 1718$	$0.0^3 1653$
-3.6	$0.0^3 1591$	$0.0^3 1531$	$0.0^3 1473$	$0.0^3 1417$	$0.0^3 1363$	$0.0^3 1311$	$0.0^3 1261$	$0.0^3 1213$	$0.0^3 1166$	$0.0^3 1121$
-3.7	$0.0^3 1078$	$0.0^3 1035$	$0.0^4 9961$	$0.0^4 9574$	$0.0^4 9201$	$0.0^4 8842$	$0.0^4 8496$	$0.0^4 8162$	$0.0^4 7841$	$0.0^4 7532$
-3.8	$0.0^4 7235$	$0.0^4 6948$	$0.0^4 6673$	$0.0^4 6407$	$0.0^4 6152$	$0.0^4 5906$	$0.0^4 5669$	$0.0^4 5442$	$0.0^4 5223$	$0.0^4 5012$
-3.9	$0.0^4 4810$	$0.0^4 4615$	$0.0^4 4427$	$0.0^4 4247$	$0.0^4 4074$	$0.0^4 3908$	$0.0^4 3747$	$0.0^4 3594$	$0.0^4 3446$	$0.0^4 3304$
-4.0	$0.0^4 3167$	$0.0^4 3036$	$0.0^4 2910$	$0.0^4 2789$	$0.0^4 2673$	$0.0^4 2561$	$0.0^4 2454$	$0.0^4 2351$	$0.0^4 2252$	$0.0^4 2157$
-4.1	$0.0^4 2066$	$0.0^4 1978$	$0.0^4 1894$	$0.0^4 1814$	$0.0^4 1737$	$0.0^4 1662$	$0.0^4 1591$	$0.0^4 1523$	$0.0^4 1458$	$0.0^4 1395$
-4.2	$0.0^4 1335$	$0.0^4 1277$	$0.0^4 1222$	$0.0^4 1168$	$0.0^4 1118$	$0.0^4 1069$	$0.0^4 1022$	$0.0^5 9774$	$0.0^5 9345$	$0.0^5 8934$
-4.3	$0.0^5 8540$	$0.0^5 8163$	$0.0^5 7801$	$0.0^5 7455$	$0.0^5 7124$	$0.0^5 6807$	$0.0^5 6503$	$0.0^5 6212$	$0.0^5 5934$	$0.0^5 5668$
-4.4	$0.0^5 5413$	$0.0^5 5169$	$0.0^5 4935$	$0.0^5 4712$	$0.0^5 4498$	$0.0^5 4294$	$0.0^5 4098$	$0.0^5 3911$	$0.0^5 3732$	$0.0^5 3561$
-4.5	$0.0^5 3398$	$0.0^5 3241$	$0.0^5 3092$	$0.0^5 2949$	$0.0^5 2813$	$0.0^5 2682$	$0.0^5 2558$	$0.0^5 2439$	$0.0^5 2325$	$0.0^5 2216$
-4.6	$0.0^5 2112$	$0.0^5 2013$	$0.0^5 1919$	$0.0^5 1828$	$0.0^5 1742$	$0.0^5 1660$	$0.0^5 1581$	$0.0^5 1506$	$0.0^5 1434$	$0.0^5 1366$
-4.7	$0.0^5 1301$	$0.0^5 1239$	$0.0^5 1179$	$0.0^5 1123$	$0.0^5 1069$	$0.0^5 1017$	$0.0^6 9680$	$0.0^6 9211$	$0.0^6 8766$	$0.0^6 8339$
-4.8	$0.0^6 7933$	$0.0^6 7547$	$0.0^6 7178$	$0.0^6 6827$	$0.0^6 6492$	$0.0^6 6173$	$0.0^6 5869$	$0.0^6 5580$	$0.0^6 5304$	$0.0^6 5042$
-4.9	$0.0^6 4792$	$0.0^6 4554$	$0.0^6 4327$	$0.0^6 4111$	$0.0^6 3906$	$0.0^6 3711$	$0.0^6 3525$	$0.0^6 3348$	$0.0^6 3170$	$0.0^6 3019$
0.0	0.5000	0.5040	0.5080	0.5120	0.5160	0.5199	0.5239	0.5279	0.5319	0.5359
0.1	0.5398	0.5438	0.5478	0.5517	0.5557	0.5596	0.5636	0.5675	0.5714	0.5753
0.2	0.5793	0.5832	0.5871	0.5910	0.5948	0.5987	0.6026	0.6064	0.6103	0.6141
0.3	0.6179	0.6217	0.6255	0.6293	0.6331	0.6368	0.6406	0.6443	0.6480	0.6517
0.4	0.6554	0.6591	0.6628	0.6664	0.6700	0.6736	0.6772	0.6808	0.6844	0.6879
0.5	0.6915	0.6960	0.6986	0.7019	0.7054	0.7088	0.7123	0.7157	0.7190	0.7224
0.6	0.7257	0.7291	0.7324	0.7357	0.7389	0.7422	0.7454	0.7486	0.7517	0.7549
0.7	0.7580	0.7611	0.7642	0.7673	0.7703	0.7734	0.7764	0.7794	0.7823	0.7852
0.8	0.7881	0.7910	0.7939	0.7967	0.7995	0.8023	0.8051	0.8078	0.8106	0.8133
0.9	0.8159	0.8186	0.8212	0.8238	0.8264	0.8286	0.8315	0.8340	0.8365	0.8389
1.0	0.8413	0.8438	0.8461	0.8485	0.8508	0.8531	0.8554	0.8577	0.8599	0.8621
1.1	0.8643	0.8665	0.8686	0.8708	0.8729	0.8749	0.8770	0.8790	0.8810	0.8830
1.2	0.8845	0.8869	0.8888	0.8907	0.8925	0.8944	0.8962	0.8980	0.8997	0.90147
1.3	0.90320	0.90490	0.90658	0.90824	0.90988	0.91149	0.91309	0.91466	0.91621	0.91774
1.4	0.91924	0.92073	0.92220	0.92364	0.92507	0.92647	0.92785	0.92922	0.93056	0.93189

z	0.00	0.01	0.02	0.03	0.04	0.05	0.06	0.07	0.08	0.09
1.5	0.93319	0.93448	0.93574	0.93690	0.93822	0.93943	0.94062	0.94179	0.94295	0.94408
1.6	0.94520	0.94630	0.94738	0.94845	0.94950	0.95053	0.95154	0.95254	0.95352	0.95449
1.7	0.95543	0.95637	0.95728	0.95818	0.95907	0.95994	0.96080	0.96164	0.96246	0.96327
1.8	0.96407	0.96485	0.96562	0.96638	0.96712	0.96784	0.96856	0.96926	0.96995	0.97062
1.9	0.97128	0.97193	0.97257	0.97320	0.97381	0.97441	0.97500	0.97558	0.97615	0.97670
2.0	0.97725	0.97778	0.97831	0.97882	0.97932	0.97982	0.98030	0.98077	0.98124	0.98169
2.1	0.98214	0.98257	0.98300	0.98341	0.98382	0.98422	0.98461	0.98500	0.98537	0.98574
2.2	0.98610	0.98645	0.98679	0.98713	0.98745	0.98778	0.98809	0.98840	0.98870	0.98899
2.3	0.98928	0.98956	0.98983	$0.9^2 0097$	$0.9^2 0358$	$0.9^2 0613$	$0.9^2 0863$	$0.9^2 1106$	$0.9^2 1344$	$0.9^2 1576$
2.4	$0.9^2 1802$	$0.9^2 2240$	$0.9^2 2240$	$0.9^2 2451$	$0.9^2 2656$	$0.9^2 2857$	$0.9^2 3053$	$0.9^2 3244$	$0.9^2 3431$	$0.9^2 3613$
2.5	$0.9^2 3790$	$0.9^2 3963$	$0.9^2 4132$	$0.9^2 4297$	$0.9^2 4457$	$0.9^2 4614$	$0.9^2 4766$	$0.9^2 4915$	$0.9^2 5060$	$0.9^2 5201$
2.6	$0.9^2 5339$	$0.9^2 5473$	$0.9^2 5604$	$0.9^2 5731$	$0.9^2 5855$	$0.9^2 5975$	$0.9^2 6093$	$0.9^2 6207$	$0.9^2 6319$	$0.9^2 6427$
2.7	$0.9^2 6533$	$0.9^2 6636$	$0.9^2 6736$	$0.9^2 6833$	$0.9^2 6928$	$0.9^2 7020$	$0.9^2 7110$	$0.9^2 7179$	$0.9^2 7282$	$0.9^2 7365$
2.8	$0.9^2 7445$	$0.9^2 7523$	$0.9^2 7599$	$0.9^2 7673$	$0.9^2 7744$	$0.9^2 7814$	$0.9^2 7882$	$0.9^2 7948$	$0.9^2 8012$	$0.9^2 8074$
2.9	$0.9^2 8134$	$0.9^2 8193$	$0.9^2 8250$	$0.9^2 8305$	$0.9^2 8359$	$0.9^2 8411$	$0.9^2 8462$	$0.9^2 8511$	$0.9^2 8559$	$0.9^2 8605$
3.0	$0.9^2 8650$	$0.9^2 8694$	$0.9^2 8736$	$0.9^2 8777$	$0.9^2 8817$	$0.9^2 8856$	$0.9^2 8893$	$0.9^2 8930$	$0.9^2 8965$	$0.9^2 8999$
3.1	$0.9^3 0324$	$0.9^3 0646$	$0.9^3 0957$	$0.9^3 1260$	$0.9^3 1553$	$0.9^3 1836$	$0.9^3 2112$	$0.9^3 2378$	$0.9^3 2636$	$0.9^3 2886$
3.2	$0.9^3 3129$	$0.9^3 3363$	$0.9^3 3590$	$0.9^3 3810$	$0.9^3 4024$	$0.9^3 4230$	$0.9^3 4429$	$0.9^3 4623$	$0.9^3 4810$	$0.9^3 4991$
3.3	$0.9^3 5166$	$0.9^3 5335$	$0.9^3 5499$	$0.9^3 5658$	$0.9^3 5811$	$0.9^3 5959$	$0.9^3 6103$	$0.9^3 6242$	$0.9^3 6376$	$0.9^3 6505$
3.4	$0.9^3 6631$	$0.9^3 6752$	$0.9^3 6869$	$0.9^3 6982$	$0.9^3 7091$	$0.9^3 7197$	$0.9^3 7299$	$0.9^3 7398$	$0.9^3 7493$	$0.9^3 7585$
3.5	$0.9^3 7674$	$0.9^3 7759$	$0.9^3 7842$	$0.9^3 7922$	$0.9^3 7999$	$0.9^3 8074$	$0.9^3 8146$	$0.9^3 8215$	$0.9^3 8282$	$0.9^3 8347$
3.6	$0.9^3 8409$	$0.9^3 8469$	$0.9^3 8527$	$0.9^3 8583$	$0.9^3 8637$	$0.9^3 8689$	$0.9^3 8739$	$0.9^3 8787$	$0.9^3 8834$	$0.9^3 8879$
3.7	$0.9^3 8922$	$0.9^3 8964$	$0.9^4 0039$	$0.9^4 0426$	$0.9^4 0799$	$0.9^4 1158$	$0.9^4 1504$	$0.9^4 1838$	$0.9^4 2159$	$0.9^4 2468$
3.8	$0.9^4 2765$	$0.9^4 3052$	$0.9^4 3327$	$0.9^4 3593$	$0.9^4 3848$	$0.9^4 4094$	$0.9^4 4331$	$0.9^4 4558$	$0.9^4 4777$	$0.9^4 4988$
3.9	$0.9^4 5190$	$0.9^4 5385$	$0.9^4 5573$	$0.9^4 5753$	$0.9^4 5926$	$0.9^4 6092$	$0.9^4 6253$	$0.9^4 6406$	$0.9^4 6554$	$0.9^4 6696$
4.0	$0.9^4 6833$	$0.9^4 6964$	$0.9^4 7090$	$0.9^4 7211$	$0.9^4 7327$	$0.9^4 7439$	$0.9^4 7546$	$0.9^4 7649$	$0.9^4 7748$	$0.9^4 7843$
4.1	$0.9^4 7934$	$0.9^4 8022$	$0.9^4 8106$	$0.9^4 8186$	$0.9^4 8263$	$0.9^4 8338$	$0.9^4 8409$	$0.9^4 8477$	$0.9^4 8542$	$0.9^4 8605$
4.2	$0.9^4 8665$	$0.9^4 8723$	$0.9^4 8778$	$0.9^4 8832$	$0.9^4 8882$	$0.9^4 8931$	$0.9^4 8978$	$0.9^5 0226$	$0.9^5 0655$	$0.9^5 1066$
4.3	$0.9^5 1460$	$0.9^5 1837$	$0.9^5 2199$	$0.9^5 2545$	$0.9^5 2876$	$0.9^5 3193$	$0.9^5 3497$	$0.9^5 3788$	$0.9^5 4066$	$0.9^5 4332$
4.4	$0.9^5 4587$	$0.9^5 4831$	$0.9^5 5065$	$0.9^5 5288$	$0.9^5 5502$	$0.9^5 5706$	$0.9^5 5902$	$0.9^5 6089$	$0.9^5 6268$	$0.9^5 6439$
4.5	$0.9^5 6602$	$0.9^5 6759$	$0.9^5 6908$	$0.9^5 7051$	$0.9^5 7187$	$0.9^5 7318$	$0.9^5 7442$	$0.9^5 7561$	$0.9^5 7675$	$0.9^5 7784$
4.6	$0.9^5 7888$	$0.9^5 7987$	$0.9^5 8081$	$0.9^5 8172$	$0.9^5 8258$	$0.9^5 8340$	$0.9^5 8419$	$0.9^5 8494$	$0.9^5 8566$	$0.9^5 8634$
4.7	$0.9^5 8699$	$0.9^5 8761$	$0.9^5 8821$	$0.9^5 8877$	$0.9^5 8931$	$0.9^5 8983$	$0.9^6 0330$	$0.9^6 0789$	$0.9^6 1235$	$0.9^6 1661$
4.8	$0.9^6 2067$	$0.9^6 2453$	$0.9^6 2822$	$0.9^6 3173$	$0.9^6 3508$	$0.9^6 3827$	$0.9^6 4131$	$0.9^6 4420$	$0.9^6 4696$	$0.9^6 4958$
4.9	$0.9^6 5208$	$0.9^6 5446$	$0.9^6 5673$	$0.9^6 5889$	$0.9^6 6094$	$0.9^6 6289$	$0.9^6 6475$	$0.9^6 6652$	$0.9^6 6821$	$0.9^6 6981$

附表 2 χ^2 分布的分位数表

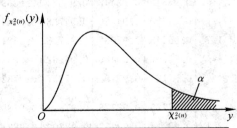

$$P\{\chi^2 \geqslant \chi_\alpha^2(n)\} = \int_{\chi_\alpha^2(n)}^{\infty} f_{\chi_\alpha^2(n)}(y)\mathrm{d}y = \alpha$$

n \ $\chi_\alpha^2(n)$ \ α	0.99	0.95	0.90	0.80	0.50	0.20	0.10	0.05	0.01
1	0.0³157	0.0²393	0.0158	0.0642	0.455	1.642	2.706	3.841	6.635
2	0.0201	0.103	0.211	0.446	1.386	3.219	4.605	5.991	9.210
3	0.115	0.352	0.584	1.006	2.366	4.642	6.251	7.815	11.345
4	0.297	0.711	1.064	1.649	3.357	5.989	7.779	9.488	12.277
5	0.554	1.145	1.610	2.343	4.351	7.289	9.236	11.070	15.068
6	0.872	1.635	2.204	3.070	5.348	8.558	10.645	12.592	16.812
7	1.239	2.167	2.833	3.822	6.346	9.803	12.017	14.067	18.475
8	1.646	2.733	3.490	4.594	7.344	11.030	13.362	15.507	20.090
9	2.088	3.325	4.168	5.380	8.343	12.242	14.634	16.919	21.666
10	2.558	3.940	4.865	6.179	9.342	13.442	15.987	18.307	23.209
11	3.053	4.575	5.578	6.989	10.341	14.631	17.275	19.675	24.725
12	3.571	5.225	6.304	7.807	11.340	15.812	18.549	21.026	26.217
13	4.107	5.892	7.042	8.634	12.340	16.985	19.812	22.362	27.688
14	4.660	6.571	7.790	9.467	13.339	18.151	21.064	23.635	29.141
15	5.229	7.261	8.547	10.307	14.339	19.311	22.307	24.996	30.578
16	5.812	7.962	9.312	11.152	15.338	20.465	23.542	26.295	32.000
17	6.408	8.672	10.085	12.002	16.338	21.615	24.769	27.587	33.409
18	7.015	9.390	10.865	12.857	17.338	22.760	25.989	28.869	34.805
19	7.633	10.117	11.651	13.716	18.338	23.900	27.204	30.144	36.191
20	8.260	10.851	12.443	14.578	19.337	25.038	28.412	31.410	37.566
21	8.897	11.591	13.240	15.446	20.337	26.171	29.615	32.671	38.932
22	9.542	12.338	14.041	16.314	21.337	27.301	30.813	33.924	40.289
23	10.196	13.091	14.848	17.187	22.337	28.429	32.007	35.172	41.638
24	10.856	13.848	15.659	18.062	23.337	29.553	33.196	36.415	42.980
25	11.524	14.611	16.473	18.940	24.337	30.675	34.382	37.652	44.314
26	12.198	15.379	17.292	19.820	25.336	31.795	35.563	38.885	45.642
27	12.879	16.151	18.114	20.703	26.336	32.912	36.741	40.113	46.963
28	13.505	16.928	18.939	21.588	27.336	34.027	37.916	41.337	48.278
29	14.256	17.708	19.768	22.475	28.336	35.139	39.087	42.557	49.688
30	14.953	18.493	20.599	23.364	29.336	36.250	40.256	43.773	50.892
40	22.164	26.509	29.051	32.352	39.335	37.263	51.805	55.758	63.591
60	37.489	43.188	16.459	50.647	59.335	38.969	74.397	79.082	88.379
80	53.540	60.391	64.278	60.213	79.334	90.403	96.578	101.879	112.329
100	70.065	77.929	82.358	87.950	99.334	111.667	118.498	123.342	135.807
200	156.432	168.279	174.835	183.006	199.333	216.618	226.621	233.994	249.445